高等学校规划教材·电子、通信与自动控制技术

控制工程导论

（第4版）

缑林峰　马　静　周雪琴　编著

西北工业大学出版社

西　安

【内容简介】 全书共6章:第一章概论,第二章物理系统的数学模型,第三章时域分析法,第四章根轨迹法,第五章频率响应法,第六章线性系统频率法校正。每章除控制理论外,还介绍了相关内容的MATLAB在经典控制理论中的应用,并附有本章小结和习题。书后附有3个附录——附录一拉普拉斯变换、附录二部分分式展开法和附录三部分习题参考答案作为书中内容的补充。

本书可作为高等学校本科非自动化类专业学生及专科自动化类专业学生的教材,亦可供需要学习和了解自动控制基本理论的工程技术人员自学与参考。

图书在版编目(CIP)数据

控制工程导论 / 缑林峰,马静,周雪琴编著. — 4版. — 西安 :西北工业大学出版社,2021.3
高等学校规划教材. 电子、通信与自动控制技术
ISBN 978-7-5612-7437-8

Ⅰ.①控… Ⅱ.①缑… ②马… ③周… Ⅲ.①自动控制理论-高等学校-教材 Ⅳ.①TP13

中国版本图书馆CIP数据核字(2020)第258468号

KONGZHI GONGCHENG DAOLUN
控 制 工 程 导 论

责任编辑:李阿盟 刘 敏 策划编辑:何格夫
责任校对:孙 倩 装帧设计:李 飞
出版发行:西北工业大学出版社
通信地址:西安市友谊西路127号 邮编:710072
电 话:(029)88491757,88493844
网 址:www.nwpup.com
印 刷 者:兴平市博闻印务有限公司
开 本:787 mm×1 092 mm 1/16
印 张:16.75
字 数:440千字
版 次:1988年2月第1版 2021年3月第4版 2021年3月第1次印刷
定 价:65.00元

第4版前言

本书自1988年问世以来，已出版30余年，得到了广大师生的厚爱，被许多高等学校选为教材。其间，在1994年和2011年分别进行了修订，对原有教材进行了深入、细致的内容梳理、修改和完善，力争将经典控制理论的精华呈现给广大读者。

本次修订是在《控制工程导论》第3版的基础上完成的，继承了原有教材知识体系的完整性和系统性，以介绍控制系统分析与设计的基础知识为主，包括控制系统的自动控制的一般概念、控制系统的数学模型、线性系统的时域分析法、线性系统的根轨迹法、线性系统的频域分析法、线性系统的校正方法等，并融合目前控制理论和计算机技术的发展，尤其是MATLAB/Simulink软件平台的广泛应用。

本书在保持原有教材框架结构的基础上，对部分内容进行了修改、调整和补充，对附录内容也进行了调整；新增了基于MATLAB/Simulink的工程系统控制、设计和应用，并提供了巩固练习；考虑到不同课时和教学需要，这部分内容既兼顾与每章控制理论相结合，又保持相对独立，读者可自由取舍。教材内容深入浅出，注重基本概念和原理的阐述，并调整了部分章节内容和例题；每章附有本章小结和习题，突出便于学生自主学习的特点，并注意结合专业特点取材与工程应用的结合。

本次修订工作由缑林峰、马静和周雪琴完成，全书由缑林峰统稿。在修订过程中，得到了西北工业大学动力与能源学院动力控制与测试系教师和研究生的大力帮助，在此一并深表感谢。

由于水平有限，书中难免存在欠妥之处，诚请广大读者和同行不吝指正。

编著者

2020年10月

第3版前言

本书作为高等学校教材已出版20余年。其间，在1994年出版了修订版(以下称第2版)，得到了广大师生的厚爱，被许多高等院校选为教材。近几年，控制理论的应用范围越来越广，教学改革越来越深入，对控制工程基础课程教材的要求日益提高。因此，根据学科发展和教学实践的需要对本书进行再次修订。

本次修订考虑到本书主要面向非自动化类专业教学使用，教学课时一般在36～48学时，此类教材应注重控制理论基本概念和基本方法的介绍。同时，经典线性控制方法在工程实践中依然占据重要地位。因此，本书删除了第2版中关于非线性控制、数字控制和现代控制的内容，集中阐述经典控制理论。对经典控制理论的基本思想、主要分析和设计方法(时域分析法、根轨迹法和频率响应法)都进行了全面介绍。

本书充分考虑到教材的连贯性和读者的使用习惯，尽可能保持第2版的主要特色和风格，对第2版前六章的编排体系、章节分布和习题基本不变。同时，根据教学和科学研究实践，对第2版进行详细梳理，删除部分陈旧的内容和提法，更正了其中的疏漏之处，并对附录中有关拉普拉斯变换部分进行了一定的补充和完善。

本次教材修订工作由緱林峰完成。在修订过程中，得到了西北工业大学七院动力控制系教师和研究生的大力帮助，在此一并深表感谢。

由于水平有限，书中难免存在缺点和不妥之处，恳请广大读者和同行不吝指正。

编　者

2011年5月

第 2 版前言

本书初版自 1988 年问世以来，得到了广大读者的关心和支持，不少同行在使用过程中提出了宝贵的意见和建议，编者深表感谢。根据形势发展的需要以及这些年来的教学实践，经过认真讨论，对本书进行了修订。

在修订过程中，保留并突出了原版的基本特色：叙述尽可能深入浅出，注重物理概念的阐述，保持课程内容的系统性和先进性，并且便于读者自学。与原书相比，这次修订版进一步精选了各章内容，加强了对基本内容的阐述，舍弃了一些相对次要的内容。此外，为加强实践性环节，增加了习题，特别是一些概念性和综合性较强的习题，并给出了部分习题的参考答案或提示。

本书仍以经典控制理论为主，同时简要介绍现代控制理论中最基本的内容，以期读者在学完此书后，能初步掌握经典控制理论的基本方法，并能用来分析和设计一些简单的控制系统，同时对现代控制理论的概貌有所了解。

本书简单地介绍了控制系统常用的几种主要元件。在介绍经典控制理论时，仍以频率法为重点，对这种方法的理论基础、基本思想、主要计算方法，从系统分析到系统设计都做了比较全面的介绍。对时域分析法、根轨迹法也做了简明扼要的阐述，以使读者对控制理论有一个比较全面的了解。

考虑到数字计算机已广泛应用，书中对采样系统的分析和设计也做了简要介绍，以便为分析和设计计算机控制系统打下一定基础。

为了适应不同专业、不同层次的教学需要，各章内容尽可能做到相对独立，以便读者根据具体情况灵活选择。

本书各部分内容比例分配如下：经典控制理论的线性部分约占 75%（连续控制理论占 63%，离散系统理论占 12%），非线性部分约占 10%，现代控制理论约占 15%。本书由西北工业大学自动控制理论及应用教研室周雪琴（第一至八章）、张洪才（第九章）编写，全书由周雪琴统稿。西北工业大学陈新海教授审阅了本书，并提出了不少宝贵意见，为本书增色不少，在此深表感谢。

在本书修订过程中，得到了本教研室同志们的热心帮助，并得到了各主管院、系有关同志的大力支持，在此一并表示衷心的感谢。

由于水平所限，书中一定存在不妥之处，恳切希望广大读者批评指正。

编　者

1994 年 3 月

第1版前言

本书是在原有讲义基础上，经过多年教学实践逐步修订而成的。考虑到目前我国的实际情况，本书仍以经典控制理论为主，同时简要介绍现代控制理论中最基本的内容，以期读者在学完此书后，能初步掌握经典控制理论的基本方法，并能用来分析和设计一些简单的控制系统，同时对现代控制理论的概貌有所了解。

本书简单地介绍了控制系统常用的几种主要元件。在介绍经典控制理论时，仍以频率法为重点，对这种方法的理论基础、基本思想、主要计算方法，从系统分析到系统设计都做了比较全面的介绍。对时域分析法、根轨迹法也做了简明扼要的阐述，以使读者对控制理论有一个比较全面的了解。

考虑到电子计算机已广泛应用，书中对采样系统的分析和设计也做了简要介绍，以便为分析和设计数字系统、计算机控制系统打下一定基础。

为了适应不同专业、层次的教学需要，各章内容尽可能做到相对独立，以便根据具体情况灵活选择。

本书各部分内容比例分配如下：经典控制理论的线性部分约占75%（连续控制理论占63%，离散系统理论占12%），非线性部分约占10%，现代控制理论约占15%。

本书由西北工业大学自动控制理论及应用教研室周雪琴（第一至八章）、张洪才（第九章）编写，全书由周雪琴统稿。西北工业大学陈新海教授审阅了本书，并提出了不少宝贵意见，为本书增色不少，深表感谢。同时感谢上海交通大学张仲俊教授的热情支持与推荐。

在编写本书的过程中，得到了本教研室同志们的大力支持。特别是王培德教授给予了热情鼓励与指导，崔桃瑞副教授给予了热心帮助。另外，八〇三教研室李济萍同志也给予了不少帮助，在此一并表示衷心的感谢。

由于水平有限，书中一定存在不妥之处，恳切希望广大读者批评指正。

编　者

1987年4月

目　　录

第一章　概　　论

1-1　引　　言

自动控制理论是研究关于自动控制系统工作原理和组成、分析和设计的专门理论，是研究自动控制一般规律的技术科学。自动控制理论的任务是根据系统的性能指标要求，分析特定对象的运动性质，研究改变这种运动规律的可能性和途径，为提高自动控制系统的性能提供理论基础。作为科学工作者和工程技术人员，掌握一定的自动控制基础知识及其应用方法是十分必要的。

从 20 世纪以来，特别是第二次世界大战以后，自动控制和自动化科学得到了迅速的发展。

工业生产的自动化改善了劳动条件，增加了产量，提高了产品质量。在军事装备上，自动控制技术大大提高了武器的威力和精度。近二十几年来，计算机的广泛应用和控制理论的发展，使得自动控制技术所能完成的任务更加复杂，水平大大提高，应用的领域也更加广泛。以宇宙飞船为例，要把重达数吨的宇宙飞船准确地送入预先计算好的轨道，并一直保持它的姿态正确，要保持它的太阳能电池一直朝向太阳，要保持它的无线电天线一直指向地球，要保持飞船内的温度和气压不变，要使它所携带的大量测量仪器自动、准确地工作，等等，所有这一切都是以高度的自动控制技术为前提的。

随着人们生活水平的不断提高，自动控制技术已深入到每个家庭，洗衣机、电饭锅、电冰箱……都体现了自动控制的成果。自动控制技术已经成为生产（电力、机械、冶金、化工……）、军事、科学研究和企业管理等几乎是一切领域中必不可少的手段。

1-2　自动控制的发展历史

自动控制思想和实践是人类在认识世界和改造世界的过程中产生的，并随着社会的发展和科学水平的进步而不断发展。

一、萌芽

自动控制思想萌芽历史悠久，早在公元前 1 000 年前中国就出现了自动计时的铜壶滴漏计时器。最原始的漏壶是泄水式单壶[见图 1-1(a)]，壶中装置带有箭舟的“沉箭”，上面刻有时辰，壶盖正中有长方形孔，以便漏箭上下移动，壶水从壶身下侧流管滴出；水漏则箭沉，从壶顶即可观测到箭头所指的时刻。后来由于水位影响计时的准确度，所以发展为受水式漏壶，也称“多壶式漏壶”[见图 1-1(b)]。受水式漏壶是用底部没有孔的壶接上部有孔的容器中漏下的水，壶中“浮箭”随之上升而计量时刻。

公元 235 年，汉朝最负盛名的发明家马钧研制出了用齿轮传动的自动指示方向的指南车

(见图1-2)。这是利用齿轮传动来指明方向的一种简单机械装置。其原理是靠人力来带动两轮的指南车行走,从而带动车内的木制齿轮转动,来传递转向时两个车轮的差动,再来带动车上的指向木人与车转向的方向相反、角度相同,使车上的木人指示方向。不论车子转向何方,木人的手始终指向指南车出发时设置木人指示的方向,“车虽回运而手常指南”。

(a)

(b)

图1-1 铜壶滴漏计时器

(a)泄水式单壶; (b)受水式多壶

图1-2 指南车

此外,还有公元100年亚历山大发明的自动分发圣水的装置,公元132年张衡发明的自动测量地震的候风地动仪,公元1647年明代的提花织布机等均具有自动控制的思想。

世界公认的自动控制诞生的标志是1788年,瓦特给蒸汽机添加了一个“节流”控制器即节流阀。它由一个离心“调节器”操纵,类似于磨坊工人用来控制风力面粉机磨石松紧的装置。“调节器”或“飞球调节器”用于调节蒸汽流(见图1-3),以便确保引擎工作时速度大致均匀。这是当时反馈调节器最成功的应用。此后展开了控制理论的研究。

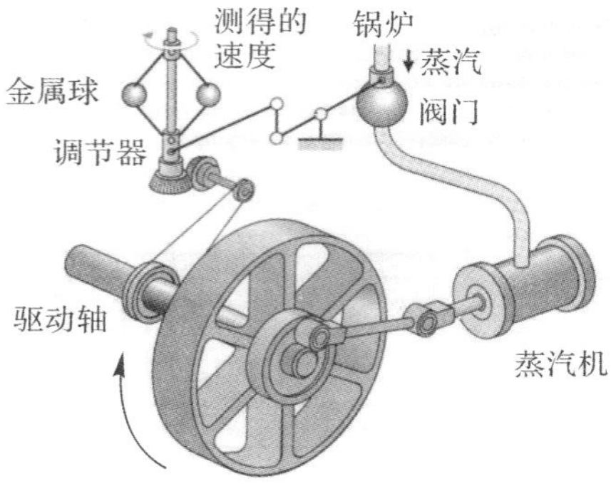

(a)

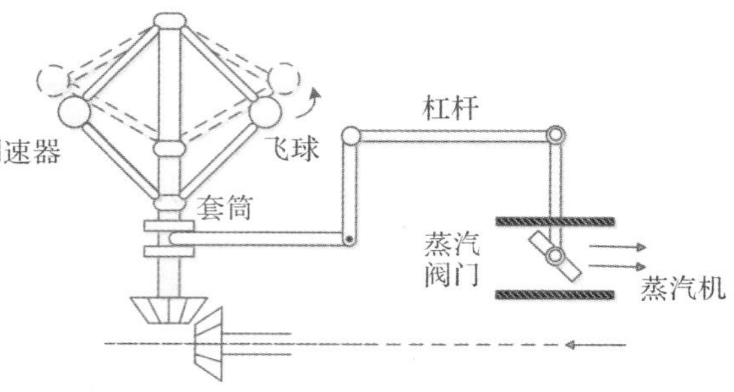

(b)

图1-3 蒸汽机的离心调速器

二、控制理论发展的三个阶段

1.经典控制理论

第一阶段是19世纪40年代末到50年代的经典控制论时期,着重研究单输入单输出(Single Input Single Output,SISO)系统的控制问题;主要数学工具是微分方程、拉普拉斯变换和传递函数;主要研究方法是时域法、复数域和频域法,以解决快速性、稳定性和准确性问题。

2. 现代控制理论

第二阶段是20世纪60年代的现代控制理论时期，着重解决多输入多输出（Multi Input Multi Output，MIMO）系统的控制问题；主要数学工具是微分方程组、矩阵论和状态方程等；主要方法是变分法、极大值原理和动态规划理论等。

现代控制理论本质上是一种时域法，其研究内容非常广泛，主要包括三个基本内容：多变量线性系统理论、最优控制理论以及最优估计与系统辨识理论；从理论上解决了系统的可控性、可观测性、稳定性以及许多复杂系统的控制问题。

3. 大系统理论

第三阶段是20世纪70年代的大系统理论时期，着重解决多变量大系统的综合控制问题。该阶段是过程控制与信息处理相结合的产物，以多级递阶系统和分散控制系统为代表。这一时期最显著的特征是人工智能科学的发展，形成控制理论发展的最前沿——智能控制，这是人工智能和自动控制交叉的产物；以模糊控制、神经网络控制和专家控制为核心。重点解决系统的不确定、非线性和时变等问题，控制系统具有自适应、自学习和自组织的特性。

三、控制史上的重要著作

在控制理论发展的历史上有两部著作起到了里程碑的作用：

第一部是控制论创立者维纳（Norbert Wienner）的经典论著《控制论，或关于在动物和机器中控制和通讯的科学》（*Cybernetics or Control and Communication in the animal and the machines*，1948）。书中用统一的数学观点讨论了通讯、计算机和人类思维活动，提出了自动化工厂、机器人和由数字计算机控制的装配线等新概念，并使用了通讯理论的术语，如控制、反馈、信息、输入和系统等。该书为控制论奠定了理论基础，是控制论正式诞生的标志。

第二部是钱学森的著作《工程控制论》（*Engineering Cybernetics*，1954）。书中详细介绍了工程控制所涉及的基本概念，对工程技术领域的各个自动控制系统与自动调节系统做了全面的理论分析与探究，是工程实际中所用到的许多设计原则的整理与总结。《工程控制论》是自动控制理论的思想基础和方法学基础，开创了一门新的技术科学。

1－3　自动控制系统的一般概念

自动控制是一门理论性及工程实践性均较强的技术学科，常常称为“控制工程”，而同时把实现这种技术的基础理论叫作“自动控制理论”。在工程和科学的发展过程中，自动控制起着愈来愈重要的作用，它已成为现代工业生产过程中十分重要的而且不可缺少的组成部分。

自动控制是随着人们不断解决在生产实践和科学试验中提出的“控制”问题而发展起来的，因此，首先必须了解什么是控制。

一、控制

控制简单讲就是在外界输入的作用下，使系统输出按照给定的规律变化。

在生产和科学实践中，往往要求一台机器或一套设备按人们所希望的状态工作，但是实际上，由于种种原因，它们的实际工作状态一般不会自动地和人们所希望的工作状态相一致。例如，要想使烘烤炉提供合格的产品，就必须严格地控制炉温；要想使数控机床加工出高精度零件，就必须控制其工作台或刀架的位置，等等。这里把烘烤炉、数控机床称为被控对象；炉温、刀架位置是表征被控对象工作状态的物理量，称为被控量；而在运行过程中规定的炉温、进刀量，称为被控量的期望值，或是被控对象的期望工作状态。要使被控量等于期望值，就必须对被控对象进行控制。这个任务，如果是由人直接参与来完成的，称为人工控制；无须人的直接参与，而采用一些设备（控制装置）来代替人的功能，使被控对象（如机器、设备或生产过程等）自动地按照预定的规律运行，这就是自动控制。下面以简单的发电机为例加以说明。

【例 1-1】 如图 1-4 所示是一台发电机原理图。发电机的激磁电压 u_j 由直流电源供电，通过电位器进行调节，在原动机的带动下，它就可以发出电压，供负载使用。为了使用设备的安全，并且能正常工作，希望无论在什么情况下，发电机发出的电压都能保持恒定不变。但事实上，若不采取任何措施想使它的电压 u 保持恒定几乎是不可能的。发电机在实际工作中，要受到很多因素的影响。例如：激磁电压 u_j 的变化，原动机转速 ω 的变化，以及负载的变化，等等，这些因素都将使输出电压 u 发生变化，所有这些变化，事先是很难准确估计或根本无法估计的。

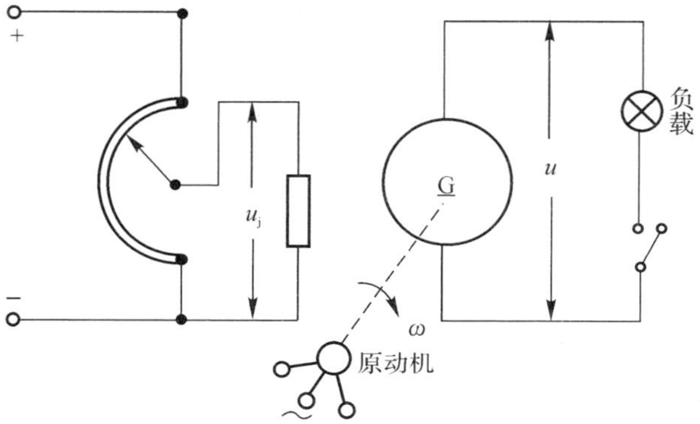

图 1-4　发电机原理图

例如，当负载增加（或减小）时，发电机输出电压 u 也随之减小（或增大），那么人应如何来控制，才能使发电机的电压回到原来值（即期望值）呢？此外，人在控制过程中又起哪些作用呢？下面就来分析这些问题。

二、人工控制

首先明确以下几个问题，在这个系统中：

（1）被控对象为发电机；

（2）被控量为发电机发出的电压 u；

（3）期望值为发电机的额定工作电压 u_r。

人工控制过程　首先，人应对发电机发出的实际电压 u 进行测量，然后与期望的电压值 u_r 进行比较，看它们是否相等，若不等，差值是多少。所谓比较，就是人在脑子里进行一个简单的减法运算，把脑子里记忆的期望值 u_r 与眼睛观测到的（通过电压表测得）实际电压值 u 相减，得到误差 u_ε。然后，根据误差 u_ε 的大小和正负来设法改变发电机的输出电压，使实际值 u 接近或等于期望值 u_r。如何改变发电机的输出电压 u 呢？根据电机学的知识，改变发电机的

激磁电压 u_j 可以比较方便地控制其输出电压 u。因此，人就可根据比较的结果进行控制，即若电压 u 下降了(即 $u < u_r$，$u_\varepsilon > 0$)，就可手动调节电位器，加大激磁电压 u_j，从而使发电机输出电压接近或等于期望值。反之亦然。上述这种操作过程称为执行。

由此可见，人工在控制过程中主要完成测量、比较和执行这三项工作。

显然，在负载变化较慢的情况下，采用人工控制是可以完成任务的。但若负载变化较快，人就很难跟上变化，也就不能准确(准)和快速(快)地进行控制了。

随着科学技术和国防工业的发展，对“准”和“快”的要求愈来愈高；而且一些特殊场合，例如需要在高温、真空、原子反应堆中进行控制，人就不能直接去进行控制。这样，人工控制就不能满足生产实际的需要，要求用一些设备来代替人的功能进行自动控制。另外，在某些场合，即使人工控制可以满足要求，但工作十分繁重、单调，工作条件也差，为了提高生产率和产品质量，改善劳动条件，亦要求将人从这些单调、繁重的劳动中解放出来，去从事更高级的创造性的劳动。

三、自动控制

所谓**自动控制就是在无人工直接参与的情况下，利用控制装置(控制器)使被控对象按照给定的规律变化。**显然，这些设备至少应完成人工所做的三项工作：测量、比较和执行。

下面仍用发电机这个简单例子来说明如何用一些设备来代替人工所做的三项工作，而完成自动控制的任务(见图 1-5)。

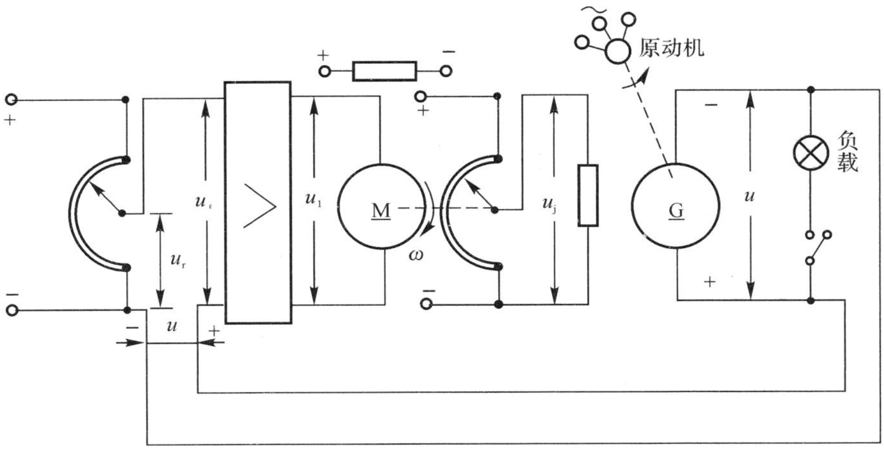

图 1-5　电压自动控制系统原理图

测量　由于要测量的是发电机的输出电压，所以只要用两根导线把发电机的输出电压 u 直接引出即可。

比较　电压 u_r 为给定的基准电压(这里用一个电位器给定)，其设置值与发电机的输出希望值相对应。因此，为了得到 u_r 和 u 的差值，只要把电压 u 与 u_r 反向串联连接即可，如图 1-5 中所示。

通常，对系统准确度的要求比较高，即要求 u 与 u_r 的差值(误差)u_ε 很小，因此，必须将误差信号放大后才能加以利用。

放大　这里选用电子放大器。

执行　u_ε 放大后的电压 u_1 驱动电动机，并带动与电机轴相连的电位器滑臂移动，从而调节激磁电压 u_j，保证发电机的输出电压 u 接近输出期望值 u_r，减小以致消除误差 u_ε。

$$u_\varepsilon = u_r - u$$

由此可见，利用这些装置可以代替人工作用自动地控制发电机的输出电压，完成自动控制的任务。把能自动地完成控制任务的系统，称为**自动控制系统**。

在图 1－5 所示的控制系统中，u_r 为控制系统的输入量（控制量）；u 为系统的输出量（被控量）。

下面分析图1－5所示系统的控制过程：若系统处于平衡工作状态，即输出为某一个期望值 u（这时 $u=u_r$），误差 $u_\varepsilon=0$，电动机不转。当负载加大（可认为是系统受扰动作用），破坏了系统的平衡工作状态，输出偏离期望值，u 值减小。因此，系统产生误差 $u_\varepsilon=u_r-u>0$，经放大后的误差 u_1，使电动机朝着增加发电机的激磁电压 u_j 方向转动，最终使发电机输出电压回到期望值 u_r，误差 $u_\varepsilon=0$，系统回到平衡工作状态。从整个控制过程来看，可以既准又快地自动完成控制任务。

至此，对自动控制系统已有了一些感性认识。但是，是否用任意一些设备随意组合起来就能完成自动控制任务呢？要回答这个问题，必须了解自动控制系统的工作原理和自动控制系统的组成原则。

1. 工作原理

在自动控制系统中，首先应对被控量（如发电机输出电压）进行测量，然后与系统输入量（如发电机输出的期望值）进行比较，获得误差量，最后利用放大后的误差信号使执行元件（如电动机）的输出（转角 θ）改变，从而使被控量接近或等于系统输出期望值，以减小或消除误差，使系统输出保持某个恒值。

将系统的输出返回到输入端进行比较的过程，称为反馈。根据反馈的方式和特性不同，可分为负反馈和正反馈。输入量与反馈量相减是负反馈，相加是正反馈。采用反馈控制可以有效地抑制前向通道中干扰对系统输出的影响。

上述过程说明，自动控制系统的工作原理可归结为：获得误差，利用误差，最后达到减小或消除误差。由此可见，利用反馈按误差进行控制是自动控制系统工作的基础，也称为**反馈控制原理**。通过反馈建立起输入（原因）和输出（结果）的联系，使控制器可以根据输入与输出的实际情况来决定控制策略，以便达到预定的系统功能。

2. 组成原则

根据自动控制系统的工作过程可知，整个系统应由测量、比较、放大、执行机构和被控对象组成。

这些设备是如何组成自动控制系统的呢？为了便于说明，同时也为了便于以后表示和分析自动控制系统，将系统原理图简化成系统方框图。

系统方框图是由许多对信号进行单向传递的元件方框和一些连线组成的，它包含三种基本单元，如图 1－6 所示。

引出点：如图 1－6(a) 所示，表示信号的引出或信号的分支，箭头表示信号传递方向，线上标记信号为传递信号的时间函数。为书写方便省去变量 t，如 $u(t)$ 一般简写成 u。

比较点：如图 1－6(b) 所示，表示两个或两个以上信号进行加或减的运算。“＋”号表示信号相加(“+”号可省去不写),“-”号表示信号相减。

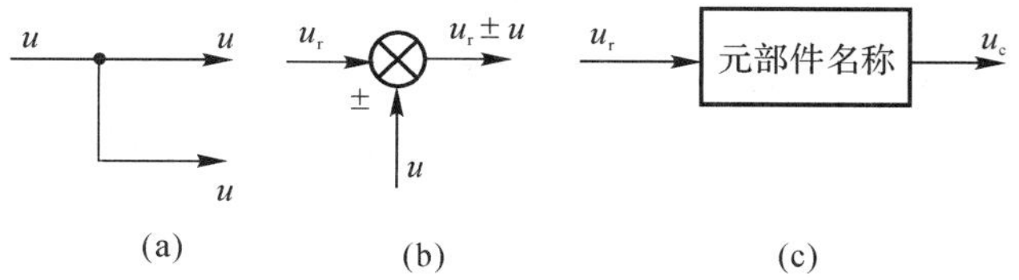

图 1-6　方框图的基本组成单元

元件方框:如图 1-6(c)所示,方框中写入元、部件名称,进入箭头表示其输入信号,引出箭头表示其输出信号。

任何复杂的自动控制系统,都是由元、部件组成的。各元、部件的输入、输出信号之间均可用一个单向性的方框来表示。整个自动控制系统的方框图,就是按照系统中信号传递的顺序,用信号线依次将各个方框连接而成的图形。如图 1-7 所示就是一个电压自动控制系统(见图 1-5)的原理方框图,当然,系统方框图中的方框与实际系统中元、部件并非一定是一一对应的。

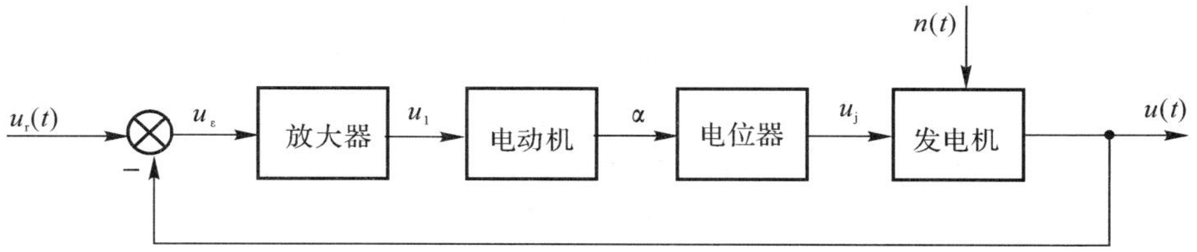

图 1-7　电压自动控制系统方框图

由系统方框图可见,上述控制系统中信号的传递形成一个封闭回环,且被控量返回输入端和输入信号进行相减比较,即负反馈。因此,自动控制系统必须按照闭环负反馈的原则组成(应当指出,反馈信号是被控制量或是与被控量有关联的量)。

闭环控制系统的一般原理方框图,如图 1-8 所示。图中 $r(t)$ 为系统输入信号,$c(t)$ 为系统输出信号。把完成控制作用的校正元件、比较元件、放大元件和执行元件的组合称为控制器。因此,自动控制系统一般由控制器、被控对象和测量元件组成。显然,闭环控制是指控制器(控制装置)与被控对象之间既有顺向作用(控制器对被控对象的作用),又有反向联系(被控量返回到控制器)的控制过程。简化闭环控制系统方框图如图 1-9 所示。

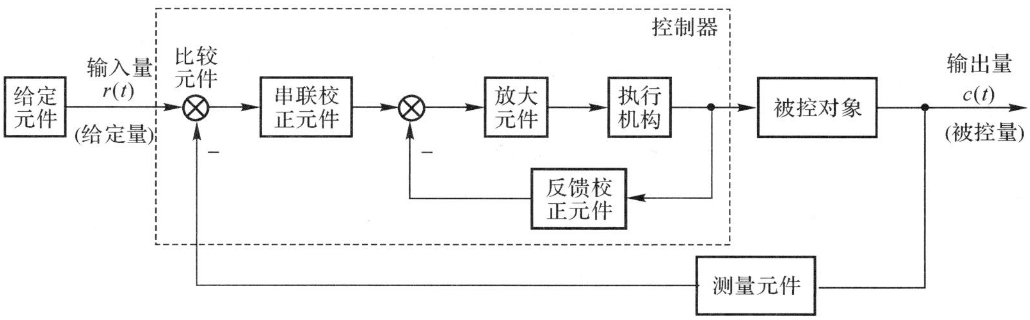

图 1-8　典型闭环控制系统的原理方框图

给定元件:指用于产生给定信号或输入信号的部件。如图 1－4 中所示的环形电位器。

比较元件:比较信号产生偏差的元件。如图 1－5 中所示的放大器。

校正元件:串联或反馈元件都是外加的用来改善系统性的。如 RC 电路。

放大元件:用于放大偏差信号,使之足够大到可以驱动执行机构或被控对象。如功率放大器。

执行机构:执行控制动作的元件。如阀门。

测量元件:检测被控量或输出量,获得反馈信号。如各种常见传感器。

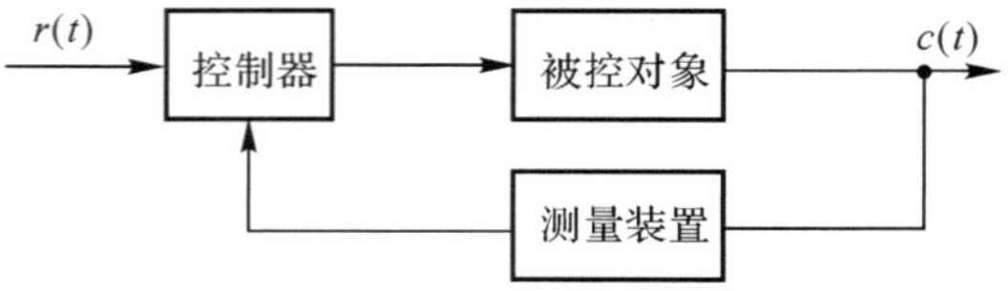

图 1－9　闭环系统的方框图

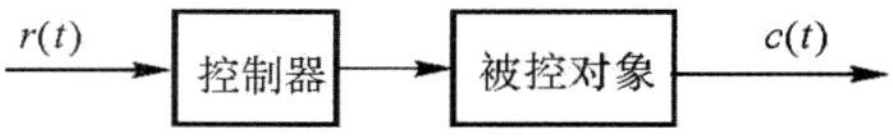

图 1－10　开环控制的方框图

四、开环控制

开环控制是指控制器与被控对象之间只有顺向作用而没有反向联系的控制过程。在开环系统中,既不需要对输出量进行测量,也不需要将输出量反馈到系统输入端与输入量进行比较。图 1－10 表示了这类系统的输入量与输出量之间的关系。如自动售货机、产品生产自动线、数控机床、交通指挥的红绿灯转换和洗衣机等,一般都是开环控制系统。

在任何开环控制系统中,系统的输出量都不被用来与输入量进行比较。因此,当出现扰动而产生误差时,系统一般不采取任何措施来减小或消除这些误差,显然如果扰动较大,或控制精度要求较高,开环控制系统就不能完成既定任务了。

五、闭环与开环控制系统的比较

由上述内容可知,闭环与开环控制系统的主要差别就在于是否采用“反馈”。闭环控制系统的优点是:由于采用了反馈,所以系统输出(响应)对外部干扰和系统内部元、部件的参数变化不很敏感。这就有可能利用不太精密的、成本较低的元、部件来构成具有较高精度的控制系统。而这一点在开环系统中,是不可能做到的。另外,从稳定性的角度来看,开环控制系统比较容易稳定,而闭环控制系统中稳定性问题却较为突出。由于闭环系统采用了反馈,如果设计不当,系统有可能产生较大的振荡,甚至发散,造成系统不稳定。

一般来说,当系统的输入量能预先知道,并且不存在扰动,或扰动不大时,同时对系统控制精度要求不是很高时,建议采用开环控制为好,因为开环控制结构比较简单,成本比较低。只有当存在着无法预计的扰动和(或)系统中元件参数存在着无法预计的变化时,才能充分发挥闭环控制系统的优越性。

还应当指出,系统输出功率的大小,在某种程度上确定了控制系统的成本、质量和尺寸。为了减小系统所需要的功率,在可能情况下应当采用开环控制。如将开环和闭环控制适当地结合在一起,既经济又能够满足整个系统性能要求,这种控制方式称为**复合控制**。复合控制可以在不改变系统稳定性的基础上,提高其精度及抗外部干扰的能力。

1－4 自动控制系统举例

一、位置随动系统

在飞行器的仪表中，为了将陀螺（或其他测量元件）测得的姿态角的数据传递到比较远的地方（如驾驶室的仪表板上），就要进行转角的远距离传送，可以利用图 1－11 所示随动系统来实现上述要求。该系统的任务就是保持输出轴始终紧紧跟踪输入轴变化，又由于输入轴位置是未知的时间函数，所以该系统是一个位置随动系统。

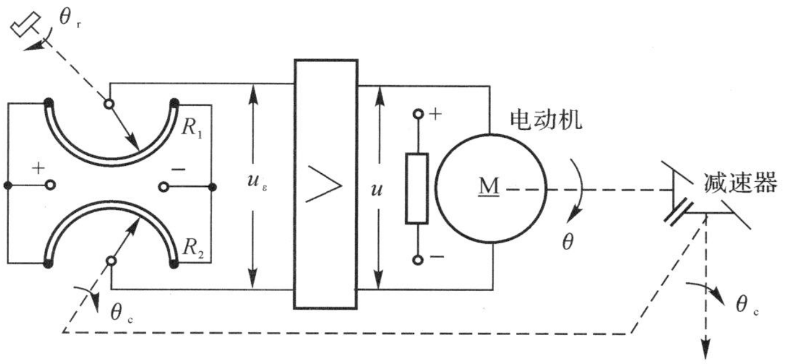

图 1－11 位置随动系统原理图

系统的工作原理如下：利用两个电位器 R_1 和 R_2 分别把输入轴转角 θ_r 和输出轴转角 θ_c 变成相应的电压，然后再把这两个电压反向串联（相减），即得与角度误差 $\theta_\varepsilon=\theta_r-\theta_c$ 成比例的电压 u_ε。该电压经过放大器放大后加到电动机上，电动机的轴经减速器和输出轴相连接，同时带动电位器 R_2 的电刷移动，如果 $\theta_c\neq\theta_r$，则 $u_\varepsilon\neq 0$。放大后的电压 u 驱动电动机转动，转动方向应使 θ_c 向 θ_r 接近，使 θ_ε 减小。最后，两者取得一致，$\theta_c=\theta_r$，则 $u_\varepsilon=0$，电机停止转动，系统进入平衡状态（假定元件没有死区）。这样，就保证了输出轴紧紧地跟随着输入轴的变化。

二、函数记录仪

函数记录仪是一种自动记录电压信号的设备，它可以在直角坐标上自动描绘两个电量的函数关系。同时，记录仪还带有走纸机构，用以描绘一个电量对时间的函数关系。其原理图如图 1－12 所示，其中记录笔与电位器 R_m 的电刷机械连接。因此，由电位器 R_0 和 R_m 组成桥式线路的输出电压 u_p 与记录笔位移是成正比的。当有输入信号 u_r 时，在放大器输出端得到误差电压 $u_\varepsilon=u_r-u_p$，经放大器放大后驱动伺服电动机，并通过减速器及绳轮带动记录笔移动，使误差电压减小至 $u_p=u_r$ 时，电动机停止转动。这时记录笔的位移 L 就代表了输入信号的大小。若输入信号随时间连续变化，则记录笔便跟随并描绘出信号随时间变化的曲线。

函数记录仪控制系统方框图如图 1－13 所示。函数记录仪系统的任务是控制记录笔正确记录输入的电压信号。而输入信号的变化规律可以是时间的未知函数，因此，这种控制系统也是一个随动系统。

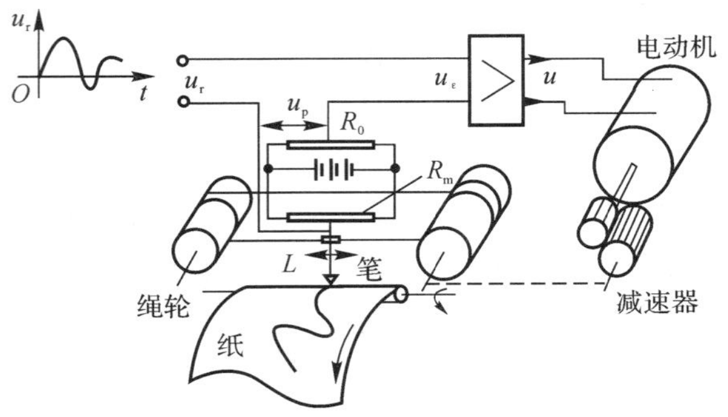

图 1-12　函数记录仪原理示意图

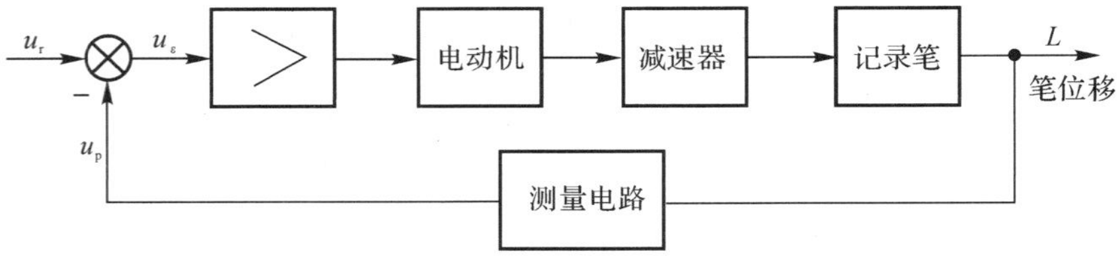

图 1-13　函数记录仪控制系统方框图

三、速度控制系统

图 1-14 表示蒸汽机上瓦特调速器的基本原理。进入蒸汽缸中的蒸汽量,可根据蒸汽机的期望转速与实际转速的差值自动地进行调整。它的工作原理是:根据期望的转速,设置输入量(控制量)。如果实际转速降低到期望的转速值以下,则调速器的离心力下降,从而使控制阀上升,进入蒸汽机的蒸汽量增加,于是蒸汽机转速随之增加,直至上升到期望的转速值时为止。反之,若蒸汽机的转速增加到超过期望的转速值,调速器的离心力便会增加,造成控制阀向下移动。这样就减少了进入蒸汽机的蒸汽量,蒸汽机的转速也就随之下降,直到下降至期望的转速值时为止。

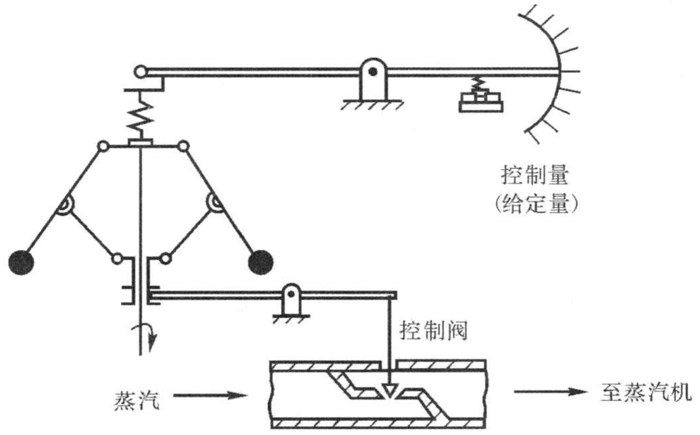

图 1-14　速度控制系统原理图

四、数控机床系统

图 1-15 为数控机床系统方框图，根据对工件 P 的加工要求，事先编制出控制程序，作为系统的输入量送入计算机。与工具架连接在一起的传感器将刀具的位置信息变换为电压信号，再经过模/数转换器变为数字信号，并作为反馈信号送入计算机。计算机将输入信号与反馈信号比较，得到误差信号，随后经数/模转换器将数字信号转变为模拟电压信号，经功率放大后驱动电动机，带动刀具按期望的规律运动。系统中的计算机还要完成指定的数学运算等，使系统有更高的工作质量。图中的测速电机反馈支路是用来改善系统性能的。

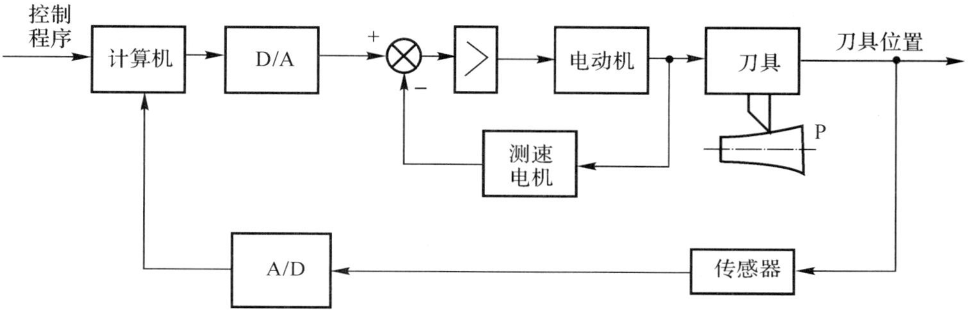

图 1-15　数控机床系统方框图

五、复合控制系统

图 1-16 为火炮自动控制系统原理方框图。它是在闭环控制回路的基础上，附加一个输入信号的顺向通道，顺向通道由对输入信号的补偿装置组成，因此，它是一个按输入信号补偿的复合控制系统。当火炮对空射击时，要求炮身方位角 θ_c 与指挥仪给定的方位角 θ_r 一致。为了保证炮身能准确跟随高速飞行的目标，提高跟踪精度，因此，从指挥仪引出方位角的速度信号 $\dot{\theta}_r$，通过补偿装置形成开环控制信号，由于方位角速度信号总是超前于方位角信号，所以只要补偿装置选择合适，就能使炮身按照指挥仪的方位角信号以及所要求的角速度准确地跟踪目标。

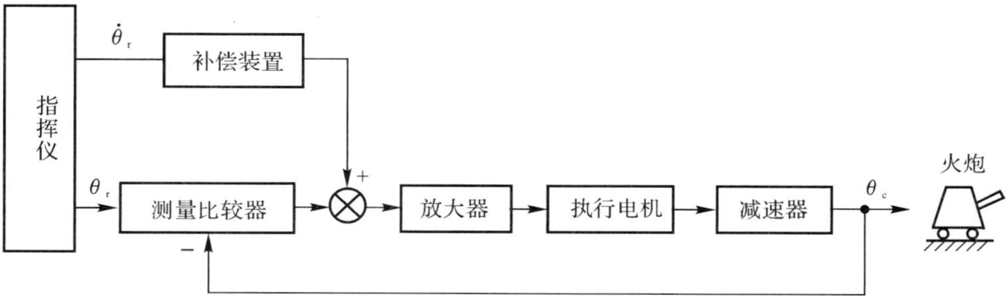

图 1-16　火炮自动控制系统方框图

1－5　自动控制系统的分类

本课程的主要内容是研究按误差控制的系统。为了更好地了解自动控制系统的特点，介绍一下自动控制系统的分类。分类方法很多，这里主要介绍其中比较重要的几种。

一、按描述系统的微分方程分类

在数学上通常可以用微分方程来描述控制系统的动态特性。按描述系统运动的微分方程可将系统分成两类：

1. 线性自动控制系统

描述系统运动的微分方程是线性微分方程。如方程的系数为常数，则称为线性定常自动控制系统；相反，如系数不是常数而是时间 t 的函数，则称为线性时变自动控制系统。线性系统的特点是可以应用叠加原理，在数学上较容易处理。

2. 非线性自动控制系统

描述系统的微分方程是非线性微分方程。非线性系统一般不能应用叠加原理，在数学上处理比较困难，至今尚没有通用的处理方法。

严格地说，在实践中，理想的线性系统是不存在的，但是如果对于所研究的问题，非线性的影响不很严重时，则可近似地看成是线性系统。同样，实际上理想的定常系统也是不存在的，但如果系数变化比较缓慢，也可以近似地看成是线性定常系统。

二、按系统中传递信号的性质分类

1. 连续系统

系统中传递的信号都是时间的连续函数，称为连续系统。

2. 离散系统

系统中至少有一处传递的信号是时间的离散信号，称为离散系统，或采样系统。

三、按控制期望信号 $r(t)$ 的变化规律分类

1. 恒值系统

$r(t)$ 为恒值的系统，称为恒值的系统（如图 1－5 所示电压的控制系统）。

2. 程序控制系统

$r(t)$ 为事先给定的时间函数的系统，称为程序控制系统（如图 1－15 所示数控机床系统）。

3. 随动系统

$r(t)$ 为事先未知的时间函数的系统，称为随动系统，或跟踪系统（如图 1－11 所示位置随动系统）。

1－6　对自动控制系统的一般要求

下面仍以图 1－11 所示位置随动系统为例进行讨论。首先看一下位置随动系统在外作用下是如何运动的。

设系统处于平衡状态，输入和输出均为常值，不失一般性，可设该常值为零。假定，当时间 $t=0$ 时，输入轴突然转过一个角度 θ_r，如图 1－17 中 θ_r 所示。因此，系统出现了误差信号 $\theta_\varepsilon=\theta_r$，它经过电位器转换成电压 u_ε，又经过放大器放大后加到电动机上，电动机产生转矩，驱动电动机转轴带动负载转动，由于电动机的转子包括负载（负载惯量可折算到电机轴上）是有转动惯量（惯性）的，故转子的转速和转角不可能发生突变。随着时间的增加，输出轴的转速渐渐增加，相应的转角 θ_c 也渐渐增加，如图 1－17 中 θ_c 所示，破坏了系统的平衡状态，进入加速过程。随着 θ_c 的增加，相应的误差角 θ_ε 就减小。当 $t=t_1$ 时，误差为零。此时作用在电动机绕组上的电压 $u=0$，似乎系统的运动到此时就应该结束了。但实际上不然。因为电机的转子有惯性，在运动过程中已积累了一定的动能，所以即使电机绕组上电压 u 已为零，转子并不能立刻停止转动。因此，由于惯性作用 θ_c 就向大于 θ_r 的方向转动。显然，由于 $\theta_c>\theta_r$，故出现了负的误差信号。此信号就产生一个使电机向反方向转动的转矩，即此时电机进入了制动过程。电机的转速开始下降，最后在 $t=t_2$ 时下降至零。由于此时负的误差信号还存在，故电机又开始了反方向的加速运动，来减小误差信号，到 $t=t_3$ 时，误差 θ_ε 又等于零。同样由于惯性又会使 θ_c 小于 θ_r。因此，一般说来，θ_c 的变化是一个振荡的过程。如果电机的惯性不太大而且控制“恰当”，那么振荡的振幅就会愈来愈小，经过几次振荡 θ_c 就趋于 θ_r，如图 1－17 中曲线 1 所示，系统趋于新的平衡状态。

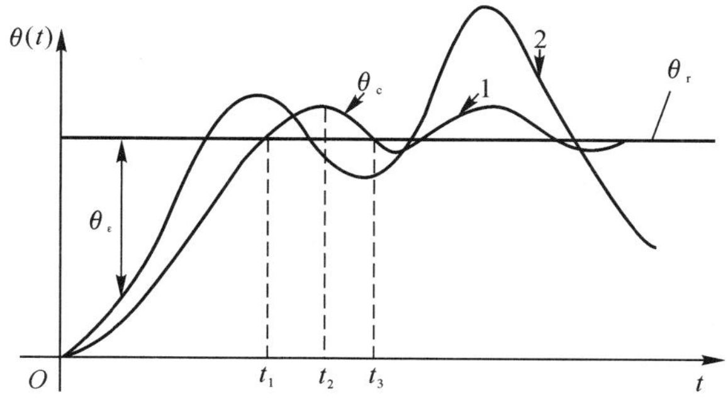

图 1－17　如图 1－11 所示系统的响应曲线

可以想象，如果系统惯性增加，系统振荡的趋势将加大，因此，惯性大于一定数值后，就有可能使振荡幅值愈来愈大，以至于系统不能正常工作，如图 1－17 中曲线 2 所示。显然，一般来说，在生产中所需要的是前一种过程（曲线 1），而且希望 θ_c 很快地趋于 θ_r。

从上述分析可以得到以下几个重要概念：

由于系统中元、部件具有惯性，故系统在外作用下由一个平衡状态（或稳态）过渡到另一个平衡状态（或稳态）需要有一个过程。这一过程称为**动态过程或瞬态过程**，或称系统响应，如图 1－18 所示。过渡过程结束后的输出响应称为**稳态过程**。系统的输出响应由动态过程和稳态过程组成。

动态过程有两种形式：一种是收敛的，如图 1－19 中曲线 1 和曲线 2 所示，对应的系统是稳定的；另一种是发散的，如图 1－19 中曲线 3 和曲线 4 所示，对应的系统是不稳定的。

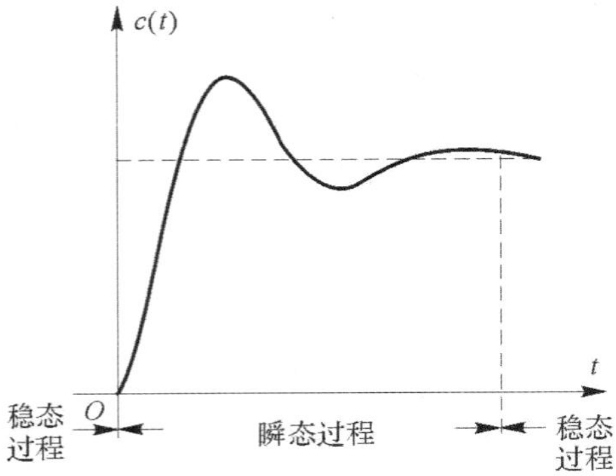

图 1-18 动态过程

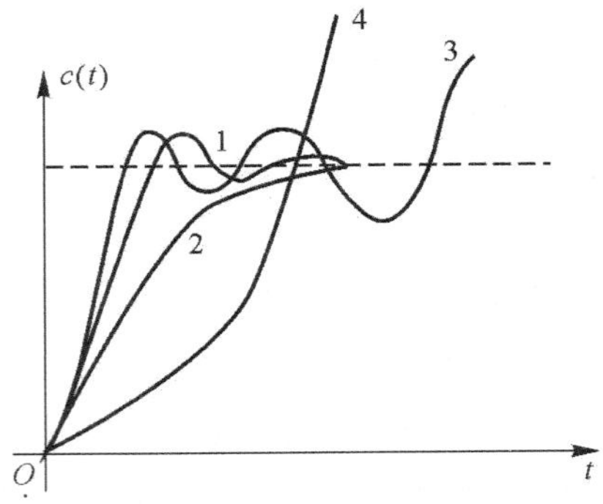

图 1-19 动态响应收敛和发散形式

由上述例子可见，系统要能正常工作，首先它的瞬态响应（动态过程）必须是收敛的，即系统是稳定的。稳定性可认为系统受到外界输入后，重新恢复平衡的能力。不稳定系统是无法正常工作的。其次系统的输出应尽快地跟踪输入的变化或克服干扰的影响，即瞬态响应愈快愈好，但不能使超调过大。快速性表明了系统输出对输入响应的快慢程度。另外，系统到达稳态以后，系统的输出与希望值之间的差别应尽量地小，即“准确度愈高愈好”。准确性反映了系统在外界输入作用下的稳态精度。若系统最终误差为零，称为无差系统，否则称为有差系统。

总之，不同的控制对象、不同的工作方式和控制任务，对系统的性能指标要求也往往不相同。一般而言，对系统的要求可以归纳为稳（稳定性）、准（稳态准确度）、快（动态快速性）三个字。

1-7 本课程的任务

自动控制系统的种类很多，用途也各不相同。本课程是从控制理论的观点出发来分析研究自动控制系统中一些带有共性的问题，而不是具体地深入研究某一个或某一些实际系统。

本书重点讨论按误差控制的反馈控制系统。具体来说，讨论以下两方面的问题。

一、系统分析

所谓分析问题，是给定一个具体系统，判断系统的稳定性、计算系统的动态和稳态性能指标，研究系统性能与系统结构、参数之间的关系。如何从理论上对系统的动态性能和稳态性能进行定性分析和定量计算。

二、系统设计或校正

所谓设计问题，是给定被控对象及其技术指标要求，如何根据已知的实际情况，合理地确定控制装置的结构和参数。设计过程中经常需要改变系统的某些参数，甚至还要改变系统的结构。因此，设计问题一般要比分析问题更为复杂。

1-8 MATLAB与自动控制系统

自动控制理论作为自动化类专业的专业课之一，是一门理论性非常强的课程，数学含量大，计算繁杂，难点内容也较多；仅仅用概念和文字介绍这些数学模型，学生对它的理解只能停留在表面，难于深刻理解。故将 MATLAB 软件引入教学中，系统、形象展现控制的原理和效果，能使学生更好地理解自动控制系统中比较抽象的内容。

一、MATLAB 简介

MATLAB 是 MATrix LABoratory（矩阵实验室）的缩写，是 MathWorks 公司 1984 年推出的一种面向工程和科学运算的交互式计算软件，经过 30 多年的发展与竞争、完善，现已成为国际公认的最优秀的科技应用软件。20 世纪 80 年代初，MATLAB 的创始人 Cleve Moler 博士在美国 New Mexico 大学讲授线性代数课程时，构思并开发了 MATLAB 软件。该软件一经推出，就备受青睐和瞩目，其应用范围也越来越广阔。后来，Moler 博士等一批数学家与软件专家组建了 MathWorks 软件开发公司，专门扩展并改进 MATLAB。这样，MATLAB 就于 1984 年推出了正式版本，到 2020 年，MATLAB 已经发展到了 9.8 版。MATLAB 系统由 MATLAB 开发环境、MATLAB 数学函数库、MATLAB 语言、MATLAB 图形处理系统、MATLAB 应用程序接口（API）和 SIMULINK 六大部分构成。

1. MATLAB 的特点

MATLAB 有三大特点：一是功能强大，它包括了数值计算和符号计算、计算结果和编程可视化、数学和文字统一处理、离线和在线计算等功能；二是界面友好、语言自然，MATLAB 以复数矩阵为计算单元，指令表达与标准教科书的数学表达式相近；三是开放性强，MATLAB 有很好的可扩充性，可以把它当作一种高级的语言去使用，用它可以容易地编写各种通用或专用应用程序。

SIMULINK 是 MATLAB 的一个重要的伴随工具。它是通过对真实世界中的各种物理系统建立模型，进而用计算机实现仿真的软件工具。将 SIMULINK 应用于自动控制系统，可以很容易地构建出符合要求的模型，灵活地修改参数，方便地改变系统结构或进行转换模型，同时可以得到大量的有关系统设计的充分的、直观的曲线，这使得它成为国际控制领域应用最广的首选计算机工具软件。

正是 MATLAB 具有这些特点，因而被广泛使用。它不仅成为世界上最受欢迎的科学与工程计算软件之一，而且成为国际上最流行的控制系统计算机辅助设计的工具。现在的 MATLAB 已经成为一种具有广阔应用前景的、全新的计算机高级编程语言。

2. MATLAB 的功能

MATLAB 在数学类科技应用软件中在数值计算方面首屈一指。MATLAB 可以进行矩阵运算、绘制函数和数据、实现算法、创建用户界面、连接其他编程语言的程序等，主要应用于数值分析，数值和符号计算，工程与科学绘图，控制系统的设计与仿真，数字图像、数字信号处理，通讯系统设计与仿真，财务与金融工程等。

3. 常用工具箱

MATLAB 包括拥有数百个内部函数的主包和三十几种工具箱。开放性使 MATLAB 广受用户欢迎。除内部函数外，所有 MATLAB 主包文件和各种工具箱都是可读、可修改的文件，用户可通过对源程序的修改或加入自己编写程序来构造新的专用工具箱。工具包又可以分为功能性工具箱和学科工具箱。功能工具箱用来扩充 MATLAB 的符号计算、可视化建模仿真、文字处理及实时控制等功能。学科工具箱是专业性比较强的工具箱，常用的有：主工具箱（Matlab Main Toolbox）、控制系统工具箱（Control System Toolbox）、通讯工具箱（Communication Toolbox）、财政金融工具箱（Financial Toolbox）、系统辨识工具箱（System Identification Toolbox）、模糊逻辑工具箱（Fuzzy Logic Toolbox）、高阶谱分析工具箱（Higher -Order Spectral Analysis Toolbox）、图像处理工具箱（Image Processing Toolbox）、计算机视觉工具箱（Computer Vision System Toolbox）、线性矩阵不等式工具箱（LMI Control Toolbox）、模型预测控制工具箱（Model Predictive Control Toolbox）、μ 分析工具箱（μ - Analysis and Synthesis Toolbox）、神经网络工具箱（Neural Network Toolbox）、优化工具箱（Optimization Toolbox）、偏微分方程工具箱（Partial Differential Toolbox）、鲁棒控制工具箱（Robust Control Toolbox）、信号处理工具箱（Signal Processing Toolbox）、样条工具箱（Spline Toolbox）、统计工具箱（Statistics Toolbox）、符号数学工具箱（Symbolic Math Toolbox）、动态仿真工具箱（Simulink Toolbox）、小波工具箱（Wavelet Toolbox）、DSP 处理工具箱（DSP System Toolbox）等。

二、MATLAB 在自动控制中的应用

1. 控制系统工具箱（Control System Toolbox）

控制系统工具箱是 MATLAB 专门针对控制系统工程设计的函数和工具的集合。该工具箱主要采用 M 文件形式，提供了丰富的算法程序，所涉及的问题基本涵盖了经典控制理论的全部内容和一部分现代控制理论的内容。MATLAB 的控制系统工具箱主要处理以传递函数为主要特征的经典控制和以状态空间为主要特征的现代控制中的问题。该工具箱对控制系统的建模、分析和设计提供了一个完整的解决方案，是 MATLAB 最有力和最基本的工具箱之一。概括地说，控制系统工具箱在系统建模、系统分析和系统设计等方面都有应用。

2. 系统辨识工具箱（System Identification Toolbox）

系统辨识工具箱基于预先测试得到的输入、输出数据来建立动态系统的线性模型，可以使用时域或频域技术对单通道数据或多通道数据进行模型辨识。利用该工具箱可以对一些不容易用数学方法描述的复杂动态系统建立数学模型，例如发动机系统、飞行动力学系统及机电系统等。

3. 模糊逻辑工具箱（Fuzzy Logic Toolbox）

模糊逻辑工具箱利用基于模糊逻辑的系统设计工具扩展了 MATLAB 的科学计算。通过图形用户界面，可以完成模糊推理系统设计的全过程。该工具箱中的函数提供了多种通用的模糊逻辑设计方法，可以利用简单的模糊规则对复杂的系统行为进行建模，然后将这些规则应用于模糊推理系统。

4. 鲁棒控制工具箱（Robust Control Toolbox）

鲁棒控制工具箱提供了分析和设计具有不确定性的多变量反馈控制系统的工具与函数。应用该工具箱可以建立包含不确定性参数和不确定性动力学的线性定常（Linear Time-Invariant，LTI）系统模型，分析系统的稳定裕度及最坏性能，确定系统的频率响应，设计针对不确定性的控制器。该工具箱还提供了许多先进的鲁棒控制理论分析与综合的方法，例如

H_2 控制、H_∞ 控制、线性矩阵不等式(Linear Matrix Inequalities, LMI)以及 μ 综合鲁棒控制等。

5. 模型预估控制工具箱(Model Predictive Control Toolbox)

模型预估控制工具箱用于设计、分析和仿真基于 MATLAB 建立的或由 SIMULINK 线性化所得到的对象模型的模型预估控制器。该工具箱提供了所有与模型预估控制系统设计相关的主要特性。

6. SIMULINK 与控制

SIMULINK 是用来进行建模、分析和仿真各种动态系统的一种交互环境,它提供了采用鼠标拖放的方法建立系统框图模型的图形交互平台。通过 SIMULINK 模块库提供的各类模块,可以快速地创建动态系统的模型。模块库提供了大量的、功能各异的模块,可以方便用户快速地建立动态系统模型。建模时只需使用鼠标拖放模块库中的模块,并将它们连接起来即可。SIMULINK 同时提供了交互性很强的仿真环境,可以通过下拉菜单执行仿真,或使用命令进行批处理。仿真结果可以在运行的同时通过示波器(一种输出显示/观测装置)或图形窗口查看。

另外,SIMULINK 的开放式结构允许用户扩展仿真环境的功能,可以生成自定义模块库,并拥有自己的图标和界面。由于 SIMULINK 可以直接利用 MATLAB 的数学、图形和编程功能,所以用户可以直接在 SIMULINK 下完成诸如数据分析、过程自动化、优化参数等工作。

后续章节中结合控制理论的学习,逐步介绍 MATLAB 在控制系统中的应用。

五、MATLAB 边学边练

(1)在计算机上安装 MATLAB 软件,熟悉界面和基本操作。

(2)熟悉软件的帮助系统:在 MATLAB 命令窗口中分别输入以下命令,分析都能获得哪些信息。

>> help control (获得控制系统工具箱中各种类别函数的名称和功能说明。)

>> help rank (获得矩阵求秩函数的具体用法。)

(3)用以下两种方法运行演示程序,选取一个实例查看完成的运行结果。

1)在 MATLAB 命令窗口中运行命令“demos”。

2)在 MATLAB 命令窗口中选择菜单“Help|Demos”。

本章小结

本章作为课程的入门章节,全面地展示了自动控制理论课程的基本概况。通过本章的学习,应理解自动控制的基本概念、自动控制系统的分类、控制系统的组成和方框图,以及对于控制系统的基本要求;掌握根据实际控制系统绘制系统方框图的基本方法。

习 题

1-1 试列举几个日常生活中的开环控制和闭环控制系统实例,并说明它们的工作原理。

1-2 如图 1-20 所示是液位自动控制系统的两种原理示意图。在运行中,希望液面高

度 H_0 维持不变。

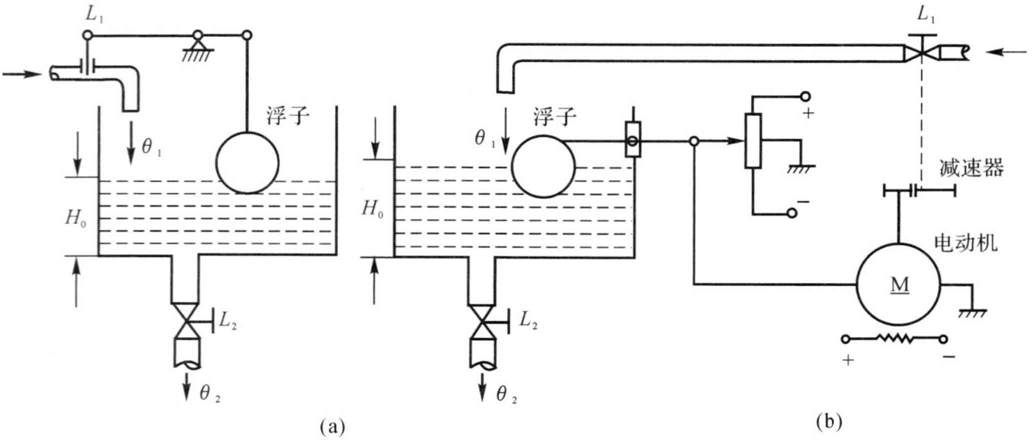

图 1-20　液位自动控制系统原理示意图

(1)试说明各系统的工作原理。

(2)画出各系统的方框图,并说明被控对象、给定值、被控量和干扰信号分别是什么。

1-3　什么是负反馈控制？在如图1-20(b)所示系统中是怎样实现负反馈控制的？在什么情况下反馈极性会误接为正？此时对系统工作有何影响？

1-4　若将如图 1-20(a)所示系统结构改为如图 1-21 所示系统。试说明其工作原理，并与图 1-21 比较有何不同,对系统工作有何影响。

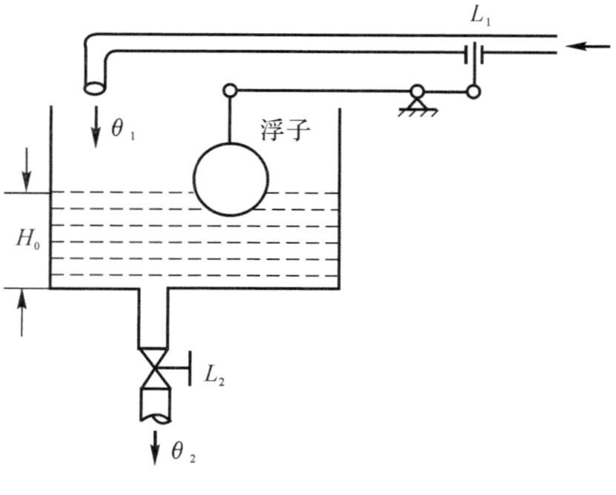

图 1-21　习题 1-4 图

1-5　某仓库大门自动开、关控制系统的原理图如图 1-22 所示。试说明自动控制大门开启和关闭的工作原理并画出系统方框图。

1-6　图 1-23 为瓦特蒸汽机的速度控制系统原理图，希望蒸汽机转速按要求可调。

(1)指出系统的被控对象、被控量和给定量，画出系统方框图；

(2)说明系统是如何将蒸汽机转速控制在希望值上的。

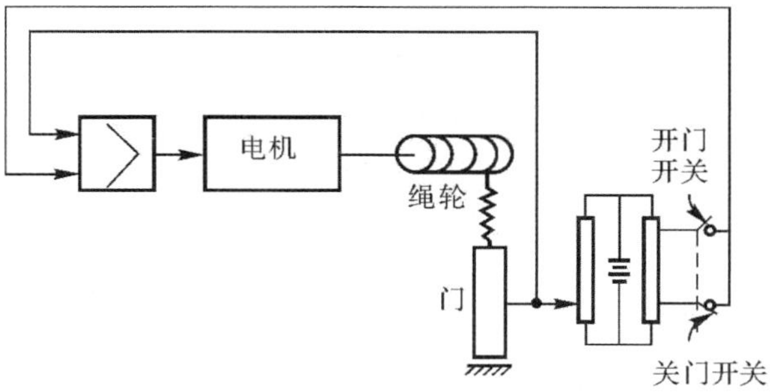

图 1-22　大门自动开、关控制系统

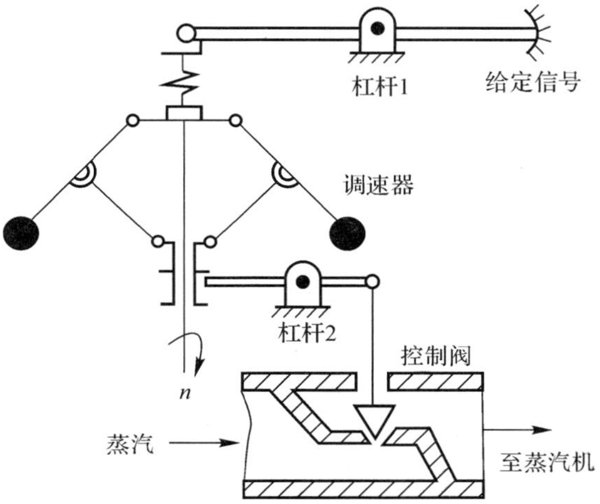

图 1-23　瓦特蒸汽机的速度控制系统

第二章　物理系统的数学模型

2-1　引　　言

第一章对自动控制系统进行了概括介绍，初步分析了一些自动控制系统的工作过程和结构特点，同时也给出了评价一个系统优劣的基本要求。为了进一步从理论上对自动控制系统进行定性分析和定量计算，需要建立系统的数学模型。

系统的数学模型，是描述系统输入、输出变量以及内部各变量之间关系的数学表达式。一个控制系统的变化过程，不管它是机械的、电气的、热力的、液压的还是化学的，都可以用微分方程加以描述。通过对微分方程求解，就可以获得系统在输入作用下的输出响应。

建立合理的数学模型，对于系统的分析研究是十分重要的。一般应根据系统的实际结构参数及系统所要求的计算精度，略去次要因素，使数学模型既能准确反映系统的动态本质，又能简化分析计算工作量。

系统数学模型的建立，一般采用解析法或实验法。所谓解析法，就是依据系统及元件各变量之间所遵循的物理、化学定律，列出变量间的数学表达式，经过数学推导得到数学模型。所谓实验法，就是在系统的输入端加上一定形式的信号，通过实验测出系统输出信号，再根据输入、输出特性确定数学模型。本章仅讨论解析法，关于实验法将在第五章中进行介绍。

系统数学模型有许多不同的形式。时域中常用的数学模型有微分方程、差分方程和状态方程；复数域中有传递函数、结构图和信号流图；频率域中有频率特性等。在单输入-单输出系统中，通常采用传递函数或频率特性的形式。

如果已知系统的数学模型，就可以采用各种分析方法，对系统进行分析、校正或设计。

2-2　元件和系统运动方程的建立

用解析法列写元件或系统微分方程的一般步骤如下：

(1) 根据具体工作情况，确定各元件或系统的输入、输出变量。

(2) 从输入端开始，按照信号的传递顺序，依据各变量所遵循的物理（或化学）定律，列写出各元件、部件的动态方程。

(3) 消去中间变量，写出元件或系统输入、输出变量之间的微分方程。

(4) 标准化。先将与输入有关的各项移至等式右侧，与输出有关的各项移至等式左侧，并按降幂排列，最后将系数归一化为具有一定物理意义的形式。

下面举例说明建立微分方程的步骤和方法。

【例 2-1】　机械振动系统（弹簧-质量-阻尼器系统）如图 2-1 所示。弹簧弹性系数为 k，

质量为 m，阻尼系数为 f，设系统的输入量为外作用力 $f_r(t)$，输出量为质量块的位移 $x_c(t)$。忽略重力影响，试写出外力 $f_r(t)$ 与质量块位移 $x_c(t)$ 之间的动态方程。

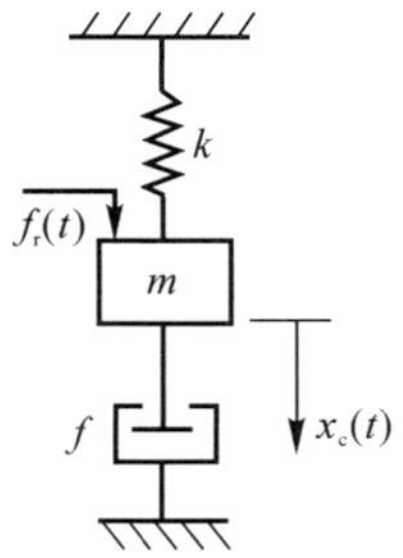

图 2-1　弹簧-质量-阻尼器系统

解　根据机械系统中的基本定律——牛顿定律有

$$f_r(t)-kx_c(t)-f\frac{dx_c(t)}{dt}=m\frac{d^2x_c(t)}{dt^2}$$

或

$$m\frac{d^2x_c(t)}{dt^2}+f\frac{dx_c(t)}{dt}+kx_c(t)=f_r(t) \qquad (2-1)$$

假定 m,k,f 均为常数，则式(2-1)就是二阶常系数线性微分方程。等式两边同除以 k，将方程中 $x_c(t)$ 的最低阶导数项的系数化为"1"，则有

$$\frac{m}{k}\frac{d^2x_c(t)}{dt^2}+\frac{f}{k}\frac{dx_c(t)}{dt}+x_c(t)=\frac{1}{k}f_r(t) \qquad (2-2)$$

令

$$T^2=\frac{m}{k},\quad 2\xi T=\frac{f}{k}$$

或

$$T=\sqrt{\frac{m}{k}},\quad \xi=\frac{f}{2\sqrt{mk}} \qquad (2-3)$$

将式(2-3)代入式(2-2)，得

$$T^2\frac{d^2x_c(t)}{dt^2}+2\xi T\frac{dx_c(t)}{dt}+x_c(t)=\frac{1}{k}f_r(t) \qquad (2-4a)$$

式中，T 具有时间量纲，称为时间常数①；ξ 为一个无量纲参量，称为相对阻尼系数②，有时也简称为阻尼比(阻尼系数)。可见，方程式(2-4a)的系数已归一化成具有一定物理意义的形式。因此，常常把输出量的最低阶导数项的系数化为"1"的方程称为标准形式。这时方程每一项的系数均具有时间量纲，且时间量纲的幂次等于对应项导数的阶次。式(2-4a)还可以表示成另一种标准形式，即将输出的最高阶导数项的系数化为"1"，并令 $\omega_n=1/T$，则有

$$\frac{d^2x_c(t)}{dt^2}+2\xi\omega_n\frac{dx_c(t)}{dt}+\omega_n^2x_c(t)=\frac{\omega_n^2}{k}f_r(t) \qquad (2-4b)$$

究竟采用哪一种形式，要以研究方便为原则来进行选择。

【例 2-2】　R-L-C 无源网络如图 2-2 所示。试求输出电压 $u_c(t)$ 与输入电压 $u_r(t)$ 之间的运动方程。

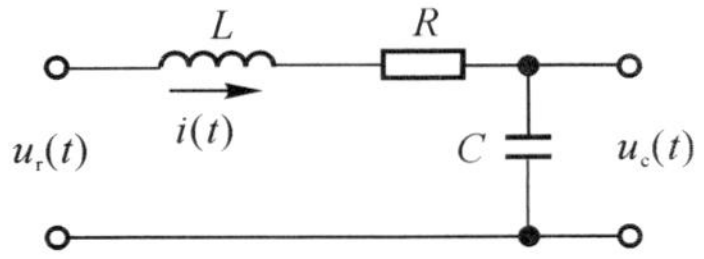

图 2-2　R-L-C 无源网络

解　根据电路理论中的基尔霍夫定律，可写出

$$u_r(t)=Ri(t)+L\frac{di(t)}{dt}+u_c(t) \qquad (2-5)$$

$$u_c(t)=\frac{1}{C}\int i(t)dt \qquad (2-6)$$

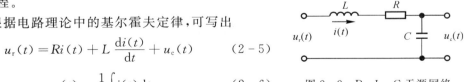

消去上两式的中间变量 $i(t)$，整理可得

---

① 时间常数的倒数 $\omega_n=1/T$，称为系统的自然频率或无阻尼自由振荡频率(或无阻尼振荡频率)。

② 当 $\xi=1$ 时，有 $f=2\sqrt{mk}$，这时的阻尼系数称为临界阻尼系数，常用 f_c 表示；机械系统处于"临界状态"。若 $\xi<1$，即 $f<f_c$，系统具有振荡性质。当 $\xi\geqslant 1$，即 $f\geqslant f_c$ 时，机械系统不再具有振荡性质。而 ξ 为系统实际阻尼系数 f 与临界阻尼系数 f_c 之比值，因此称为相对阻尼系数(或系统的阻尼比)。显然 ξ 不可能有量纲。

$$LC\frac{d^2u_c(t)}{dt^2}+RC\frac{du_c(t)}{dt}+u_c(t)=u_r(t) \tag{2-7}$$

假定 R,L,C 都是常数，则式(2-7)即为二阶常系数线性微分方程。同样，可令

$$T^2=LC,\quad 2\xi T=RC$$

或

$$T=\sqrt{LC},\quad \xi=R\sqrt{C}/(2\sqrt{L}) \tag{2-8}$$

将式(2-8)代入式(2-7)并整理，可得如下标准形式：

$$T^2\frac{d^2u_c(t)}{dt^2}+2\xi T\frac{du_c(t)}{dt}+u_c(t)=u_r(t) \tag{2-9a}$$

同样若令 $T=1/\omega_n$，可将式(2-9a)表示为另一种标准形式

$$\frac{d^2u_c(t)}{dt^2}+2\xi\omega_n\frac{du_c(t)}{dt}+\omega_n^2u_c(t)=\omega_n^2u_r(t) \tag{2-9b}$$

【例 2-3】 试写出如图 2-3 所示扭转弹簧系统的运动方程。图中 $m_r(t)$ 为外作用扭矩(输入)，$\theta_c(t)$ 为输出角位移。

解 由图示可见，一个惯性矩为 J 的圆盘，在一根扭转弹簧(弹性系数为 k)的约束下自由运动。当转角 $\theta_c(t)$ 朝正向增大时，弹簧缠紧，产生一个与输入力矩相反的力矩。同样，负方向的转动使弹簧放松也会产生一个相反的力矩——恢复力矩。此恢复力矩与角位移成正比。像直线运动的系统一样，转动系统也出现由黏阻系数引起一个与角速度成正比例的阻尼力矩。

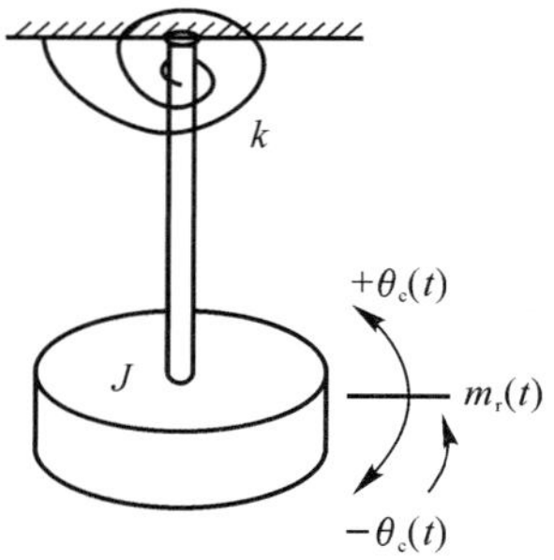

图 2-3 扭转弹簧系统

根据受力分析，有

$$J\frac{d^2\theta_c(t)}{dt^2}=-f\frac{d\theta_c(t)}{dt}-k\theta_c(t)+m_r(t)$$

或

$$J\frac{d^2\theta_c(t)}{dt^2}+f\frac{d\theta_c(t)}{dt}+k\theta_c(t)=m_r(t) \tag{2-10}$$

式中，J,f,k 均为常数，则式(2-10)为二阶常系数线性微分方程。将式(2-10)写成标准形式，即 $\theta_c(t)$ 的最低阶导数项的系数化为“1”，并令

$$T^2=J/k,\quad 2\xi T=f/k$$

或

$$T=\sqrt{J/k},\quad \xi=f/(2\sqrt{Jk}) \tag{2-11}$$

将方程式(2-11)代入式(2-10)，得标准形式

$$T^2\frac{d^2\theta_c(t)}{dt^2}+2\xi T\frac{d\theta_c(t)}{dt}+\theta_c(t)=\frac{1}{k}m_r(t) \tag{2-12a}$$

或

$$\frac{d^2\theta_c(t)}{dt^2}+2\xi\omega_n\frac{d\theta_c(t)}{dt}+\omega_n^2\theta_c(t)=\frac{\omega_n^2}{k}m_r(t) \tag{2-12b}$$

将式(2-4)、式(2-9)和式(2-12b)进行比较可知，虽然系统的物理性质不同，但描述其运动的微分方程却有相同的形式——二阶微分方程。因此，它们具有相同的运动特性(也就是解的形式相同)，从研究运动的角度出发，它们并没有本质区别。可见，用微分方程来研究系统的运动是具有普遍意义的。即数学模型揭示了不同类型物理系统共同的内在特性，为分析物理属性不同的系统带来方便。

另外，微分方程描述了输入和输出在运动状态下的关系。如果系统已进入稳态，即输入、

输出都不再变化，那么它们各阶导数都应为零，则方程式(2-4b)、式(2-9b)和式(2-12b)就分别为

$$x_c(t)=f_r(t)/k$$
$$u_c(t)=u_r(t)$$
$$\theta_c(t)=m_r(t)/k$$

并把它们称为稳态方程(或静态模型)，稳态方程是动态方程的特殊形式。通常把稳态下输出与输入之比称为放大系数(或增益)。

【例 2-4】 他激直流电动机如图 2-4 所示，电机输入电压为 $u(t)$，激磁电流 $i_f(t)$ 为常值。试求电机输入电压 $u(t)$ 与输出量(转子的角速度 $\omega(t)$)之间的关系。

解 电动机是由电气元件和机械元件组合而成的。因此，列写方程时，既要用到电路理论中的定律，也要用到力学定律。

一台电动机从输入量(电压 $u(t)$)到输出量(转速 $\omega(t)$)之间的物理过程大致如下：输入电压 $u(t)$ 在电枢回路中产生电枢电流 $i(t)$，电枢电流与激磁磁通 ψ 相互作用产生主动转矩 $M_g(t)$，主动转矩克服负载转矩 $M_f(t)$(包括摩擦转矩)，使电机轴获得角加速度 $\frac{\mathrm{d}\omega(t)}{\mathrm{d}t}$，于是电机轴就开始转动产生角速度 $\omega(t)$。因此，可以按照上述过程列写方程。根据基尔霍夫定律：

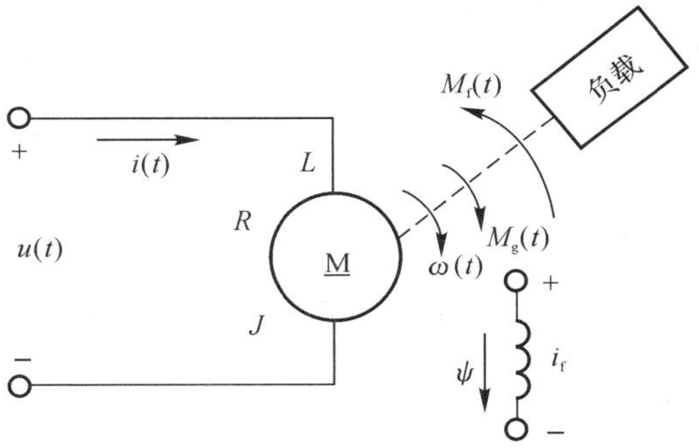

图 2-4　他激直流电动机示意图

$$Ri(t)+L\frac{\mathrm{d}i(t)}{\mathrm{d}t}+e(t)=u(t)$$

楞次定律：　$e(t)=C_e\omega(t)$

安培定律：　$M_g(t)=C_M i(t)$

牛顿定理：　$M_g(t)-M_f(t)=J\frac{\mathrm{d}\omega(t)}{\mathrm{d}t}$

为了求得输入电压 $u(t)$ 与转速 $\omega(t)$ 之间的关系，消去中间变量 $i(t)$，$e(t)$ 和 $M_g(t)$，整理可得

$$\frac{LJ}{C_eC_M}\frac{\mathrm{d}^2\omega(t)}{\mathrm{d}t^2}+\frac{RJ}{C_eC_M}\frac{\mathrm{d}\omega(t)}{\mathrm{d}t}+\omega(t)=\frac{1}{C_e}u(t)-\left(\frac{L}{C_eC_M}\frac{\mathrm{d}M_f(t)}{\mathrm{d}t}+\frac{R}{C_eC_M}M_f(t)\right)\tag{2-13}$$

可见，方程式(2-13)为一个二阶微分方程。考虑到电机中电枢绕组的电感 L 一般较小，其影响可以忽略不计，因此式(2-13)可简化为

$$\frac{RJ}{C_eC_M}\frac{\mathrm{d}\omega(t)}{\mathrm{d}t}+\omega(t)=\frac{1}{C_e}u(t)-\frac{R}{C_eC_M}M_f(t)\tag{2-14}$$

令

$$\frac{RJ}{C_eC_M}=T_m,\quad \frac{1}{C_e}=K_m,\quad \frac{R}{C_eC_M}=K_M$$

则有

$$T_m\frac{\mathrm{d}\omega(t)}{\mathrm{d}t}+\omega(t)=K_m u(t)-K_M M_f(t)\tag{2-15}$$

式中，T_m 具有时间量纲，称为电动机的机电时间常数。K_m 的量纲为($\mathrm{r\cdot min^{-1}/V}$)(转速 / 电压)，表示每单位输入电压产生的稳态转速。K_M 的量纲为($\mathrm{r\cdot min^{-1}}$)/($\mathrm{N\cdot m}$)(转速 / 转矩)，表示负载转矩对转速的影响，前面的负号表示当负载转矩增加时转速下降。当 T_m，K_m 和 K_M

均为常数时，式(2－15)就是一阶常系数线性微分方程。

另外，在随动系统中，常常以电机的转角 $\theta(t)$ 作为输出量

$$\omega(t)=\frac{\mathrm{d}\theta(t)}{\mathrm{d}t}$$

这时方程式(2－15)则有如下形式：

$$T_{\mathrm{m}}\frac{\mathrm{d}^2\theta(t)}{\mathrm{d}t^2}+\frac{\mathrm{d}\theta(t)}{\mathrm{d}t}=K_{\mathrm{m}}u(t)-K_{\mathrm{M}}M_{\mathrm{f}}(t) \tag{2－16}$$

在一般小功率随动系统(如仪表随动系统)中，折算到电机轴上的负载转矩 $M_{\mathrm{f}}(t)$ 很小，可略去不计。于是式(2－15)和式(2－16)就可以写为

$$T_{\mathrm{m}}\frac{\mathrm{d}\omega(t)}{\mathrm{d}t}+\omega(t)=K_{\mathrm{m}}u(t) \tag{2－17a}$$

$$T_{\mathrm{m}}\frac{\mathrm{d}^2\theta(t)}{\mathrm{d}t^2}+\frac{\mathrm{d}\theta(t)}{\mathrm{d}t}=K_{\mathrm{m}}u(t) \tag{2－17b}$$

比较式(2－17a)和式(2－17b)可见，同一个系统选取不同的变量作为输出量会获得不同的数学模型，因此系统建立数学模型要充分考虑研究的目的、选择输入量和输出量，所建模型既能充分反映系统特性，满足分析和设计要求，又要尽量简单、直观。

【例 2－5】 列写如图 1－11 所示的位置随动系统运动方程。首先将位置随动系统原理图画成方框图，如图 2-5 所示。这样，系统的组成元、部件及其相互关系，信号的传递及变换过程就很清楚了。然后，就可依次列写各元、部件的方程。

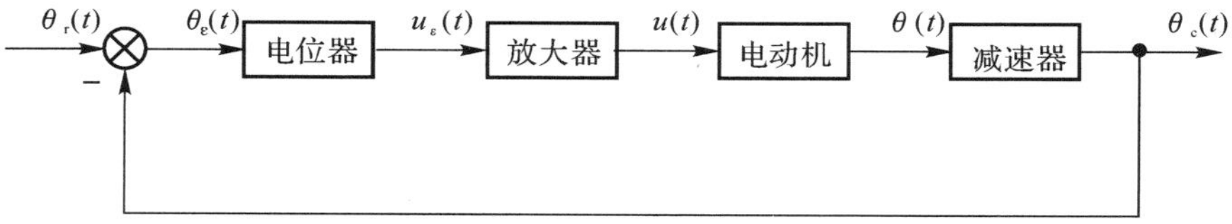

图 2－5　位置随动系统方框图

比较元件	$\theta_{\varepsilon}(t)=\theta_{\mathrm{r}}(t)-\theta_{\mathrm{c}}(t)$	(2－18a)
电位器	$u_{\varepsilon}(t)=K_1\theta_{\varepsilon}(t)$	(2－18b)
放大器	$u(t)=K_2u_{\varepsilon}(t)$	(2－18c)
电动机	$T_{\mathrm{m}}\frac{\mathrm{d}^2\theta(t)}{\mathrm{d}t^2}+\frac{\mathrm{d}\theta(t)}{\mathrm{d}t}=K_{\mathrm{m}}u(t)$	(2－18d)
减速器	$\theta_{\mathrm{c}}(t)=\frac{1}{i}\theta(t)$	(2－18e)

在方程式(2－18a)至式(2－18e)中，消去中间变量 $\theta_{\varepsilon}(t)$，$u_{\varepsilon}(t)$，$u(t)$ 和 $\theta(t)$，整理可得

$$T_{\mathrm{m}}\frac{\mathrm{d}^2\theta_{\mathrm{c}}(t)}{\mathrm{d}t^2}+\frac{\mathrm{d}\theta_{\mathrm{c}}(t)}{\mathrm{d}t}+K\theta_{\mathrm{c}}(t)=K\theta_{\mathrm{r}}(t)$$

式中，$K=K_1K_2K_{\mathrm{m}}/i$，量纲为 T^{-1}，将上式写成标准形式，即有

$$\frac{T_{\mathrm{m}}}{K}\frac{\mathrm{d}^2\theta_{\mathrm{c}}(t)}{\mathrm{d}t^2}+\frac{1}{K}\frac{\mathrm{d}\theta_{\mathrm{c}}(t)}{\mathrm{d}t}+\theta_{\mathrm{c}}(t)=\theta_{\mathrm{r}}(t)$$

若其中 T_{m} 和 K 均为常数，则如图 1－11 所示的随动系统的运动方程也是一个二阶常系数线性微分方程。同样，可令 $T^2=T_{\mathrm{m}}/K$，$2\xi T=1/K$ 或 $T=\sqrt{T_{\mathrm{m}}/K}$，$\xi=1/(2\sqrt{T_{\mathrm{m}}K})$，则有

$$T^2 \frac{\mathrm{d}^2\theta_c(t)}{\mathrm{d}t^2} + 2\xi T \frac{\mathrm{d}\theta_c(t)}{\mathrm{d}t} + \theta_c(t) = \theta_r(t) \tag{2-19a}$$

或

$$\frac{\mathrm{d}^2\theta_c(t)}{\mathrm{d}t^2} + 2\xi\omega_n \frac{\mathrm{d}\theta_c(t)}{\mathrm{d}t} + \omega_n^2\theta_c(t) = \omega_n^2\theta_r(t) \tag{2-19b}$$

比较前面所举例子，可以看到，虽然它们的物理性质各不相同，但是描述它们运动的数学模型都是二阶常系数线性微分方程。这也充分说明，按运动方程式将系统进行分类，对于分析系统的运动特性是十分有利的。通常把用二阶微分方程描述的系统简称为二阶系统。

在工程实践中，相当一部分系统经过简化以后可以近似地用二阶微分方程来描述。因此，二阶系统是一个典型的、有代表性的系统，本章将给予比较深入的研究。

2-3　运动方程的线性化

从上述例子中可以看到，在列写元、部件或系统的数学模型时，总是根据系统的具体情况，忽略某些"次要"的因素，或作某种假定，尽量使问题"简单化"，从而获得阶次较低的常系数线性微分方程。这个简化过程有时也称为"理想化"。因为其结果就是以一个比较简单且便于处理的"理想化系统"来近似地代表一个实际系统。

在"理想化"过程中，"线性化"是相当关键的一环。实际系统往往是比较复杂的，一般都具有不同程度的非线性因素。因此，严格地说，任何一个物理系统都是非线性系统。例如在弹簧-质量-阻尼器三者组成的简单机械振动系统（见例 2-1）中，弹簧系数 k 不是一个常数而是位移 x_c 的函数，也就是说，弹簧的刚度与形变有关系。阻尼系数 f 亦不是纯线性的，总有非线性因素存在。在 R-L-C（见例 2-2）网络中，电阻、电感和电容等参数也不会是常数，其数值与周围环境（如温度、湿度等）以及流过它们的电流等都有关系。电动机的情况就要更复杂一些，可变的参数就更多了。但是，在一定条件下，"理想化"并不会改变原来系统的"基本面貌"。例如，在上述机械振动系统中，如果位移 x_c"不太大"时，那么弹簧系数 k 就"基本上"是一个常数而与 x_c 无关，即力与变形的关系符合胡克定律。阻尼器的黏阻系数也"基本上"是线性的，它与速度的一次方成比例。只要满足这些条件，理想化是允许的，在工程实践中也已证明了这一点。因此，例 2-1 所示系统，经过理想化（这里主要是线性化）以后，可由一个二阶常系数线性微分方程来描述，这个方程的解与实际系统的运动是相当符合的。或者说，"理想化系统"相当准确地"代表"了实际系统。

与非线性系统相比较，**线性系统具有齐次性和可加性两个基本性质。**

齐次性：如果线性系统对输入 $r(t)$ 的输出是 $c(t)$，α 是常系数，则线性系统对输入 $\alpha r(t)$ 的输出是 $\alpha c(t)$。

可加性：如果线性系统对输入 $r_1(t)$ 的输出是 $c_1(t)$，对输入 $r_2(t)$ 的输出是 $c_2(t)$，则线性系统对输入 $r(t) = r_1(t) + r_2(t)$ 的输出为 $c(t) = c_1(t) + c_2(t)$。

通过大量的实践，人们首先注意到，自动控制系统在通常情况下都有一个稳定的工作状态。例如电压调节系统的正常工作状态是输入、输出电压为常值，随动系统的正常工作状态是静止平衡状态等。其次，工程中很多情况下所感兴趣的问题往往是系统在正常工作状态附近的"行为"。即当系统的输入或输出相对于正常工作状态发生"小误差"时的状态变化。这是很有意义的两个问题。这使得在今后分析系统运动时，可以把正常工作状态作为运动的起始点(参考坐标的原点)。仅仅研究所感兴趣的“小误差”的运动情况,也就是研究相对于正常工作状态而言的输入、输出的变化(增量),而这种变化又是很小的。这种处理方法就称为“增量化”。显然,增量化给线性化创造了条件或提供了理论依据。因此,在这样一个小范围内,就有可能将非线性特性相当准确地用直线来代替,这就是所谓小误差线性化。

对于单变量非线性定常系统,求取某一稳态点(x_0,y_0)附近小误差线性化模型的步骤如下:

(1) 首先得到输入输出的非线性函数 $y=f(x)$ 和稳态工作点 $y_0=f(x_0)$;

(2) 如果 $y=f(x)$ 在(x_0,y_0)点连续可微,则将它在该点进行泰勒级数展开为

$$y=y_0+\Delta y=f(x_0+\Delta x)=f(x_0)+\left.\frac{\mathrm{d}f}{\mathrm{d}x}\right|_{x_0}(x-x_0)+\frac{1}{2!}\left.\frac{\mathrm{d}^2f}{\mathrm{d}x^2}\right|_{x_0}(x-x_0)^2+\cdots$$

当 Δx 很小时,略去二阶以上高次幂项,保留为

$$y-y_0=f(x)-f(x_0)=\left.\frac{\mathrm{d}f}{\mathrm{d}x}\right|_{x_0}(x-x_0)$$

(3) 令 $K=\left.\frac{\mathrm{d}f}{\mathrm{d}x}\right|_{x_0}$,可记线性化方程 $\Delta y=K\Delta x$。略去增量符号 Δ,得到非线性函数 $y=f(x)$ 在稳态点(x_0,y_0)附近的线性化方程 $y=Kx$。

对于有两个以上自变量的非线性函数 $y=f(x_1,x_2,\cdots,x_n)$,可同理求取线性化模型。

【例 2-6】 铁芯线圈如图 2-6 所示。试列写以 $u_r(t)$ 为输入,电流 $i(t)$ 为输出的铁芯线圈微分方程。

解 根据基尔霍夫定律

$$u_r(t)=u_1(t)+Ri(t) \tag{2-20}$$

式中,u_1 为线圈的感应电势,它正比于线圈中的磁通变化率,即

$$u_1(t)=K_1\frac{\mathrm{d}\psi(i)}{\mathrm{d}t} \tag{2-21}$$

式中,K_1 为比例常数,为方便起见,假定在所采用量纲系统中,K_1 的数值为 1。铁芯线圈的磁通 ψ 与流经线圈中的电流 i 是非线性函数,如图 2-7 所示。将式(2-21)代入式(2-20)得

$$\frac{\mathrm{d}\psi(i)}{\mathrm{d}i}\frac{\mathrm{d}i(t)}{\mathrm{d}t}+Ri(t)=u_r(t) \tag{2-22}$$

显然式(2-22)是一个非线性微分方程,因为方程式(2-22)中$\frac{\mathrm{d}\psi(i)}{\mathrm{d}i}$不是一个常数,它随着线圈中电流的变化而改变。

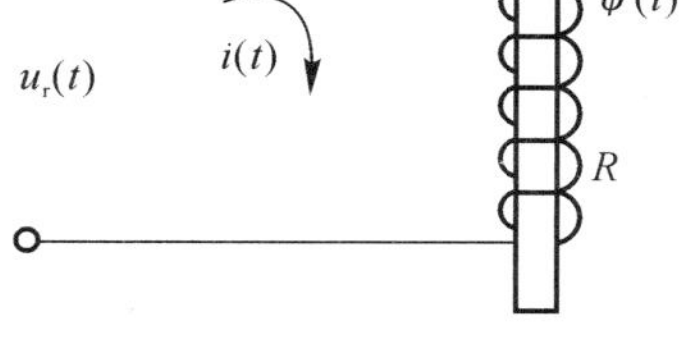

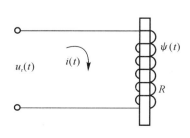

图 2-6 铁芯线圈

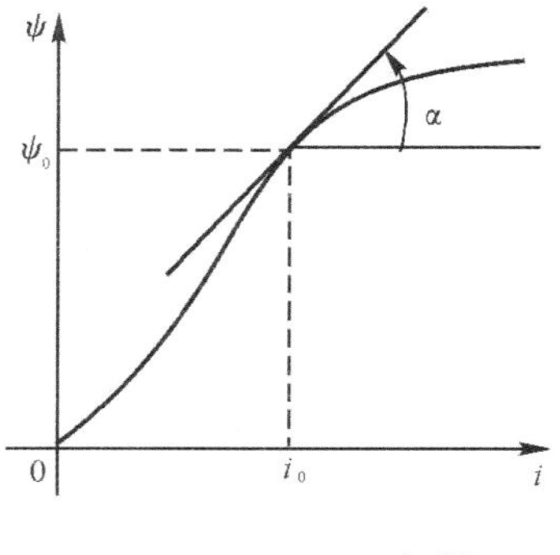

图 2-7 铁芯线圈中的$\frac{\mathrm{d}\psi(i)}{\mathrm{d}i}$曲线

如果在工作过程中，线圈的电压、电流只在平衡工作点（u_0，i_0）附近作微小变化，设 u_r 相对于 u_0 的增量为 Δu_r；i 相对于 i_0 的增量为 Δi，这时相应地，线圈中的磁通 ψ 相对于 ψ_0 的增量为 $\Delta\psi$。如 $\psi(i)$ 在 i_0 的邻域内连续可导，则在平衡点 i_0 邻域内，磁通 ψ 可表示成泰勒级数

$$\psi = \psi_0 + \left(\frac{\mathrm{d}\psi}{\mathrm{d}i}\right)_{i=i_0} \Delta i + \frac{1}{2!}\left(\frac{\mathrm{d}^2\psi}{\mathrm{d}i^2}\right)_{i=i_0} (\Delta i)^2 + \cdots + \frac{1}{n!}\left(\frac{\mathrm{d}^n\psi}{\mathrm{d}i^n}\right)_{i=i_0} (\Delta i)^n + \cdots$$

式中，$\Delta i = i - i_0$。当 Δi“足够小”时，略去高阶项，取其一次近似，有

$$\psi = \psi_0 + \left(\frac{\mathrm{d}\psi}{\mathrm{d}i}\right)_{i=i_0} \Delta i$$

式中，$\left(\frac{\mathrm{d}\psi}{\mathrm{d}i}\right)_{i=i_0}$ 为平衡点 i_0 处 $\psi(i)$ 的导数值，或切线斜率（见图 2 - 7），令它为 C_1，则有

$$\psi \approx \psi_0 + C_1 \Delta i$$

即

$$\psi - \psi_0 = \Delta\psi \approx C_1 \Delta i$$

上式表明，经线性化处理后，线圈中电流增量与磁通增量之间已经成线性关系。

将方程式（2 - 22）中 u_r，ψ 和 i 均表示在平衡点附近的增量方程，即

$$u_r = u_0 + \Delta u_r$$
$$i = i_0 + \Delta i$$
$$\psi \approx \psi_0 + C_1 \Delta i$$

将上述三式代入方程式（2 - 22），消去中间变量并整理得

$$C_1 \frac{\mathrm{d}\Delta i}{\mathrm{d}t} + R\Delta i = \Delta u_r \tag{2 - 23a}$$

式（2 - 23a）就是铁芯线圈的线性化增量微分方程。略去增量符号写成

$$C_1 \frac{\mathrm{d}i(t)}{\mathrm{d}t} + Ri(t) = u_r(t) \tag{2 - 23b}$$

但必须明确，式（2 - 23b）中 u_r 和 i 均为相对于平衡工作点的增量（小变化量），而不是本身的真正值。

如果系统中非线性元件不只是一个，则必须依据实际系统中各元件所对应的平衡工作点建立线性化增量方程，才能反映系统在同一个平衡工作状态下的小误差运动特性，这是应当注意的。

以平衡点（或正常工作点）处的切线代替曲线，而得到变量对平衡点的增量方程，称为线性化增量方程。这种线性化的方法称为小误差法。对照铁芯线圈微分方程式（2 - 22）和线性化之后的方程式（2 - 23a）可见，求线性增量方程的方法可以简化。只要将非线性方程中的非线性项代之以线性增量形式，而其他线性项的变量直接换写成增量形式即可。

由以上内容，小结如下：

（1）元、部件运动方程的列写过程：首先确定元、部件的输入、输出；分析物理过程；确定运动规律；忽略次要因素；考虑前后影响，列出微分方程。其次微分方程增量化，对线性和非线性因素应分别对待。最后写出增量化线性微分方程。

（2）自动控制系统运动方程的列写过程：分析系统的工作原理，组成元、部件及其相互联系；找出系统的输入与输出；画出系统的方框图，依次列写每个元、部件的增量方程；消去中间变量，求得输入与输出之间的运动方程。

（3）可实现的线性定常控制系统的运动方程，一般可用 n 阶线性定常微分方程来描述。n 阶线性定常微分方程如下：

$$a_n \frac{\mathrm{d}^n c(t)}{\mathrm{d}t^n} + a_{n-1} \frac{\mathrm{d}^{n-1} c(t)}{\mathrm{d}t^{n-1}} + \cdots + a_1 \frac{\mathrm{d}c(t)}{\mathrm{d}t} + a_0 c(t) =$$

$$b_m \frac{\mathrm{d}^m r(t)}{\mathrm{d}t^m} + b_{m-1} \frac{\mathrm{d}^{m-1} r(t)}{\mathrm{d}t^{m-1}} + \cdots + b_1 \frac{\mathrm{d}r(t)}{\mathrm{d}t} + b_0 r(t) \tag{2-24}$$

式中，$a_0, a_1, a_2, \cdots, a_n$ 及 $b_0, b_1, b_2, \cdots, b_m$ 均为由系统结构参数决定的实常数，对于通常的实际系统有

$$n \geqslant m$$

即系统（或元件）输出信号 $c(t)$ 的导数最高次数 n 总大于或等于输入信号 $r(t)$ 的导数最高次数 m。

（4）非线性系统的线性化是有条件的。首先，必须明确系统在不同的稳态点，非线性曲线的斜率一般是不同的，即在不同稳态点线性化得到的线性方程是不同的。其次，线性化过程中略去了泰勒级数的二阶以上无穷小项，如果系统输入信号变化范围大，线性化计算将导致较大的误差。

2-4 用拉普拉斯变换方法解微分方程

拉普拉斯变换（简称拉氏变换）方法是解线性微分方程的一种简便方法，利用拉氏变换可以把微分方程变换成为代数方程，再利用现成的拉氏变换表（参见附录一的附表一），即可方便地查得相应的微分方程解。这样就使微分方程求解问题大为简化。

拉氏变换的另一个优点是在求解微分方程时，可同时获得解的瞬态分量和稳态分量两部分。有关拉氏变换的基本数学原理参见附录一。

应用拉氏变换法得到的解是线性微分方程的全解。用古典方法求微分方程全解时需要利用初始条件来确定积分常数的值，这一过程比较麻烦。而应用拉氏变换就可省去这一步，因为初始条件已自动包含在微分方程的拉氏变换式中。如果所有初始条件都为零，那么求取微分方程的拉氏变换式就会更加方便，只要简单地将微分方程中的微分算符 $\frac{\mathrm{d}^{(n)}}{\mathrm{d}t^{(n)}}$ 换成相应的复变量 $s^{(n)}$ 就可得到。

应用拉氏变换法解微分方程的步骤如下：

（1）对线性微分方程中每一项进行拉氏变换，使微分方程变为复变量 s 的代数方程（称为变换方程）。

（2）求解变换方程，得出系统输出变量的象函数表达式。

（3）将输出的象函数表达式展开成部分分式（部分分式展开法参见附录二）。

（4）对部分分式进行拉氏反变换（可查拉氏变换表），即得微分方程的全解。

【例 2-7】 设 RC 网络如图 2-8 所示，在开关 S 闭合之前，电容 C 上有初始电压 $u_c(0)$。试求将开关瞬时闭合后，电容的端电压 $u_c(t)$（网络输出）。

解 开关 S 瞬时闭合，相当于网络有阶跃电压 $u_r(t) = u_0 \cdot 1(t)$ 输入。故网络微分方程为

$$\begin{cases} u_r(t) = Ri(t) + u_c(t) \\ u_c(t) = \dfrac{1}{C}\displaystyle\int i(t)\mathrm{d}t \end{cases}$$

消去中间变量 $i(t)$，得网络微分方程为

$$RC\frac{\mathrm{d}u_c(t)}{\mathrm{d}t}+u_c(t)=u_r(t) \qquad (2-25)$$

对式(2-25)进行拉氏变换，得变换方程

$$RCsU_c(s)-RCu_c(0)+U_c(s)=U_r(s)$$

将阶跃输入电压的拉氏变换式 $U_r(s)=u_0/s$ 代入上式，并整理得电容端电压的拉氏变换式

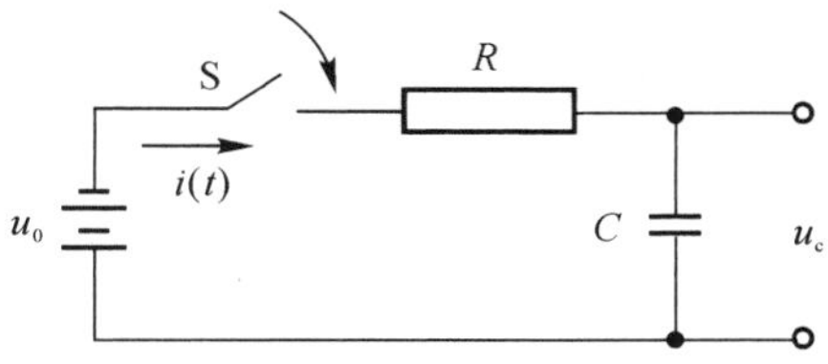

图 2-8　RC 网络

$$U_c(s)=\frac{u_0}{s(RCs+1)}+\frac{RC}{(RCs+1)}u_c(0)$$

可见，等式右边由两部分组成，一部分由输入决定，另一部分由初始值决定。

将输出的象函数 $U_c(s)$ 展成部分分式：

$$U_c(s)=\frac{1}{s}u_0-\frac{RC}{RCs+1}u_0+\frac{RC}{RCs+1}u_c(0)$$

或

$$U_c(s)=\frac{1}{s}u_0-\frac{1}{s+\frac{1}{RC}}u_0+\frac{1}{s+\frac{1}{RC}}u_c(0) \qquad (2-26)$$

将式(2-26)两边进行拉氏反变换，得

$$u_c(t)=u_0-u_0\mathrm{e}^{-\frac{1}{RC}t}+u_c(0)\mathrm{e}^{-\frac{1}{RC}t} \qquad (2-27)$$

此式表示了 RC 网络在开关闭合后输出电压 $u_c(t)$ 的变化过程。

比较方程式(2-26)和式(2-27)可见，方程式右端第一项取决于外加的输入作用 $u_0\cdot 1(t)$，表示了网络输出响应 $u_c(t)$ 的稳态分量，也称强迫解；第二项表示 $u_c(t)$ 的瞬态分量，该分量随时间变化的规律取决于系统结构参量 R，C 所决定的特征方程式(即 $RCs+1=0$)的根 $-\frac{1}{RC}$。显然，由于其特征根为负实数，则瞬态分量将随着时间的增长而衰减至零。第三项为与初始值有关的瞬态分量，其随时间变化的规律同样取决于特征根。当初始值 $u_c(0)=0$ 时，则第三项为零，于是就有

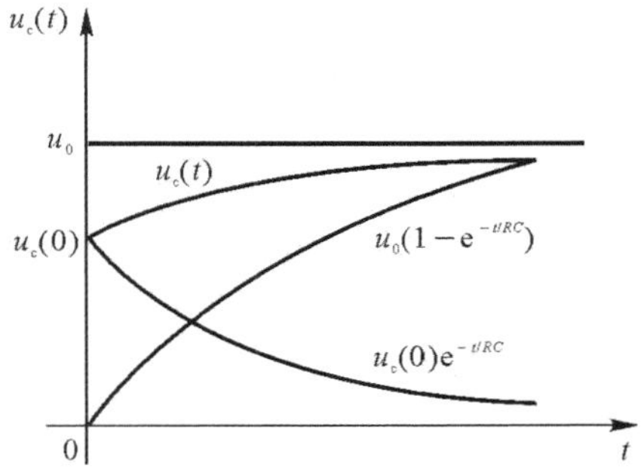

图 2-9　RC 网络的阶跃响应曲线

$$u_c(t)=u_0-u_0\mathrm{e}^{-\frac{1}{RC}t} \qquad (2-28)$$

RC 网络的阶跃响应 $u_c(t)$ 及其各组成部分的曲线如图 2-9 所示。

2-5　传递函数

求解控制系统的微分方程，可以得到在给定的初始条件及外作用下系统输出响应的表达式，并可画出时间响应曲线，因而可直观地反映出系统的动态过程。如果系统的参数发生变化，就要重新列写并求解微分方程，不便于对系统分析和设计，且微分方程的阶次愈高，这种计算愈繁杂。

目前在经典控制理论中广泛使用的分析设计方法——频率法和根轨迹法(分别在第四章

和第五章介绍),不是直接求解微分方程,而是采用与微分方程有关的另一种数学模型——传递函数,间接地分析系统结构参数对响应的影响。传递函数是在拉氏变换基础上的复数域中的数学模型。由于传递函数不仅可以表征系统的动态特性,而且可以用来研究系统的结构或参数变化对系统性能的影响,所以传递函数是一个极其重要的基本概念。

一、传递函数的概念及定义

在例 2-7 中,建立了 RC 网络的微分方程,并用拉氏变换法对微分方程进行了求解。

其微分方程式(2-25)为

$$RC\frac{\mathrm{d}u_c(t)}{\mathrm{d}t}+u_c(t)=u_r(t)$$

假定初始值 $u_c(0)=0$,对微分方程进行拉氏变换,则有

$$(RCs+1)U_c(s)=U_r(s)$$

网络输出的拉氏变换式为

$$U_c(s)=\frac{1}{RCs+1}U_r(s) \tag{2-29}$$

这是一个以 s 为变量的代数方程,方程式等号右端是两部分的乘积。一部分是 $U_r(s)$,这是外作用(输入量)的拉氏变换式,随 u_r 的形式而改变;另一部分是$\frac{1}{RCs+1}$,完全由网络的结构参数确定。将式(2-29)改写成如下形式:

$$\frac{U_c(s)}{U_r(s)}=\frac{1}{RCs+1}$$

令 $G(s)=\frac{1}{RCs+1}$,则输出的拉氏变换式可写成

$$U_c(s)=G(s)U_r(s)$$

可见,如果$U_r(s)$给定,则输出$U_c(s)$的特性完全由$G(s)$决定。$G(s)$反映了系统自身的动态本质。$G(s)$是由微分方程经拉氏变换得到的,而拉氏变换又是一种线性变换,只是将变量从实数 t 域变换(映射)到复数 s 域,所得结果不会改变原方程所反映的系统本质,对照$G(s)$与原微分方程式(2-25)的形式,也可看出二者的内在联系。

$G(s)$称为传递函数。它是一个复变量函数,对任意元、部件或系统,传递函数的具体形式各不相同,但都可看作是在零初始条件下,输出量的拉氏变换与输入量的拉氏变换之比。RC 网络的传递函数,即为

$$G(s)=\frac{U_c(s)}{U_r(s)}=\frac{1}{RCs+1}$$

输入、输出与传递函数三者之间的关系,还可以用如图 2-10 所示的方框形象地表示成输入经$G(s)$传递到输出。对具体的系统或元、部件,只要将其传递函数的表达式写入方框图的方框中,即为该系统或该元、部件的传递函数方框图,又称结构图。如上述网络,只需在方框中写入$\frac{1}{RCs+1}$,即表示了 RC 网络的结构图。

根据上述说明,可以对传递函数作如下定义:

所谓**传递函数，即线性定常系统在零初始条件下，输出量的拉氏变换式与输入量的拉氏变换式之比**。

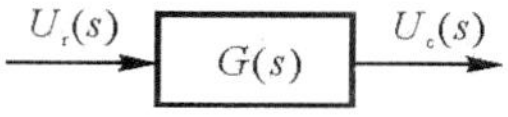

图 2-10　传递函数方框图

设线性定常系统的微分方程一般式为

$$a_n \frac{d^n}{dt^n}c(t) + a_{n-1}\frac{d^{n-1}}{dt^{n-1}}c(t) + \cdots + a_1\frac{d}{dt}c(t) + a_0 c(t) =$$

$$b_m \frac{d^m}{dt^m}r(t) + b_{m-1}\frac{d^{m-1}}{dt^{m-1}}r(t) + \cdots + b_1\frac{d}{dt}r(t) + b_0 r(t) \tag{2-30}$$

式中，$c(t)$ 为系统输出量；$r(t)$ 为系统输入量；$a_0, a_1, \cdots, a_n$ 及 $b_0, b_1, \cdots, b_m$ 均为由系统结构参数决定的实常数。

设初始条件为零，对式(2-30)两边进行拉氏变换，得

$$(a_n s^n + a_{n-1}s^{n-1} + \cdots + a_1 s + a_0)C(s) = (b_m s^m + b_{m-1}s^{m-1} + \cdots + b_1 s + b_0)R(s)$$

则系统的传递函数为

$$G(s) = \frac{C(s)}{R(s)} = \frac{b_m s^m + b_{m-1}s^{m-1} + \cdots + b_1 s + b_0}{a_n s^n + a_{n-1}s^{n-1} + \cdots + a_1 s + a_0} \tag{2-31}$$

令

$$N(s) = b_m s^m + b_{m-1}s^{m-1} + \cdots + b_1 s + b_0$$

$$D(s) = a_n s^n + a_{n-1}s^{n-1} + \cdots + a_1 s + a_0$$

式(2-31)可表示为

$$G(s) = \frac{C(s)}{R(s)} = \frac{N(s)}{D(s)} \tag{2-32}$$

若在式(2-31)中，令 $s=0$，则有

$$G(0) = \frac{b_0}{a_0}$$

即为系统放大系数。从微分方程式(2-30)看，$s=0$ 相当于所有导数项为零，方程变为静态方程，$\frac{b_0}{a_0}$ 恰好为输出、输入的静态比值。

传递函数是在初始条件为零(称零初始条件)时定义的。控制系统的零初始条件有两方面含义：一是指输入作用是在 $t=0$ 以后才作用于系统。因此，系统输入量及其各阶导数在 $t=0_-$ 时的值均为零；二是指输入作用加于系统之前，系统是“相对静止”的。因此，系统输出量及其各阶导数在 $t=0_-$ 时的值也为零。实际的工程控制系统多属此类情况，这时，传递函数一般都可以完全表征线性定常系统的动态性能。

必须指出，用传递函数来描述系统动态特性也有一定局限性。首先，对于非零初始条件，传递函数便不能完全描述系统的动态特性。因为传递函数只反映零初始条件下，输入作用对系统输出的影响，对于非零初始条件的系统，只有同时考虑由非零初始条件对系统输出的影响，才能对系统动态特性有完全的了解。其次，传递函数只是通过系统的输入变量与输出变量之间的关系来描述系统，或称为系统动态特性的外部描述，而对系统内部变量的变化情况却不做描述。在现代控制理论中采用状态空间法描述系统，可以克服传递函数的这一缺点。尽管如此，传递函数作为经典控制理论的基础，仍是十分重要的数学模型。

二、传递函数的基本性质

从线性定常系统传递函数的定义式(2-31)可知,传递函数具有以下性质。

(1) 传递函数是复变量 s 的有理真分式,而且所有系数均为实数,通常分子多项式的次数 m 低于(或等于)分母多项式的次数 n,即 $m \leqslant n$。这是因为系统均具有惯性,系统输出必滞后于输入作用,且能量有限的缘故。

(2) 传递函数只取决于系统的结构和参数,与外作用形式和大小无关。

(3) 将式(2-31)改写成"典型环节"的形式

$$G(s)=\frac{N(s)}{D(s)}=\frac{K\prod_{k=1}^{m_1}(\tau_k s+1)\prod_{l=1}^{m_2}(\tau_l^2 s^2+2\xi_l\tau_l s+1)}{s^{\nu}\prod_{i=1}^{n_1}(T_i s+1)\prod_{j=1}^{n_2}(T_j^2 s^2+2\xi_j T_j s+1)} \tag{2-33}$$

式中,分子、分母最低次项(尾项)系数均化为1,称之为尾1标准型。数学上的每一个因子都对应着一个典型环节。大多数自动控制系统都可以看成由这些典型环节组合而成,便于系统的分析。式(2-33)中常数"K"称为传递函数的开环增益。

(4) 一定的传递函数有一定的零、极点分布图与之对应。将式(2-31)写成如下零、极点形式:

$$G(s)=\frac{N(s)}{D(s)}=\frac{K^*(s-z_1)(s-z_2)\cdots(s-z_m)}{(s-p_1)(s-p_2)\cdots(s-p_n)} \tag{2-34}$$

式中,分子、分母最高次项(首项)系数均为1,称之为首1标准型。其中 $z_1, z_2, \cdots, z_m$ 为传递函数分子多项式 $N(s)$ 等于零的根,称为传递函数的零点;$p_1, p_2, \cdots, p_n$ 为传递函数分母多项式 $D(s)$ 等于零的根,称为传递函数的极点。

把传递函数的零点和极点同时表示在复数平面[s]上的图形,就叫作传递函数的零、极点分布图。图2-11表示了传递函数 $G(s)=\dfrac{s+2}{(s+3)(s^2+2s+2)}$ 的零、极点分布情况,图中零点用"○"表示,极点用"×"表示。

式(2-34)中常数"K^*"称为传递函数的根轨迹增益。K^* 与 K 之间的关系为

$$K=\frac{K^*\prod_{j=1}^{m}|z_j|}{\prod_{i=1}^{n}|p_i|} \tag{2-35}$$

(5) 传递函数的拉氏反变换为系统的脉冲响应。所谓脉冲响应,是指系统在单位脉冲函数 $\delta(t)$ 输入下的响应,也称为脉冲过渡函数。因为单位脉冲的拉氏变换式等于1,所以

$$k(t)=\mathscr{L}^{-1}[G(s)]$$

显然,系统的脉冲响应 $k(t)$ 与系统传递函数 $G(s)$ 有单值对应关系,故可以用来描述系统的动态特性,如图2-12所示。

(6) 若令 $s=\mathrm{j}\omega$(即 $s=\sigma+\mathrm{j}\omega$,其中 $\sigma=0$),这是传递函数的一种特殊形式,$G(s)|_{s=\mathrm{j}\omega}=G(\mathrm{j}\omega)$,称为频率特性。$G(\mathrm{j}\omega)$ 是用频率法研究系统动态特性的基础。频率特性也是描述系统动态特性的又一种数学模型,而且频率特性有鲜明的物理意义。这些将在后面讲述频率法时详细介绍。

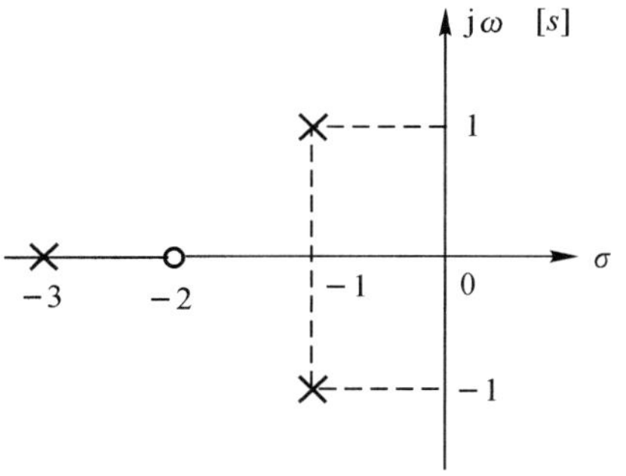

图 2-11　$G(s)=\dfrac{s+2}{(s+3)(s^2+2s+2)}$ 的零、极点分布图

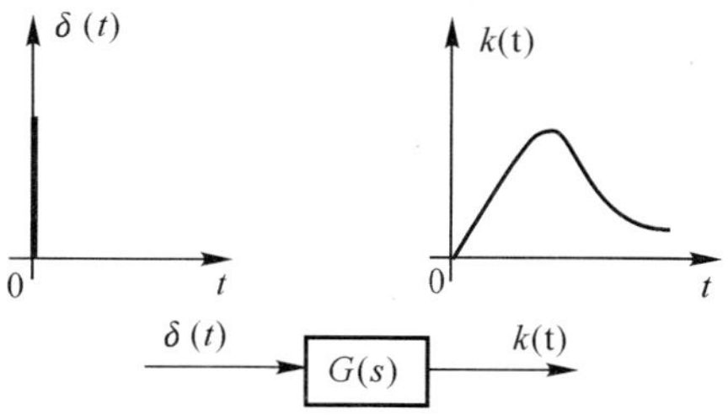

图 2-12　脉冲响应

三、由微分方程求取控制系统传递函数

【例 2-8】　力-电压相似系统。

设有两个系统，一个是机械平衡系统，一个是电网络系统，如图 2-13 所示。试求出它们的传递函数。

解　外作用力 $f_r(t)$ 和电压 $u_r(t)$ 分别为图示 2-13(a)(b) 所示两个系统的输入；位移 $x_c(t)$ 和电量 $q(t)$ 分别为输出。机械平衡系统的运动方程为

$$m\frac{d^2x_c(t)}{dt^2}+f\frac{dx_c(t)}{dt}+kx_c(t)=f_r(t)$$

式中，f 为阻尼器黏性摩擦因数；k 为弹簧的弹性系数。

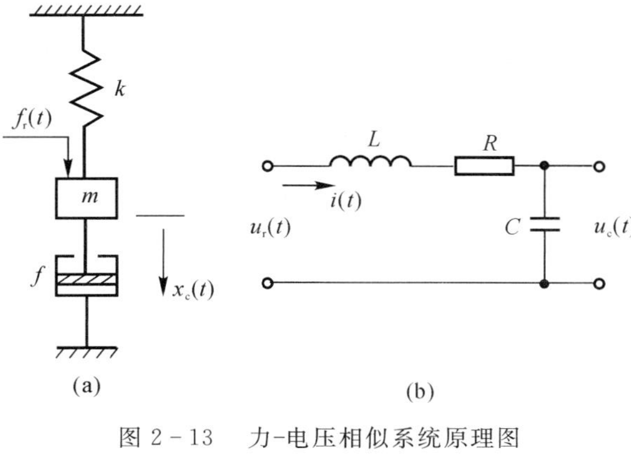

图 2-13　力-电压相似系统原理图

由微分方程进行零初始条件下的拉氏变换，得传递函数

$$\frac{X_c(s)}{F_r(s)}=\frac{1}{ms^2+fs+k}$$

RLC 网络的运动方程为

$$L\frac{di(t)}{dt}+i(t)R+\frac{1}{C}\int i(t)dt=u_r(t)$$

如果以电量 q 表示输出量，那么上式可以写成

$$L\frac{d^2q(t)}{dt^2}+R\frac{dq(t)}{dt}+\frac{1}{C}q(t)=u_r(t)$$

其传递函数为

$$\frac{Q(s)}{U_r(s)}=\frac{1}{Ls^2+Rs+\frac{1}{C}}$$

比较上述两个系统的运动方程式和传递函数，显然具有相似的形式。具有上述特性的系统称为相似系统。而在微分方程中占据相同位置的物理量，称为相似量。表 2－1 列出这两个系统的相似量。

表 2－1　相似量对照表

机械系统	电系统
力 F(力矩 M)	电压 u
质量 m(转动惯量 J)	电感 L
黏性摩擦因数 f	电阻 R
弹性系数 k	电容的倒数 $1/C$
位移 x(角位移 θ)	电量 q
速度 $\dot{x}$(角速度 $\dot{\theta}$)	电流 i

【例 2－9】　如图 2－14 所示系统为加速度计的原理图。假设加速度计的壳体安装在飞机机体上，加速度计可指示机体相对于惯性空间的加速度，并假设在测量过程中，加速度计和水平线的倾斜角 θ 保持不变。

试求以加速度计壳体(即飞机机体) 相对惯性空间的加速度为输入量，而重物 m 相对于壳体的位移 x 为输出量的系统传递函数。

解　设 x_r 为壳体相对于惯性空间的位移，x_c 为重物 m 相对于惯性空间的位移，$x=x_c-x_r$ 为重物相对于壳体的位移。

根据牛顿定律，可列写出系统的运动方程式为

$$m\ddot{x}_c+f(\dot{x}_c-\dot{x}_r)+k(x_c-x_r)-mg\sin\theta=0$$

取 $x_1=x-mg\sin\theta/k$ 作为输出，上式可写成

$$m\ddot{x}_1+f\dot{x}_1+kx_1=-m\ddot{x}_r \tag{2-36}$$

因为 x_r 为壳体相对于惯性空间的加速度，即系统输入量。x_1 为系统输出量，它与重物相对于壳体的位移 x 成线性关系。因此，将式(2－36) 取拉氏变换，即得系统的传递函数

$$\frac{X_1(s)}{s^2X_r(s)}=-\frac{1}{s^2+\frac{f}{m}s+\frac{k}{m}} \tag{2-37}$$

如果输入信号的变化频率远低于加速度的无阻尼自振动频率 $\sqrt{k/m}$ 时，则式(2－37) 可近似为

$$\frac{X_1(s)}{s^2X_r(s)}=-\frac{m}{k}$$

或

$$\ddot{x}_r(t) = -\frac{k}{m}[x(t) - mg\sin\theta] \tag{2-38}$$

由式(2-38)可见，当飞机相对于惯性空间的加速度$\ddot{x}_r$变化比较缓慢时，它与重物m和壳体间的相对位移成正比。

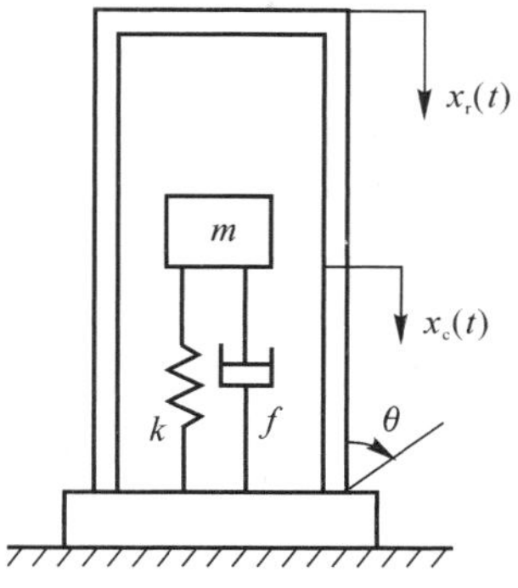

图 2-14　加速度计的原理图

【例 2-10】　如图 2-15 所示为一个盛有液体的液箱。图中：

Q—— 稳态液体流量(m^3/s)；

q_1—— 输入流量对稳态值的微小变化(m^3/s)；

q_2—— 输出流量对稳态值的微小变化(m^3/s)；

H—— 稳态液面高度(m)；

h—— 液面高度对稳态值的微小变化(m)；

R—— 输出管的液阻[$m/(m^3 \cdot s^{-1})$]；

C—— 液箱的液容(等于液箱的横截面积)(m^2)。

试确定输入q_1与输出量h之间的传递函数。

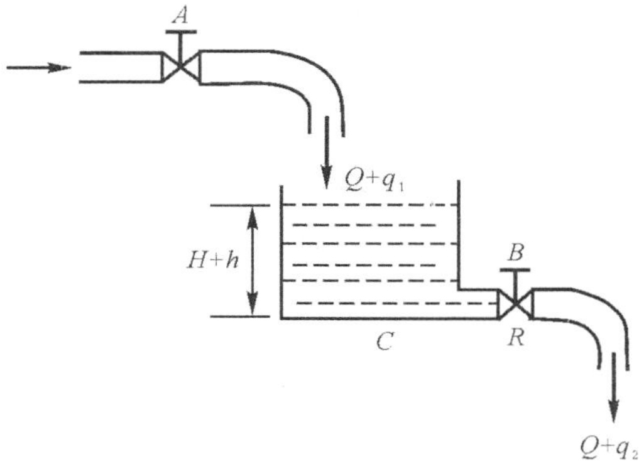

图 2-15　盛有液体的液箱

解　在微小时间间隔 dt 内，液箱内的液体增量等于输入量减输出量，即

$$C\mathrm{d}h(t) = (q_1(t) - q_2(t))\mathrm{d}t$$

根据液阻定义，q_2与h的关系为

$$q_2(t)=\frac{h(t)}{R}$$

当 R 为常量时，对上面两式进行变量代换可得

$$RC\frac{\mathrm{d}h(t)}{\mathrm{d}t}+h(t)=Rq_1(t)$$

然后进行拉氏变换，得

$$RCsH(s)+H(s)=RQ_1(s)$$

即
$$\frac{H(s)}{Q(s)}=\frac{R}{RCs+1}$$

【例 2-11】（自动搜索平衡车）试求如图 2-16 所示动态系统的传递函数。

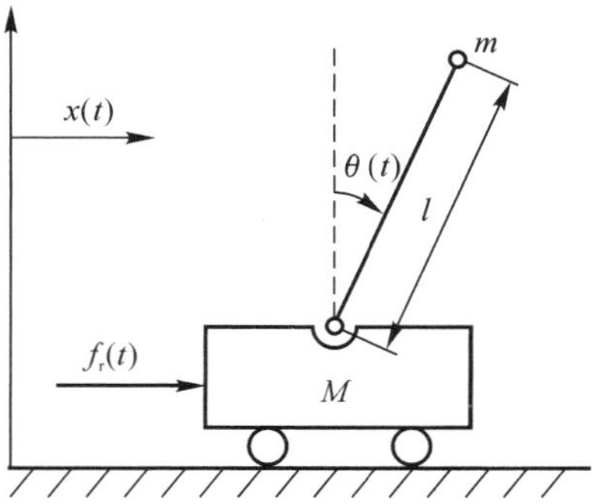

图 2-16　装有倒立摆的小车

系统中包含一个小车和一个倒立摆，因为用一个外力 $f_r(t)$ 保持摆直立不倒的问题和用手支撑摆杆维持平衡相像，所以通常称之为自动搜索平衡车。在发射火箭时，这种系统更具有实际意义，因为火箭必须靠开动发动机来维持它沿其推力方向飞行。

解　为了研究方便，假设车与摆只在一个平面内运动，并忽略杆的质量、摩擦、风力等因素。应该特别注意：系统本来是不稳定的，因为如果不加外力控制，杆必然会倒下来。

为了确定系统的运动方程，假设小车的水平位置是 $x(t)$，摆心的位置是 $x+l\sin\theta$。根据牛顿定律，在水平方向力的平衡方程为

$$M\frac{\mathrm{d}^2x(t)}{\mathrm{d}t^2}+m\frac{\mathrm{d}^2}{\mathrm{d}t^2}(x(t)+l\sin\theta(t))=f_r(t)$$

或

$$(M+m)\ddot{x}(t)+ml\ddot{\theta}(t)\cos\theta(t)-ml\dot{\theta}^2(t)\sin\theta(t)=f_r(t) \tag{2-39}$$

同样，在垂直于摆杆方向，可得

$$m\ddot{x}(t)\cos\theta(t)+ml\ddot{\theta}(t)=mg\sin\theta(t) \tag{2-40}$$

式中，g 是向下的重力加速度。

显然，这两个微分方程是非线性的，因此，需要进行线性化。由于控制本系统的目的是保持单摆直立，所以可假设 θ 和 $\dot{\theta}$ 接近于零。基于这种假设，就能使方程线性化，保留 θ 和 $\dot{\theta}$ 项，忽略微小的高次项，如 θ^2 和 $\dot{\theta}^2$。

对三角函数的展开式也作相同的简化，即

$$\sin\theta = \theta - \frac{\theta^3}{3!} + \frac{\theta^5}{5!} - \cdots \approx \theta$$

$$\cos\theta = 1 - \frac{\theta^2}{2!} + \frac{\theta^4}{4!} - \cdots \approx 1$$

将这些近似关系代入式(2-39)和式(2-40)，并消去中间变量 x，可得系统运动方程

$$Ml\ddot{\theta}(t) - (M+m)g\theta(t) = -f_r(t)$$

进行拉氏变换，即得

$$\frac{\theta(s)}{F_r(s)} = \frac{1}{-Mls^2 + (M+m)g} = \frac{1/(M+m)g}{-\frac{Ml}{(M+m)g}s^2 + 1} = \frac{K}{-T^2s^2 + 1}$$

式中
$$T = \sqrt{\frac{Ml}{(M+m)g}},\quad K = \frac{1}{(M+m)g}$$

四、传递函数的典型环节及其特点

控制系统通常由一些元、部件以特定形式组成，这些元件的物理结构和工作原理可能差别很大，但从数学模型来看却具有共性，即具有相同的动态性能。在控制理论中，常常将具有代表性确定信息传递关系的元、部件称为典型环节。系统的微分方程往往是高阶的，因此，其传递函数也是高阶的。但均可将传递函数化为零阶、一阶和二阶等典型环节（如比例环节、惯性环节、微分环节、积分环节、振荡环节和延迟环节）的组合。研究和掌握这些典型环节的传递函数将有助于对复杂控制系统的分析。

1. 比例环节

比例环节的微分方程为

$$c(t) = Kr(t) \tag{2-41}$$

式中，$r(t)$ 和 $c(t)$ 分别为系统输入量和输出量；K 为比例环节的放大系数。其传递函数为

$$G(s) = \frac{C(s)}{R(s)} = K \tag{2-42}$$

比例环节的结构图如图 2-17 所示。

比例环节的特点是，系统输出既不失真也不延迟，而按比例地反映输入的变化，又称为放大环节。

2. 惯性环节

惯性环节的微分方程为

$$T\frac{\mathrm{d}c(t)}{\mathrm{d}t} + c(t) = r(t) \tag{2-43}$$

式中，T 为时间常数，它表征了环节的惯性，且与系统的结构参数有关。其传递函数为

$$G(s) = \frac{C(s)}{R(s)} = \frac{1}{Ts+1} \tag{2-44}$$

惯性环节的结构图如图 2-18 所示。

惯性环节的特点是，由于环节中含有一个储能元件，所以当输入量突然变化时，输出量不能跟着突变，而是按指数规律逐渐变化的。

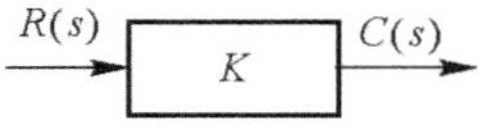

图 2-17　比例环节

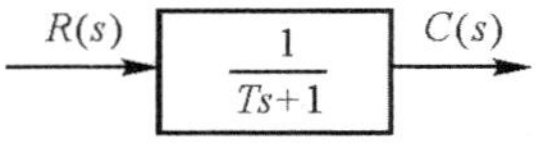

图 2-18　惯性环节

3. 微分环节

理想微分环节的微分方程为

$$c(t)=T_{\mathrm{d}}\dot{r}(t) \tag{2-45}$$

式中，T_{d} 为微分时间常数。其传递函数为

$$G(s)=\frac{C(s)}{R(s)}=T_{\mathrm{d}}s \tag{2-46}$$

微分环节的结构图如图 2-19 所示。

微分环节的特点是，系统输出量正比于输入量的微分，即输出量反映输入量的变化率，而不反映输入量本身的大小。因此，可由微分环节来反映输入量的变化趋势，使控制作用提前。实际中常利用微分环节改善系统的动态性能。但要注意，当输入为单位阶跃响应函数时，输出就是脉冲函数，这在实际中是不可能的。因此，微分环节一般不单独存在，而是与其他环节（如比例环节）同时存在的。

4. 积分环节

积分环节的微分方程为

$$T_{\mathrm{i}}\dot{c}(t)=r(t) \tag{2-47}$$

式中，T_{i} 为积分时间常数。其传递函数为

$$G(s)=\frac{C(s)}{R(s)}=\frac{1}{T_{\mathrm{i}}s} \tag{2-48}$$

积分环节的结构图如图 2-20 所示。

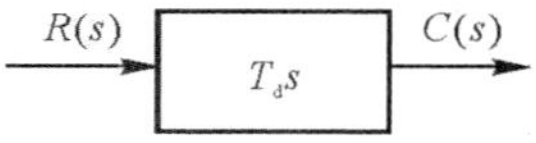

图 2-19　微分环节

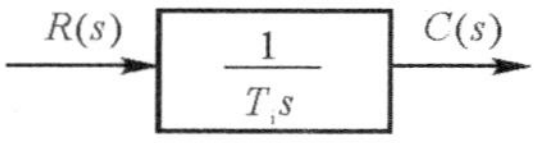

图 2-20　积分环节

积分环节的特点是，系统输出量正比于输入量对时间的积分，输出量呈线性增长。输入量作用一段时间后，即使输入量变为零，输出量仍将保持在已达到的数值，故有记忆功能。另一个特点是在输入突变时，输出值要等到时间 T_{i} 后才等于输入值，故具有滞后作用。积分环节常被用来改善控制系统的稳态性能。

例如，当输入为单位阶跃信号 $R(s)=\frac{1}{s}$ 时，$C(s)=\frac{1}{T_{\mathrm{i}}s}\,\frac{1}{s}=\frac{1}{T_{\mathrm{i}}s^2}$，积分环节的时域输出响应为 $c(t)=\frac{1}{T_{\mathrm{i}}}t$。

5. 振荡环节

振荡环节是二阶环节，含有两个独立的储能元件，并且能够将所储存的能量互相转换，从而导致输出带有振荡的性质。其微分方程式为

$$T^2\ddot{c}(t)+2\xi T\dot{c}(t)+c(t)=r(t) \tag{2-49}$$

式中，T 为振荡环节的时间常数；ξ 为阻尼比。振荡环节传递函数为

$$G(s)=\frac{C(s)}{R(s)}=\frac{1}{T^2s^2+2\xi Ts+1} \tag{2-50}$$

振荡环节传递函数的另一种常用标准形式为

$$G(s)=\frac{C(s)}{R(s)}=\frac{\omega_n^2}{s^2+2\xi\omega_n s+\omega_n^2} \tag{2-51}$$

式中，$\omega_n=\frac{1}{T}$ 为无阻尼自然振荡频率。

必须指出，当 $0<\xi<1$ 时，二阶环节特征方程才有共轭复根。这时二阶系统才能称为振荡环节。当 $\xi>1$ 时二阶系统有两个实数根，此时的系统为两个惯性环节的串联。

振荡环节的结构图如图 2-21 所示。

振荡环节的特点是，当输入为阶跃信号，阻尼比 $0<\xi<1$ 时，系统输出动态响应具有振荡的形式。

6. 延迟环节

延迟环节也称为时滞环节，其数学表达式为

$$c(t)=r(t-\tau) \tag{2-52}$$

式中，τ 为延时时间。延迟环节传递函数为

$$G(s)=\frac{C(s)}{R(s)}=e^{-\tau s} \tag{2-53}$$

延迟环节的结构图如图 2-22 所示。

延迟环节的特点是，系统输出比输入滞后时间 τ，但不失真地反映输入。延迟环节的存在对系统的稳定性有不利影响。

延迟环节与惯性环节的区别在于，惯性环节的输出需要延迟一段时间才接近于所要求的输出量，但它从输入开始时刻起就已有了输出。延迟环节在输入开始之初的时间 τ 内并无输出，经过时间 τ 后，输出就完全等于从一开始起的输入，且不再有其他滞后过程。

上述典型环节是按数学模型来区分的，在实际系统中，它们与物理元件之间不一定一一对应，即一个传递函数可能是由多个物理元件组成的，反之亦然。

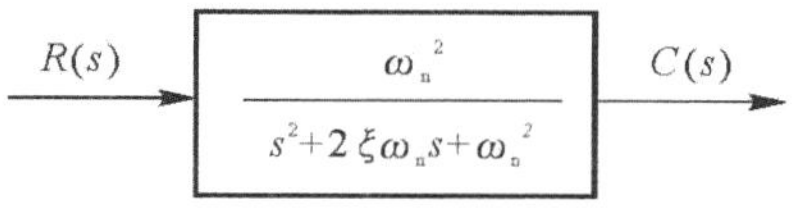

图 2-21　振荡环节

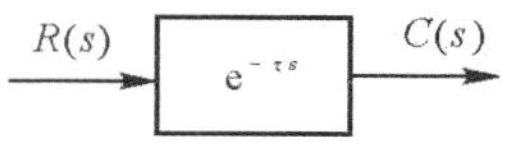

图 2-22　延迟环节

2-6　结构图及其等效变换

系统的结构图是描述系统各组成元、部件之间信号传递关系的数学图形。

求取传递函数时，需要对微分方程组（或变换方程组）进行消元，最后仅剩下输入、输出两个变量，因此中间变量的传递过程得不到反映。若采用结构图，就能形象地表明系统中各变量之间的数学关系以及输入信号在系统或元件中的传递过程。另外，还可利用结构图进行等效

变换，方便传递函数的求取。因此，结构图在控制理论中应用十分广泛。

一、结构图

在第 2-4 节中，采用消元的方法求得如图 2-8 所示 RC 网络的传递函数。这里，采用结构图的方法求其传递函数。

RC 网络的微分方程组如下：

$$\begin{cases} u_r(t) = Ri(t) + u_c(t) \\ u_c(t) = \dfrac{1}{C}\displaystyle\int i(t)\mathrm{d}t \end{cases}$$

对上两式进行拉氏变换，得

$$U_r(s) = RI(s) + U_c(s)$$

或

$$\frac{1}{R}[U_r(s) - U_c(s)] = I(s) \tag{2-54}$$

$$U_c(s) = \frac{1}{Cs}I(s) \tag{2-55}$$

方程式(2-54)可用图 2-23(a)表示，方程式(2-55)可用图 2-23(b)表示。将图 2-23(a)(b)按信号传递方向结合起来，网络的输入量置于图示的左端，输出量置于最右端，并将同一变量的信号连在一起，如图 2-24(a) 所示，即得 RC 网络结构图。

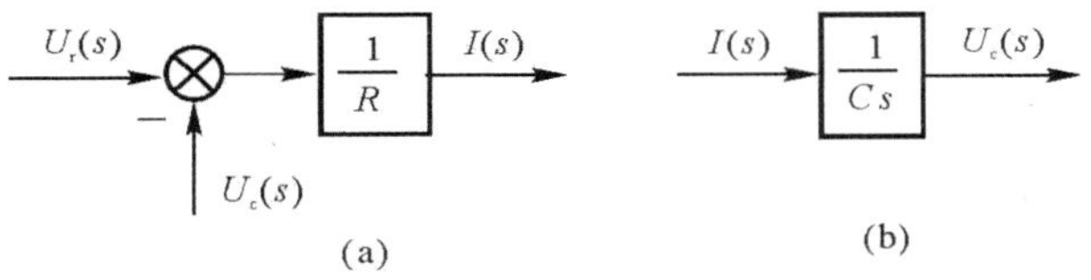

图 2-23　方程式(2-54)和式(2-55)的结构图

对图 2-24(a) 进行所谓“等效变换”就可得出网络传递函数，因此网络结构就更为简单，如图 2-24(b) 所示。关于结构图等效变换的方法将另作介绍。

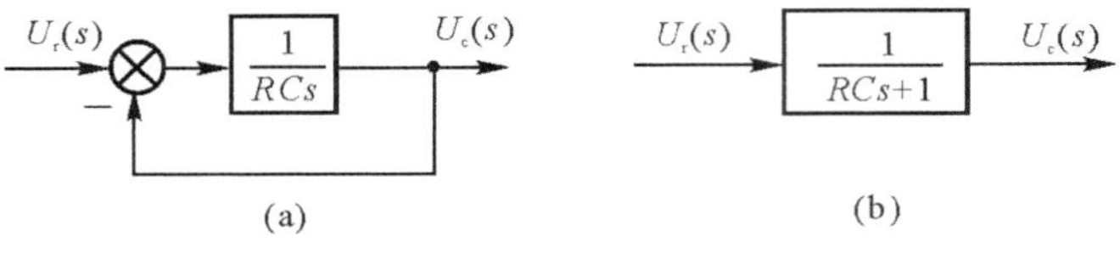

图 2-24　RC 网络的结构图

建立系统结构图的步骤如下：

(1) 建立控制系统各元、部件的微分方程。

(2) 对各元、部件的微分方程进行拉氏变换，并作出各元、部件的结构图。

(3) 按系统中各信号的传递顺序，依次将各元、部件结构图连接起来，便得到系统的结构图。

下面以如图 1-11 所示随动系统为例。

把组成该系统各元、部件的微分方程式(2-18a ～ e) 进行拉氏变换，可得方程组式(2-56a ～e)，其中

比较元件 $$\theta_\varepsilon(s)=\theta_r(s)-\theta_c(s) \tag{2-56a}$$

电位器 $$U_\varepsilon(s)=K_1\theta_\varepsilon(s) \tag{2-56b}$$

放大器 $$U(s)=K_2U_\varepsilon(s) \tag{2-56c}$$

电动机 $$s(T_ms+1)\theta(s)=K_mU(s) \tag{2-56d}$$

减速器 $$\theta_c(s)=\frac{1}{i}\theta(s) \tag{2-56e}$$

各元、部件的结构图如图 2-25 所示。将各方框图按信号传递顺序连接起来，可得到如图 1-11 所示随动系统的结构图，如图 2-26 所示。

由上述讨论可知，系统结构图实质上是系统原理方框图和数学方程二者的结合。在结构图上，用记有传递函数的方框，取代图 2-5 原理方框图中的元件名称，也就是用传递函数取代了各元、部件的具体物理结构。可见结构图对系统特性进行了全面描述，它也是一种数学模型。因此，控制系统结构图是一种描述系统各组成元、部件之间信号传递关系的数学图形。它表示了系统输入变量与输出变量之间的关系，同时也表示了系统各变量之间的运算关系。

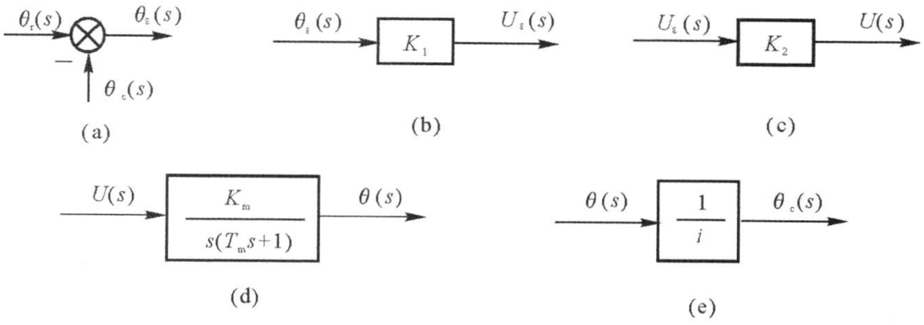

图 2-25　方程组式(2-56)各子式结构图

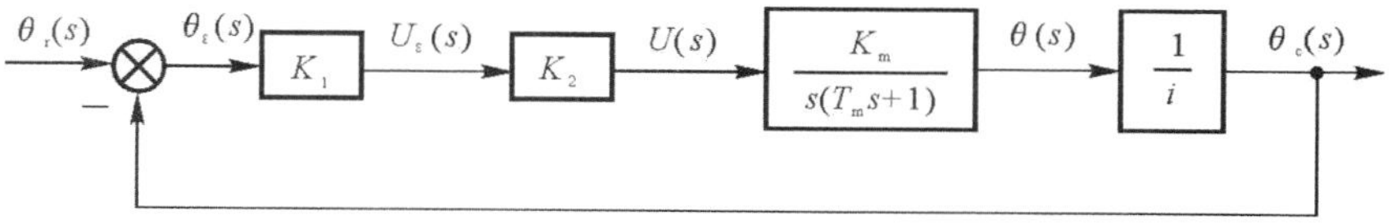

图 2-26　图 1-11 所示随动系统结构图

二、结构图的等效变换

结构图是从具体系统中抽象出来的数学图形，主要是为了研究系统的运动特性，而不是研究它的具体结构。从尽可能简便地获得系统传递函数这一点出发，我们完全可以对它进行任何需要的变换，当然，这种变换应该是“等效”的。所谓“等效”，就是不论结构图图形如何变化，变化前后有关变量之间的传递函数保持不变。在实际系统中，任何复杂系统的结构图，通常是由串联、并联和反馈三种基本结构组成的。

下面依据等效原理推导结构图变换的一般法则。

1. 串联

传递函数分别为$G_1(s)$与$G_2(s)$的元件串联连接，其等效传递函数等于这两个传递函数的乘积。

假定有两个传递函数分别为$G_1(s)$和$G_2(s)$的元件串联在一起，如图2-27(a)所示。现欲将两者合并，用一个传递函数$G(s)$代替，并保持$R(s)$与$C(s)$的关系不变，如图2-27(b)所示。

由图2-27(a)可写出

$$U(s)=G_1(s)R(s)$$

$$C(s)=G_2(s)U(s)$$

消去中间变量$U(s)$，则有

$$C(s)=G_1(s)G_2(s)R(s)$$

由图2-27(b)并结合上式可得

$$G(s)=G_1(s)G_2(s) \tag{2-57}$$

上述结论可以推广到任意个传递函数的串联，如图2-28所示。即：串联后总传递函数等于各个串联传递函数的乘积。

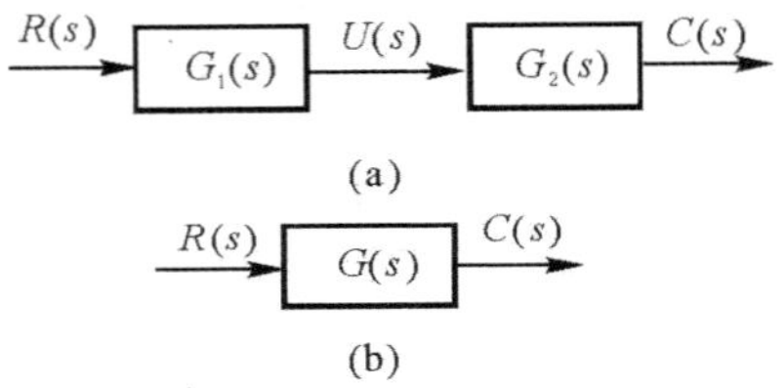

图2-27　串联结构的等效变换

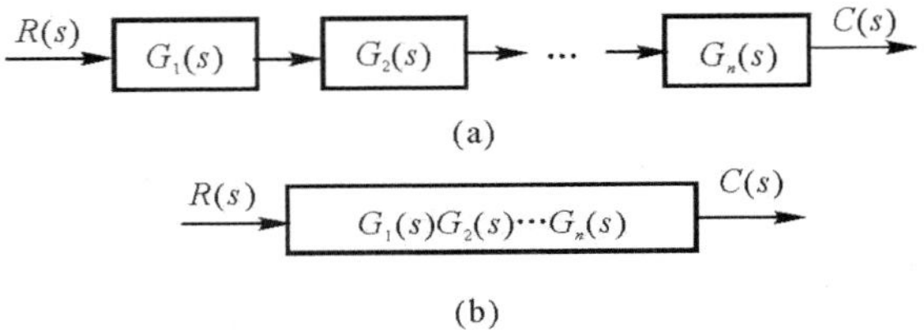

图2-28　n个串联结构的等效变换

2. 并联

传递函数分别为$G_1(s)$与$G_2(s)$的元件并联连接，其等效传递函数等于这两个传递函数的代数和，即

$$G(s)=G_1(s)\pm G_2(s) \tag{2-58}$$

并联连接及其等效结构图如图2-29所示。

由图2-29(a)可写出

$$C_1(s)=G_1(s)R(s)$$

$$C_2(s)=G_2(s)R(s)$$

$$C(s)=C_1(s)\pm C_2(s)$$

消去中间变量，得

$$C(s)=[G_1(s)\pm G_2(s)]R(s)$$

则有

$$G(s)=G_1(s)\pm G_2(s)$$

同样，可将上述结论推广到n个传递函数的并联，如图2-30所示。其等效传递函数为n个传递函数的代数和。

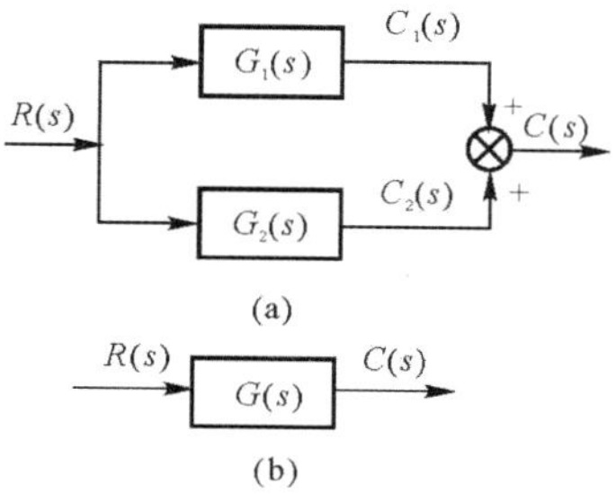

图 2－29　并联结构的等效变换

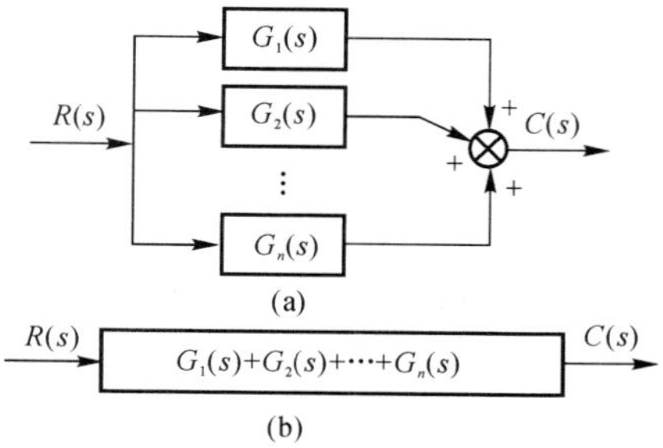

图 2－30　n 个并联结构的等效变换

3.反馈连接

如图 2－31(a) 所示为反馈连接的一般形式，其等效变换如图 2－31(b) 所示。

由图 2－31(a) 可写出

$$C(s)=G(s)E(s)$$
$$E(s)=R(s)\pm B(s)$$
$$B(s)=H(s)C(s)$$

消去中间变量 $E(s)$，$B(s)$，得

$$C(s)=\frac{G(s)}{1\mp G(s)H(s)}R(s)$$

式中，分母上的"+"号，对应于负反馈连接；"—"号对应于正反馈连接。

若令

$$\Phi(s)=\frac{G(s)}{1\mp G(s)H(s)} \tag{2-59}$$

则称 $\Phi(s)$ 为闭环传递函数。若反馈通道的传递函数 $H(s)=1$，则系统[见图 2－31(a)]称为单位反馈系统，此时闭环传递函数为

$$\Phi(s)=\frac{G(s)}{1\mp G(s)}$$

对于一般简单系统的结构图，利用上述等效变换法则就可方便地求得系统的总传递函数。例如，以如图 2－24(a) 所示的 RC 网络结构图为例，利用传递函数串联的法则，就可求得如图2－32(a) 所示的简化等效结构图。然后利用反馈法则，求得网络总传函数，如图2－32(b) 所示。

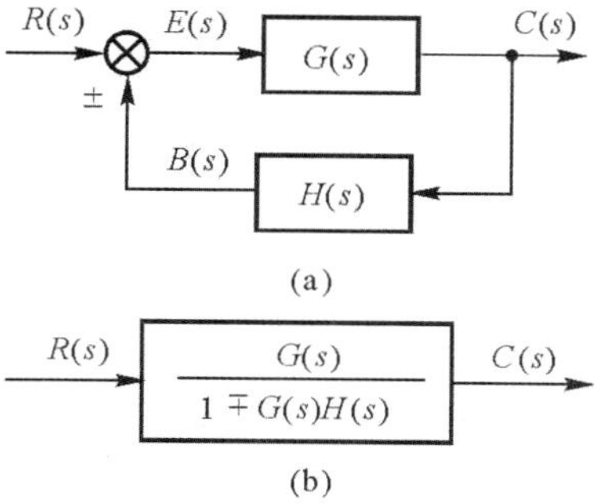

图 2－31　反馈连接的等效变换

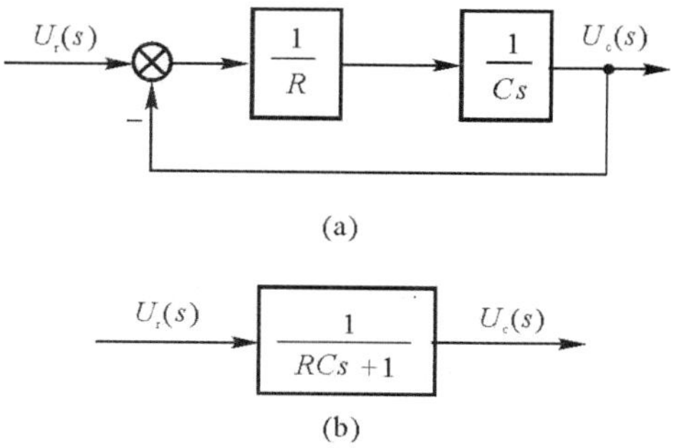

图 2－32　图 2－20(a) 所示系统的等效变换

又如对于图 2-26 所示随动系统的结构图，利用同样的方法，可得到等效结构图及系统闭环传递函数，如图 2-33(a)(b) 所示。图中 $K=K_1K_2K_m/i$。

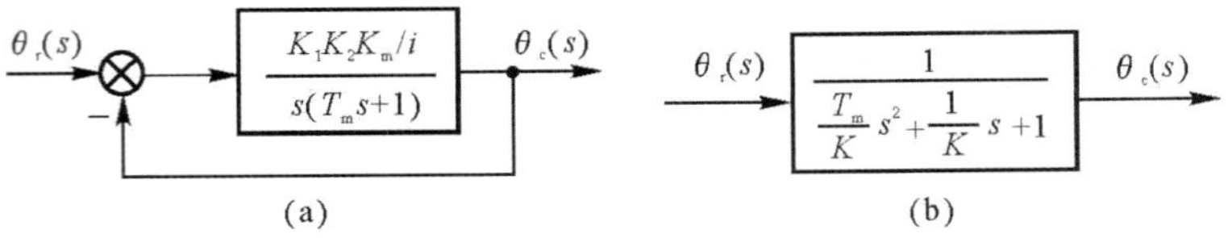

图 2-33　图 2-26 所示系统的等效变换

由于实际系统往往比较复杂，信号传递互相交叉，不能直接利用上述法则来简化系统。对这种复杂结构，首先要设法解决相互交叉的问题，即必须把求和点、引出点作等效移动，然后才能应用上述法则。

4. 求和点的移动

(1) 求和点之间的移动。如图 2-34 所示为相邻两个求和点前后移动的等效变换。因为总输出 C 是 R, X_1, X_2 三个信号的代数和，故更换相邻两个求和点的位置，不会影响总的输出与输入之间的关系。

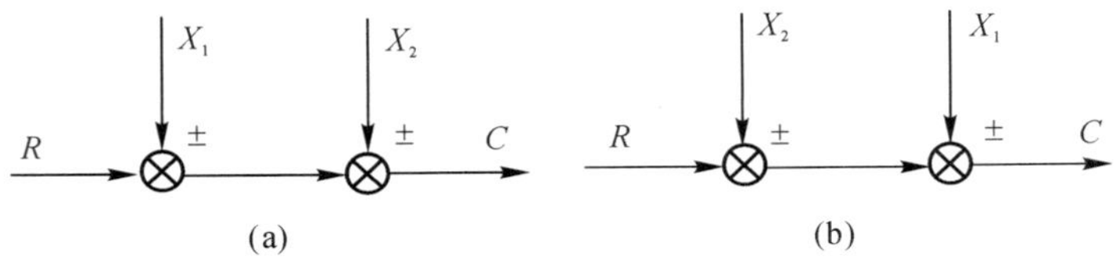

图 2-34　相邻求和点的移动

变换前：总输出信号

$$C=R\pm X_1\pm X_2$$

变换后：总输出信号

$$C=R\pm X_2\pm X_1$$

两者完全相同。因此，相邻求和点可以随意交换位置。这对多个相邻求和点也是正确的。

(2) 求和点前(或后)移。如图 2-35 所示为求和点前移等效结构图。原结构图的信号关系为

$$C(s)=G(s)R(s)\pm X(s)$$

等效变换后的信号关系为

$$C(s)=G(s)\left[R(s)\pm\frac{1}{G(s)}X(s)\right]=G(s)R(s)\pm X(s)$$

两者完全等效。

5. 引出点的移动

(1) 引出点之间的移动。若干个相邻引出点，表明同一个信号输送到不同的地方去。因此，引出点之间相互交换位置，不会改变引出信号的性质，如图 2-36 所示。

(2) 引出点前(或后)移。如图 2-37 所示，给出了引出点前移的等效变换。显然，变换前

后二者信号关系完全一致。

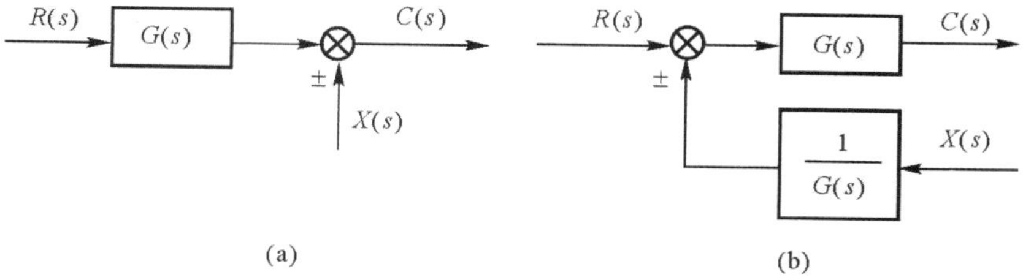

图 2－35　求和点前移的等效变换

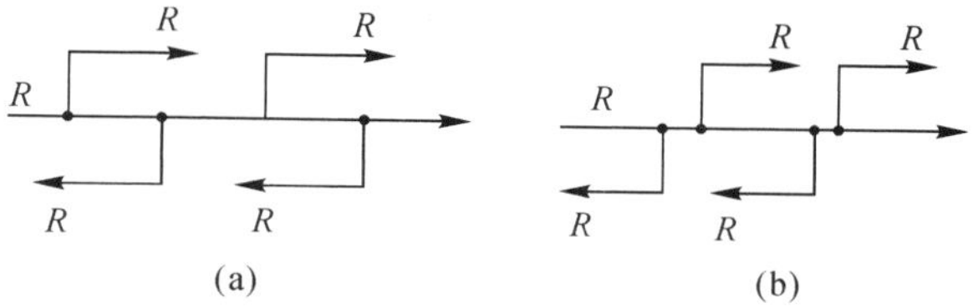

图 2－36　相邻引出点的移动

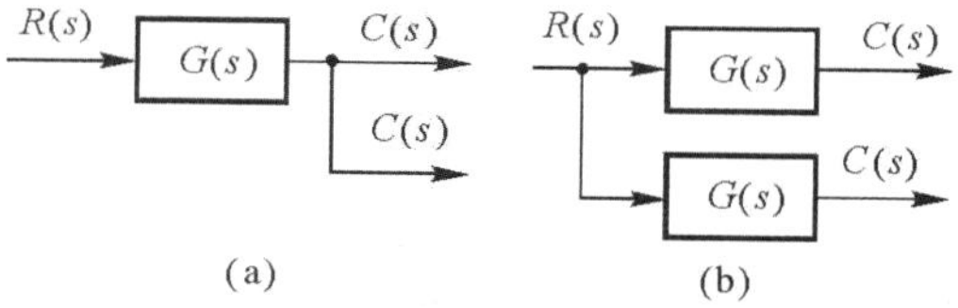

图 2－37　引出点前移的等效变换

6. 引出点与求和点之间的移动

如图 2－38 所示，给出引出点与求和点之间的等效移动。

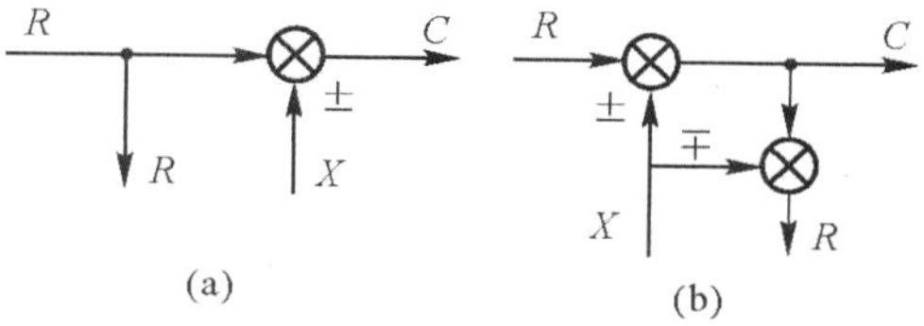

图 2－38　引出点与求和点之间的等效变换

由图 2－38 可见，变换后的结构图反而变得更加复杂。因此一般不推荐这种变换。但是，在特殊情况下，不这样变换将很难，甚至无法求出传递函数时，故仍可采用。如某些陀螺系统中就常常采用此变换。

关于求和点后移和引出点后移的等效变换，读者可自行推证。

综上所述，结构图等效变换规则见表 2－2。

表 2-2　结构图等效变换规则

变换方式	原结构图	等效结构图	等效变换运算
串联	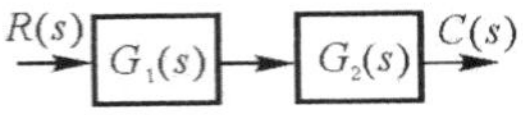	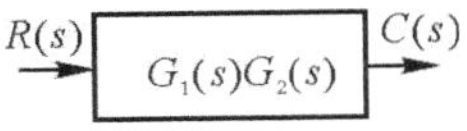	$C(s)=G_1(s)G_2(s)R(s)$
并联	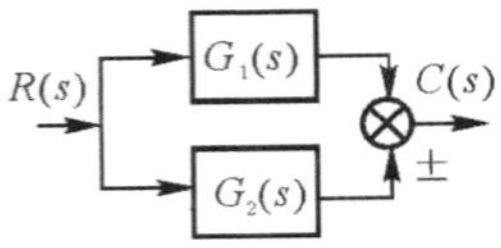	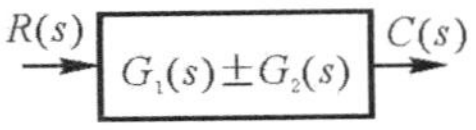	$C(s)=[G_1(s)\pm G_2(s)]R(s)$
反馈	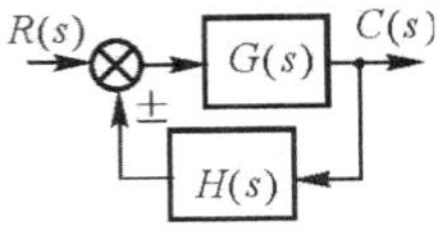	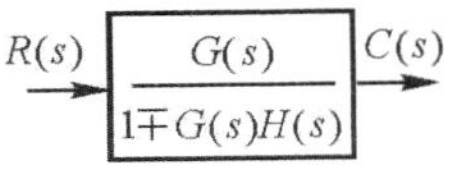	$C(s)=\dfrac{G(s)R(s)}{1\mp G(s)H(s)}$
比较点前移	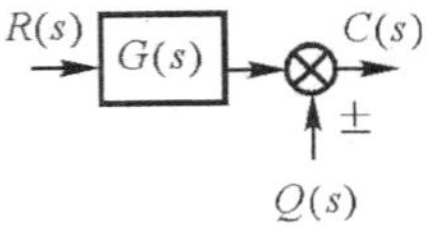	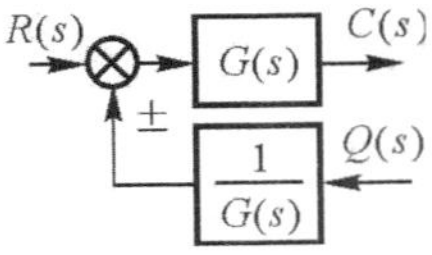	$C(s)=R(s)G(s)\pm Q(s)=$ $\left[R(s)\pm\dfrac{Q(s)}{G(s)}\right]G(s)$
比较点后移	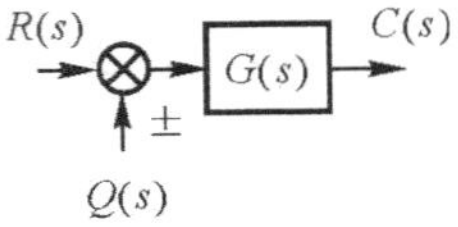	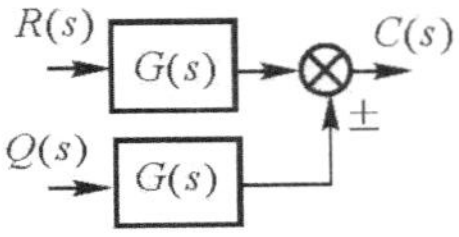	$C(s)=[R(s)\pm Q(s)]G(s)=$ $R(s)G(s)\pm Q(s)G(s)$
引出点前移	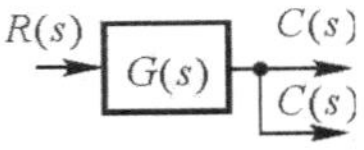	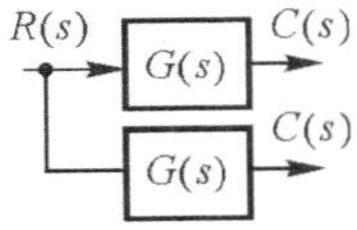	$C(s)=G(s)R(s)$
引出点后移	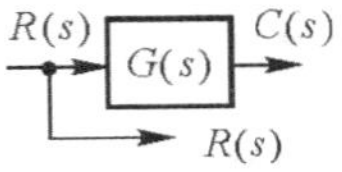	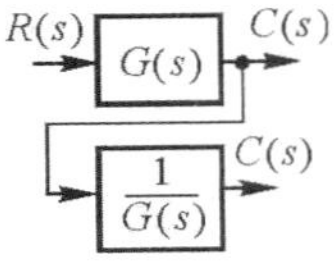	$R(s)=R(s)G(s)\dfrac{1}{G(s)}$ $C(s)=G(s)R(s)$
比较点与引出点之间的移动	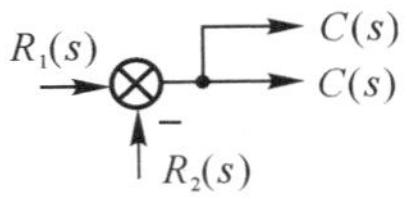	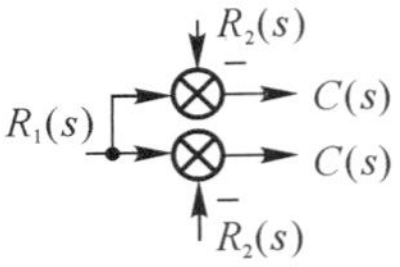	$C(s)=R_1(s)-R_2(s)$

下面以图 2-39(a) 所示多回路系统为例，具体说明如何运用等效变换法则，逐步将一个比较复杂的系统简化成单回路系统。

首先，消去交叉回路，将引出点 A 后移到 $G_3(s)$ 的输出端得到图 2-39(b)。然后，由里向外逐个消去内反馈回路，得到图 2-39(c) 和图 2-39(d)。最后得到系统闭环传递函数。

$$\Phi(s)=\frac{G_1(s)G_2(s)G_3(s)}{1-G_1(s)G_2(s)H_1(s)+G_2(s)G_3(s)H_2(s)+G_1(s)G_2(s)G_3(s)H_3(s)}$$

【例 2-12】　简化图 2-40(a) 所示系统结构图，并列写闭环传递函数 $\Phi(s)=\dfrac{C(s)}{R(s)}$。

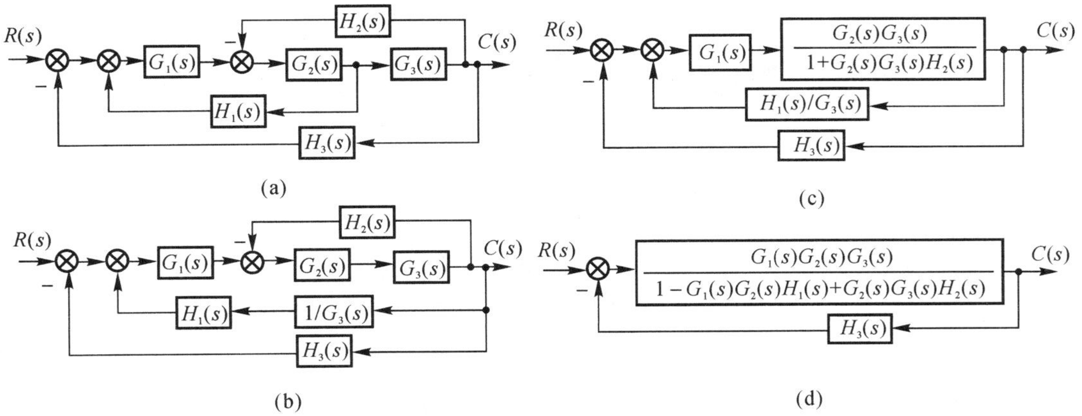

图 2-39　多回路系统结构图

解　这也是一个多回路系统结构图，且回路有交叉。为了从内回路到外回路逐步简化，首先，消除交叉回路。第一步是将求和点 A 移动，然后交换求和点位置，将图 2-40(a) 简化为图 2-40(b)。

第二步对图 2-40(b) 中由 $G_2(s)$，$G_3(s)$ 和 $H_2(s)$ 组成的小回路进行串联及反馈变换，进而简化为图 2-40(c)。

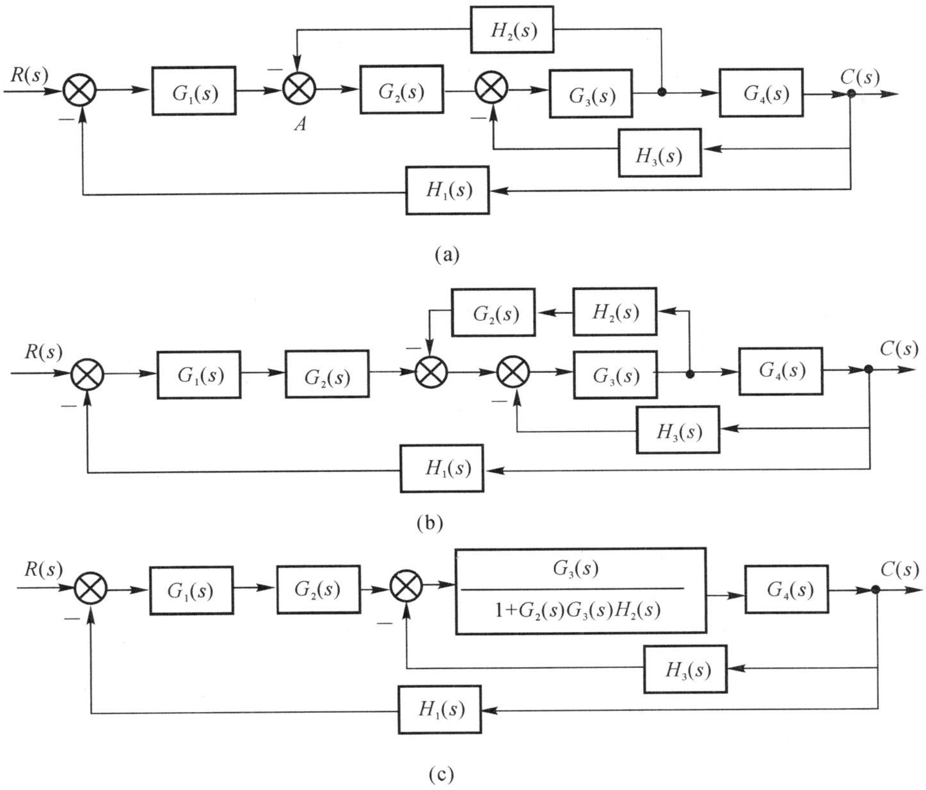

图 2-40　例 2-12 系统结构图的等效变换

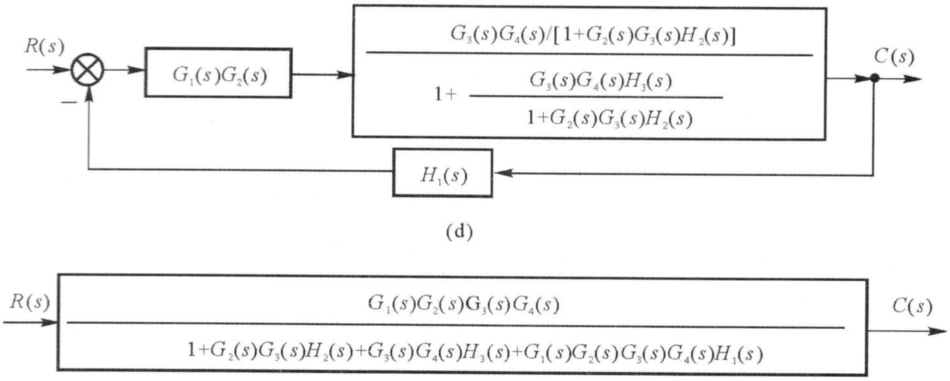

（续）图 2－40　例 2－12 系统结构图的等效变换

第三步对图 2－40(c) 中的内回路再进行串联及反馈变换，则只剩一个主反馈回路，如图 2－40(d) 所示。

最后，变换为一个方框，如图 2－40(e) 所示，得系统闭环传递函数。

$$\Phi(s)=\frac{C(s)}{R(s)}=\frac{G_1(s)G_2(s)G_3(s)G_4(s)}{1+G_2(s)G_3(s)H_2(s)+G_3(s)G_4(s)H_3(s)+G_1(s)G_2(s)G_3(s)G_4(s)H_1(s)}$$

第一步的变换也可采用其他移动的办法，读者可自行试做。

由上述内容可见，简化结构图及求闭环传递函数的一般步骤可归纳如下：

(1) 确定输入量与输出量，如果作用在系统上的输入量有多个（可以分别作用在系统的不同位置），则必须分别对每一个输入量逐个进行结构图变换简化，求得各自的传递函数，对于具有多个输出量的情况，也应分别变换。

(2) 若结构图有交叉连接，利用移动规则，首先将交叉消除，简化成无交叉的结构图。

(3) 对多回路结构图，由里向外进行变换直至变换成一个单回路结构图。最后写出系统闭环传递函数。

综上所述，反馈控制系统的传递函数可以在零初始条件下对描述系统运动的微分方程进行拉氏变换后求得。在工程应用中，一般是利用系统的原理方框图，以元件的传递函数，经过结构图的等效变换求得系统的传递函数。

2－7　信号流图及梅逊公式

对于一些结构复杂的系统，采用结构图等效变换的方法求系统的传递函数是比较麻烦的。信号流图和传递函数类似，也是表示系统结构和变量关系的一种图形表示，它由节点和支路构成，无须等效变换，可直接采用梅逊公式求取系统的传递函数。

一、信号流图

1. 组成

信号流图由节点和支路组成，如图 2－41 所示。

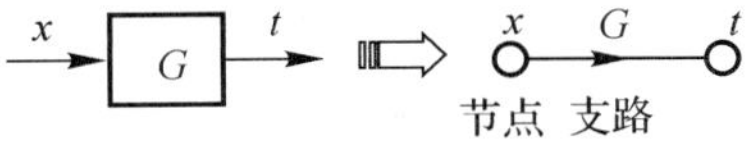

图 2-41　结构图与信号流图

节点：节点表示信号，输入节点表示输入信号，输出节点表示输出信号。

支路：连接节点之间的线段为支路。支路上箭头方向表示信号传送方向。传递函数标在支路上箭头的旁边，称支路传输（增益）。

2. 信号流图中的有关术语

典型的信号流图如图 2-42 所示。

源节点：也称输入节点。它只有输出支路。

阱节点：也称输出节点。它只有输入支路。

混合节点：既有输入支路又有输出支路的节点。相当于结构图中的信号比较点和引出点。它上面的信号是所有输入支路引进信号的叠加。

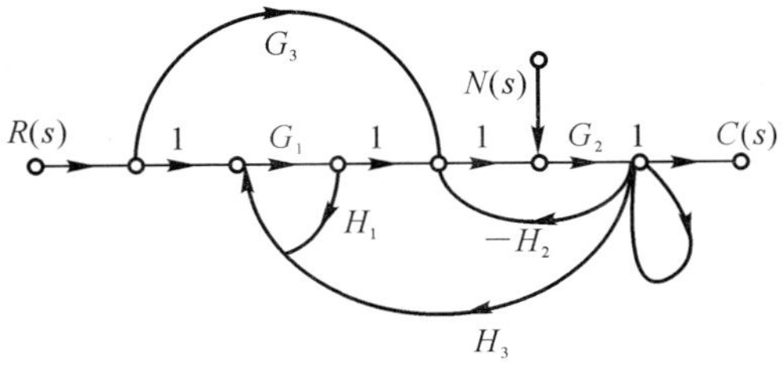

图 2-42　典型的信号流图

回路：沿支路箭头方向穿过各个相连支路的路线，起始点和任一节点相交不多于一次，但起点和终点为同一节点的通路称为（单独）回路。

自回路：只与一个节点相交的回路称为自回路。

不接触回路：各回路之间没有公共节点的回路。

前向通路：信号从输入节点到输出节点传递时，每个节点只通过一次的通路。信号从输入端到输出端传递时，通过每个方框只有一次的通路，称为前向通路。前向通路上所有传递函数的乘积，称为前向通路传递函数。

回路增益：回路中所有支路增益的乘积。

前向通路增益：前向通路上各支路增益的乘积。信号传递的起点就是其终点，而且每个方框只通过一次的闭合通路，称为回路。回路上所有传递函数的乘积（并且包含代表回路反馈极性的正、负号），称为回路传递函数。

二、梅逊（S. J. Mason）公式

梅逊公式的表达形式

$$\Phi(s)=\frac{C(s)}{R(s)}=\frac{\sum_{i=1}^{n}P_i\Delta_i}{\Delta} \tag{2-60}$$

式中，Δ 称为特征式，且

$$\Delta=1-\sum L_i+\sum L_iL_j-\sum L_iL_jL_k+\cdots$$

式中，　n—— 输入到输出的前向通道总数；

$\sum L_i$—— 所有不同回路的回路传递函数之和；

$\sum L_i L_j$—— 所有两两互不接触回路，其回路传递函数乘积之和；

$\sum L_i L_j L_k$—— 所有三个互不接触回路，其回路传递函数乘积之和；

……

P_i—— 第 i 条前向通路传递函数；

Δ_i—— 第 i 条前向通路的余子式，即把特征式 Δ 中与该前向通路相接触回路的回路传递函数置为 0 后，特征式 Δ 所剩余的部分。

下面举例说明 P_i，Δ 和 Δ_i 的求法及梅逊公式的应用。

【例 2-13】 用梅逊公式求如图 2-43 所示系统的传递函数。

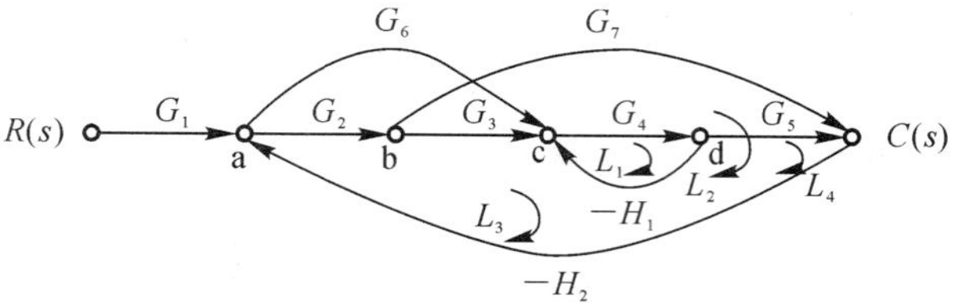

图 2-43 系统信号流图

解 该系统中有 4 个独立的回路：

$$L_1 = -G_4 H_1, \quad L_2 = -G_2 G_7 H_2$$

$$L_3 = -G_6 G_4 G_5 H_2, \quad L_4 = -G_2 G_3 G_4 G_5 H_2$$

其中互不接触的回路为 $L_1 L_2$，所以流图特征式为

$$\Delta = 1 - (L_1 + L_2 + L_3 + L_4) + L_1 L_2$$

前向通道有三个：

$$P_1 = G_1 G_2 G_3 G_4 G_5, \quad \Delta_1 = 1$$

$$P_2 = G_1 G_6 G_4 G_5, \quad \Delta_2 = 1$$

$$P_3 = G_1 G_2 G_7, \quad \Delta_3 = 1 - L_1$$

代入梅逊公式(2-60)得

$$\frac{C(s)}{R(s)} = G = \frac{1}{\Delta}(p_1 \Delta_1 + p_2 \Delta_2 + p_3 \Delta_3) =$$

$$\frac{G_1 G_2 G_3 G_4 G_5 + G_1 G_6 G_4 G_3 + G_1 G_2 G_7 (1 + G_4 H_1)}{1 + G_4 H_1 + G_2 G_7 H_2 + G_6 G_4 G_5 H_2 + G_2 G_3 G_4 G_5 H_2 + G_4 H_1 G_2 G_7 H_2}$$

【例 2-14】 用梅逊公式求如图 2-44(a) 所示系统的闭环传递函数。

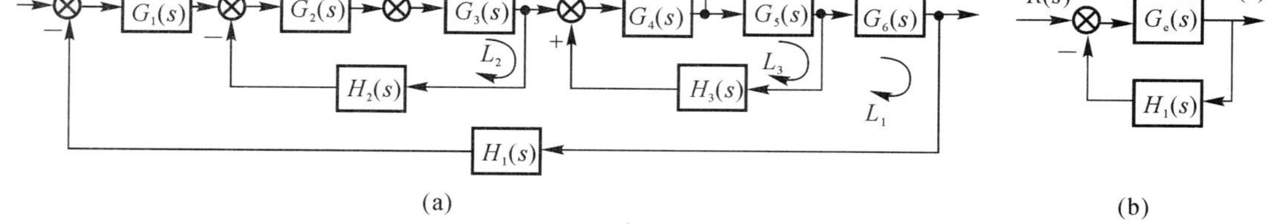

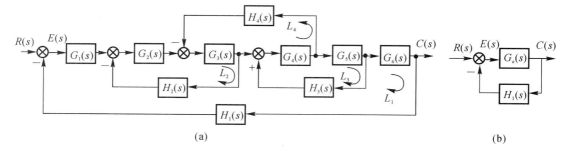

(a) (b)

图 2-44 系统结构图

解 由图 2-44(a) 可见,系统共有 4 个回路 L_1,L_2,L_3 和 L_4。故有

$$\sum L_i = L_1 + L_2 + L_3 + L_4 = -G_1(s)G_2(s)G_3(s)G_4(s)G_5(s)G_6(s)H_1(s) - G_2(s)G_3(s)H_2(s) + G_4(s)G_5(s)H_3(s) - G_3(s)G_4(s)H_4(s)$$

在以上 4 个回路中,只有 L_2 与 L_3 为互不接触回路。因此

$$\sum L_iL_j = L_2L_3 = -G_2(s)G_3(s)G_4(s)G_5(s)H_2(s)H_3(s)$$

而

$$\sum L_iL_jL_k = 0$$

故可得特征式

$$\Delta = 1 - \sum L_i + \sum L_iL_j = 1 - (L_1 + L_2 + L_3 + L_4) + L_2L_3 = 1 + G_1(s)G_2(s)G_3(s)G_4(s)G_5(s)G_6(s)H_1(s) + G_2(s)G_3(s)H_2(s) - G_4(s)G_5(s)H_3(s) + G_3(s)G_4(s)H_4(s) - G_2(s)G_3(s)G_4(s)G_5(s)H_2(s)H_3(s)$$

前向通路只有一条

$$P_1 = G_1(s)G_2(s)G_3(s)G_4(s)G_5(s)G_6(s)$$

因为所有回路均与前向通路相接触,所以,其余子式

$$\Delta_1 = 1$$

利用梅逊公式(2-60) 得

$$\Phi(s) = \frac{C(s)}{R(s)} = \frac{P_1\Delta_1}{\Delta}$$

将 Δ,P_1,Δ_1 代入上式,就可得系统闭环传递函数。

另外,利用梅逊公式,将复杂系统结构图简化成典型的单回路系统时显得比较方便,现以如图 2-44(a) 所示系统为例说明,只用梅逊公式写出该系统中输出与误差之间的传递函数,并用 $G_e(s)$ 表示,即

$$G_e(s) = \frac{C(s)}{E(s)} = \frac{G_1(s)G_2(s)G_3(s)G_4(s)G_5(s)G_6(s)}{1 + G_2(s)G_3(s)H_2(s) - G_4(s)G_5(s)H_3(s) + G_3(s)G_4(s)H_4(s) - G_2(s)G_3(s)G_4(s)G_5(s)H_2(s)H_3(s)}$$

其单回路系统结构图如图 2-44(b) 所示。

2-8 反馈控制系统的传递函数

一个反馈控制系统在工作过程中,一般会受到两类信号的作用,统称外作用。一类是有用信号或称输入信号、给定值等,用 $r(t)$ 表示。通常 $r(t)$ 加在系统的输入端;另一类则是扰动,或称干扰 $n(t)$,而干扰 $n(t)$ 可以出现在系统的任何位置,但通常最主要的干扰信号是作用在被控对象上的扰动,例如电动机的负载扰动等。

一个闭环控制系统的典型结构图如图 2-45 所示,应用线性系统的可加性可分别求出下面几种传递函数。

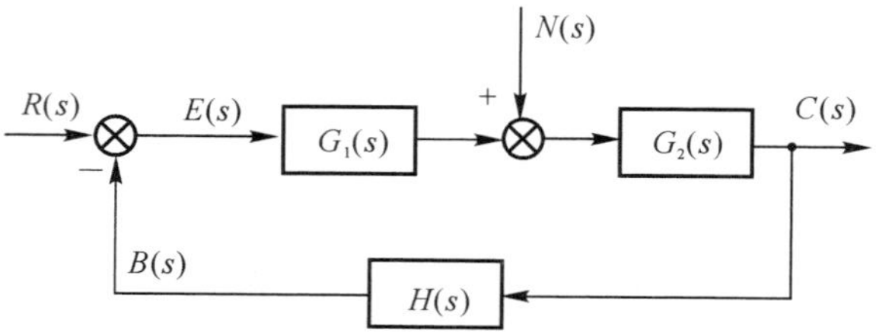

图 2-45　闭环控制系统典型结构图

一、输入信号 $r(t)$ 作用下的闭环传递函数

令 $n(t)=0$，这时图 2-45 可简化成图 2-46(a)。输出 $C(s)$ 对输入 $R(s)$ 之间的传递函数，称输入作用下的闭环传递函数，简称**闭环传递函数**，用 $\Phi(s)$ 表示。

$$\Phi(s)=\frac{C(s)}{R(s)}=\frac{G_1(s)G_2(s)}{1+G_1(s)G_2(s)H(s)}$$

而输出的拉氏变换式为

$$C(s)=\frac{G_1(s)G_2(s)}{1+G_1(s)G_2(s)H(s)}R(s) \tag{2-61}$$

为了分析系统信号的变化规律，寻求误差信号与输入之间的关系，将结构图简化为如图 2-46(b) 所示。列写出输入 $R(s)$ 与输出 $E(s)$ 之间的传递函数，称为控制作用下的误差传递函数。用 $\Phi_e(s)=\dfrac{E(s)}{R(s)}$ 表示。

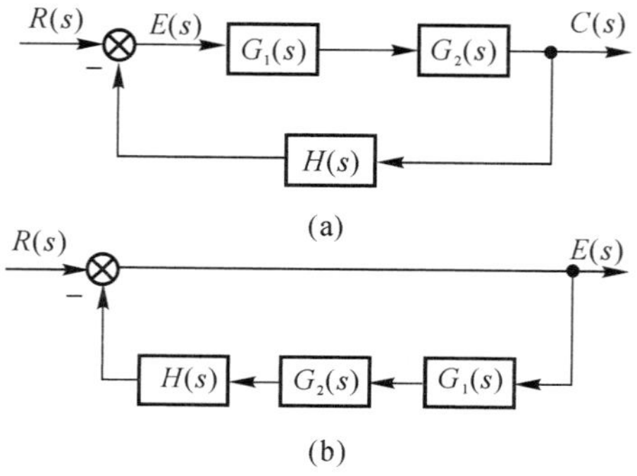

图 2-46　输入作用下的系统结构图

$$\Phi_e(s)=\frac{E(s)}{R(s)}=\frac{1}{1+G_1(s)G_2(s)H(s)} \tag{2-62}$$

二、干扰 $n(t)$ 作用下的闭环传递函数

同样，令 $r(t)=0$，结构图 2-45 可简化为图2-47(a)。

以 $N(s)$ 作为输入，$C(s)$ 为在扰动作用下的输出，它们之间的传递函数用 $\Phi_n(s)$ 表示，称为在扰动作用下的闭环传递函数，简称干扰传递函数。

$$\Phi_n(s)=\frac{C(s)}{N(s)}=\frac{G_2(s)}{1+G_1(s)G_2(s)H(s)}$$

系统在扰动作用下所引起的输出为

$$C(s)=\frac{G_2(s)}{1+G_1(s)G_2(s)H(s)}N(s) \tag{2-63}$$

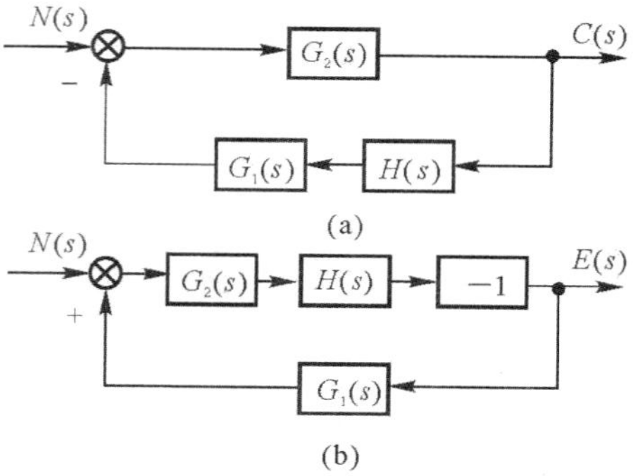

图 2-47　扰动作用下的系统结构图

同理，干扰作用下的误差传递函数，称干扰误差传递函数。用 $\Phi_{en}(s)$ 表示。以 $N(s)$ 作为输入，$E(s)$ 作为输出的结构图，如图 2-47(b) 所示。

$$\Phi_{en}(s)=\frac{E(s)}{N(s)}=\frac{-G_2(s)H(s)}{1+G_1(s)G_2(s)H(s)} \tag{2-64}$$

显然，系统在同时受 $r(t)$ 和 $n(t)$ 作用时，根据线性系统的可加性，系统总输出应为各外作用分别引起的输出的总和，将式(2-61) 和式(2-63) 相加可得总输出为

$$C(s)=\frac{G_1(s)G_2(s)}{1+G_1(s)G_2(s)H(s)}R(s)+\frac{G_2(s)}{1+G_1(s)G_2(s)H(s)}N(s) \tag{2-65}$$

式中，如果系统中的参数设置，能满足 $|G_1(s)G_2(s)H(s)|\gg 1$ 及 $|G_1(s)H(s)|\gg 1$，则系统总输出表达式(2-65) 可近似为

$$C(s)\approx\frac{1}{H(s)}R(s)$$

上式表明，采用反馈控制的系统，适当地选配元、部件的结构参数，系统就具有很强的抑制干扰的能力。同时，系统的输出只取决于反馈通路传递函数及输入信号，而与前向通路传递函数几乎无关。特别是当 $H(s)=1$ 时，即当系统为单位反馈时，$C(s)\approx R(s)$，表明系统几乎实现了对输入信号的完全复现，即获得较高的工作精度。

同理，根据式(2-62) 和式(2-64) 可得系统总的误差为

$$E(s)=\Phi_e(s)R(s)+\Phi_{en}(s)N(s)$$

将上式推导的四种传递函数表达式进行比较，可以看出两个特点：

(1) 它们的分母完全相同，均为 $[1+G_1(s)G_2(s)H(s)]$，称为特征多项式，其中 $G_1(s)G_2(s)H(s)$ 称为开环传递函数。所谓开环传递函数，是指在如图 2-45 所示典型的结构图中，将 $H(s)$ 的输出断开，亦即当断开系统主反馈回路时，从输入 $R(s)$ 到反馈 $B(s)$ 之间的传递函数。开环传递函数在今后各章讨论中是十分重要的。

(2) 它们的分子各不相同，且与其前向通路的传递函数有关。因此，闭环传递函数的分子随着外作用的作用点和输出量的引出点不同而不同。显然，同一个外作用加在系统不同的位置上，对系统运动的影响是不同的。

2-9　利用 MATLAB 建立和求解控制系统的数学模型

在对控制系统进行分析和设计之前首先要建立系统的数学模型。MATLAB 中建立数学模型通常有两种方式：MATLAB 函数建模和 Simulink 建模，结合本章理论学习内容分别建立多项式形式，零、极点形式，状态空间形式和结构图形式的系统数学模型，并介绍利用 MATLAB 求解微分方程的拉普拉斯变换法和直接法。

一、多项式形式模型(Transfer Function，TF)

线性定常系统的传递函数 $G(s)$ 一般可以表示为

$$G(s)=\frac{B(s)}{A(s)}=\frac{b_m s^m+b_{m-1}s^{m-1}+\cdots+b_1 s+b_0}{a_n s^n+a_{n-1}s^{n-1}+\cdots+a_1 s+a_0},\quad n\geqslant m$$

式中，$B(s)=b_m s^m+b_{m-1}s^{m-1}+\cdots+b_1 s+b_0$，$A(s)=a_n s^n+a_{n-1}s^{n-1}+\cdots+a_1 s+a_0$，分别为分子多项式与分母多项式；$b_j(j=0,1,2,\cdots,m)$，$a_i(i=0,1,2,\cdots,n)$ 均为常系数。

MATLAB 中传递函数 $G(s)$ 的多项式模型表示为：

$$num=[b_m, b_{m-1}, \cdots, b_1, b_0] \quad (\text{分子向量}, num-numerator)$$

$$den=[a_n, a_{n-1}, \cdots, a_1, a_0] \quad (\text{分母向量}, den-denominator)$$

G=tf(num,den)　（传递函数模型，tf 函数用法见表 2－3）

表 2－3　tf 函数用法表

sys = tf(num,den)	返回变量 SYS 为连续系统传递函数模型
sys = tf(num,den,ts)	返回变量 SYS 为离散系统传递函数模型。ts 为采样周期，当 ts=－1 或者 ts=[]时，表示系统采样周期未定义

【例 2－15】　系统的传递函数为（按 s 降幂形式）

$$G(s)=\frac{s^3+5s^2+18s+23}{s^4+10s^3+8s^2+16s+15}$$

用 MATLAB 写出其模型。

解　模型如下：

MATLAB 命令窗口键入程序	运行结果
>> num=[01 5 18 23]; den=[1 10 8 16 15]; G=tf(num,den)	num/den = s^3 +5 s^2 +18 s + 23 ----------------- s^4 + 10 s^3 + 8 s^2 + 16 s + 15

【例 2－16】　系统的传递函数为（因式联乘形式）

$$G(s)=\frac{20(s+1)}{s^2(s+2)(s^2+6s+10)}$$

用 MATLAB 写出其模型。

解　模型如下：

MATLAB 命令窗口键入程序	运行结果

方法一
num=conv([20],[1 1]);
den=conv([1 0 0],conv([1 2],[1 6 10]));
G=tf(num,den);
	num/den =
	20 s + 20
	---------------- 	
	s^5 + 8 s^4 + 22 s^3 + 20 s^2

方法二 >> s=tf('s')　　%定义 Laplace 算子	Transfer function: S
>> G=20 * (s+1)/s^2/(s+2)/(s^2+6 * s+10) %直接给出系统传递函数表达式	num/den = 20 s + 20 ----------------- s^5 + 8 s^4 + 22 s^3 + 20 s^2

说明：函数 conv(a,b)用于计算多项式乘积（a,b 以行向量形式表示），结果为多项式系统

的降幂排列。函数 conv()可嵌套使用。

二、零、极点模型(Zero - Pole,ZP)

线性定常系统的传递函数 $G(s)$ 一般可以表示为零点、极点形式,即

$$G(s)=\frac{B(s)}{A(s)}=\frac{b_m s^m+b_{m-1}s^{m-1}+\cdots+b_1 s+b_0}{a_n s^n+a_{n-1}s^{n-1}+\cdots+a_1 s+a_0}=\frac{k(s-z_1)(s-z_2)\cdots(s-z_m)}{(s-p_1)(s-p_2)\cdots(s-p_n)}$$

式中,$z_j(j=1,2,\cdots,m)$ 为系统的 m 个零点;$p_i(i=1,2,\cdots,n)$ 为系统的 n 个极点;k 为增益,且均为常数。

系统 $G(s)$ 的零、极点模型表示为

$$z=[z_1,z_2,\cdots,z_{m-1},z_m] \quad (分子)$$

$$p=[p_1,p_2,\cdots,p_{n-1},p_n] \quad (分母)$$

$$k=[k] \quad (增益)$$

$G=\text{zpk}(z,p,k)$ (零、极点模型,zpk 函数用法见表 2 - 4)

表 2 - 4 zpk 函数用法表

sys = zpk(z,p,k)	得到连续系统的零、极点增益模型
sys = zpk(z,p,k,Ts)	得到离散系统的零、极点增益模型,采样时间为 Ts

【例 2 - 17】 系统的传递函数为 $G(s)=\dfrac{7(s+6)}{(s+10)(s+2)(s+13)}$,用 MATLAB 写出其零、极点模型。

解 模型如下:

MATLAB 命令窗口键入程序	运行结果

z=[-6];
p=[-10 -2 -13];
k=7;
G=zpk(z,p,k)
	G =
	7 (s+6)
	---------------- 	
	(s+10) (s+2) (s+13)
	Continuous - time zero/pole/gain model.

【例 2 - 18】 传递函数为 $G(s)=\dfrac{3\,(s+2)^2}{(s+1)(s+3)(s+1+2\text{j})(s+1-2\text{j})}$,用 MATLAB 写出其模型。

解 模型如下:

MATLAB 命令窗口键入程序	运行结果
>> z1=[-2;-2]; >> p1=[-1;-3;-1-2*j;-1+2*j]; >> k=3; >> G1=zpk(z1,p1,k)	Zero/pole/gain: 3 (s+2)^2 ---------------- (s+1) (s+3) (s^2 + 2s + 4)

说明：在 MATLAB 的零、极点模型显示中，如果存在复数零、极点，则用二阶多项式来表示这两个因式，而不直接展开成一阶复数因式。

零、极点图：由 MATLAB 既可以求得系统的零、极点向量，也可以由图形的方式显示其分布状态。pzmap 函数不带返回值使用时，显示系统零、极点分布图。当在图上点击各点时，将显示该点的各属性及其值。

例如例 2－18 的零、极点分布图如下：

MATLAB 命令窗口键入程序	运行结果
>> pzmap(G1)　%得到系统零、极点分布图	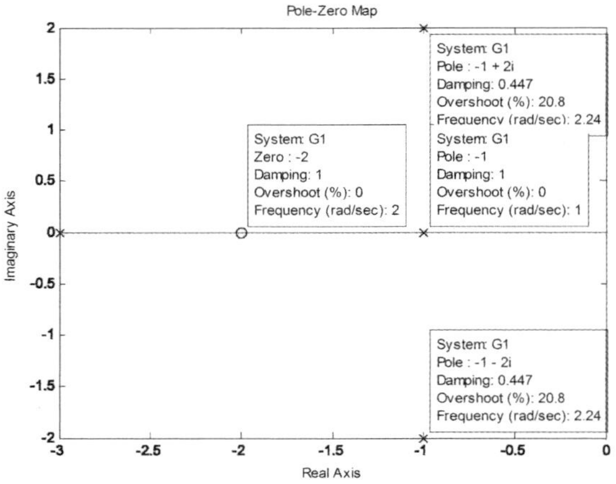

三、状态空间模型(State Space,SS)

状态空间模型是基于系统内部的状态变量的，因此又往往称为系统的内部描述方法。和传递函数模型不同，状态方程可以描述更广的一类控制系统模型，包括非线性系统。

线性时不变系统的状态空间模型可写为

$$\begin{cases}\dot{\boldsymbol{x}}(t)=\boldsymbol{A}\boldsymbol{x}(t)+\boldsymbol{B}\boldsymbol{u}(t)\\ \boldsymbol{y}(t)=\boldsymbol{C}\boldsymbol{x}(t)+\boldsymbol{D}\boldsymbol{u}(t)\end{cases}$$

式中，其中系统矩阵为 $\boldsymbol{A}$，控制矩阵为 $\boldsymbol{B}$，输出矩阵为 $\boldsymbol{C}$，直耦矩阵为 $\boldsymbol{D}$，且 $\boldsymbol{A}$，$\boldsymbol{B}$，$\boldsymbol{C}$，$\boldsymbol{D}$ 均为常数矩阵。

状态空间模型的 MATLAB 相关函数见表 2－5。

表 2－5　状态空间模型的 MATLAB 相关函数

sys = ss(A,B,C,D)	由 A,B,C,D 矩阵直接得到连续系统状态空间模型
sys = ss(A,B,C,D,ts)	由 A,B,C,D 矩阵和采样时间 ts 直接得到离散系统状态空间模型
[A,B,C,D] = ssdata(sys)	得到连续系统参数
[A,B,C,D,Ts] = ssdata(sys)	得到离散系统参数

【例 2－19】　用 MATLAB 表示以下系统的状态方程模型。

$$\begin{cases}\dot{\boldsymbol{x}}(t)=\begin{bmatrix}2 & 5 & 11\\10 & 0 & 3\\0 & 9 & 8\end{bmatrix}\boldsymbol{x}(t)+\begin{bmatrix}7\\0\\3\end{bmatrix}\boldsymbol{u}(t)\\ \boldsymbol{y}(t)=\begin{bmatrix}1 & 5 & 9\end{bmatrix}\boldsymbol{x}(t)+[0]\boldsymbol{u}(t)\end{cases}$$

解　状态空间模型如下：

MATLAB 命令窗口键入程序	运行结果
>> A=[2 5 11;10 0 3;0 9 8]; >> B=[7 0 3]'; >> C=[1 5 9]; >> D=[0]; >> G=ss(A,B,C,D) %输入并显示系统状态空间模型	a = x1 x2 x3 x1 2 5 11 x2 10 0 3 x3 0 9 8 b = u1 x1 7 x2 0 x3 3 c = x1 x2 x3 y 11 5 9 d = u1 y1 0 Continuous - time model.

四、三种模型之间的转换

系统的线性时不变(LTI)模型有传递函数(tf)模型，零、极点增益(zpk)模型和状态空间(ss)模型，它们之间可以相互转换。具体函数和方法见表 2 - 6。

表 2 - 6　模型转换函数

tfsys = tf(sys)	将其他类型的模型转换为多项式传递函数模型
zsys = zpk(sys)	将其他类型的模型转换为 zpk 模型
sys_ss = ss(sys)	将其他类型的模型转换为 ss 模型
[A,B,C,D]= tf2ss(num,den)	tf 模型参数转换为 ss 模型参数
[num,den]=ss2tf(A,B,C,D,iu)	ss 模型参数转换为 tf 模型参数，iu 表示对应第 i 路传递函数
[z,p,k]= tf2zp(num,den)	tf 模型参数转换为 zpk 模型参数
[num,den]=zp2tf(z,p,k)	zpk 模型参数转换为 tf 模型参数
[A,B,C,D]=zp2ss(z,p,k)	zpk 模型参数转换为 ss 模型参数
[z,p,k]=ss2zp(A,B,C,D,iu)	ss 模型参数转换为 zpk 模型参数，iu 表示对应第 i 路传递函数

【例 2-20】 已知系统传递函数模型 $G(s)=\frac{15}{(s+4)(5s^2+2s+3)}$，试求其零、极点模型及状态空间模型。

解 状态空间模型如下：

MATLAB 命令窗口键入程序	运行结果
>> num=[15]; >> den=conv([1 4],[5 2 3]); >> Gtf=tf(num,den) %得到系统多项式传递函数表示	Transfer function: 15 --------------- 5 s^3 + 22 s^2 + 11 s + 12
>> Gzpk=zpk(Gtf) %将多项式传递函数模型转换为 zpk 模型	Zero/pole/gain: 3 ------------- (s+4) (s^2 + 0.4s + 0.6)
>>Gss=ss(Gtf) %将多项式传递函数模型转换为 ss 模型	a = x1 x2 x3 x1 -4.4 -1.1 -1.2 x2 2 0 0 x3 0 1 0 b = u1 x1 1 x2 0 x3 0 c = x1 x2 x3 y1 0 0 1.5 d = u1 y1 0 Continuous - time model.

五、由结构图获得数学模型

结构图中模型间连接主要有串联连接、并联连接、串并联连接和反馈连接等。MATLAB 提供了系统模型连接化简的不同函数，其中主要函数及功能说明见表 2-7。

表 2-7 系统结构图连接化简函数

系统模型连接化简函数	功能说明
sys = parallel(sys1,sys2)	并联两个系统，等效于sys= sys1 + sys2
sys = series(sys1,sys2)	串联两个系统，等效于 sys = sys2 * sys1

续表

系统模型连接化简函数	功能说明
sys = feedback(sys1,sys2,sign)	sign=－1 表示负反馈(可省略),sign=1 表示正反馈。等效于 sys =sys1/(1±sys1 * sys2)

【例 2-21】 已知系统 $G_1(s)=\dfrac{1}{s+2}$,$G_2(s)=\dfrac{9}{s^2+5s+7}$,求 $G_1(s)$和 $G_2(s)$分别进行串联、并联和反馈连接后的系统模型。

解　模型如下:

<table>
<tr><th>连接类型</th><th>程序</th><th>结果</th></tr>
<tr><td rowspan="2">串联
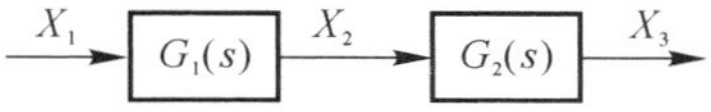
</td><td>方法一:
>> clear
>> num1=1;
>> den1=[1 2];
>> num2=9;
>> den2=[1 5 7];
>>G1=tf(num1,den1);　%得到 G1
>>G2=tf(num2,den2);　%得到 G2
>> Gs=G2 * G1</td><td rowspan="2">Transfer function:
9
----
s^3 + 7 s^2 + 17 s + 14</td></tr>
<tr><td>方法二:
>> Gs1=series(G1,G2)</td></tr>
<tr><td rowspan="2">并联
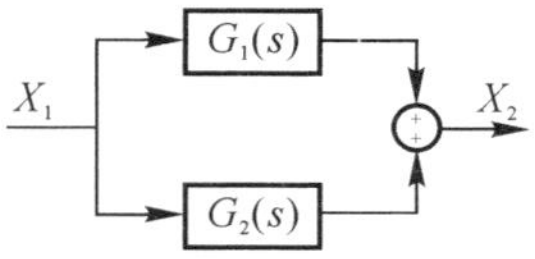
</td><td>>> Gp=G1+G2</td><td rowspan="2">Transfer function:
s^2 + 14 s + 25
----
s^3 + 7 s^2 + 17 s + 14</td></tr>
<tr><td>>> Gp1=parallel(G1,G2)</td></tr>
<tr><td rowspan="3">反馈
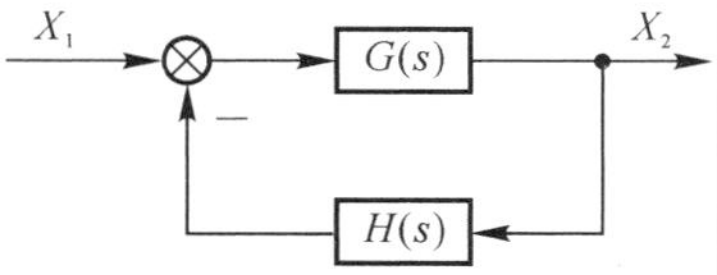
</td><td>>> Gf=feedback(G1,G2)</td><td>Transfer function:
s^2 + 5 s + 7
----
s^3 + 7 s^2 + 17 s + 23</td></tr>
<tr><td>>> Gf1=G1/(1+G1 * G2)</td><td>Transfer function:
Transfer function:
s^3 + 7 s^2 + 17 s + 14
----
s^4+9 s^3+31s^2+57s+46</td></tr>
<tr><td>>> Gf2=minreal(Gf1)</td><td>Transfer function:
s^2 + 5 s + 7
----
s^3 + 7 s^2 + 17 s + 23</td></tr>
</table>

注:对于反馈连接,虽然运算式与 feedback 函数等效,但得到的系统阶次可能高于实际系统阶次,需要通过 minreal 函数进一步求其最小实现。

【例 2－22】 化简如图 2－48 所示的系统,求系统的传递函数。

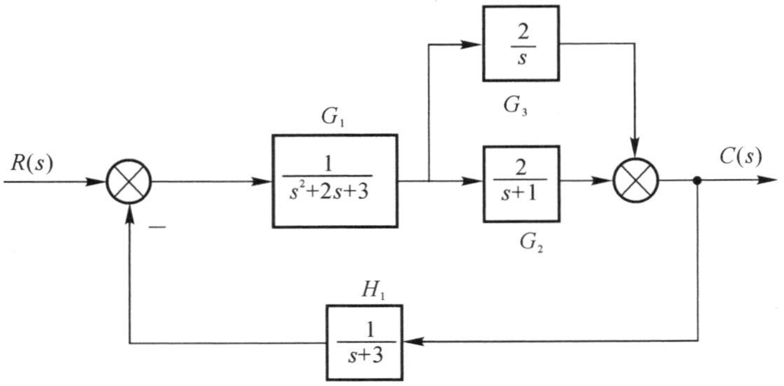

图 2－48 例 2－22 的结构图

解 模型如下:

MATLAB 命令窗口键入程序	运行结果
>> clear >> G1＝tf(1,[12 3]); >> G2＝tf(2,[1 1]); >> G3＝tf(2,[1 0]); >> Gp＝G2＋G3; %系统并联部分的化简 >> Gs＝series(G3,Gp); %系统串联部分的化简 >> Gc＝Gs/(1＋Gs) %系统负反馈连接	Transfer function: 8 s^4 ＋ 12 s^3 ＋ 4 s^2 －－－－－－－－－－－－－－－－－－－－－ s^6 ＋ 2 s^5 ＋ 9 s^4 ＋ 12 s^3 ＋ 4 s^2

六、用 MATLAB 进行部分分式展开

微分方程的求解方法之一是先通过拉氏变换获得解,再进行拉氏反变换获得时域解。其中部分分式展开法(具体原理见附录二)是拉氏反变换必不可少的方法。

考虑下列传递函数:

$$\frac{B(s)}{A(s)}=\frac{\text{num}}{\text{den}}=\frac{b_0s^n+b_1s^{n-1}+b_2s^{n-2}+\cdots+b_n}{s^n+a_1s^{n-1}+a_2s^{n-2}+\cdots+a_n}$$

式中,a_i,b_i 的某些值可能为零,在 MATLAB 的行向量中,num 和 den 分别表示传递函数的分子和分母的系数,即

$$\text{num}=[b_0 \quad b_1 \quad \cdots \quad b_n]$$

$$\text{den}=[1 \quad a_1 \quad a_2 \quad \cdots \quad a_n]$$

命令:[r,p,k]＝residue(num,den)将求出多项式 $B(s)$和 $A(s)$之比的部分分式展开式中的留数、极点和余项。

【例 2－23】 将传递函数$\dfrac{B(s)}{A(s)}=\dfrac{2s^3+5s^2+3s+6}{s^3+6s^2+11s+6}$按部分分式展开。

解　模型如下：

MATLAB 命令窗口键入程序	运行结果

num=[2 5 3 6];
den=[1 6 11 6];
[r,p,k]=residue(num,den)
	r =
	−6.0000
	−4.0000
	3.0000
	p =
	−3.0000
	−2.0000
	−1.0000
	k =
	2

说明：其中 ***r*** 为留数列向量，***p*** 为极点列向量，***k*** 为余项列向量

因此

$$\frac{B(s)}{A(s)}=\frac{2s^3+5s^2+3s+6}{s^3+6s^2+11s+6}=\frac{-6}{s+3}+\frac{-4}{s+2}+\frac{3}{s+1}+2$$

【例 2-24】　将传递函数 $G(s)=\frac{B(s)}{A(s)}=\frac{s^2+2s+3}{s^3+3s^2+3s+1}$展成部分分式。（具有重根的情况）

解　模型如下：

MATLAB 命令窗口键入程序	运行结果

num=[0 1 2 3];
den=[1 3 3 1];
[r p k]=residue(num,den)
	r=
	1.0000
	0.0000
	2.0000
	p=
	−1.0000
	−1.0000
	−1.0000

因此

$$\frac{B(s)}{A(s)}=\frac{1}{s+1}+\frac{0}{(s+1)^2}+\frac{2}{(s+1)^3}$$

七、用 MATLAB 求解微分方程

微分方程的解析解求解函数见表 2-8。

表 2 - 8 微分方程的求解函数

求微分方程(组)的解析解函数	功能说明
dsolve('方程 1','方程 2',…'方程 n','初始条件','自变量')	如果没有初始条件,则求出通解;如果有初始条件,则求出特解。系统缺省的自变量为 t
$[t,x]=\text{solver}('f',ts,x_0,\text{options})$	**[t, x]=solver('f',ts,x₀,options)** 自变量值 — 函数值 — ode45 / ode23 / ode113 / ode15s / ode23s — 由待解方程写成的m-文件名 — ts=[t₀, t_f], t₀, t_f为自变量的初值和终值 — 函数的初值 ode23: 组合的2/3阶龙格-库塔-芬尔格算法 ode45: 运用组合的4/5阶龙格-库塔-芬尔格算法 用于设定误差限(缺省时设定相对误差10⁻³,绝对误差10⁻⁶),命令为: options=odeset('reltol',rt,'abstol',at),rt, at: 分别为设定的相对误差和绝对误差.

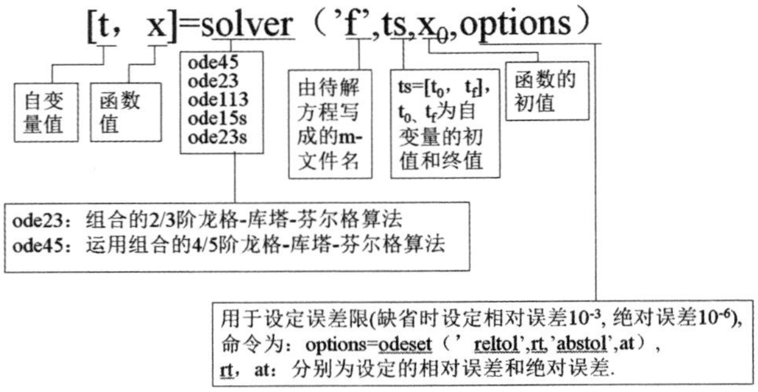

说明:(1)在表达微分方程时,用字母 D 表示求微分,D2、D3 等表示求高阶微分.任何 D 后所跟的字母为因变量,自变量可以指定或由系统规则选定为确省.例如,微分方程 $\dfrac{\mathrm{d}^2 y}{\mathrm{d}x^2}=0$ 应表达为:D2y=0.

(2)在解 n 个未知函数的方程组时,x_0 和 x 均为 n 维向量,M-文件中的待解方程组应以 x 的分量形式写成.

(3)使用 MATLAB 软件求数值解时,高阶微分方程必须等价地变换成一阶微分方程组.

【例 2 - 25】 求 $\dfrac{\mathrm{d}u}{\mathrm{d}t}=1+3u+u^2$ 的通解。

解 模型如下:

MATLAB 命令窗口键入程序	运行结果
dsolve('Du=1+3 * u+u^2','t')	ans = $-3/2-1/2*5^{(1/2)}*\tanh(1/2*5^{(1/2)}*t+1/2*5^{(1/2)}*C1)$

【例 2 - 26】 求微分方程的特解。

$$\begin{cases} \dfrac{\mathrm{d}^2 y}{\mathrm{d}x^2}+3\dfrac{\mathrm{d}y}{\mathrm{d}x}+1=0 \\ y(0)=1, \quad y'(0)=0 \end{cases}$$

解 模型如下:

MATLAB 命令窗口键入程序	运行结果
y=dsolve('D2y+3 * Dy +1=0','y(0)=1,Dy(0)=0','x')	y = $-1/9*\exp(-3*x)-1/3*x+10/9$

【例 2 - 27】 求解一阶微分方程

$$\begin{cases}\dfrac{\mathrm{d}y}{\mathrm{d}x}=y-\dfrac{2x}{y}, & 0\leqslant x\leqslant 1\\ y(0)=1\end{cases}$$

解　现以步长 $h=0.1$,用“4 阶龙格-库塔公式”求数值解:

MATLAB 命令窗口键入程序	运行结果
function f=eqs1(x,y) 　　f=y-2 * x/y;	先建立“函数 M-文件”
[x,y]=ode45('eqs1',0:0.1:1,1)	x = 0 0.1000 0.2000 0.3000 0.4000 0.5000 0.6000 0.7000 0.8000 0.9000 1.0000 y = 1.0000 1.0954 1.1832 1.2649 1.3416 1.4142 1.4832 1.5492 1.6125 1.6733 1.7321
plot(x,y)	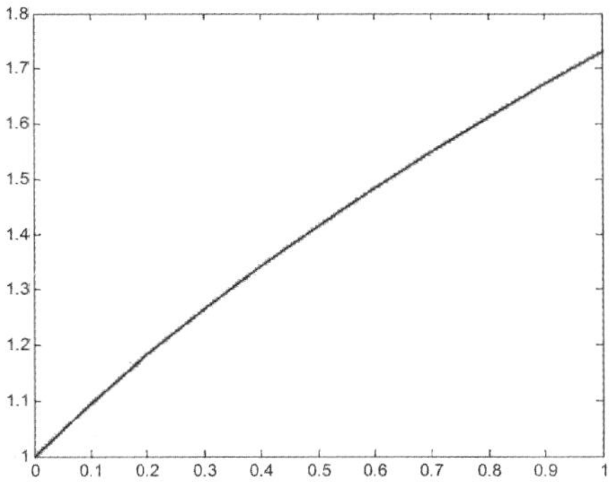

说明:求解器格式为:[自变量,因变量]=ode45(‘函数文件名’,节点数组,初始值)

八、MATLAB 边学边练

(1) 建立 $G(s)=\dfrac{2}{s^2+3s+2}$ 的多项式,零、极点,状态方程形式的数学模型。

(2) 写出 $G(s)=\dfrac{2(s+3)}{s^2(s+1)(s+5)}$ 的多项式,零、极点,状态方程形式的数学模型,绘制零、极点图。

(3) 求如图 2-49 所示系统的传递函数。

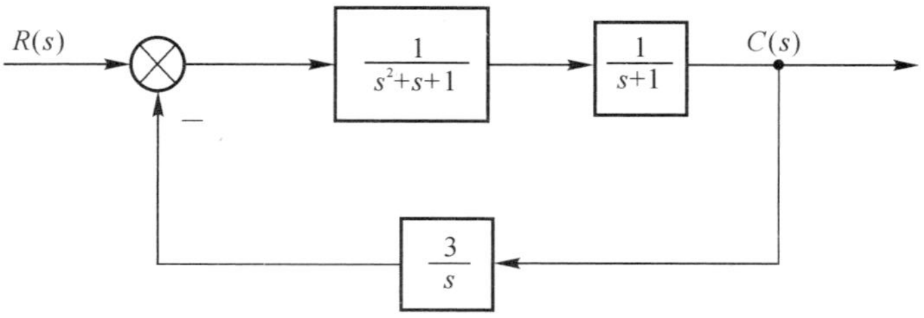

图 2-49　练习[3]结构图

(4) 求解微分方程 $y'+2xy=x^{-e}-x^2$。

(5) 求微分方程 $xy'+y-ex=0$ 在初始条件 $y(1)=2e$ 下的特解并画出解函数的图形。

本 章 小 结

(1)数学模型是描述系统元、部件及系统动态特性的数学表达式,是对系统进行分析研究的主要依据。

(2)根据实际系统用解析法建立数学模型,一般必须首先分析系统各元、部件的工作原理,然后利用基本物理定律,并舍去次要因素及进行适当的线性化处理,最后获得既简单又能反映元、部件及系统动态本质的数学模型。

(3)传递函数是一种数学模型,结构图是传递函数的图形表示法,它直观、形象地表示出系统中信号的传递变换特征,这将有助于对系统进行分析研究。同时,根据结构图,应用等效变换法则或基于信号流图的梅逊公式可以迅速求得系统的各种传递函数。

习　　题

2-1　试建立图 2-50 所示各系统的动态方程,并说明这些动态方程之间有什么特点。图中电压 u_1 和位移 x_1 为输入量,电压 u_2 和位移 x_2 为输出量;k,k_1 和 k_2 为弹性系数;f 为阻尼器的阻尼系数。

2-2　图 2-51 所示水箱中,Q_1 和 Q_2 分别为水箱的进水流量和用水流量,被控量为实际水面高度 H。试求出该系统的动态方程。假设水箱横截面面积为 C,流阻为 R。

2-3　求图 2-52 所示信号 $x(t)$ 的象函数 $X(s)$。

2-4　用拉氏变换求解下列微分方程(假设初始条件为零)

(1) $T\dot{x}(t)+x(t)=r(t)$

其中，$r(t)$ 分别为 $\delta(t)$，$1(t)$ 和 $t\cdot 1(t)$。

(2) $\ddot{x}(t)+\dot{x}(t)+x(t)=\delta(t)$

(3) $\ddot{x}(t)+2\dot{x}(t)+x(t)=1(t)$

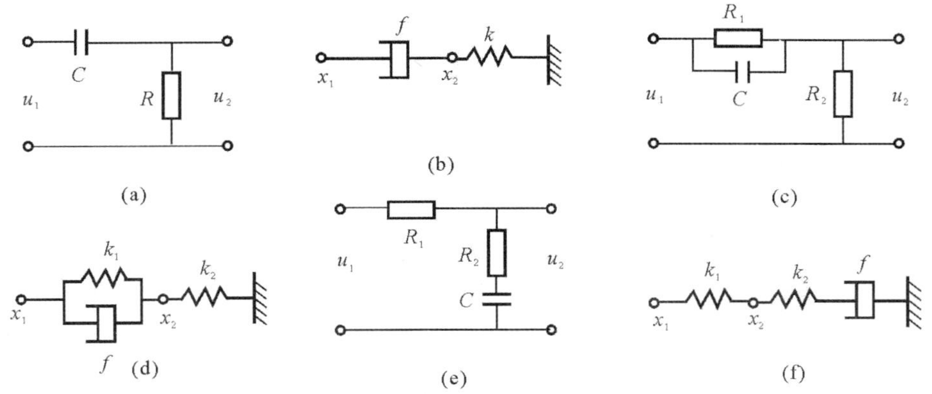

图 2-50　习题 2-1 图

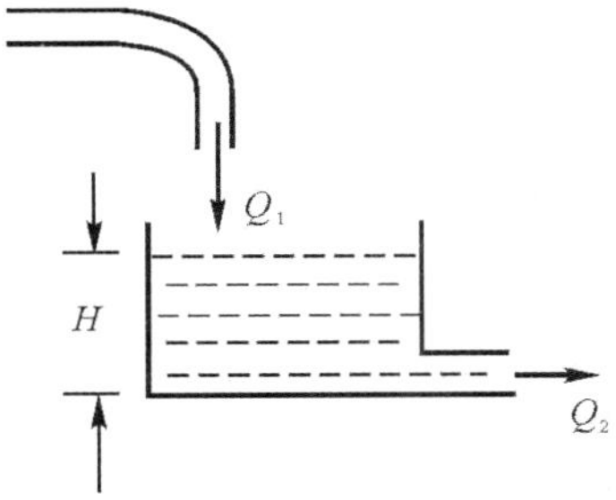

图 2-51　习题 2-2 图

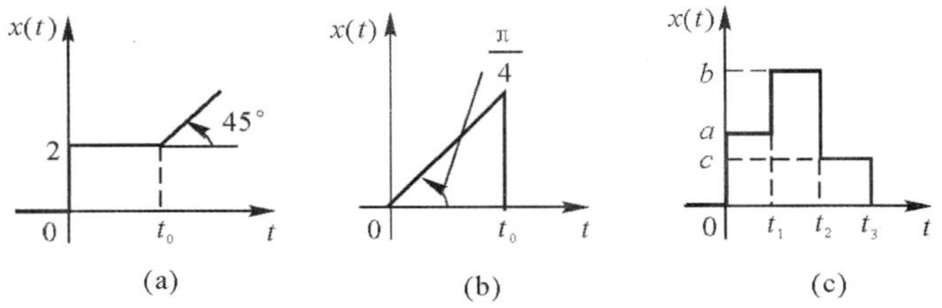

图 2-52　习题 2-3 图

2-5　一齿轮系如图 2-53 所示。Z_1，Z_2，Z_3 和 Z_4 分别为齿轮的齿数；J_1，J_2 和 J_3 分别表示各传动轴上的转动惯量；θ_1，θ_2 和 θ_3 为各转轴的角位移；M_m 是电动机输出转矩。试列写折算到电机轴上的齿轮系的运动方程。

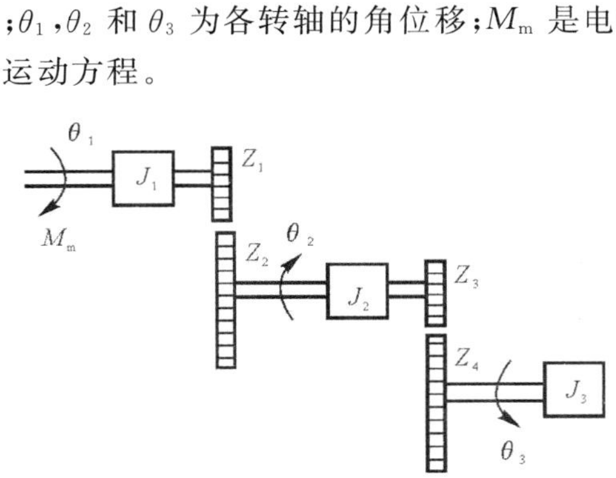

图 2-53　习题 2-5 图

2－6　系统的微分方程组如下：

$$x_1(t)=r(t)-c(t)+n_1(t)$$
$$x_2(t)=K_1x_1(t)$$
$$x_3(t)=x_2(t)-x_5(t)$$
$$T\frac{\mathrm{d}x_4}{\mathrm{d}t}=x_3(t)$$
$$x_5(t)=x_4(t)-K_2n_2(t)$$
$$K_0x_5(t)=\frac{\mathrm{d}^2c}{\mathrm{d}t^2}+\frac{\mathrm{d}c}{\mathrm{d}t}$$

其中，K_0，K_1，K_2，T 均为大于零的常数。试建立系统的结构图，并求传递函数$\dfrac{C(s)}{R(s)}$，$\dfrac{C(s)}{N_1(s)}$及$\dfrac{C(s)}{N_2(s)}$。

2－7　简化图 2－54 所示系统的结构图，并求系统传递函数$\dfrac{C(s)}{R(s)}$。

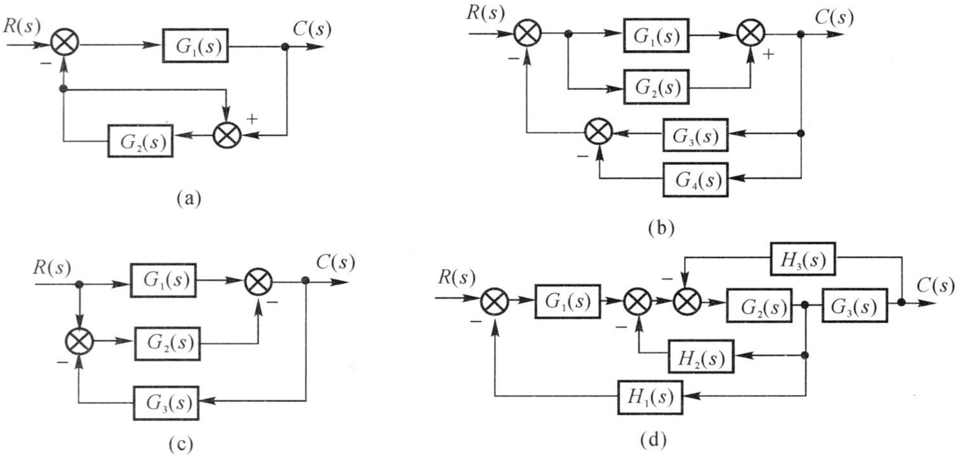

图 2－54　习题 2－7 图

2－8　试用梅逊公式列写图 2－55 所示系统的传递函数$\dfrac{C(s)}{R(s)}$。

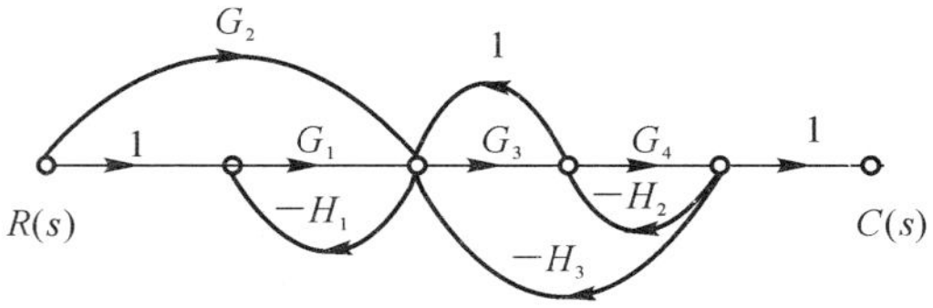

图 2－55　习题 2－8 图

2－9　试用梅逊公式列写图 2－56 所示系统的传递函数$\dfrac{C(s)}{R(s)}$。

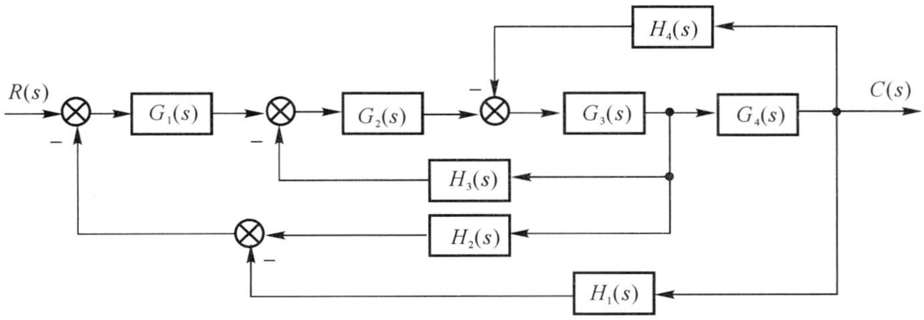

(a)

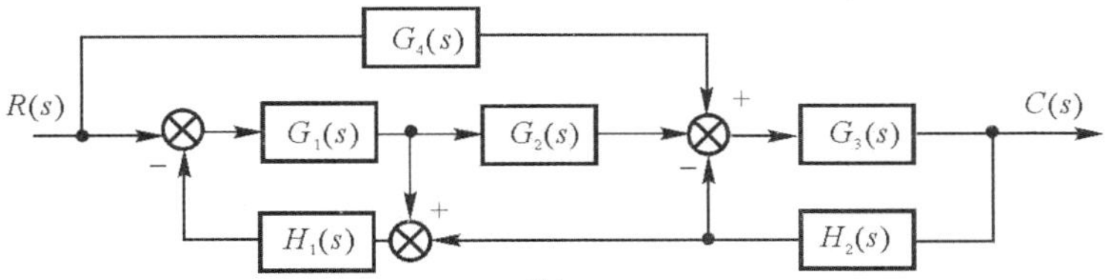

(b)

图 2-56　习题 2-9 图

2-10　求出图 2-57 所示系统的传递函数$\frac{C_1(s)}{R_1(s)}$，$\frac{C_2(s)}{R_1(s)}$，$\frac{C_1(s)}{R_2(s)}$，$\frac{C_2(s)}{R_2(s)}$。

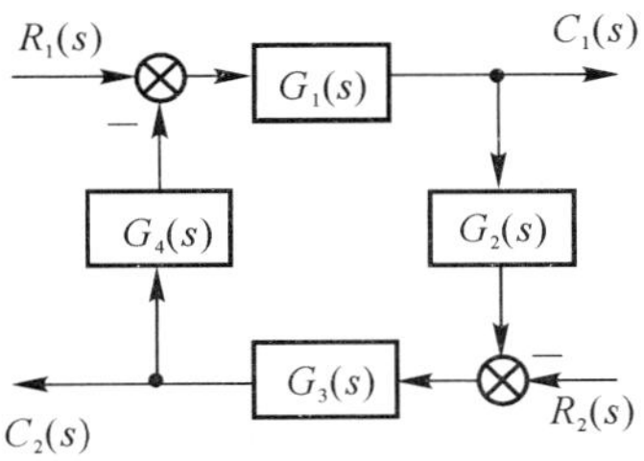

(a)

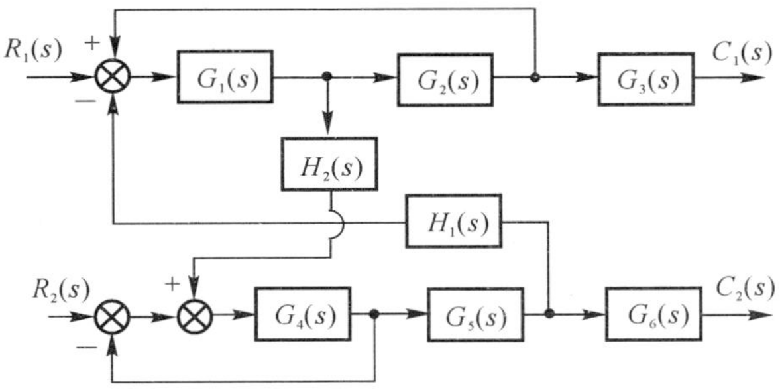

(b)

图 2-57　习题 2-10 图

2-11　已知系统结构图如图 2-58 所示，图中 $N(s)$ 为扰动作用，$R(s)$ 为输入。

(1) 求传递函数$\frac{C(s)}{R(s)}$和$\frac{C(s)}{N(s)}$。

(2) 若要消除干扰对输出的影响$\left(\text{即}\frac{C(s)}{N(s)}=0\right)$，问 $G_0(s)$ 为多少？

2-12　若某系统在阶跃输入作用 $r(t)=1(t)$ 时，系统在零初始条件下的输出响应为

$$c(t)=1-2e^{-2t}+e^{-t}$$

试求系统传递函数和脉冲响应。

2-13　已知系统的传递函数

$$\frac{C(s)}{R(s)}=\frac{2}{s^2+3s+2}$$

且初始条件为 $c(0)=-1,\dot{c}(0)=0$。试求当阶跃输入 $r(t)=1(t)$ 作用时，系统的输出响应 $c(t)$。

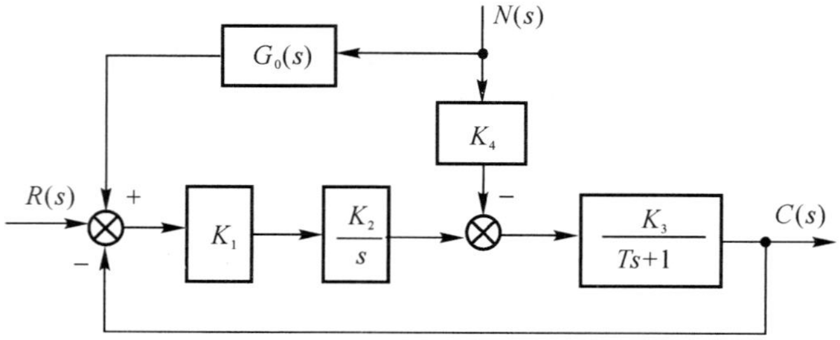

图 2-58　习题 2-11 图

第三章　时域分析法

3-1　引　言

第二章中已经叙述过，分析控制系统的第一步是建立实际系统的数学模型。一旦系统的数学模型建立起来，就可以采用各种不同的方法去分析系统的特性。如对于线性定常系统，常用的工程方法包括时域分析法、根轨迹法和频率法。本章讨论时域分析法。时域分析法就是以控制系统微分方程或传递函数为基础，求解系统对典型输入信号的响应特性。它是一种直接在时间域中对系统进行分析校正的方法，具有直观、准确的优点，可以提供系统时间响应的全部信息。此外，由时域分析法得出的概念、方法和结论也是以后学习根轨迹法、频率响应法等其他方法的基础。

控制系统的动态性能，可以通过在输入信号作用下系统的过渡过程来评价。系统的过渡过程不仅取决于系统本身的特性，还与外加输入信号的形式与大小有关。通常情况下，由于控制系统的外加输入信号具有随机的性质而无法预先知道，而且其瞬时函数关系往往又不能以解析形式来表达。例如火炮控制系统在其跟踪敌机的过程中，由于敌机可以作任意的机动飞行，以致其飞行规律事先无法确定，因此火炮控制系统的输入为一随机信号。只有在某些特殊情况下，控制系统的输入信号才是确知的。因此，要确定系统性能的优劣，就需要在同样的输入信号下比较系统的行为，就要预先规定一些具有特殊形式的试验信号作为系统的输入，然后进行相关的分析与设计任务。

典型输入信号一般具有以下两个特点：

(1) 信号具有一定的代表性，且数学表达式简单，便于数学分析与处理；

(2) 信号易于在实验室条件下获得。

在控制工程中，常常采用的典型输入信号有阶跃函数、斜坡(速度)函数、加速度函数和脉冲函数等，如图 3-1 所示。因为这些信号都是很简单的时间函数，利用这些输入信号，可以容易地对控制系统进行数学和实验的分析。

分析系统特性究竟采用哪一种或哪几种典型输入信号，取决于系统在正常工作情况下，最常见的输入信号形式。如果控制系统的输入量是随时间逐渐加强的函数，则用斜坡函数是比较合适的。同样，如果系统的输入信号是突然加入的作用量，则可采用阶跃函数信号；而当系统的输入信号是冲击输入量时，则采用脉冲函数较为合适。一旦控制系统在试验信号的基础上设计出来后，那么系统对实际输入信号的响应特性，通常也能够满足要求。利用这些试验信号，人们就能够在同一基础上去比较不同系统的性能。

在这一章中，将讨论系统在非周期信号(阶跃、斜坡和脉冲函数)作用下的响应，如图 3-2 所示。关于用正弦试验信号对系统进行分析的问题，将在第五章中进行研究。

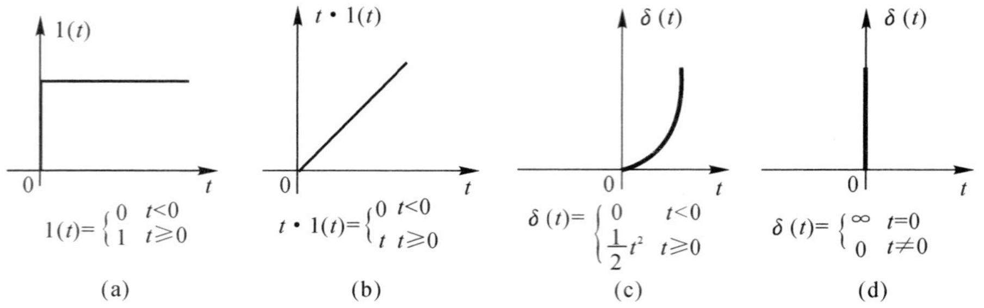

图 3-1　典型输入函数

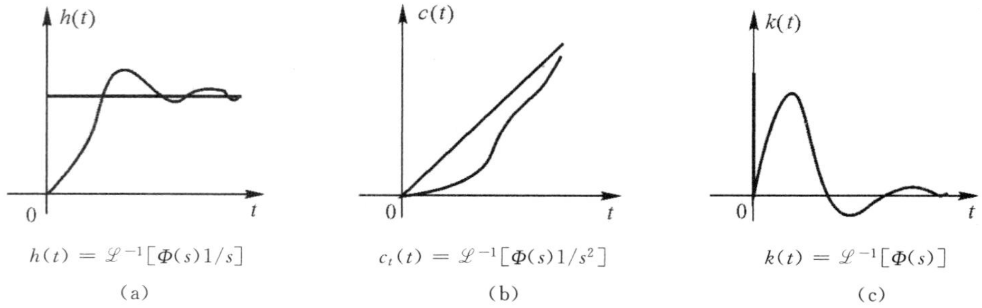

图 3-2　典型输入信号的时间响应

3-2　时 域 指 标

第一章中已提出对于控制系统的基本要求是稳、准、快三个方面。其中稳定性是系统首要的、最基本的特性，一个系统只有是稳定的才能有准确性和快速性。对自动控制系统而言，通常认为阶跃函数输入对系统来说是最严峻的工作状态，如果系统在阶跃函数作用下的动态性能满足要求，那么在其他形式的函数作用下，其动态性能也能令人满意。

图 3-3 是控制系统在阶跃函数作用下的时间响应曲线，称为阶跃响应，以 $h(t)$ 表示。为了便于分析和比较，假定系统在阶跃输入作用前处于静止平衡状态。对于大多数控制系统，这种假设是符合实际情况的。其响应过程分为动态过程（也称过渡过程）和稳态过程两个阶段，相应的评价指标分为动态性能指标和稳态性能指标。

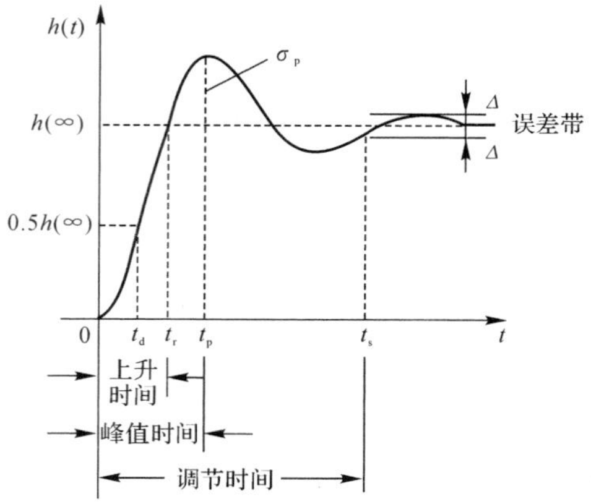

图 3-3　阶跃响应曲线

一、动态性能指标

（1）延迟时间 t_d：响应曲线 $h(t)$ 上升到稳态值的 50% 所需要的时间，叫作延迟时间。

（2）上升时间 t_r：响应曲线从终值的 10% 上升到 90% 所需要的时间；对于有振荡的系统是指从 0 开始第一次上升到稳态值所需要的时间，叫作上升时间。

(3) 峰值时间 t_p：阶跃响应曲线第一次越过稳态值而达到峰点所需要的时间。

(4) 调节时间 t_s：响应到达并停留在稳态值的 ±5%(有时也用 ±2%) 误差范围来定义调节时间。调节时间又称为过渡过程时间。除非特别说明，本书以后研究的调节时间均指取 ±5% 误差范围。

(5) 超调量 $\sigma\%$：阶跃响应超出稳态值的最大偏差量与稳态值之比的百分数，即

$$\sigma\% = \frac{h(t_p) - h(\infty)}{h(\infty)} \times 100\% \tag{3-1}$$

式中，$h(t_p)$ 为 $h(t)$ 的最大峰值；$h(\infty)$ 为 $h(t)$ 的稳态值。若 $h(\infty)=1$ 时，超调量即为 σ_p。

一般情况下，超调量愈大，系统的动态响应振荡得愈厉害，因此，超调量的大小在一定程度上反映了系统振荡的趋势。

二、稳态性能指标

稳态误差 e_{ss}。当时间 t 趋于无穷时，系统稳态响应的希望值与实际值之差，叫作稳态误差。由于稳态误差与输入形式有关，故这里采用一般表示形式，设输出稳态希望值用 $c_r(\infty)$ 表示，输出稳态实际值用 $c(\infty)$ 表示，则稳态误差表达式为

$$e_{ss} = c_r(\infty) - c(\infty) \tag{3-2}$$

上述六项性能指标中，延迟时间 t_d、上升时间 t_r 和峰值时间 t_p 均表征系统响应初始段的快慢；调节时间 t_s 表征系统过渡过程持续的时间，从总体上反映了系统的快速性；超调量 $\sigma\%$ 是反映系统响应过程的波动；稳态误差则反映了系统复现输入信号的最终(稳态) 精度。今后侧重以超调量、调节时间和稳态误差这三项指标分别评价系统单位阶跃响应的平稳性、快速性和稳态精度。

如果某些系统要求响应过程单调上升，并逐渐逼近希望值，即 $c_r=c(\infty)$，也就是要求 $\sigma\%=0$，$e_{ss}=0$ 时，则对系统的结构形式和元、部件参数均有严格要求。

因此，根据实际情况，不同的系统，对稳、准、快的要求可以不同。一般来说，对同一个系统稳、准、快是相互制约的。提高过程的快速性，可能会引起系统的强烈振荡；改善了系统平稳性，动态过程又可能很缓慢，甚至使稳态精度很低，如何来分析和解决这些矛盾，将是本课程讨论的重要内容。

3-3　脉冲响应

对于线性定常系统，其传递函数 $\Phi(s)$ 为

$$\Phi(s) = \frac{C(s)}{R(s)}$$

式中，$R(s)$ 是输入量的拉氏变换式；$C(s)$ 是输出量的拉氏变换式。系统输出可以写成 $\Phi(s)$ 与 $R(s)$ 的乘积，即

$$C(s) = \Phi(s)R(s) \tag{3-3}$$

下面讨论当初始条件等于零时，系统对单位脉冲输入的响应。因为单位脉冲函数的拉氏变换等于 1，所以系统输出量的拉氏变换正好是它的传递函数，即

$$C(s) = \Phi(s) \tag{3-4}$$

由方程式(3-4)可见，输出量的拉氏反变换就是系统的脉冲响应函数，用 $k(t)$ 表示，即

$$k(t)=\mathscr{L}^{-1}[\Phi(s)]$$

脉冲响应函数 $k(t)$ 是在初始条件等于零的情况下，线性系统对单位脉冲输入信号的响应。可见，线性定常系统的传递函数与脉冲响应函数就系统动态特性来说，二者所包含的信息是相同的。因此，如果以脉冲函数作为系统的输入量，并测出系统的响应，就可以获得有关系统动态特性的全部信息。在具体实践中，与系统的时间常数相比，持续时间短很多的冲激输入信号就可以看成是脉冲信号。

设冲激输入信号的幅值为 $1/t_1$，宽度为 t_1，现研究一阶系统对这种冲激信号的响应。如果冲激输入信号的持续时间 $t(0<t<t_1)$ 与系统的时间常数 T 相比足够小，那么系统的响应将近似于单位脉冲响应。为了确定 t_1 是否足够小，可以用幅度为 $2/t_1$，持续时间(宽度)为 $t_1/2$ 的冲激输入信号来进行试验。如果系统对幅度为 $1/t_1$，宽度为 t_1 的冲激输入信号的响应，与系统对幅度为 $2/t_1$，宽度为 $t_1/2$ 的冲激输入信号的响应相比，两者基本上相同，那么 t_1 就可以认为是足够小了。图 3-4(a) 表示一阶系统冲激输入信号的响应曲线；图 3-4(c) 表示一阶系统对脉冲输入信号的响应曲线。应当指出，如果冲激输入信号 $t_1<0.1T$[见图 3-4(b)]，则系统的响应将非常接近于系统对单位脉冲信号的响应。

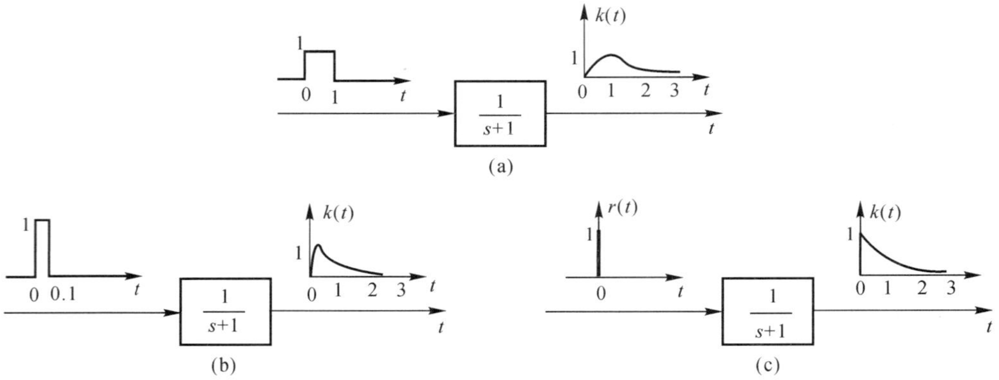

图 3-4　一阶系统的单位脉冲输入及其脉冲响应曲线

这样，当系统输入为一个任意函数 $r(t)$ 时，如图 3-5 所示。那么输入量 $r(t)$ 可以用 n 个连续脉冲函数来近似。只要把每一个脉冲函数的响应求出来，然后利用叠加原理，把每个脉冲函数的响应叠加起来，就可得到系统在任意输入函数 $r(t)$ 作用下的响应。

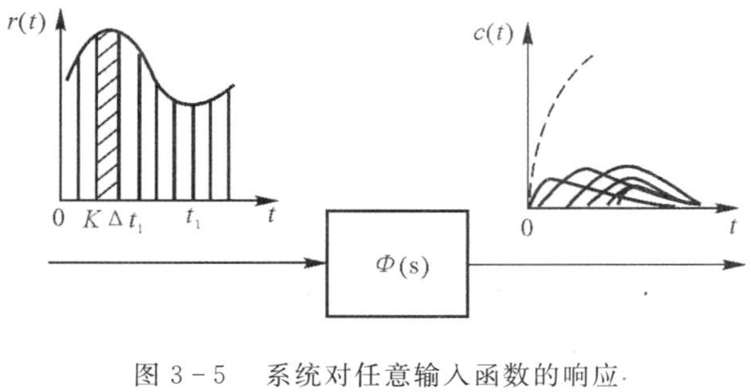

图 3-5　系统对任意输入函数的响应

3-4　一阶系统时域分析

系统如图 3-6 所示，其输入-输出关系为

$$\frac{C(s)}{R(s)}=\frac{1}{\frac{1}{K}s+1}=\frac{1}{Ts+1} \tag{3-5}$$

式中，$T=\frac{1}{K}$，因为方程式(3-5) 对应的微分方程的最高阶次是 1，故称一阶系统。

实际上，这个系统是一个非周期环节，T 为系统的时间常数。

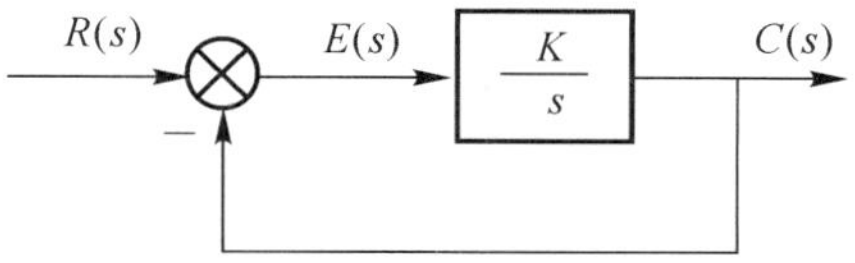

图 3-6　一阶控制系统

一、一阶系统的单位阶跃响应

单位阶跃函数的拉氏变换为 $1/s$，将 $R(s)=1/s$ 代入方程式(3-5)，得

$$C(s)=\frac{1}{Ts+1}\frac{1}{s}$$

将 $C(s)$ 展开成部分分式，有

$$C(s)=\frac{1}{s}-\frac{1}{s+\frac{1}{T}} \tag{3-6}$$

对方程式(3-6) 进行拉氏反变换，并用 $h(t)$ 表示阶跃响应，有

$$h(t)=1-e^{-\frac{1}{T}t}\quad t\geqslant 0 \tag{3-7}$$

由方程式(3-7) 可以看出，输出量 $h(t)$ 的初始值等于零，而最终将趋于 1。常数项“1”是由 $1/s$ 反变换得到的，显然，该分量随时间变化的规律和外作用相似(本例为相同)，由于它在稳态过程中仍起作用，故称为稳态分量(稳态响应)。方程式(3-7) 中第二项由 $1/\left(s+\frac{1}{T}\right)$ 反变换得到，它随时间变化的规律取决于传递函数 $1/(Ts+1)$ 的极点，即系统特征方程 $D(s)=Ts+1=0$ 的根$(-1/T)$ 在复平面中的位置，若根处在复平面的左半平面，如图 3-7(a) 所示，则随着时间 t 的增加，它将逐渐衰减，最后趋于零，称为瞬态响应。可见，一阶系统阶跃响应曲线具有非振荡特性，故也称为非周期响应。

如图 3-7(b) 所示，一阶系统阶跃响应是一条指数响应曲线，其初始斜率等于 $1/T$，即

$$\left.\frac{dh}{dt}\right|_{t=0}=\left.\frac{1}{T}e^{-\frac{1}{T}t}\right|_{t=0}=\frac{1}{T} \tag{3-8}$$

这就是说，假如系统始终保持初始响应速度不变，那么当 $t=T$ 时，输出量就能达到稳态值。实际上从方程式(3-8) 可以看出，响应曲线 $h(t)$ 的斜率是不断下降的，从 $t=0$ 时的 $1/T$ 一直下降到 $t\to\infty$ 时的零值。因此，当 $t=T$ 时，指数响应曲线将从零上升到稳态值的 63.2%；当 $t=2T$ 时，响应曲线将上升到稳态值的 86.5%；当 $t=3T$、$4T$ 和 $5T$ 时，响应曲线分别达到稳态值的

95%,98.2% 和 99.3%,如图 3-7(b) 所示。

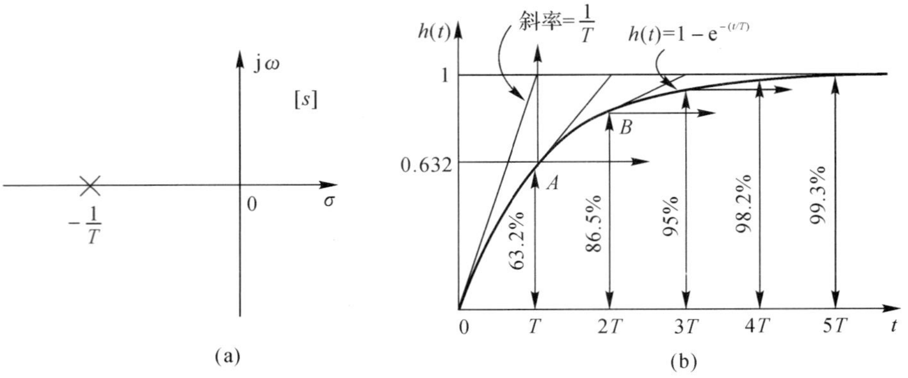

图 3-7　一阶系统闭环极点分布及其单位阶跃响应

由于一阶系统的阶跃响应没有超调量,所以其性能指标主要是调节时间 t_s,它表征系统过渡过程进行的快慢。由于 $t=3T$ 时,输出响应已达到稳态值的 95%;$t=4T$ 时,输出达到稳态值的 98.2%,故一般取

$$t_s=3T(\mathrm{s})\quad(\text{对应 }\Delta=5\%\text{ 的误差带})$$

或

$$t_s=4T(\mathrm{s})\quad(\text{对应 }\Delta=2\%\text{ 的误差带})$$

显然,时间常数 T 是表征系统响应特性的唯一参数,系统时间常数越小,输出响应上升得越快,同时系统调节时间 t_s 也越小,响应过程的快速性也越好。

由图 3-7(b) 可以看出,图 3-6 所示系统的单位阶跃响应在稳态时与输入量之间没有误差,即

$$e_{ss}=1-h(\infty)=1-1=0$$

假设,现有一个单位反馈系统,其开环传递函数为 $G(s)=\dfrac{1}{2Ts+1}$,试自行推导其单位阶跃响应,并与图 3-6 所示系统比较异同。

二、一阶系统的单位斜坡响应

因为单位斜坡输入的拉氏变换为

$$R(s)=\frac{1}{s^2}$$

则由式(3-5) 可得系统输出量的拉氏变换式

$$C(s)=\frac{1}{Ts+1}\frac{1}{s^2}$$

将上式展开成部分分式

$$C(s)=\frac{1}{s^2}-\frac{T}{s}+\frac{T^2}{Ts+1}\qquad(3-9)$$

进行拉氏反变换,并用符号 $c_t(t)$ 来表示单位斜坡响应,即

$$c_t(t)=t-T+Te^{-\frac{1}{T}t}\quad t\geqslant 0$$

式中,$(t-T)$ 为响应的稳态分量;$Te^{-\frac{1}{T}t}$ 为响应的瞬态分量,当时间 t 趋于无穷时衰减到零。

由斜坡响应曲线(见图 3-8)可见,一阶系统的单位斜坡响应在稳态时与输入信号之间是有差的,其差值为

$$e_{ss}=\lim_{t\to\infty}[t-c_t(t)]=\lim_{t\to\infty}[t-(t-T+Te^{-\frac{1}{T}t})]=T$$

显然这个差值并不是指系统稳态时输出、输入在速度上的差值,而是由于输出滞后一个时间 T,使系统存在一个位置上的跟踪误差。其数值与时间常数 T 相等。因此,时间常数 T 越小,则响应越快,跟踪误差越小,输出量相对输入信号的滞后时间也越短。

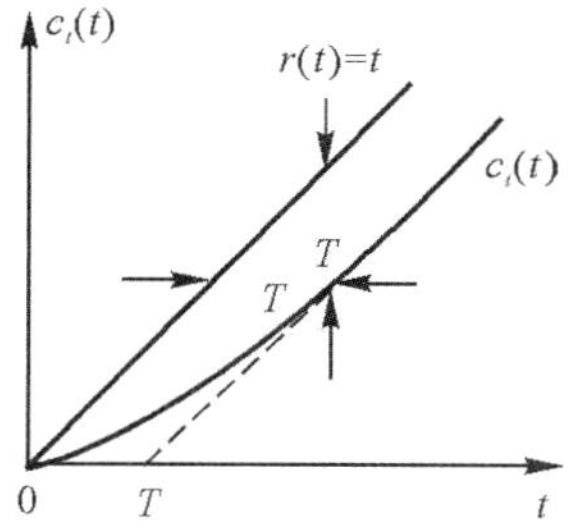

图 3-8　一阶系统的单位斜坡响应

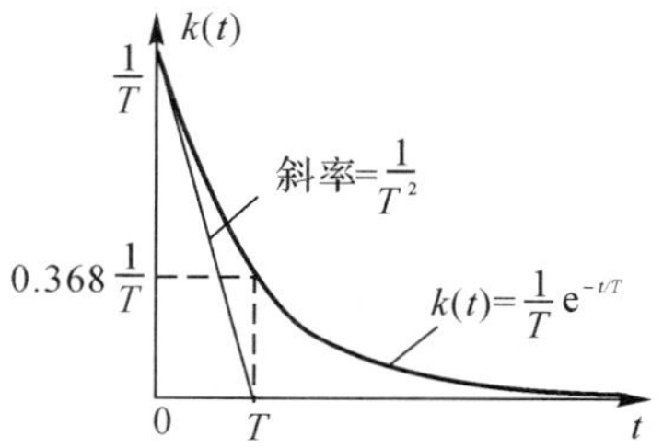

图 3-9　一阶系统的脉冲响应

三、一阶系统的单位脉冲响应

当输入量为单位脉冲函数时,其拉氏变换式为 $R(s)=1$。

根据方程式(3-5)可得系统输出量的拉氏变换式

$$C(s)=\frac{1}{Ts+1}$$

对上式进行拉氏反变换,并用符号 $k(t)$ 表示系统的响应,则有

$$k(t)=\frac{1}{T}e^{-\frac{t}{T}}\quad t\geqslant 0 \tag{3-10}$$

方程式(3-10)的响应曲线如图 3-9 所示。

显然,响应是一条单调下降的指数曲线。输出量的初始值为 $1/T$,当时间趋于无穷时输出量趋于零,因此对应的稳态分量为零。时间常数 T 同样反映了响应过程的快速性,T 越小,响应的持续时间越短,快速性也越好。

四、线性定常系统的重要特性

上述分析表明,当系统的输入量为单位斜坡函数 $r(t)=t\cdot 1(t)$ 时,系统输出量 $c_t(t)$ 为

$$c_t(t)=t-T+Te^{-\frac{t}{T}}\quad t\geqslant 0$$

当系统的输入量为单位阶跃函数 $r(t)=1(t)$(即为单位斜坡函数的导数)时,系统输出量 $h(t)$ 为

$$h(t)=\dot{c}_t(t)=1-e^{-\frac{t}{T}}\quad t\geqslant 0$$

最后,当输入量为单位脉冲函数(即单位阶跃函数的导数)时,系统输出量 $k(t)$ 为

$$k(t)=\dot{h}(t)=\frac{1}{T}e^{-\frac{t}{T}}\quad t\geqslant 0$$

比较系统对三种输入信号的响应，可以清楚地看出，系统对输入信号导数的响应，等于系统对该输入信号响应的导数。或者说，系统对输入信号积分的响应，等于系统对该输入信号响应的积分，其积分常数由零输出初始条件确定。这是线性定常系统的一个重要特性，不仅适用于一阶线性定常系统，而且适用于任意阶线性定常系统。

3－5　二阶系统时域分析

用二阶微分方程描述的系统，称为二阶系统。它在控制系统中应用极为广泛。例如，R－L－C网络、忽略电枢电感后的电动机、弹簧-质量-阻尼器系统、扭转弹簧系统等。此外，许多高阶系统，在一定条件下，往往可以简化成二阶系统。因此，详细研究和分析二阶系统的特性，具有重要的实际意义。

以图1－11、图2－26所示随动系统为例进行研究。这里把图2－26进一步简化成图3－10(a)。图中 $K=K_1K_2K_m/i$，系统闭环传递函数为

$$\frac{C(s)}{R(s)}=\frac{K}{T_m s^2+s+K} \tag{3-11}$$

为了使研究的结论具有普遍性，将式(3－11)写成典型形式或标准形式

$$\frac{C(s)}{R(s)}=\frac{1}{T^2s^2+2\xi Ts+1}$$

或

$$\frac{C(s)}{R(s)}=\frac{\omega_n^2}{s^2+2\xi\omega_n s+\omega_n^2} \tag{3-12}$$

图3－10(b)所示为二阶系统的一般结构图形式。式中

$$T=\frac{1}{\omega_n}=\sqrt{\frac{T_m}{K}},\quad 2\xi T=\frac{1}{K},\quad \xi=\frac{1}{2\sqrt{KT_m}}$$

可见，二阶系统的响应特性完全可以由阻尼比 ξ 和自然频率 ω_n（或时间常数 T）两个参数确定。一般形式的闭环特征方程为

$$s^2+2\xi\omega_n s+\omega_n^2=0$$

方程的特征根（系统闭环极点）为

$$s_{1,2}=-\xi\omega_n\pm\omega_n\sqrt{\xi^2-1}$$

当阻尼比较小，即 $0<\xi<1$ 时，方程有一对实部为负的共轭复根

$$s_{1,2}=-\xi\omega_n\pm j\omega_n\sqrt{1-\xi^2}$$

系统时间响应具有振荡特性，称为欠阻尼状态。

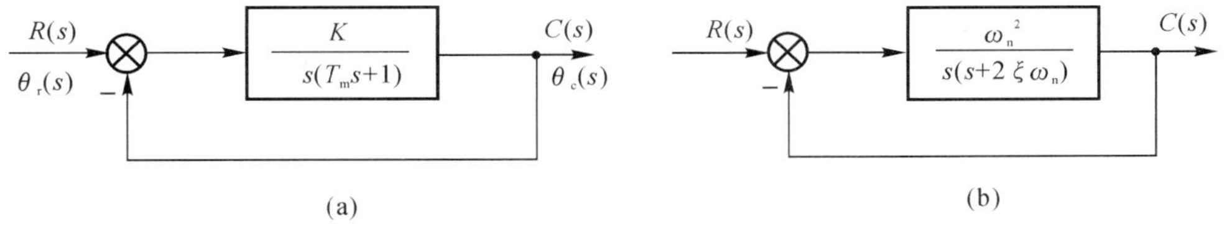

图3－10　一般形式的二阶系统结构图

当 $\xi=1$ 时，系统有一对相等的负实根

$$s_{1,2}=-\xi\omega_n$$

系统时间响应开始失去振荡特性，或者说，处于振荡与不振荡的临界状态，故称为临界阻尼状态。

当阻尼比较大，即 $\xi>1$ 时，系统有两个不相等的负实根

$$s_{1,2}=-\xi\omega_n\pm\omega_n\sqrt{\xi^2-1}$$

这时系统时间响应具有单调特性，称为过阻尼状态。

当 $\xi=0$ 时，系统有一对纯虚根，即 $s_{1,2}=\pm j\omega_n$，称为无阻尼状态。系统时间响应为等幅振荡，其幅值取决于初始条件，而频率则取决于系统本身的参数。

上述各种情况对应的闭环极点分布及对应的脉冲响应如图 3－11 所示。

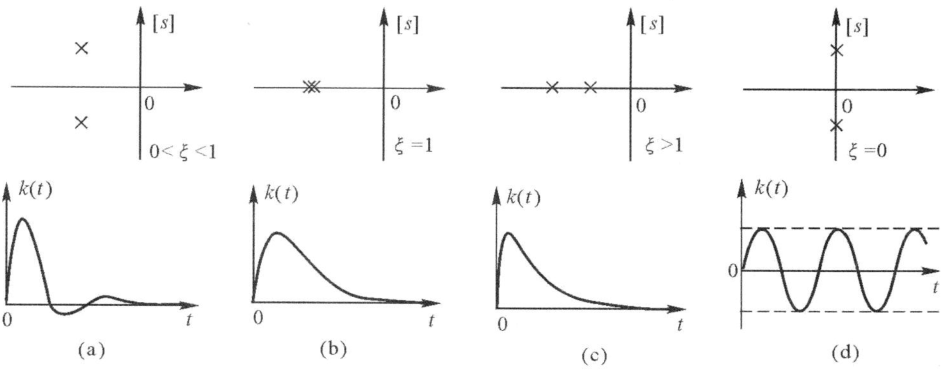

图 3－11　二阶系统的闭环极点分布及其脉冲响应

下面分别研究欠阻尼和过阻尼两种情况的响应及其性能指标。

一、二阶系统的典型输入

1. 欠阻尼二阶系统的单位阶跃响应

二阶系统中，欠阻尼二阶系统最为常见。由于这种系统具有一对实部为负的共轭复根，时间响应呈现衰减振荡特性，故又称振荡环节。

当阻尼比 $0<\xi<1$ 时，二阶系统的闭环特征方程有一对共轭复根，即

$$s_{1,2}=-\xi\omega_n\pm j\omega_n\sqrt{1-\xi^2}=-\xi\omega_n\pm j\omega_d$$

式中，$\omega_d=\omega_n\sqrt{1-\xi^2}$，称为有阻尼振荡角频率，且 $\omega_d<\omega_n$。

当输入信号为单位阶跃函数时，输出的拉氏变换式由式(3－12)可得

$$C(s)=\frac{\omega_n^2}{s^2+2\xi\omega_n s+\omega_n^2}\frac{1}{s}=\frac{1}{s}-\frac{s+\xi\omega_n}{(s+\xi\omega_n)^2+\omega_d^2}-\frac{\xi\omega_n}{(s+\xi\omega_n)^2+\omega_d^2}$$

对上式进行拉氏反变换，得到欠阻尼二阶系统的单位阶跃响应，并用 $h(t)$ 表示，即

$$h(t)=1-e^{-\xi\omega_n t}\left[\cos\omega_d t+\frac{\xi}{\sqrt{1-\xi^2}}\sin\omega_d t\right]=1-\frac{e^{-\xi\omega_n t}}{\sqrt{1-\xi^2}}\sin(\omega_d t+\beta)\quad t\geqslant 0 \tag{3-13}$$

式中，β 如图 3－12 所示。

$$\beta=\arctan\sqrt{1-\xi^2}/\xi\quad 或\quad \beta=\arccos\xi$$

由式(3-13)可见,系统的响应由稳态分量与瞬态分量两部分组成,稳态分量值等于1,瞬态分量是一个随着时间t的增长而衰减的振荡过程。振荡角频率为ω_d,其值取决于阻尼比ξ及无阻尼自然频率ω_n。采用无量纲时间$\omega_n t$作为横坐标,这样,时间响应仅仅为阻尼比ξ的函数,如图3-13所示。

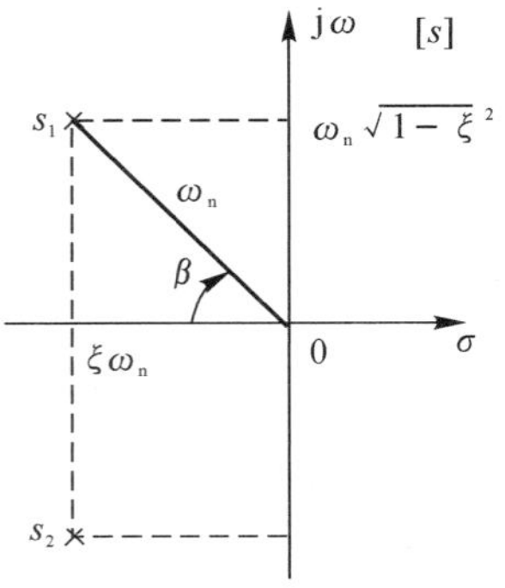

图3-12　β角的定义图

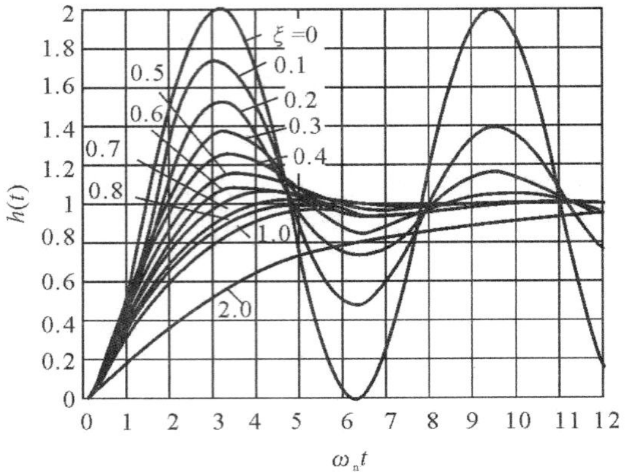

图3-13　二阶系统单位阶跃响应的通用曲线

由图可见,阻尼比ξ越大,超调量越小,响应的振荡越弱,系统平稳性越好。反之,阻尼比ξ越小,振荡越强烈,平稳性越差。

当$\xi>0.707$时,系统阶跃响应$h(t)$不出现峰值($\sigma\%\approx 0$),单调地趋于稳态值。

当$\xi=0.707$时,$h(t_p)=1.04\approx h(\infty)$,调节时间最小,$\sigma\%=4\%$,若按5%的误差带考虑,可认为$\sigma\%\approx 0$。

当$\xi<0.707$时,$\sigma\%$随ξ减小而增大。过渡过程峰值和调节时间也随ξ减小而增大。

当$\xi=0$时(即$\beta=90°$,表示系统具有一对纯虚根),方程式(3-13)就成为

$$h(t)=1-\cos\omega_n t \quad t\geqslant 0 \tag{3-14}$$

显然,这时响应具有频率为ω_n的等幅振荡,即无阻尼振荡。

此外,当ξ过大时,系统响应滞缓,调节时间t_s很长,系统快速性差;反之,ξ过小,虽然响应的起始速度较快,但因为振荡强烈,衰减缓慢,所以调节时间t_s亦长,快速性也差。由图3-12可见,对于5%的误差带,当$\xi=0.707$时,调节时间最短,即快速性最好,这时超调量$\sigma\%<5\%$,故平稳性也是很好的,因此把$\xi=0.707$称为最佳阻尼比。

关于稳态精度:由于随时间t的增长,瞬态分量趋于零,而稳态分量恰好与输入量相等,因此稳态时系统是无差的。

欠阻尼二阶系统性能指标的计算如下:

延迟时间t_d:根据定义,令式(3-13)等于0.5,即$h(t)=0.5$,整理后可得

$$\omega_n t_d=\frac{1}{\xi}\ln\frac{2\sin(\sqrt{1-\xi^2}\,\omega_n t_d+\arccos\xi)}{\sqrt{1-\xi^2}}$$

取$\omega_n t_d$为不同值,可以计算出相应的ξ值,然后绘出$\omega_n t_d$与ξ的关系曲线,如图3-14所示。利用曲线拟合方法,可得延迟时间的近似表达式

$$t_d \approx \frac{1+0.6\xi+0.2\xi^2}{\omega_n} \quad \xi>1 \tag{3-15}$$

或

$$t_d \approx \frac{1+0.7\xi}{\omega_n} \quad 0<\xi<1 \tag{3-16}$$

上述两式表明，增大 ω_n 或减小 ξ，都可以减小延迟时间 t_d。或者说，当阻尼比不变时，闭环极点离[s]平面的坐标原点越远，系统的延迟时间越短；而当自然频率不变时，闭环极点离[s]平面的虚轴越近，系统的延迟时间越短。

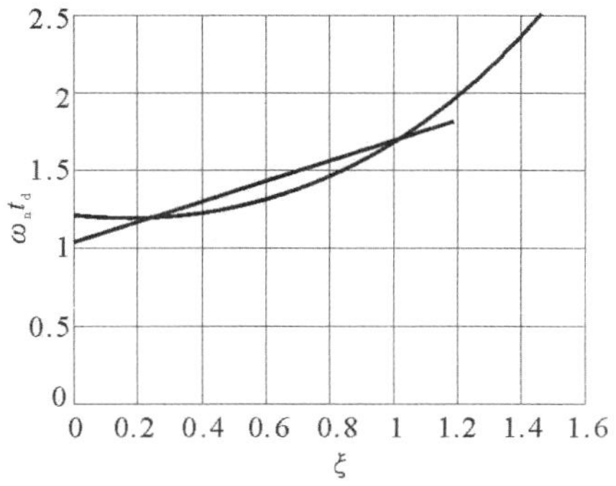

图 3-14　二阶系统 $\omega_n t_d$ 与 ξ 的关系曲线

上升时间 t_r：根据定义，令式(3-13)等于1，即 $h(t)=1$，可得

$$1-e^{-\xi\omega_n t_r}\left(\cos\omega_d t_r+\frac{\xi}{\sqrt{1-\xi^2}}\sin\omega_d t_r\right)=1$$

因为

$$e^{-\xi\omega_n t_r}\neq 0$$

所以

$$\cos\omega_d t_r+\frac{\xi}{\sqrt{1-\xi^2}}\sin\omega_d t_r=0$$

则有

$$\tan\omega_d t_r=-\frac{\sqrt{1-\xi^2}}{\xi}$$

$$t_r=\frac{1}{\omega_d}\arctan\frac{-\sqrt{1-\xi^2}}{\xi}$$

由图 3-12 可见

$$\arctan\frac{-\sqrt{1-\xi^2}}{\xi}=\pi-\beta$$

所以

$$t_r=\frac{\pi-\beta}{\omega_d} \tag{3-17}$$

显然，当阻尼比 ξ 不变时，β 角也不变。如果无阻尼振荡频率 ω_n 增大，即增大闭环极点到坐标原点的距离，那么上升时间 t_r 就会缩短，从而加快了系统的响应速度；阻尼比越小(β 越大)，上升时间就越短。

峰值时间 t_p：将式(3-13)对时间求导并令其为零，可得峰值时间

$$\left.\frac{dh(t)}{dt}\right|_{t=t_p}=0$$

将上式整理得 $\tan\beta = \tan(\omega_d t_p + \beta)$

则有 $\omega_d t_p = 0, \pi, 2\pi, 3\pi, \cdots$。根据峰值时间的定义，$t_p$ 是指 $h(t)$ 越过稳态值，到达第一个峰值所需要的时间，因此应取 $\omega_d t_p = \pi$。峰值时间的计算公式为

$$t_p = \frac{\pi}{\omega_d} \quad 或 \quad \frac{\pi}{\omega_n\sqrt{1-\xi^2}} \tag{3-18}$$

式(3-18)表明，峰值时间等于阻尼振荡周期的一半。当阻尼比不变时，极点离实轴的距离越远，系统的峰值时间越短，或者说，极点离坐标原点的距离越远，系统的峰值时间越短。

超调量 $\sigma\%$：将峰值时间式(3-18)代入式(3-13)，得输出量的最大值 $h(t_p)$

$$h(t_p) = 1 - \frac{e^{-\pi\xi/\sqrt{1-\xi^2}}}{\sqrt{1-\xi^2}}\sin(\pi+\beta)$$

由图 3-12 可知 $\sin(\pi+\beta) = -\sqrt{1-\xi^2}$

代入上式，则 $h(t_p) = 1 + e^{-\pi\xi/\sqrt{1-\xi^2}}$

根据超调量的定义式，并在 $h(\infty) = 1$ 条件下，可得

$$\sigma\% = e^{-\pi\xi/\sqrt{1-\xi^2}} \times 100\% \tag{3-19}$$

显然，超调量仅与阻尼比 ξ 有关，与自然频率 ω_n 的大小无关。图 3-15 表示了超调量 $\sigma\%$ 与阻尼比 ξ 的关系曲线。由图可见，阻尼比越大(β 越小)，超调量越小；反之亦然。或者说，闭环极点越接近虚轴，超调量越大。通常，对于随动系统取阻尼比为 0.4 ~ 0.8，相应的超调量为 25.4% ~ 1.5%。

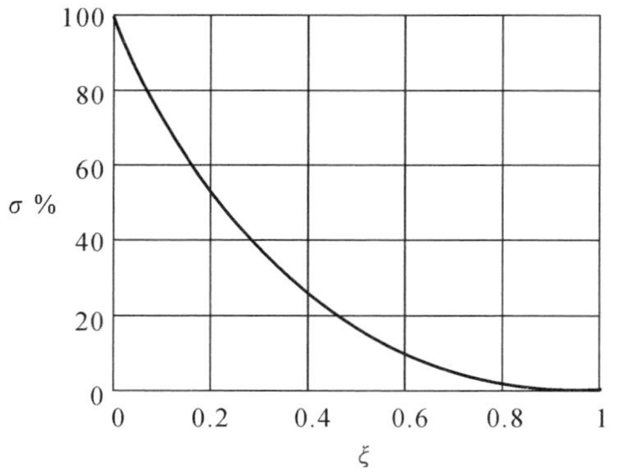

图 3-15　欠阻尼二阶系统超调量 $\sigma\%$ 与阻尼比 ξ 的关系曲线

调节时间 t_s：写出调节时间 t_s 的准确表达式是相当困难的。在初步分析和设计中，经常采用近似方法计算。对于欠阻尼二阶系统的单位阶跃响应

$$h(t) = 1 - \frac{e^{-\pi\xi/\sqrt{1-\xi^2}}}{\sqrt{1-\xi^2}}\sin\left(\omega_d t + \arctan\frac{\sqrt{1-\xi^2}}{\xi}\right)$$

指数曲线 $1 \pm e^{-\xi\omega_n t}/\sqrt{1-\xi^2}$ 是阶跃响应衰减振荡的上下两条包络线，整个响应曲线总是包含在这两条包络线之内，该包络线对称于阶跃响应的稳态分量。在图 3-16 中，采用无量纲时间 $\omega_n t$ 作横坐标，给出了 $\xi=0.707$ 时的单位阶跃响应以及相应的包络线。可见，实际响应的收敛速度比包络线的收敛速度要快，因此采用包络线代替实际响应曲线来估算调节时间是可

靠的。

根据上述分析，当 $\xi < 0.8$ 时，经常采用下列近似公式：

$$t_s = \frac{3.5}{\xi\omega_n} \quad 取 5\% 误差带 \tag{3-20}$$

或

$$t_s = \frac{4.5}{\xi\omega_n} \quad 取 2\% 误差带 \tag{3-21}$$

式(3－21)表明，调节时间与闭环极点的实部数值($\xi\omega_n$)成反比，实部数值越大，即极点离虚轴的距离越远，系统的调节时间越短，过渡过程结束得越快。

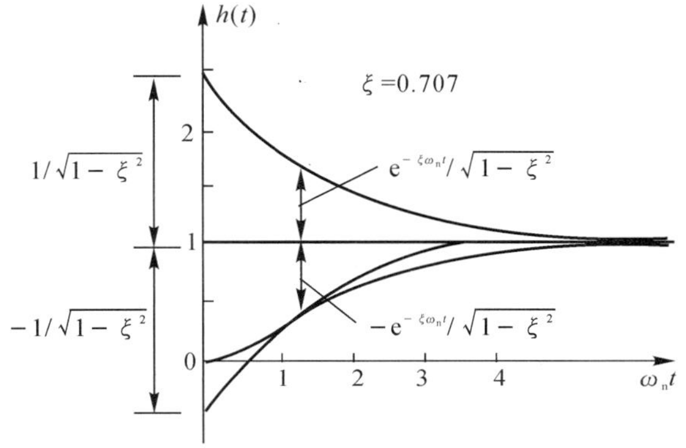

图 3－16　欠阻尼二阶系统的单位阶跃响应

综上所述，从各动态性能指标的计算公式及有关说明可以看出，各指标之间往往是有矛盾的。如上升时间和超调量，即响应速度和阻尼程度。要求上升时间小，必定使超调量加大，反之亦然。当阻尼比 ξ 一定时，如果允许加大 ω_n，则可以减小所有时间指标(t_d，t_r，t_s 和 t_p)的数值，同时超调量可保持不变。

因此，在实际系统中，往往需要综合考虑各方面的因素，然后再作正确的抉择，即所谓"最佳"设计。

【例 3－1】　在图 3－17 所示的随动系统中，当给定系统输入为单位阶跃函数时，试计算当放大器增益 $K_A = 200$ 时，输出位置响应的性能指标：t_p，t_s 和 $\sigma\%$。如果将放大器增益增大到 $K_A = 1\,500$ 或减小到 $K_A = 13.5$，那么对响应的动态性能又有什么影响？

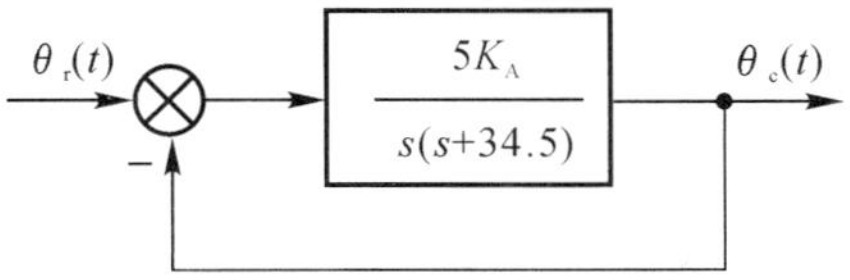

图 3－17　随动系统结构图

解　将图 3－17 与二阶系统典型结构图形式图 3－10(b)进行比较，可得

$$\omega_n^2 = 5K_A, \quad \xi = \frac{34.5}{2\omega_n} = \frac{34.5}{2\sqrt{5K_A}}$$

将 $K_A = 200$ 代入上两式得

$$\omega_n^2 = 1\,000, \quad \omega_n = 31.6(\text{rad/s}), \quad \xi = 0.545$$

则系统闭环传递函数为

$$\Phi(s)=\frac{\omega_n^2}{s^2+2\xi\omega_n s+\omega_n^2}=\frac{1\ 000}{s^2+34.5s+1\ 000} \tag{3-22}$$

式(3-22)也可直接由图3-17求得。然后，对照标准形式求得ξ,ω_n，并把ξ,ω_n值代入相应式(3-18)、式(3-20)和式(3-19)求得

$$t_p=\frac{\pi}{\omega_n\sqrt{1-\xi^2}}=0.12\ \text{s}$$

$$t_s=\frac{3.5}{\xi\omega_n}=0.2\ \text{s}$$

$$\sigma\%=e^{-\pi\xi/\sqrt{1-\xi^2}}\times 100\%=13\%$$

当$K_A=1\ 500$时，同样可计算出

$$\omega_n=86.6(\text{rad/s}),\quad \xi=0.2$$

则有

$$t_p=0.037\ \text{s},\quad t_s=0.2\ \text{s},\quad \sigma\%=52.7\%$$

可见，K_A增大，使ξ减小而ω_n增大，因而使$\sigma\%$增大，t_p减小，而调节时间t_s则无明显变化。

当K_A减小到$K_A=13.5$时，经过同样的计算可得到$\xi=2.1$，$\omega_n=8.22(\text{rad/s})$。系统成为过阻尼二阶系统。峰值和超调量不再存在。而t_s必须按下面将要介绍的过阻尼二阶系统来计算。由响应曲线图3-18可见，上升时间t_r比上面两种情况大得多，虽然响应无超调，但过渡过程过于缓慢，也就是系统跟踪输入很慢，这也是不希望的结果。

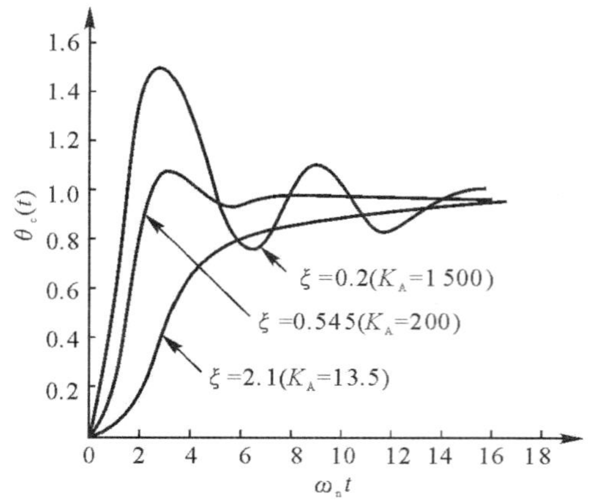

图3-18　图3-17所示系统在不同K_A下的阶跃响应

2. 过阻尼二阶系统的单位阶跃响应

当$\xi>1$时，二阶系统的闭环特征方程有两个不相等的负实根。可写成

$$s^2+2\xi\omega_n s+\omega_n^2=\left(s+\frac{1}{T_1}\right)\left(s+\frac{1}{T_2}\right)=0$$

式中

$$T_1=\frac{1}{\omega_n(\xi-\sqrt{\xi^2-1})},\quad T_2=\frac{1}{\omega_n(\xi+\sqrt{\xi^2-1})}$$

且 $T_1 > T_2$，$\omega_n^2 = \frac{1}{T_1 T_2}$，于是闭环传递函数为

$$\frac{C(s)}{R(s)} = \frac{1/T_1 T_2}{\left(s+\frac{1}{T_1}\right)\left(s+\frac{1}{T_2}\right)} = \frac{1}{(T_1 s+1)(T_2 s+1)}$$

因此，过阻尼二阶系统可以看成是两个时间常数不同的惯性环节的串联。

当输入信号为单位阶跃函数时，系统的输出为

$$h(t) = 1 - \frac{1/T_2}{1/T_2 - 1/T_1} e^{-\frac{1}{T_1}t} + \frac{1/T_1}{1/T_2 - 1/T_1} e^{-\frac{1}{T_2}t} =$$

$$1 - \frac{1/T_2}{1/T_2 - 1/T_1} e^{-(\xi - \sqrt{\xi^2-1})\omega_n t} + \frac{1/T_1}{1/T_2 - 1/T_1} e^{-(\xi + \sqrt{\xi^2-1})\omega_n t} \quad t \geqslant 0 \qquad (3-23)$$

式中，稳态分量为 1；瞬态分量为后两项指数项。可以看出，瞬态分量随时间 t 的增长而衰减到零，故系统在稳态时为无差的。其响应曲线如图 3－19 所示。

由图 3-19 看出，响应是非振荡的，但它是由两个惯性环节串联而产生的，因此又不同于一阶系统的单位阶跃响应，其起始阶段速度很小，然后逐渐加大到某一值后又减小，直到趋于零。因此，整个响应曲线有一个拐点。

对于过阻尼二阶系统的性能指标，同样可以用 t_r，t_s 等来描述。这里着重讨论调节时间 t_s，它反映系统响应的快速性。确定 t_s 的准确表达式同样是很困难的，一般可根据式(3－23)，令 T_1/T_2 为不同值，计算出相应的无因次调节时间 t_s/T_1。图 3－20 给出了误差带为 5% 的调节时间曲线。由图可见：

当 $T_1 = T_2$，即 $\xi = 1$ 时的临界阻尼情况，$t_s = 4.75T_1$；

当 $T_1 = 4T_2$，即 $\xi = 1.25$ 时，$t_s \approx 3.3T_1$；

当 $T_1 > 4T_2$，即 $\xi > 1.25$ 时，$t_s \approx 3T_1$。

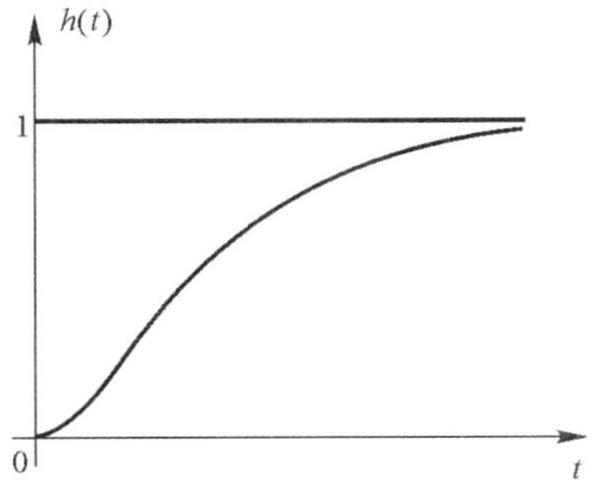

图 3－19　过阻尼二阶系统的阶跃响应

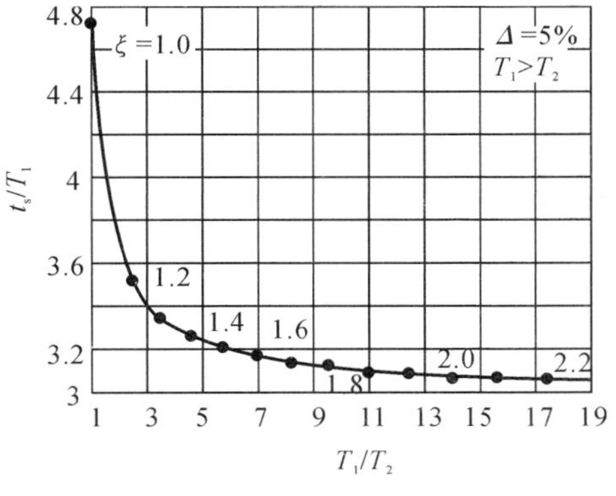

图 3－20　过阻尼二阶系统的调节时间特性曲线

上述分析说明，当系统的一个负实根为另一个的 4 倍以上时，即两个惯性环节的时间常数相差 4 倍以上，则系统可以等效为一阶系统，其调节时间 t_s 可近似等于 $3T_1$（误差不大于 10%）。这也可以由式(3－23)看出，由于 $T_1 > 4T_2$，所以 e^{-t/T_2} 项比 e^{-t/T_1} 项衰减快得多，即响应曲线主要取决于大时间常数 T_1 确定的环节，或者说主要取决于离虚轴较近的极点。这样，

过阻尼二阶系统调节时间 t_s 的计算，实际上只局限于 $\xi=1\sim1.25$ 的范围。

当 $\xi>1.25$ 时，就可将系统等效成一阶系统，其传递函数可近似地表示为

$$\frac{C(s)}{R(s)}\approx\frac{1}{T_1s+1}$$

这一近似函数形式也可根据下述条件直接得到，即原来的传递函数 $C(s)/R(s)$ 与近似函数的初始值和最终值，二者对应相等。

对于近似传递函数 $C(s)/R(s)$，其单位阶跃响应的拉氏变换式

$$C(s)\approx=\frac{1/T_1}{s\left(s+\frac{1}{T_1}\right)}$$

时间响应 $h(t)$ 为

$$h(t)\approx1-e^{-t/T_1}=1-e^{-\left(\xi-\sqrt{\xi^2-1}\right)\omega_n t}\quad t\geqslant0$$

上式就是当 $C(s)/R(s)$ 中，有一个极点可以忽略时的近似的单位阶跃响应。图 3-21 示出了 $\xi=2,\omega_n=1$ 时的近似响应函数曲线，在图中还画出了系统过阻尼时的准确响应函数曲线。这时，系统的近似解为

$$h(t)\approx1-e^{-0.27t}$$

而这时的准确解，则为

$$h(t)=1+0.077e^{-3.73t}-1.077e^{-0.27t}$$

准确曲线和近似曲线之间，只是在响应曲线的起始段上有比较显著的差别。

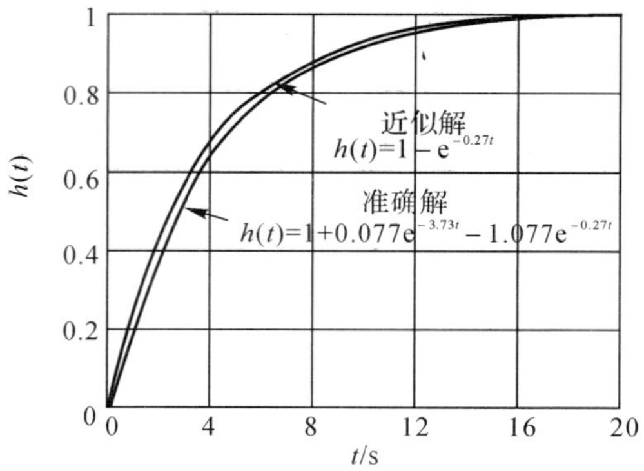

图 3-21　过阻尼二阶系统的阶跃响应

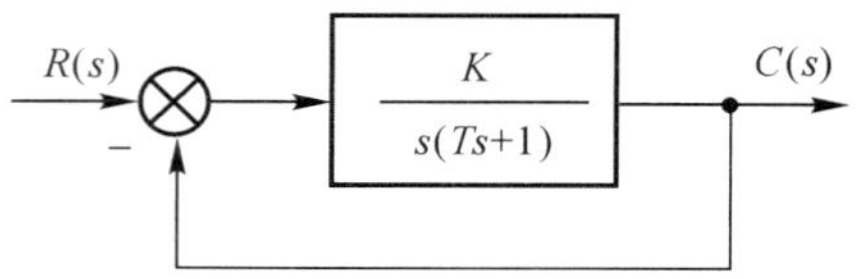

图 3-22　例 3-2 系统结构图

【例 3-2】　已知系统结构图如图 3-22 所示。其中 $T=0.1$ s，若要求系统的单位阶跃响应无超调，且调节时间 $t_s=1$ s，问增益 K 应取何值？

解　根据题意，应取 $\xi\geqslant1$，但考虑到在过阻尼范围内 $\xi=1$ 时响应速度最快，因此在图 3-20 的曲线上，试取 $T_1/T_2=1.5$，对应 $\xi\approx1.02$，查得 $t_s/T_1=4$。依题意要求 $t_s=1$ s，故

$$T_1=0.25\ \text{s},\quad T_2=0.167\ \text{s}$$

由系统闭环特征方程

$$s^2+\frac{1}{T}s+\frac{K}{T}=\left(s+\frac{1}{T_1}\right)\left(s+\frac{1}{T_2}\right)=0$$

得
$$\frac{K}{T}=\frac{1}{T_1T_2}$$

因为 $T=0.1$ s，所以 $K=2.4\ \mathrm{s}^{-1}$。所得结果是否满足要求，必须进行验算。验算结果表明

$$\frac{1}{T_1}+\frac{1}{T_2}=\frac{1}{T}$$

满足了特征方程的要求。如果不满足，应重复上述过程，重新选择 T_1/T_2 的比值。

应当指出，如果两个二阶系统具有相同的 ξ 值，但具有不同的 T 值，那么响应曲线将有相同的超调量和相同的振荡形式。在式(3-13)、式(3-14)和式(3-23)中，自变量 t 总是与参数 T(即 $T=1/\omega_n$)结合成 t/T 出现。因此，系统响应 $h(t)$ 可以用 T 作为时间 t 的计量单位。换句话说，参数 T 具有时间尺度的性质。如果 T 增大(即 ω_n 减小)若干倍，那么只要 t 增大同样倍数，使 t/T 保持不变，$h(t)$ 的值也就保持不变。如图 3-23 所示二阶系统结构参数 T 对阶跃响应的影响是，如果参数 T 增大(ω_n 减小)几倍，则 $h(t)$ 的曲线就在横坐标轴方向“展宽”同样倍数；相反，如果 T 减小(ω_n 增大)几倍，则 $h(t)$ 的曲线就在横坐标轴方向“压缩”同样倍数。因此对于 ξ 值相同的系统来说，响应时间长短就正比于 T。显然，T 也是描述系统动态性能的一个重要参数。

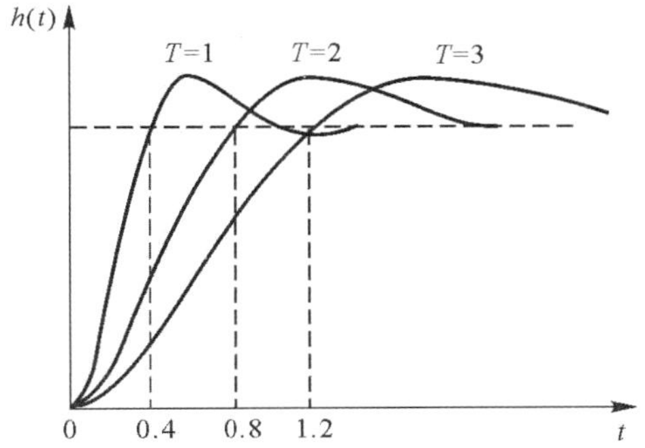

图 3-23　二阶系统结构参数 T 对阶跃响应的影响

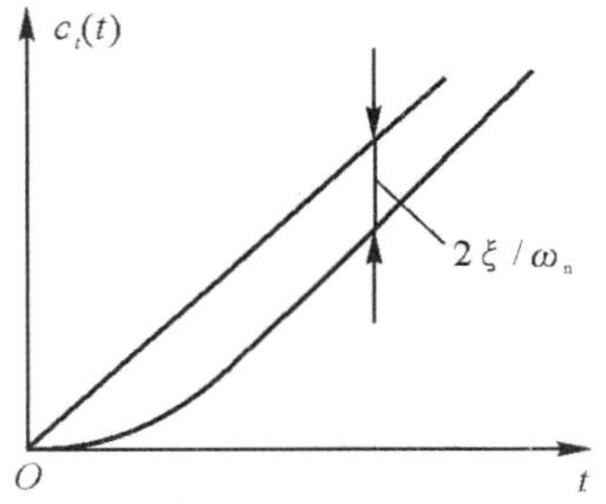

图 3-24　二阶系统的单位斜坡响应

3. 欠阻尼二阶系统的单位斜坡响应

单位斜坡输入信号的拉氏变换式为 $1/s^2$，将其代入式(3-12)，可得系统输出的变换式

$$C(s)=\frac{\omega_n^2}{s^2+2\xi\omega_n s+\omega_n^2}\frac{1}{s^2}$$

对上式进行拉氏反变换得单位斜坡响应 $c_t(t)$

$$c_t(t)=t-\frac{2\xi}{\omega_n}+\frac{e^{-\xi\omega_n t}}{\omega_n\sqrt{1-\xi^2}}\sin(\omega_d t+\psi)\quad t\geqslant 0 \tag{3-24}$$

式中
$$\psi=2\arctan\frac{\sqrt{1-\xi^2}}{\xi}=2\beta \tag{3-25}$$

显然，系统的单位斜坡响应式(3-24)由两部分组成，一部分是稳态分量

$$c_{ss}=t-\frac{2\xi}{\omega_n}$$

另一部分是瞬态分量
$$c_{tt}=\frac{e^{-\xi\omega_n t}}{\omega_n\sqrt{1-\xi^2}}\sin(\omega_d t+\psi)$$

其中，瞬态分量随着时间增长而振荡衰减，最终趋于零。因此，系统的稳态误差为 $e_{ss}=2\xi/\omega_n$。图 3-24 所示为二阶系统单位斜坡响应曲线。

由图可见，系统的稳态输出是一个与输入量具有相同斜率的斜坡函数。但是，在输出位置上有一个常值误差量 $2\xi/\omega_n$，即系统在斜坡输入时的稳态误差。显然这误差并不是指稳态时输入、输出上的速度之差，而是指位置上的差别。此误差值只能通过改变系统参数来减小，如加大自然频率 ω_n 或减小阻尼比 ξ 来减小稳态误差，但不能消除。并且，这样改变系统参数，将会使系统响应的平稳性变差。因此，仅靠改变系统参数是无法解决上述矛盾的。在系统设计时，一般可先根据稳态误差要求确定系统参数，然后再引入控制装置(校正装置)来改善系统的性能，即用改变系统结构来改善系统性能。

二、系统性能的改善

以二阶位置随动系统为例。图 3-25(a) 所示为系统阶跃响应曲线 $h(t)$；图 3-25(b) 所示为阶跃响应的导数 $\dot{h}(t)$；图 3-25(c) 所示为误差响应曲线 $e(t)$；图 3-25(d) 所示为误差响应的导数 $\dot{e}(t)$。

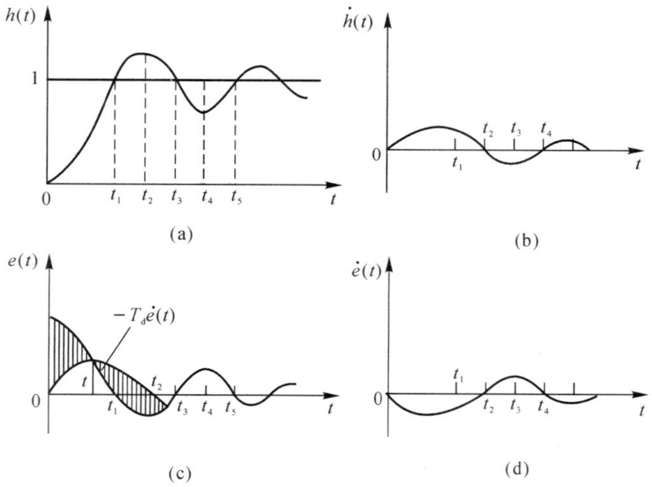

图 3-25　二阶系统的附加信号

由曲线图 3-25(a) 可看出，单位阶跃响应具有较大的超调量。在$[0\sim t_1]$的时间间隔内，正的误差信号 $e(t)$ 使电机产生正向力矩。但因为系统阻尼较小，电机的正向加速度、速度较大，因此将会出现较大超调量。在$[t_1\sim t_2]$时间间隔内，虽然误差信号 $e(t)$ 为负，电机产生反向力矩，但由于开始反向力矩不够大，而系统原来已具有较大的速度，所以输出量继续上升，直至 $t=t_2$ 达到最大值 $h(t_2)$，这时速度为零。在$[t_2\sim t_3]$时间间隔内，由于反向力矩的继续作用，使输出量开始减小，并在 $t=t_3$ 时再次穿过稳态值形成反向超调。在$[t_3\sim t_4]$时间间隔内，误差信号又重新为正，电机产生正向力矩，又试图使输出量恢复到稳态值。如此往复多次，使动态过程强烈振荡，产生较大超调。可以看出，造成响应振荡、过调的原因是：① 在$[0\sim t_1]$时间间隔内，正向力矩较大，而且没有在 $t=t_1$ 之前及时提前制动；② 在$[t_1\sim t_2]$时间内，反向制动力矩不足。显然，要设法在$[0\sim t_1]$时间内削弱正向力矩，应加入一个与 $e(t)$ 相反的信号；

在$[t_1 \sim t_2]$时间内，要设法加强反向制动力矩，应加一个与$e(t)$相同的信号；同理，在$[t_2 \sim t_3]$时间内，应加一个与$e(t)$相反的信号；在$[t_3 \sim t_4]$时间内，应加一个与$e(t)$相同的信号，等等。观察图3-25中$\dot{h}(t)$，$\dot{e}(t)$的极性，恰好能起到这样的作用。因此引入$\dot{e}(t)$或负的$\dot{h}(t)$作为控制信号，将有可能改善系统性能。实践已经证明，恰当地引入微分信号，将会大大改善系统的性能。这就是所谓比例-微分控制和测速反馈控制。

1. 比例-微分控制

设比例-微分控制系统如图3-26所示，其中微分时间常数为T_d。

由图3-26可见，系统输出量同时受误差信号及其微分信号的双重控制。由于加入了误差的微分信号，它可以敏感误差信号的变化，因此比例-微分控制可以在出现位置误差以前，提前产生控制作用，即使控制作用带有一定程度的“预见性”，从而达到改善系统动态性能的目的。由于误差微分信号只反映误差信号变化的速率，因此，微分控制并不影响稳态误差的大小。

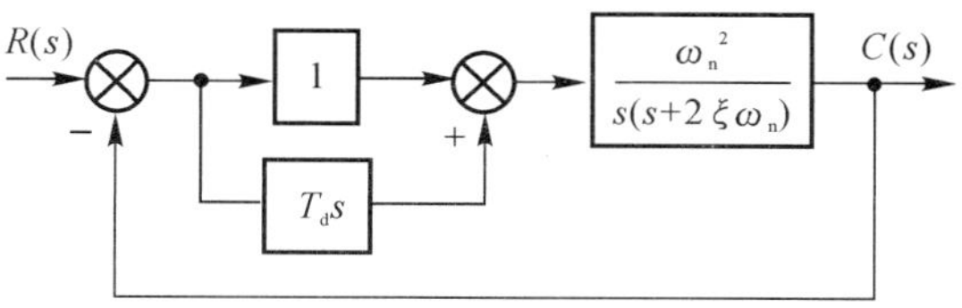

图3-26　比例-微分控制的二阶系统

如图3-26所示系统闭环传递函数为

$$\Phi(s)=\frac{C(s)}{R(s)}=\frac{\omega_n^2 T_d\left(s+\frac{1}{T_d}\right)}{s^2+2\xi_d\omega_n s+\omega_n^2} \tag{3-26}$$

式中

$$\xi_d=\xi+\frac{1}{2}T_d\omega_n \tag{3-26a}$$

上两式表明，比例-微分控制不改变系统的自然频率，但是增加了系统阻尼比（即$\xi_d>\xi$）；另外给二阶系统增添了闭环零点$(-1/T_d)$。因此，具有比例-微分控制的二阶系统常称为有零点的二阶系统，而原系统称为无零点的二阶系统。下面对这两种系统进行粗略的分析比较。

若两个二阶系统只是阻尼比不同，其阶跃响应如图3-27所示。可见，比例-微分增加了系统阻尼比，可以改善系统动态性能。

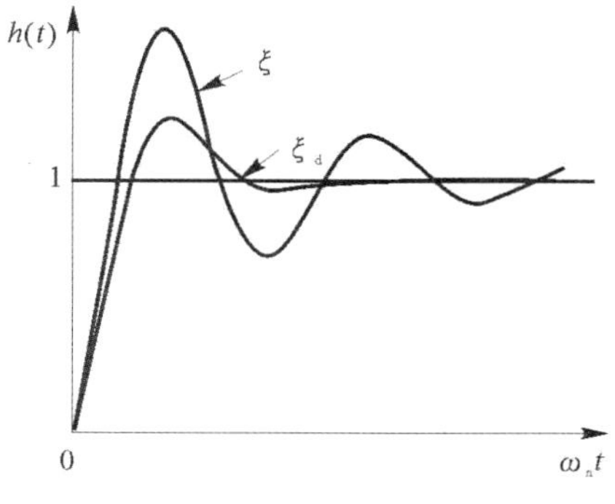

图3-27　不同阻尼比二阶系统的阶跃响应

若两个二阶系统只是有无零点的不同，它们的动态性能又是如何呢？设无零点的二阶系统其闭环传递函数为

$$\Phi_0(s)=\frac{\omega_n^2}{s^2+2\xi_d\omega_n s+\omega_n^2}$$

比例-微分控制系统是有零点的二阶系统，其闭环传递函数为式(3-26)，即

$$\Phi(s)=\frac{\omega_n^2 T_d\left(s+\frac{1}{T_d}\right)}{s^2+2\xi_d\omega_n s+\omega_n^2}$$

为了估算比例-微分控制二阶系统的动态性能，应求其阶跃响应。系统输出拉氏变换式为

$$C(s)=\frac{\omega_n^2 T_d\left(s+\frac{1}{T_d}\right)}{s^2+2\xi_d\omega_n s+\omega_n^2}\frac{1}{s}=\frac{\omega_n^2}{s^2+2\xi_d\omega_n s+\omega_n^2}\frac{1}{s}+T_d\frac{s\omega_n^2}{s^2+2\xi_d\omega_n s+\omega_n^2}\frac{1}{s} \tag{3-27}$$

可见，式(3－27)第一项的拉氏反变换是无零点二阶系统的单位阶跃响应，以 $h_0(t)$ 表示；根据拉氏变换的微分性质，式(3－27)第二项表示了在零初始条件下 $h_0(t)$ 对时间的导数乘以 T_d，从而得

$$h(t)=h_0(t)+T_d\frac{dh_0(t)}{dt} \tag{3-28}$$

式(3－27)的单位阶跃响应曲线如图3－28所示。显然有零点系统与无零点系统相比，上升时间和峰值时间均减小，因而响应速度加快，超调量会有所增加。

最后，简单归纳比例-微分控制对系统性能的影响。首先，它可以增大系统阻尼，使系统动态过程的超调量下降，调节时间缩短，但不影响常值稳态误差及自然频率。其次，当系统具有良好的动态性能时，若采用微分控制，就允许选用较高的开环增益，从而可以提高稳态精度，并保持良好的动态性能。但应当指出，当系统输入端噪声较强时，则不宜采用比例-微分控制，因为微分器对于噪声，特别是对于高频噪声的放大作用，远大于对缓慢变化输入信号的放大作用，情况严重时，甚至干扰噪声有可能淹没有用信号而起不到控制作用，此时，可考虑采用测速反馈控制。

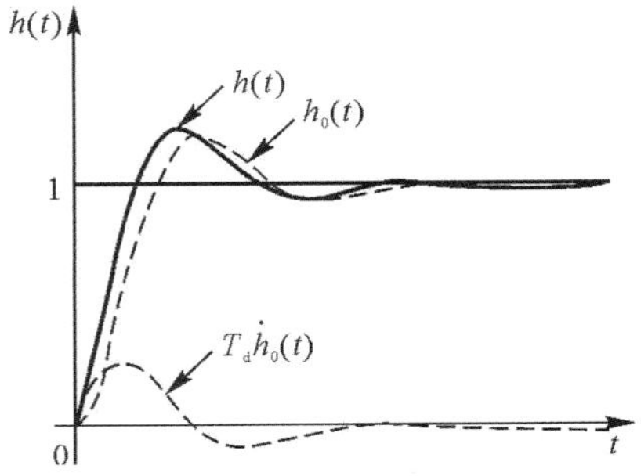

图3－28 零点对阶跃响应的影响

此外，有零点二阶系统的性能指标估算方法与无零点情况相类似，这里不作详细推导，只给出计算公式。设标准闭环传递函数

$$\Phi(s)=\frac{\omega_n^2}{a}\frac{s+a}{s^2+2\xi_d\omega_n s+\omega_n^2}$$

$$\xi_d=\xi+\frac{\omega_n}{2a}$$

性能指标近似计算公式：

$$t_p=\frac{\pi-\arctan[\omega_n\sqrt{1-\xi_d^2}/(a-\xi_d\omega_n)]}{\omega_n\sqrt{1-\xi_d^2}} \tag{3-29}$$

$$\sigma\%=\frac{\sqrt{a^2-2\xi_d a\omega_n+\omega_n^2}}{a}e^{-\xi_d t_p/\sqrt{1-\xi_d^2}}\times 100\% \tag{3-30}$$

取 $\Delta=0.05$，则

$$t_s=\frac{3+\frac{1}{2}\ln(a^2+2\xi_d a\omega_n+\omega_n^2)-\ln a-\frac{1}{2}\ln(1-\xi_d^2)}{\xi_d\omega_n} \tag{3-31}$$

在实际系统中比例-微分控制可由图3－29所示的RC网络近似实现。网络传递函数为

$$\frac{U_c(s)}{U_r(s)}=\frac{a(T_d s+1)}{aT_d s+1}$$

式中
$$a=\frac{R_2}{R_1+R_2}<1,\quad T_d=R_1C$$
选择 R,C 参数，使 $a\ll 1, aT_d\ll T_d$，因此
$$\frac{U_c(s)}{U_r(s)}\approx a(T_ds+1)$$

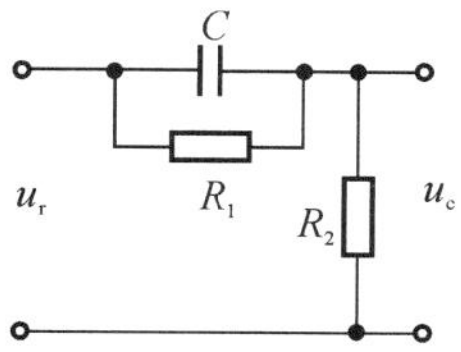

图 3-29　RC 网络

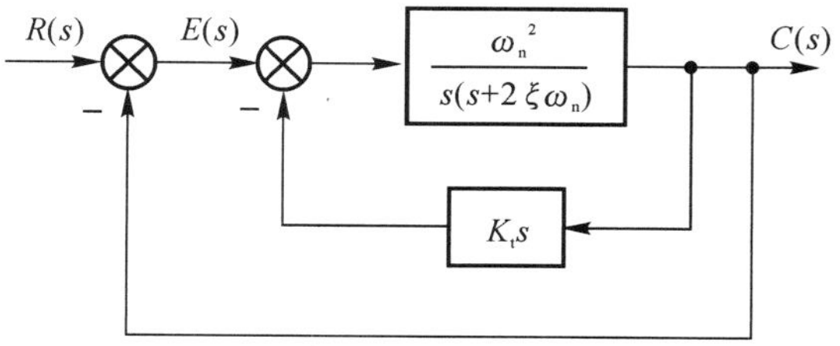

图 3-30　测速反馈控制的二阶系统

2. 测速反馈控制

测速反馈控制的一般结构图，如图 3-30 所示。其中 K_t 为测速反馈系数，在位置随动系统中，其单位通常为 $V/(r\cdot min^{-1})$（电压 / 转速）。系统开环传递函数为
$$G(s)=\frac{\omega_n^2}{s(s+2\xi\omega_n+K_t\omega_n^2)}=\frac{\omega_n}{2\xi+K_t\omega_n}\ \frac{1}{s\left(\frac{1}{2\xi\omega_n+K_t\omega_n^2}s+1\right)}\tag{3-32}$$
系统的开环增益 $K=\frac{\omega_n}{2\xi+K_t\omega_n}$。显然，加入测速反馈降低了原系统的开环增益，因此，在设计测速反馈控制时，可以适当增大原系统的开环增益，以补偿测速反馈引起的增益下降。为了说明测速反馈对系统动态性能的影响，写出系统闭环传递函数为
$$\Phi(s)=\frac{\omega_n^2}{s^2+(2\xi\omega_n+K_t\omega_n^2)s+\omega_n^2}=\frac{\omega_n^2}{s^2+2\xi_t\omega_ns+\omega_n^2}\tag{3-33}$$
式中
$$\xi_t=\xi+\frac{1}{2}K_t\omega_n\tag{3-33a}$$
很明显，测速反馈与比例-微分控制一样，可增大阻尼比，但不影响系统的自然频率 ω_n。将式(3-26a) 与式(3-33a) 进行比较，如果 $K_t=T_d$，则 $\xi_d=\xi_t$。另外，由式(3-33) 可见，测速反馈控制并不增添闭环零点。因此，测速反馈同样可以改善系统的动态性能。

测速反馈控制可采用测速发电机、速度传感器等部件来实现。

【例 3-3】　设控制系统如图 3-31 所示，其中图 3-31(a) 表示无测速反馈的原控制系统；图 3-31(b) 表示加入测速反馈控制后的系统。试确定使系统阻尼比为 0.5 时的 K_t 值，并分析图3-31(a) 和图 3-31(b) 所示系统的各项性能指标。

解　图 3-31(a) 所示系统的闭环传递函数为
$$\Phi(s)=\frac{10}{s^2+s+10}$$
因而
$$\xi=0.158,\quad \omega_n=3.16,\quad K=10$$
根据式(3-17)、式(3-18)、式(3-19) 和式(3-20) 计算出
$$t_r=\frac{\pi-\arccos\xi}{\omega_n\sqrt{1-\xi^2}}=0.55\ s$$

$$t_p = \frac{\pi}{\omega_n \sqrt{1-\xi^2}} = 1.01\ \text{s}$$

$$\sigma\% = e^{-\xi\omega_n t_p} \times 100\% = 60.4\%$$

$$t_s = \frac{3.5}{\xi\omega_n} = 7\ \text{s}$$

图 3-31(b) 所示系统的闭环传递函数为

$$\Phi(s) = \frac{10}{s^2 + (1+10K_t)s + 10}$$

令 $1 + 10K_t = 2\xi_t\omega_n$

$$K_t = \frac{2\xi_t\omega_n - 1}{10} = 0.216$$

由题意要求及上述计算有

$$\xi_t = 0.5, \quad \omega_n = 3.16$$

此外，由式(3-32)计算出开环增益 $K = 3.16$。

于是根据式(3-17)、式(3-18)、式(3-19)和式(3-20)算得

$$t_r = 0.77\ \text{s}$$

$$t_p = 1.15\ \text{s}$$

$$\sigma\% = 16.3\%$$

$$t_s = 2.22\ \text{s}$$

根据以上计算结果，画出单位阶跃响应曲线如图 3-32 所示。

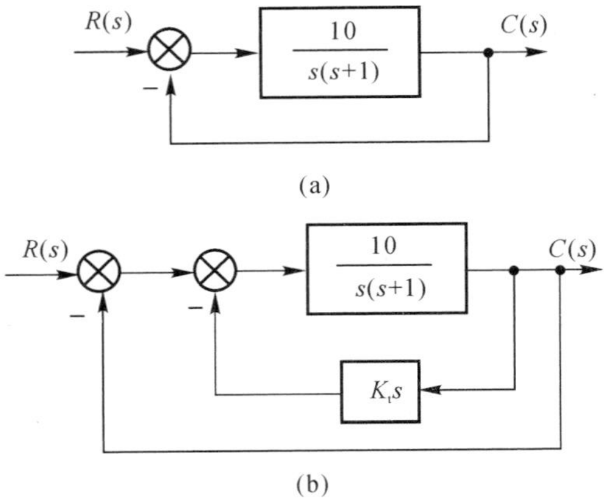

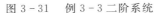

图 3-31　例 3-3 二阶系统

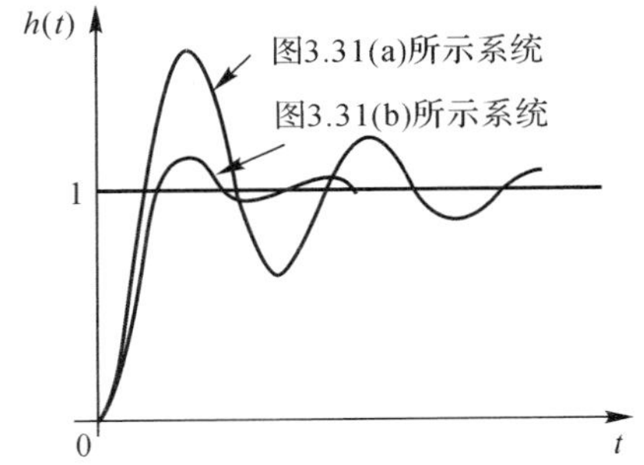

图 3-32　例 3-3 二阶系统的阶跃响应

3. 比例-微分控制和测速反馈控制的比较

(1) 工程实现角度：比例-微分装置可以用 RC 网络或模拟运算线路来实现，结构简单，成本低，质量轻；而测速反馈装置通常要用测速发电机，成本高。

(2) 抗干扰能力方面：微分控制对噪声有明显放大作用，当系统输入端噪声严重时，一般不宜采用微分控制。而测速反馈对噪声有滤波作用，能使内回路中被包围部件的非线性特性、参数变化等不利影响大大削弱。因此，测速反馈控制在系统中应用较广。

(3) 对动态性能影响：两者均能改善系统性能，增加系统阻尼比，降低超调量。在相同的

阻尼比 ξ 和自然频率 ω_n 条件下，测速反馈控制因不增添闭环零点，所以超调量要低些，但反应速度却慢些。另外测速反馈控制会使系统在斜坡输入下的稳态误差加大。

3－6　高阶系统及性能估计

在这一节中，首先讨论一个特定形式的三阶系统的单位阶跃响应，然后介绍一般形式的高阶系统的瞬态响应分析。

一、三阶系统的单位阶跃响应

设三阶系统的闭环传递函数为

$$\frac{C(s)}{R(s)}=\frac{\omega_n^2\lambda}{(s^2+2\xi\omega_n s+\omega_n^2)(s+\lambda)} \tag{3-34}$$

由式(3－34)可得这个系统的单位阶跃响应为

$$h(t)=1-\frac{e^{-\xi\omega_n t}}{\beta\xi^2(\beta-2)+1}\left\{\beta\xi^2(\beta-2)\cos(\sqrt{1-\xi^2}\,\omega_n t)+\frac{\beta\xi[\xi^2(\beta-2)+1]}{\sqrt{1-\xi^2}}\sin(\sqrt{1-\xi^2}\,\omega_n t)\right\}-\frac{e^{-\lambda t}}{\beta\xi^2(\beta-2)+1}$$

式中

$$\beta=\frac{\lambda}{\xi\omega_n}$$

因为

$$\beta\xi^2(\beta-2)+1=\xi^2(\beta-1)^2+(1-\xi^2)>0$$

所以 $e^{-\lambda t}$ 项的系数总是负数。

图 3－33 表示了这个三阶系统当 $\xi=0.5$ 时的单位阶跃响应曲线。比值 $\beta=\frac{\lambda}{\xi\omega_n}$ 是曲线簇中的参变量。可见，实数极点$(-\lambda)$对单位阶跃响应的影响是使超调量减小，调节时间增加。

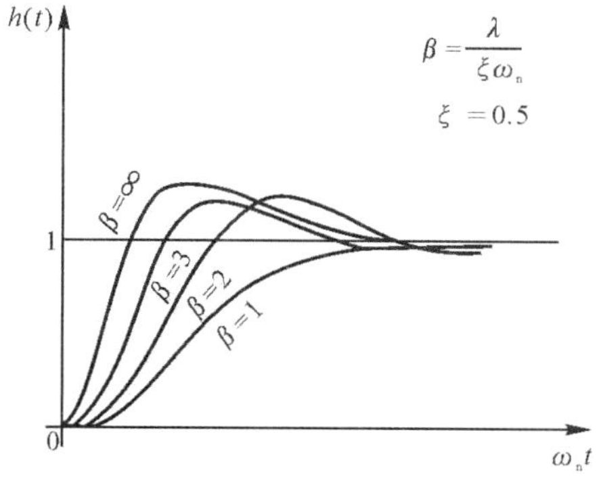

图 3－33　三阶系统的单位阶跃响应

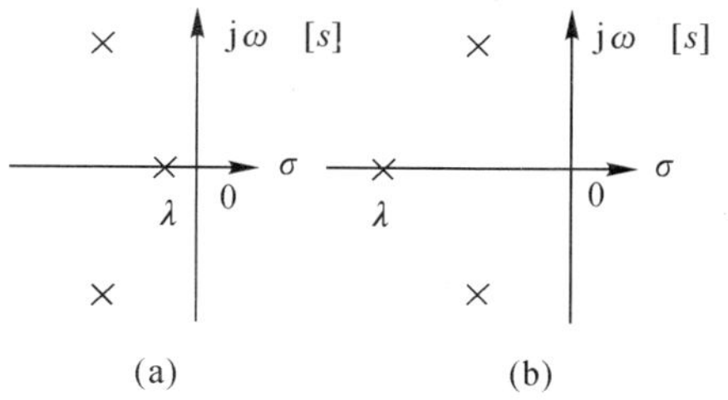

图 3－34　三阶系统的闭环极点分布图

如果实数极点位于共轭复数极点的右侧，离原点很近，如图 3－34(a) 所示，那么系统的响应将趋于减缓。这时系统的响应特性类似于过阻尼二阶系统。共轭复数极点只是增加响应曲线初始段的波动。如果实数极点$(-\lambda)$远离共轭复根，即处在共轭复数极点的左侧比较远的地方，如图 3－34(b) 所示，这时实数极点为$(-\lambda)$对系统瞬态响应的影响较小，系统响应主要由共轭复数极点决定。

二、高阶系统性能估算

在工程应用中，实际系统往往是一个高阶系统，而对高阶系统的分析和研究一般是比较复杂的。这就要求应用闭环主导极点的概念，并利用这个概念对高阶系统进行近似分析。

所谓主导极点是指在系统所有的闭环极点中，较其他极点距离虚轴最近且周围无闭环零点的极点，其对应的响应分量在系统响应中起主导作用。高阶系统的动态性能可以根据闭环主导极点的位置近似估算。下面对高阶系统进行近似分析估算。

设高阶系统闭环传递函数为

$$\Phi(s)=\frac{C(s)}{R(s)}=\frac{M(s)}{D(s)}=\frac{K\prod_{j=1}^{m}(s-z_j)}{\prod_{i=1}^{n}(s-\lambda_i)}$$

式中，z_j 为 $M(s)=0$ 的根，称为系统的闭环零点；λ_i 为 $D(s)=0$ 的根，称为系统的闭环极点；K 为

$$K=\frac{\prod_{i=1}^{n}(-\lambda_i)}{\prod_{j=1}^{m}(-z_j)},\quad \left(当\frac{M(0)}{D(0)}=1\ 时\right)$$

应用上述闭环主导极点的概念，假定高阶系统只有一对共轭复数闭环主导极点为

$$\lambda_{1,2}=-\sigma\pm \mathrm{j}\omega_{\mathrm{d}}$$

其余闭环零、极点都相对地远离虚轴。通过 λ_1,λ_2 可写出系统在单位阶跃输入作用下，输出的拉氏变换式的近似表达式如下：

$$C(s)=\frac{M(s)}{D(s)}\frac{1}{s}\approx\frac{1}{s}+\left(\frac{M(s)}{\dot{D}(s)}\frac{1}{s}\right)\Bigg|_{s=\lambda_1}\frac{1}{s-\lambda_1}+\left(\frac{M(s)}{\dot{D}(s)}\frac{1}{s}\right)\Bigg|_{s=\lambda_2}\frac{1}{s-\lambda_2}\tag{3-35}$$

式中
$$\dot{D}(s)=\frac{\mathrm{d}}{\mathrm{d}s}D(s)$$

通过拉氏反变换，求得高阶系统阶跃响应的近似表达式为

$$h(t)\approx 1+2\left|\frac{M(\lambda_1)}{\lambda_1\dot{D}(\lambda_1)}\right|\mathrm{e}^{-\sigma t}\cos\left(\omega_{\mathrm{d}}t+\angle\frac{M(\lambda_1)}{\lambda_1\dot{D}(\lambda_1)}\right),\quad t\geqslant 0\tag{3-36}$$

应当注意：式(3-36)给出的是当一对闭环共轭复数主导极点起主要作用时，系统阶跃响应的近似表达式，由式(3-36)可见，仅忽略了其他非主导极点所引起的瞬态分量，并没有完全忽略这些非主导极点的存在，它们的影响表现在式(3-36)中的振幅及相位上。

下面推导具有一对闭环共轭复数主导极点的高阶系统性能指标的近似公式。

峰值时间 t_{p}：通过对式(3-36)求导数，并令其等于零，即 $\frac{\mathrm{d}h(t)}{\mathrm{d}t}=0$，经整理可得

$$t_{\mathrm{p}}=\frac{1}{\omega_{\mathrm{d}}}\left(\pi-\sum_{j=1}^{m}\psi_j+\sum_{i=3}^{n}\theta_i\right)\tag{3-37}$$

式中，$\psi_j=\angle(\lambda_1-z_j)$，$\theta_i=\angle(\lambda_1-\lambda_i)$。例如图 3-35 所示高阶系统的闭环零、极点分布，按公式(3-37)求得峰值时间

$$t_p = \frac{1}{\omega_d}(\pi - \psi_1 + \theta_3 + \theta_4 + \theta_5)$$

由上式可见：

(1) 闭环零点的作用在于提高系统反应速度，而且零点越靠近虚轴，上述作用就越大。

(2) 闭环非主导极点的作用在于降低系统反应速度，同样，这些极点越靠近虚轴，反应速度就越慢。

(3) 两个靠得很近的闭环零点和极点组成一对偶极子(如果闭环零、极点之间的距离比它们本身的模值小一个数量级，则这一对闭环零、极点就构成了偶极子)。它们对系统性能的影响将互相抵消，因此可以不予考虑。

最大超调量 σ_p：

$$\sigma_p = \frac{h(t_p) - h(\infty)}{h(\infty)}$$

根据定义及式(3-37)，便可求得高阶系统阶跃响应的超调量

$$\sigma_p = \frac{\prod_{i=3}^{n}|\lambda_i|}{\prod_{i=3}^{n}|\lambda_1 - \lambda_i|} \frac{\prod_{j=1}^{m}|\lambda_1 - z_j|}{\prod_{j=1}^{m}|z_j|} e^{-\sigma t_p} \tag{3-38}$$

按式(3-38)可得图3-35所示高阶系统的超调量为

$$\sigma_p = \frac{|\lambda_3|}{|\lambda_1 - \lambda_3|} \frac{|\lambda_4|}{|\lambda_1 - \lambda_4|} \frac{|\lambda_5|}{|\lambda_1 - \lambda_5|} \frac{|\lambda_1 - z_1|}{|z_1|} e^{-\sigma t_p}$$

式中
$$t_p = (\pi - \psi_1 + \theta_3 + \theta_4 + \theta_5)/\omega_d$$

由上式可见，若当闭环零点离虚轴较近($|\lambda_1 - z_1| \gg |z_1|$)时，则超调量将变得很大。若当非主导极点(如 λ_3)离虚轴较近($|\lambda_1 - \lambda_3| \gg |\lambda_3|$)时，则超调量将大为减小。

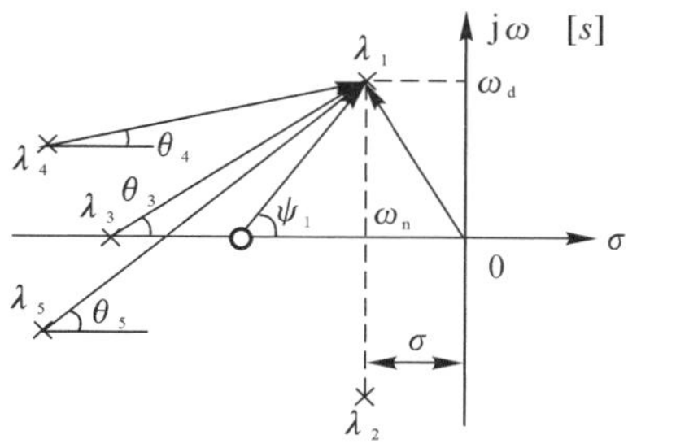

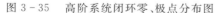

图3-35　高阶系统闭环零、极点分布图

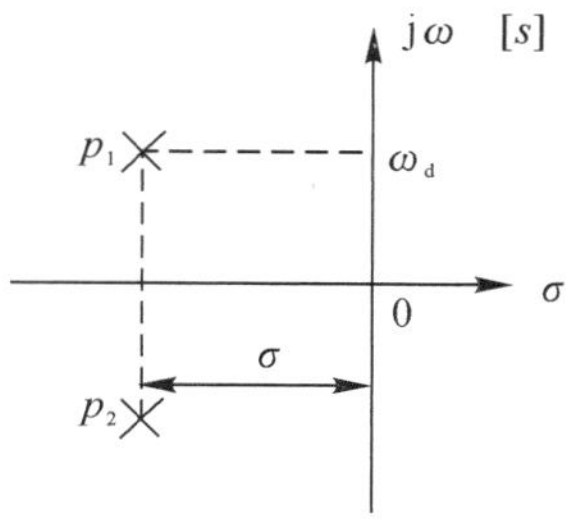

图3-36　系统闭环极点分布图
(略去非主导极点)

综上所述，闭环零点可使峰值时间 t_p 减小，提高了系统快速性(反应速度)。但如离虚轴太近，又将导致超调量过大，从而使系统性能变坏。因此，在设计系统时，可以适当地给系统配置附加零点(或极点)，以便很好地解决 t_p 与 σ_p 之间的矛盾。

调节时间 t_s：

根据定义，利用方程式(3-36)可得到调节时间 t_s

$$t_s \approx \frac{3}{\xi\omega_n} = \frac{3}{\sigma} \quad (\text{误差带 } 5\%) \tag{3-39}$$

或 $$t_s \approx \frac{4}{\xi\omega_n} = \frac{4}{\sigma} \quad（误差带 2\%）$$

根据高阶系统零、极点分布，计算上述各项性能指标，便可绘出高阶系统阶跃响应的大致图形。

另外，工程上还使用更进一步的近似，将非主导极点略去不计，系统闭环极点分布变成图 3-36 所示，这种方法称为主导极点法。系统性能指标即为

$$t_p = \frac{\pi}{\omega_d}$$

$$\sigma_p = e^{-\sigma t_p}$$

应当指出，当采用主导极点法时，在全部闭环极点中，选留最靠近虚轴而又不十分靠近闭环零点的一个或几个闭环极点作为主导极点，略去不十分接近坐标原点的偶极子，以及比主导极点距虚轴远 6 倍以上(在许多实际应用中为 2 ～ 3 倍) 的闭环零、极点。这样，在所遇到的绝大多数有实际意义的高阶系统，就可以简化为只有一两个闭环零点和两三个闭环极点的系统，从而可用比较简便的方法估算高阶系统的性能。为了使估算得到满意的结果，选留的主导极点数要多于选留的主导零点数。另外，必须注意核算在略去非主导零、极点后闭环传递函数 $\Phi(0)$ 不变，否则会导致系统稳态误差的估算错误。

表 3-1 列出几种常用的闭环零、极点分布的性能指标估算公式。

表 3-1　性能指标估算公式

系统名称	闭环零、极点分布图	性能指标估算公式
	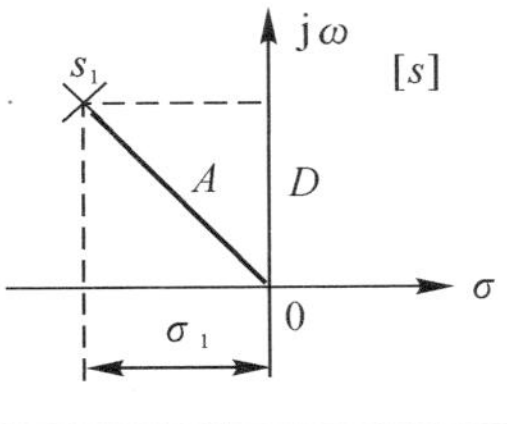	$t_p = \frac{\pi}{D}$，$\sigma_p = e^{-\sigma_1 t_p}$ $t_s = \frac{3+\ln(A/D)}{\sigma_1}$
振荡型二阶系统	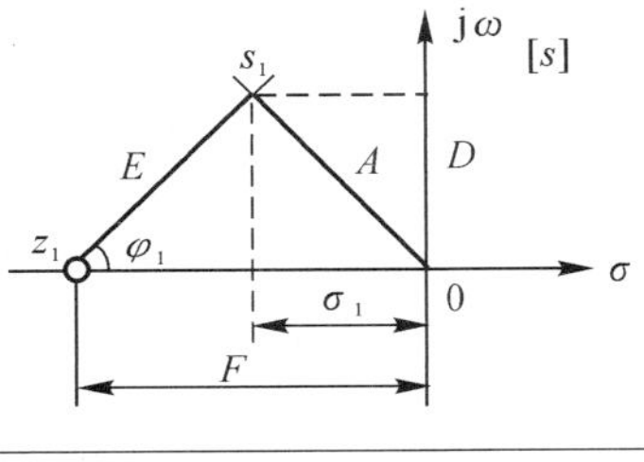	$t_p = \frac{\pi-\varphi_1}{D}$，$\sigma_p = \frac{E}{F}e^{-\sigma_1 t_p}$ $t_s = \frac{3+\ln(A/DE/F)}{\sigma_1}$
	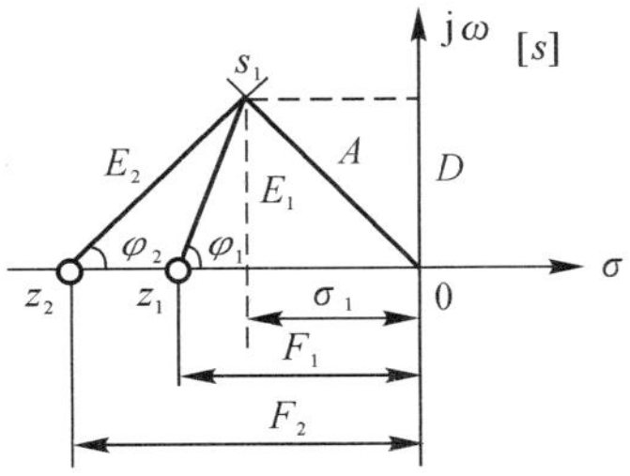	$t_p = \frac{\pi-\varphi_1-\varphi_2}{D}$，$\sigma_p = \frac{E_1}{F_1}\frac{E_2}{F_2}e^{-\sigma_1 t_p}$ $t_s = \frac{3+\ln(A/DE_1E_2/F_1F_2)}{\sigma_1}$

续 表

<table>
<tr><th>系统名称</th><th>闭环零、极点分布图</th><th>性能指标估算公式</th></tr>
<tr><td rowspan="2">振荡型
三阶系统</td><td>
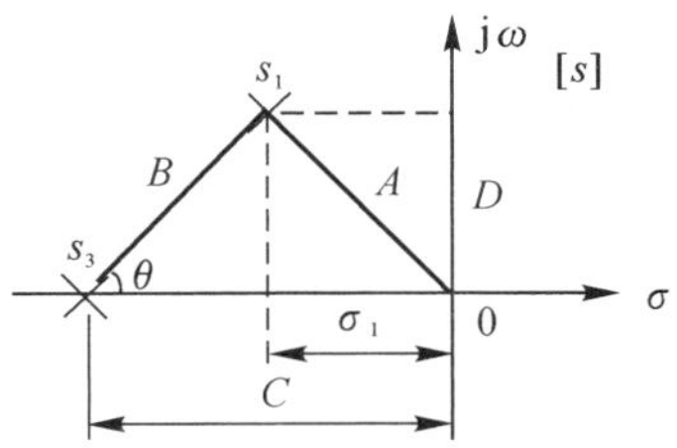

</td><td>

$$t_p=\frac{\pi+\theta}{D}$$

$$\sigma_p=\frac{C}{B}e^{-\sigma_1 t_p}-\left(\frac{A}{B}\right)^2 e^{-\alpha_p}$$

$$t_s=\frac{3+\ln(A/BC/D)}{\sigma_1},\quad (C>\sigma_1)$$

$$t_s=\frac{3+\ln(A/B)^2}{C},\quad (C<\sigma_1)$$

</td></tr>
<tr><td>
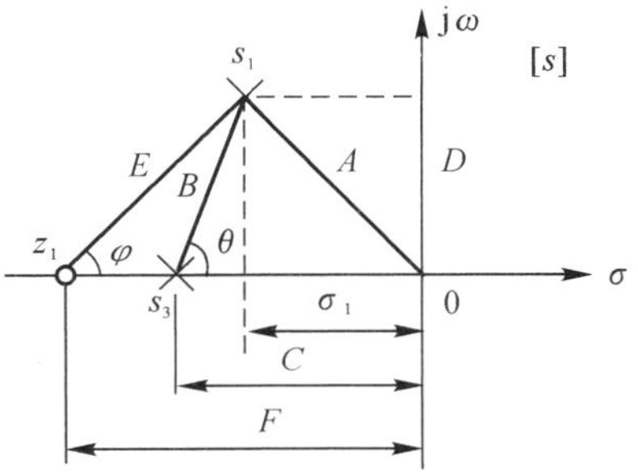

</td><td>

$$t_p=\frac{\pi+\theta-\varphi}{D}$$

$$\sigma_p=\frac{C}{B}\frac{E}{F}e^{-\sigma_1 t_p}-\left(\frac{A}{B}\right)^2\left(1-\frac{C}{F}\right)e^{-\alpha_p}$$

$$t_s=\frac{3+\ln(ACE/BDF)}{\sigma_1},\quad (C>\sigma_1)$$

$$t_s=\frac{3+\ln(A/B)^2(1-C/F)}{C},\quad (C<\sigma_1)$$

</td></tr>
</table>

3-7 系统稳定性分析

控制系统在实际工作中，总会受到外界和内部一些因素的扰动，例如负载或能源的波动、系统参数的变化等，使系统偏离原来的平衡工作状态。如果在扰动消失后，系统不能恢复到原来的平衡工作状态(即系统不稳定)，则系统是无法工作的。

稳定是控制系统正常工作的首要条件，也是控制系统的重要性能。因此，分析系统的稳定性，并提出确保系统稳定的条件是自动控制理论的基本任务之一。

一、稳定性定义及系统稳定的充要条件

如果系统受到扰动，偏离了原来的平衡状态，在扰动消失后，系统能够以足够的准确度恢复到原来的平衡状态，则系统是稳定的。否则，系统为不稳定。可见，稳定性是系统在去掉扰动以后，自身具有的一种恢复能力，因此是系统的一种固有特性。这种特性只取决于系统的结构、参数而与初始条件及外作用无关。

由上所述，稳定性所研究的问题是当扰动消失后系统的运动情况，显然可以用系统的脉冲响应函数来描述。如果脉冲响应函数是收敛的，即$\lim\limits_{t\to\infty}k(t)=0$，则系统是稳定的。

由于单位脉冲函数的拉氏变换等于 1，所以系统的脉冲响应函数就是系统闭环传递函数的拉氏反变换。

设系统闭环传递函数为

$$\Phi(s)=\frac{M(s)}{D(s)}=\frac{b_m(s-z_1)(s-z_2)\cdots(s-z_m)}{a_n(s-\lambda_1)(s-\lambda_2)\cdots(s-\lambda_n)}$$

式中，$z_1, z_2, \cdots, z_m$ 为闭环零点；$\lambda_1, \lambda_2, \cdots, \lambda_n$ 为闭环极点。

脉冲响应函数的拉氏变换式为

$$C(s)=\Phi(s)=\frac{b_m(s-z_1)\cdots(s-z_m)}{a_n(s-\lambda_1)\cdots(s-\lambda_n)} \tag{3-40}$$

如果闭环极点为互不相同的实数根，那么把方程式(3-40)展开成部分分式

$$C(s)=\frac{A_1}{s-\lambda_1}+\frac{A_2}{s-\lambda_2}+\cdots+\frac{A_n}{s-\lambda_n}=\sum_{i=1}^{n}\frac{A_i}{s-\lambda_i}$$

式中，A_i 为待定常数。对上式进行拉氏反变换，即得单位脉冲响应函数 $k(t)$

$$k(t)=\sum_{i=1}^{n}A_i e^{\lambda_i t}$$

根据稳定性定义

$$\lim_{t\to\infty}k(t)=\lim_{t\to\infty}\sum_{i=1}^{n}A_i e^{\lambda_i t}=0$$

考虑到系数 A_i 的任意性，必须使上式中的每一项都趋于零，因此应有

$$\lim_{t\to\infty}A_i e^{\lambda_i t}=0 \tag{3-41}$$

式中，A_i 为常值，式(3-41)表明，系统的稳定性仅取决于特征根 λ_i 的性质。并可得到，**系统稳定的充分必要条件是系统闭环特征方程的所有根都具有负的实部**，或者说都位于[s]平面的左半平面。

如果特征方程有重根，且重根数为 m，则在脉冲响应函数中将具有如下分量形式：$te^{\lambda_1 t}$，$t^2 e^{\lambda_2 t}$，$\cdots$，$t^i e^{\lambda_i t}$，$\cdots$ 这些项，当时间 t 趋于无穷时是否收敛到零，仍然取决于重特征根 λ_i 的性质。因此上述系统稳定的充分必要条件也完全适用于系统特征方程有重根的情况。

如果 λ_i 为共轭复根，即 $\lambda_i=\sigma_i \pm j\omega_i$，那么在脉冲响应函数中具有下列形式的分量：

$$A_i e^{(\sigma_i+j\omega_i)t}+A_{i+1}e^{(\sigma_i-j\omega_i)t}$$

或写成

$$Ae^{\sigma_i t}\sin(\omega_i t+\psi_i)$$

由上式可见，只要共轭复根的实部为负数，脉冲响应仍将随时间 t 趋于无穷而振荡收敛到零。

总之，只有当系统的所有特征根都具有负实部，或所有闭环极点均位于[s]平面的左半平面，系统才稳定。只要有一个特征根为正实部，脉冲响应就发散，系统就不稳定。当系统有纯虚根时，系统处于临界稳定状态，脉冲响应呈现等幅振荡。由于系统参数的变化以及扰动的不可避免，实际上等幅振荡不可能永远维持下去，系统很可能会由于某些因素而导致不稳定。另外，从工程实践来看，这类系统也不能很好工作，因此临界稳定系统可以归属于不稳定系统之列。

判别系统稳定与否，可归结为判别系统闭环特征根实部的符号：

$\mathrm{Re}\,\lambda_i<0$　　稳定

$\mathrm{Re}\,\lambda_i>0$　　不稳定

$\mathrm{Re}\,\lambda_i=0$　　临界稳定，亦属不稳定

因此，如果能解出全部特征根，则立即可以判断系统是否稳定。

通常对于高阶系统，求根本身不是一件容易的事。但是，根据上述结论，系统稳定与否，只要能判别其特征根实部的符号，而不必知道每个根的具体数值。因此，也可不必解出每个根的具体数值来进行判断。下面介绍的代数判据，就是利用特征方程的各项系数，直接判断其特征根是否都具有负实部，或是否都位于[s]平面的左半平面，以确定系统是否稳定的方法。代数

判据中，有古尔维茨稳定判据和劳斯(Routh)稳定判据，两种判据基本类同，这里只介绍更为常用的劳斯判据。

二、劳斯判据

设系统特征方程的一般式为

$$D(s)=a_n s^n+a_{n-1}s^{n-1}+\cdots+a_1 s+a_0=0$$

系统稳定的必要条件是 $a_i>0$，否则系统不稳定。**系统稳定的充要条件**是 $a_i>0$ 及劳斯表中第一列系数都大于零。劳斯表中各项系数见表 3-2。

表 3-2　劳　斯　表

s^n	a_n	a_{n-2}	a_{n-4}	a_{n-6}	…
s^{n-1}	a_{n-1}	a_{n-3}	a_{n-5}	a_{n-7}	…
s^{n-2}	$b_1=\dfrac{a_{n-1}a_{n-2}-a_n a_{n-3}}{a_{n-1}}$	$b_2=\dfrac{a_{n-1}a_{n-4}-a_n a_{n-5}}{a_{n-1}}$	b_3	b_4	…
s^{n-3}	$c_1=\dfrac{b_1 a_{n-3}-a_{n-1}b_2}{b_1}$	$c_2=\dfrac{b_1 a_{n-5}-a_{n-1}b_3}{b_1}$	c_3	c_4	…
…	…	…	…	…	…
s^0	a_0				

下面对系统稳定的必要条件作简单说明：因为一个具有实系数的 s 多项式，总可以分解成一次和二次因子的乘积，即 $(s+a)$ 和 (s^2+bs+c)，式中 a，b 和 c 都是实数，一次因子给出的是实根，而二次因子给出的则是多项式的复根。只有当 b 和 c 都是正值时，因子 (s^2+bs+c) 才能给出具有负实部的根。也就是说，为了使所有的根都具有负实部，则必须要求所有因子中的常数 a，b 和 c 等，都是正值。很显然，任意个只包含正系数的一次因子和二次因子的乘积，必然也是一个具有正系数的多项式。但反过来就不一定了。因此，应当指出，所有系数都是正值这一条件，并不能保证系统一定稳定，亦即系统特征方程所有系数 $a_i>0$，只是系统稳定的必要条件，而不是充要条件。

【例 3-4】　设有一个三阶系统，其特征方程为

$$D(s)=a_3 s^3+a_2 s^2+a_1 s+a_0=0$$

式中所有系数都大于零。试用劳斯判据判别系统的稳定性。

解　因为 $a_i>0$，满足稳定的必要条件

列劳斯表

$$\begin{array}{c|cc} s^3 & a_3 & a_1 \\ s^2 & a_2 & a_0 \\ s^1 & \dfrac{a_1a_2-a_0a_3}{a_2} & 0 \\ s^0 & a_0 & \end{array}$$

显然，当 $a_1a_2-a_0a_3>0$ 时，则系统稳定。

【例 3-5】　系统特征方程为

$$D(s)=s^4+2s^3+3s^2+4s+5=0$$

试用劳斯判据判别系统的稳定性。

解 由已知条件可知，$a_i>0$，满足必要条件。列劳斯表

$$\begin{array}{c|ccc}
s^4 & 1 & 3 & 5 \\
s^3 & 2 & 4 & 0 \\
s^2 & \dfrac{2\times3-1\times4}{2}=1 & \dfrac{2\times5-1\times0}{2}=5 & \\
s^1 & \dfrac{1\times4-2\times5}{1}=-6 & 0 & \\
s^0 & 5 & &
\end{array}$$

可见，劳斯表第一列系数不全大于零，因此系统不稳定。**劳斯表第一列系数符号改变的次数等于系统特征方程正实部根的数目**。因此例 3-5 系统有两个正实部的根，或者说有两个根处在[s]平面的右半平面。

【例 3-6】 单位反馈系统的开环传递函数为

$$G(s)=\frac{K}{s(0.1s+1)(0.25s+1)}$$

试确定系统稳定时 K 值的范围，并确定当系统所有特征根都位于平行[s]平面虚轴线 $s=-1$ 的左侧时的 K 值范围。

解 系统闭环特征方程

$$s(0.1s+1)(0.25s+1)+K=0$$

整理得

$$0.025s^3+0.35s^2+s+K=0$$

系统稳定的必要条件 $a_i>0$，则要求 $K>0$。列劳斯表

$$\begin{array}{c|cc}
s^3 & 0.025 & 1 \\
s^2 & 0.35 & K \\
s^1 & \dfrac{0.35-0.025K}{0.35} & \\
s^0 & K &
\end{array}$$

使

$$\frac{0.35-0.025K}{0.35}>0$$

得

$$K<14$$

可见，当系统增益 $0<K<14$ 时，系统才稳定。

根据题意第二部分的要求，特征根全部位于 $s=-1$ 线左侧，取 $s=s_1-1$ 代入原特征方程得

$$D(s_1)=0.025(s_1-1)^3+0.35(s_1-1)^2+(s_1-1)+K=0$$

整理得

$$s_1^3+11s_1^2+15s_1+(40K-27)=0$$

要求 $a_i>0$，则由 $(40K-27)>0$ 得

$$K>0.675$$

列劳斯表

$$
\begin{array}{c|cc}
s_1^3 & 1 & 15 \\
s_1^2 & 11 & 40K-27 \\
s_1^1 & \dfrac{11\times 15-(40K-27)}{11} & \\
s_1^0 & 40K-27 &
\end{array}
$$

使
$$11\times 15-(40K-27)>0$$
得
$$K<4.8$$

$40K-27>0$ 与 $a_i>0$ 的条件相一致。

因此,K 值范围为 $0.675<K<4.8$。显然,K 值范围比原系统要小。

【例 3-7】 已知一单位反馈系统的开环传递函数为

$$G(s)=\frac{K(s+1)}{s(Ts+1)(2s+1)}$$

试确定能使系统稳定的参数 K,T 的数值。

解 求得系统的特征方程式为

$$D(s)=s(Ts+1)(2s+1)+Ks+K=0$$

整理得
$$D(s)=2Ts^3+(T+2)s^2+(K+1)s+K=0$$

按劳斯稳定判据得稳定条件:$a_i>0$,则

$$2T>0,\text{即 } T>0;$$
$$T+2>0,\text{即 } T>-2;$$
$$K+1>0,\text{即 } K>-1;$$
$$K>0$$

劳斯表

$$
\begin{array}{c|cc}
s^3 & 2T & K+1 \\
s^2 & T+2 & K \\
s^1 & \dfrac{(T+2)(K+1)-2TK}{T+2} & \\
s^0 & K &
\end{array}
$$

使
$$\frac{(T+2)(K+1)-2TK}{T+2}>0$$

因为 $T+2>0$,则有 $(T+2)(K+1)-2TK>0$,即

$$T<\frac{2(K+1)}{K-1}$$

由于 T 必须大于零,故要求 $K>1$。根据上述分析,稳定条件即为 $K>1$ 及 $0<T<2(K+1)/(K-1)$。按上式条件,即可画出图 3-37 所示的稳定域图(图中阴影线部分)。当取 $T=3$ s 时,相应的稳定条件为

$$1<K<5$$

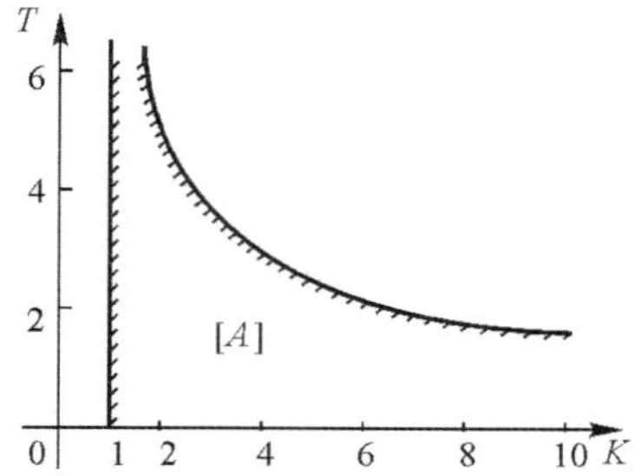

图 3-37　例题 3-7 系统的稳定域

三、劳斯判据的两种特殊情况

1. 劳斯表某行第一个元素为零

劳斯表中某一行的第一个元素为 0，其他各元素不全为 0。可以 $(s+a)$ 乘以原特征方程，a 为任意正数，再用劳斯判据。

【例 3-8】　已知闭环特征方程 $s^3-3s+2=0$，判断系统稳定性。

$$\begin{array}{c|cc} s^3 & 1 & -3 \\ s^2 & 0 & 2 \\ s^1 & \infty & \\ s^0 & & \end{array}$$

以 $(s+3)$ 乘以原特征方程，得新特征方程为

$$s^4+3s^3-3s^2-7s+6=0$$

列出新劳斯表为

$$\begin{array}{c|ccc} s^4 & 1 & -3 & 6 \\ s^3 & 3 & -7 & 0 \\ s^2 & -2/3 & 6 & 0 \\ s^1 & 20 & 0 & 0 \\ s^0 & 6 & & \end{array}$$

由新劳斯表可知，第一列有两次符号变化，故系统不稳定，且有两个正实部根。

若用因式分解，原特征方程可分解为

$$D(s)=s^3-3s+2=(s-1)^2(s+2)=0$$

确有两个 $s=1$ 的正实部根。

2. 劳斯表出现全零行

在这种情况下，可作如下处理：

(1) 用 $k-1$ 行元素构成辅助方程。

(2) 将辅助方程为 s 求导，其系数作为全零行的元素，继续完成劳斯表。

【例 3-9】　设系统的特征方程式

$$D(s)=s^3+2s^2+s+2=0$$

试判别系统稳定性。

解　列出劳斯表，发现第三行的系数全部为零，即

$$\begin{array}{c|ccc} s^3 & 1 & 1 & 0 \\ s^2 & 2 & 2 & 0 \\ s^1 & 0 & 0 & 0 \\ s^0 & & & \end{array}$$

在这种情况下，可根据全零行的上一行的系数组成辅助方程，即

$$2s^2+2=0$$

将辅助方程对变量 s 求导数，得新方程 $4s=0$，并用新方程系数代换第三行的零系数。完成上述代换后，便可按劳斯稳定判据的要求继续进行运算，直到取得劳斯表。具体运算过程如下：

$$\begin{array}{c|ccc} s^3 & 1 & 1 & 0 \\ s^2 & 2 & 2 & 0 \\ s^1 & 4 & 0 & 0 \\ s^0 & 2 & & \end{array}$$

从劳斯表第一列各系数的符号看出，各系数符号均相同。这种情况表明，系统的特征根中有一对纯虚根存在。这一对纯虚根可由辅助方程 $2s^2+2=0$ 解得，即 $s_{1,2}=\pm \mathrm{j}$。

可见系统属于临界稳定情况，临界稳定系统在工程上是不能使用的，因为它实际上是不稳定系统。

上述稳定判据虽然避免了解根的困难，但有一定的局限性。例如，当系统结构、参数发生变化时，将会使特征方程的阶次、方程的系数发生变化，而且这种变化是很复杂的，从而相应的劳斯表也要重新列写，重新判别系统的稳定性。另外，如果系统不稳定，应如何改变系统结构、参数使其变为稳定的系统，代数判据难于直接给出启示。

3-8 稳态误差分析

控制系统在输入信号作用下，其输出信号中将含有两个分量。其中一个分量是暂态分量。它反映控制系统的动态性能，是控制系统的重要特性之一。对于稳定的系统，暂态分量随着时间的增长而逐渐消失，最终将趋于零。另一个分量称为稳态分量。它反映控制系统跟踪输入信号或抑制扰动信号的能力和准确度，是控制系统的另一个重要特性。对于稳定的系统来说，稳态性能的优劣一般是根据系统反映某些典型输入信号的稳态误差来评价的。因此，本节着重建立有关稳态误差的概念。

一、误差和稳态误差

系统误差一般有两种定义方法：按输出端定义和按输入端定义。

1. 输出端误差

设 $C_r(s)$ 是控制系统输出（被控量）的期望值，$C(s)$ 是控制系统的实际输出值。定义系统输出的期望值与输出的实际值之差为控制系统的误差，记作 $E'(s)$，即

$$E'(s)=C_r(s)-C(s)$$

对于如图 3-38(a) 所示单位反馈系统，输出的希望值就是系统的输入信号。因此，系统的误差为

$$E'(s)=R(s)-C(s) \tag{3-42a}$$

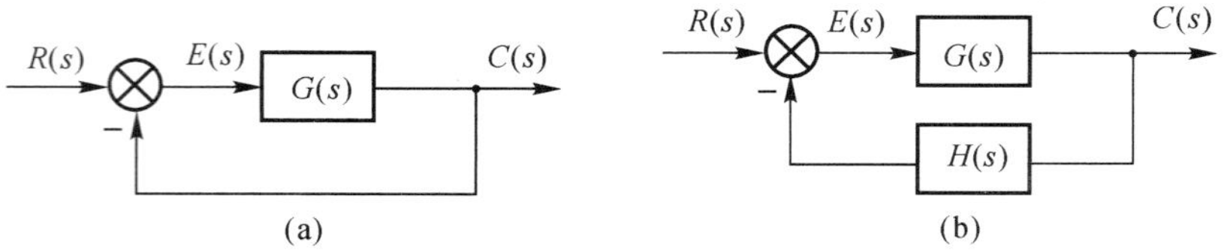

图 3-38　控制系统典型结构图

对于如图 3-38(b) 所示的非单位反馈系统，输出的希望值与输入信号之间存在一个给定的函数关系。这是因为，系统反馈传递函数 $H(s)$，通常是系统输出量反馈到输入端的测量变换关系。因此，在一般情况下，系统输出的希望值与输入之间的关系为 $C_r(s)=\dfrac{R(s)}{H(s)}$，系统误差为

$$E'(s)=\frac{1}{H(s)}R(s)-C(s) \tag{3-42b}$$

2. 输入端误差

定义系统输入量与反馈量之差为控制系统的误差。对于如图 3-38(b) 所示的非单位反馈系统，系统误差为

$$E(s)=R(s)-H(s)C(s) \tag{3-42c}$$

两种误差定义之间存在如下关系：

$$E'(s)=\frac{E(s)}{H(s)}$$

对于单位反馈系统而言，上述两种误差定义是一致的。本书默认的误差都是按输入端定义的误差。所谓稳态误差，是指系统进入稳态后的误差值，即 $e_{ss}=\lim\limits_{t\to\infty}e(t)$。稳态误差表征了系统的控制精度。

下面举两个例子说明稳态误差究竟是如何产生的？它与哪些因素有关？

(1) 随动系统。如图 1-11 所示位置随动系统，要求输出角 θ_c 以一定精度跟踪输入角 θ_r，显然这时输出的希望值就是系统的输入角度。

若系统在平衡状态下，$\theta_c=\theta_r$，即 $\theta_e=\theta_r-\theta_c=0$，$u_e=0$，电机不转。假定当 $t=0$ 时，输入轴突然转过某一角度 θ_r，如图 3-39(a) 所示。由于系统有“惯性”，输出不可能立即跟上输入 θ_r，于是出现误差，此时 $\theta_e=\theta_r-\theta_c\neq 0$，相应的 $u_e\neq 0$，电机就要开始转动，使输出轴跟随输入轴转动，直到当 $\theta_c=\theta_r$，$\theta_e=0$，$u_e=0$ 时为止。此时电机停止转动，系统进入新的平衡状态。可见，在这种情况下，系统将不产生稳态误差，如图 3-39(a) 所示。

假定输入轴作等速转动(斜坡输入)，如图 3-39(b) 所示。显然，这时输出轴仍将跟随输入轴转动。而且，当瞬态过程结束，系统进入新的稳态时，输出轴的转速将等于输入轴的转速，即 $\dot{\theta}_r=\dot{\theta}_c$，但是 $\theta_c\neq\theta_r$，即 $\theta_e\neq 0$，如图 3-39(b) 中所示。原因如下：由于要电机作等速转动，就一定要求其输入端有一定的电压 u，因此放大器的输入电压 u_e 也必不为零，所以 θ_e 也就不为零。其次，假如输入速度增加(其余情况保持不变)，那么维持电机转动的电压亦应增加，因此相应的 u_e 和 θ_e 也增加[见图 3-39(c)]。由此可知，稳态误差将随着输入轴转速的增加

而加大。

最后，如增大放大器的放大系数，那么同样大小的 u 值所需要的 u_e 值就小，对应的 θ_e 也就小了。因此，稳态误差随着放大系数的增大而减小。

由此可见，对这样一个随动系统，系统的稳态误差和外作用的形式、大小有关，也与系统的结构参量（开环放大系数）有关。

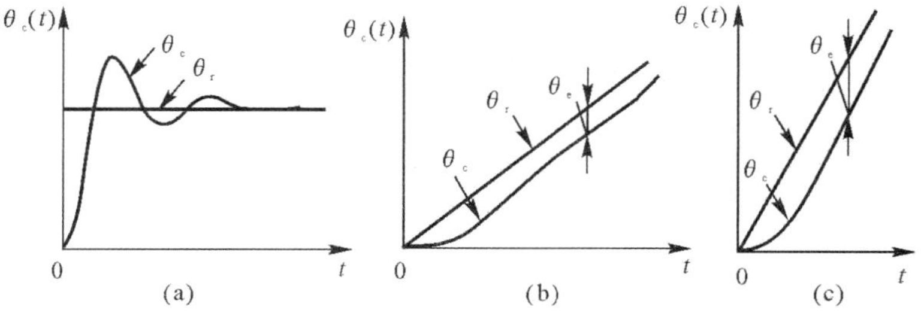

图 3－39　图 1－11 位置随动系统的响应曲线

（2）电压自动控制系统。首先研究一个较简单的电压控制系统，其原理图如图 3－40 所示，要求控制发电机发出的电压保持某一恒值。系统的控制信号为 u_r，其大小等于被控制量 u 的希望值。通常它是一个恒值，故此系统是一个镇定系统。作用在系统上的干扰信号为负载的变化。电压控制系统的误差是

$$u_e(t)=u_r(t)-u(t)$$

当系统稳态时，不论负载是否存在，输出电压 u 总不等于零。要使 u 不等于零，则发电机激磁电压 u_j 也不能为零，因此 u_e 总不为零。显然，当系统处于稳态时（即负载不变）u_e 为常值，即此系统的稳态误差不为零。

如何来减小或消除系统的稳态误差呢？一种方法是可以通过增加放大器的放大系数来减小稳态误差，但不能消除。另一种方法是可以改变系统结构来消除或减小稳态误差。如图 3－40 所示，在系统中加入电机和电位器（给系统增添了积分环节）成为如图 1－5 所示的电压控制系统。此系统在恒值负载的情况下稳态误差为零。

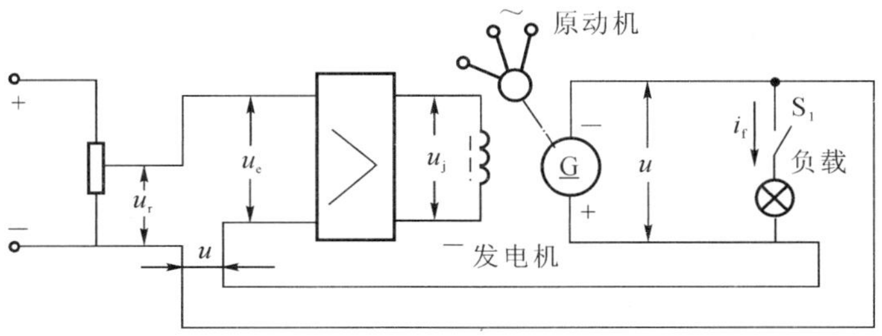

图 3－40　电压控制系统原理图

先看一下系统在空载时消除稳态误差的物理过程。假定 $u>u_r$，则 $u_e<0$，u_e 经过放大器放大后加到电机上使电机转动，电机轴的转动就带动电位器电刷转动，从而改变了激磁电压。激磁电压应该向减小的方向变化，这样才能使发电机的电压 u 减小。总之，只要 $u\neq u_r$，u_e 就存在，电机总要转动电刷改变 u_j，使 u 趋于 u_r，直到当 $u=u_r$ 时电机才停止转动，系统进入平衡

状态，此时 $u_e=0$，这就表明系统在空载时稳态误差等于零。

系统带上恒值负载后情况如何呢？负载加入后使发电机的输出电压 u 下降，因此 $u_r>u$，$u_e>0$，u_e 的出现就会重复上述过程，使电动机转动电刷增加激磁电压，直至当 $u=u_r$ 时电机才停止转动，此时 u_e 回到零。可见，系统不论负载如何改变，在稳态时系统的稳态误差总为零。

综上所述，系统的稳态误差，不仅与外作用形式、大小有关，并且还与系统结构、结构参量有关。

二、单位反馈系统稳态误差的计算

误差本身是时间 t 的函数，在时间域中以 $e(t)$ 表示。因此，控制系统稳态误差实质上是误差信号的稳态分量，即当时间 t 趋于无穷时 $e(t)$ 的极限存在，则稳态误差为

$$e_{ss}=\lim_{t\to\infty}e(t)$$

因此，可以利用终值定理求取系统的稳态误差，即

$$e_{ss}=\lim_{t\to\infty}e(t)=\lim_{s\to 0}sE(s) \tag{3-43}$$

这样计算稳态误差比求解系统的误差响应 $e(t)$ 要简单得多。

终值定理使用条件是 $e(t)$ 的拉氏变换式 $E(s)$ 在[s] 平面的右半平面和虚轴上（坐标原点除外）必须解析，即 $E(s)$ 的全部极点都必须分布在[s] 平面的左半平面。

由上述内容可知，利用终值定理求稳态误差，问题归结为求误差 $e(t)$ 的拉氏变换式 $E(s)$。

如图 3-41 所示为一个单位反馈系统。其误差传递函数 $\Phi_e(s)$ 为

$$\Phi_e(s)=\frac{E(s)}{R(s)}=\frac{1}{1+G(s)}$$

则有

$$E(s)=\frac{1}{1+G(s)}R(s) \tag{3-44}$$

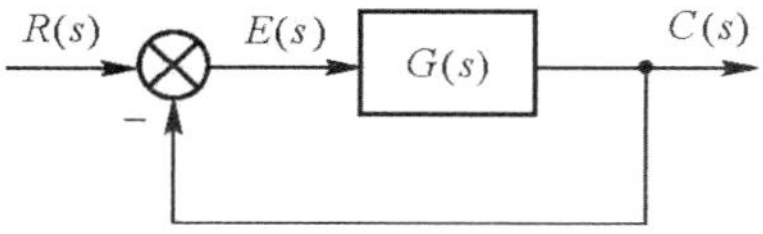

图 3-41　单位反馈控制系统

1. 利用终值定理可求得不同输入函数下的稳态误差

(1) 阶跃输入 $r(t)=R_0\cdot 1(t)$ 时（R_0 表示阶跃量大小的常值），则 $R(s)=R_0/s$，由式(3-43)和式(3-44)，得

$$e_{ss}=\lim_{s\to 0}sE(s)=\lim_{s\to 0}s\frac{1}{1+G(s)}\frac{R_0}{s}=\frac{R_0}{1+\lim\limits_{s\to 0}G(s)} \tag{3-45a}$$

(2) 斜坡输入 $r(t)=V_0t\cdot 1(t)$ 时（V_0 表示输入信号的速度），则 $R(s)=V_0/s^2$，由式(3-43)和式(3-44)，得

$$e_{ss}=\lim_{s\to 0}sE(s)=\frac{V_0}{\lim\limits_{s\to 0}sG(s)} \tag{3-45b}$$

(3) 加速输入 $r(t)=a_0t^2\cdot 1(t)/2$（其中 a_0 为加速度），则 $R(s)=\dfrac{a_0}{s^3}$，由式(3-43) 和式

(3－44),得

$$e_{ss}=\frac{a_0}{\lim\limits_{s\to 0}s^2G(s)} \tag{3－45c}$$

由式(3－45a)～式(3－45c)可见,稳态误差与输入函数大小成正比,同时与系统开环传递函数 $G(s)$ 有关。定义

$$K_p=\lim_{s\to 0}G(s) \tag{3－46a}$$

$$K_v=\lim_{s\to 0}sG(s) \tag{3－46b}$$

$$K_a=\lim_{s\to 0}s^2G(s) \tag{3－46c}$$

K_p,K_v,K_a 分别称为位置、速度和加速度静态误差系数,统称为静态误差系数。用这些静态误差系数表示稳态误差,则有

$$e_{ss}=\frac{R_0}{1+K_p} \tag{3－47a}$$

$$e_{ss}=\frac{V_0}{K_v} \tag{3－47b}$$

$$e_{ss}=\frac{a_0}{K_a} \tag{3－47c}$$

因此,把相对应的稳态误差也分别称为位置、速度和加速度误差。但要注意:速度误差(或加速度误差)这个术语,是表示系统在斜坡输入(或加速度输入)作用时的稳态误差。当我们说,某系统速度(或加速度)误差 e_{ss} 为常值时,并不是指系统在到达稳态后,其输入与输出在速度(或加速度)上有一个固定的差值,而是说系统在斜坡(或加速度)输入作用下,到达稳态后,在位置上有一个固定的差值(误差)。图 3－42 中清楚地显示了这一点。

由式(3－47a)～式(3－47c)可知,K_p,K_v 和 K_a 的大小,分别反映了系统在阶跃、斜坡和加速度输入作用下系统的稳态精度及跟踪典型输入信号的能力。静态误差系数越大,稳态误差越小,跟踪精度越高。

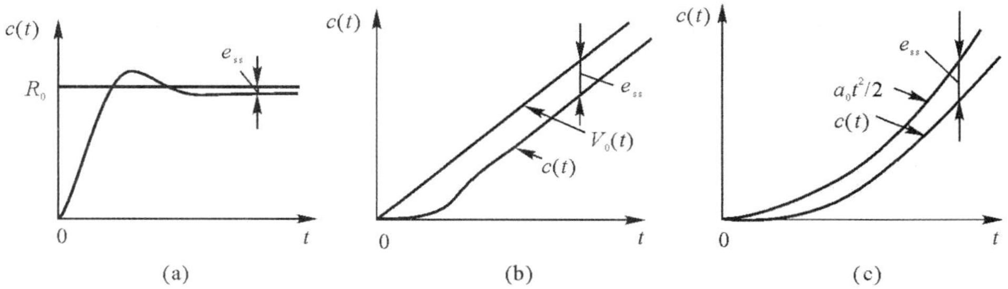

图 3－42　单位反馈系统的响应及其稳态误差

总之,静态误差系数 K_p,K_v 和 K_a 均是从系统本身的结构特征上体现了系统消除稳态误差的能力,它反映了系统跟踪典型输入信号的精度。

根据静态误差系数的定义可知,它们与系统开环传递函数 $G(s)$ 有关,因此稳态误差还与系统结构形式及参数有关。

将 $G(s)$ 写成典型环节形式,即

$$G(s)=\frac{K(\tau_1 s+1)\cdots(\tau_2^2 s^2+2\xi_2\tau_2 s+1)\cdots}{s^{\nu}(T_1 s+1)\cdots(T_2^2 s^2+2\xi_1 T_2 s+1)\cdots}$$

对上式取

$$\lim_{s\to 0}G(s)=\lim_{s\to 0}\frac{K}{s^{\nu}}$$

对照式(3-46a)～式(3-46c)，清楚地表明，静态误差系数只与开环传递函数中的积分环节、放大系数有关，而与时间常数无关，为了能更方便地说明问题，根据系统开环传递函数中所包含积分环节的数目将控制系统分成不同类型：

当 $\nu=0$ 时，开环传递函数中无积分环节，称为零型系统。

当 $\nu=1$ 时，开环传递函数中有一个积分环节，称为一型系统。

当 $\nu=2,3,\cdots$ 时，开环传递函数中有二、三、…… 个积分环节，称为二型、三型、…… 系统。

2. 系统的类型和误差系数

(1) 零型系统($\nu=0$)

$$K_{\mathrm{p}}=\lim_{s\to 0}G(s)=\lim_{s\to 0}\frac{K}{s^{\nu}}=K$$

$$K_{\mathrm{v}}=\lim_{s\to 0}s\frac{K}{s^{\nu}}=0$$

$$K_{\mathrm{a}}=\lim_{s\to 0}s^2\frac{K}{s^{\nu}}=0$$

则有 $$e_{\mathrm{ss}}=\frac{R_0}{1+K_{\mathrm{p}}}=\frac{R_0}{1+K},\quad e_{\mathrm{ss}}=\frac{V_0}{K_{\mathrm{v}}}\to\infty,\quad e_{\mathrm{ss}}=\frac{a_0}{K_{\mathrm{a}}}\to\infty$$

可见零型系统只有位置误差是有限值，速度和加速度误差均为无穷大。因此，在阶跃输入下，若系统允许存在一定的稳态误差时，可以采用零型系统。如果对阶跃输入，希望稳态误差为零，则零型系统无法满足要求。

(2) 一型系统($\nu=1$)

$$K_{\mathrm{p}}=\lim_{s\to 0}\frac{K}{s}\to\infty$$

$$K_{\mathrm{v}}=\lim_{s\to 0}s\frac{K}{s}=K$$

$$K_{\mathrm{a}}=\lim_{s\to 0}s^2\frac{K}{s}=0$$

则有 $$e_{\mathrm{ss}}=\frac{R_0}{1+K_{\mathrm{p}}}=0,\quad e_{\mathrm{ss}}=\frac{V_0}{K_{\mathrm{v}}}=\frac{V_0}{K},\quad e_{\mathrm{ss}}=\frac{a_0}{K_{\mathrm{a}}}\to\infty$$

显然，一型系统对阶跃输入是不存在稳态误差的，而对斜坡输入有一定的常值稳态误差，对加速度输入以及更高阶次的输入稳态误差为无穷大。其曲线如图 3-43 所示。

(3) 二型系统($\nu=2$)

$$K_{\mathrm{p}}=\lim_{s\to 0}\frac{K}{s^2}\to\infty$$

$$K_{\mathrm{v}}=\lim_{s\to 0}s\frac{K}{s^2}\to\infty$$

$$K_{\mathrm{a}}=\lim_{s\to 0}s^2\frac{K}{s^2}=K$$

因此 $$e_{ss}=\frac{R_0}{1+K_p}=0;\quad e_{ss}=\frac{V_0}{K_v}=0;\quad e_{ss}=\frac{a_0}{K_a}=\frac{a_0}{K}$$

显然，二型系统对阶跃和斜坡输入的稳态误差都为零，而对加速度输入有稳态误差。K_a 的大小反映系统跟踪等加速度输入信号的能力。K_a 越大，稳态误差越小，精度越高。

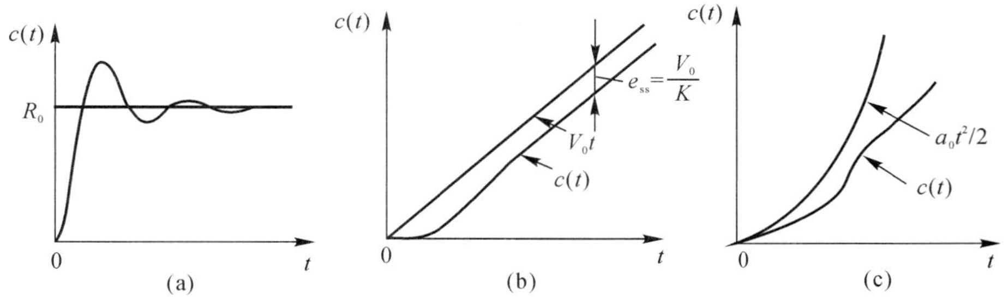

图 3-43　一型系统的响应及其稳态误差

在表 3-3 中，列出了最小相位系统的类型、静态误差系数及稳态误差与输入信号之间的关系。

由表 3-3 可见：

1）在对角线上，静态误差系数均为系统开环增益 K；对角线以上的静态误差系数为零；对角线以下为无穷大。对应的稳态误差 e_{ss} 栏对角线上均为有限常值，且与系统开环增益成反比，与系统输入量大小成正比。而在稳态误差栏对角线以上 e_{ss} 为无穷大；在对角线以下为零。

这充分说明了，静态误差系数越大，稳态误差越小，系统跟踪输入信号的能力越强，跟踪精度越高。因此误差系数 K_p，K_v 和 K_a 均是系统本身从结构特征上体现了消除稳态误差的能力。

表 3-3　输入信号作用下的稳态误差

系统型别	静态误差系数			$r(t)=R_0\cdot 1(t)$	$r(t)=V_0\cdot t$	$r(t)=a_0\cdot t^2/2$
	K_p	K_v	K_a	$e_{ss}=\frac{R_0}{1+K_p}$	$e_{ss}=\frac{V_0}{K_v}$	$e_{ss}=\frac{a_0}{K_a}$
0	K	0	0	$\frac{R_0}{1+K}$	∞	∞
1	∞	K	0	0	$\frac{V_0}{K}$	∞
2	∞	∞	K	0	0	$\frac{a_0}{K}$

2）$\nu=0$，即零型系统，对三种典型输入均有差，故又称做有差系统。一型系统（$\nu=1$），对阶跃输入信号为无差，而对斜坡和加速度输入为有差，故称一阶无差系统。二型系统（$\nu=2$），对阶跃和斜坡输入均为无差，而对加速度输入为有差，故称二阶无差系统。可见，系统类型越高，系统稳态无差度越高。因此，从稳态准确度的要求上讲，积分环节似乎越多越好，但这要受系统稳定性的限制。因而实际系统一般不超过两个积分环节。

为什么在开环系统中串入积分环节能使有差系统变成无差系统呢？这要从积分环节的输入-输出特性上得到解释。理想积分环节的输出等于输入对时间的积分。如图 3－44 所示，当输入不为零时，输出将不断变化。只有当输入为零时，输出才保持某一常值不变。此常值为“不定值”，其具体数值由输入为零前的工作情况所决定。由于积分环节的上述特性，即可理解，为什么当开环传递函数中包含有串联积分环节时，在阶跃函数作用下就不会存在恒定的误差。同时，也可以说明，如果输入信号变化复杂，或者为正负交变的信号，那么积分环节再多也不解决问题了。

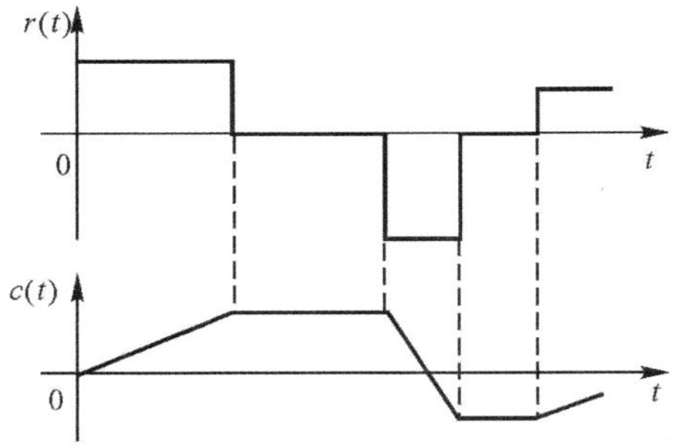

图 3－44　积分环节的输入-输出特性

【例 3－10】　如图 3－45 所示系统，若已知输入信号 $r(t)=1(t)+t+t^2/2$。试求系统的稳态误差。

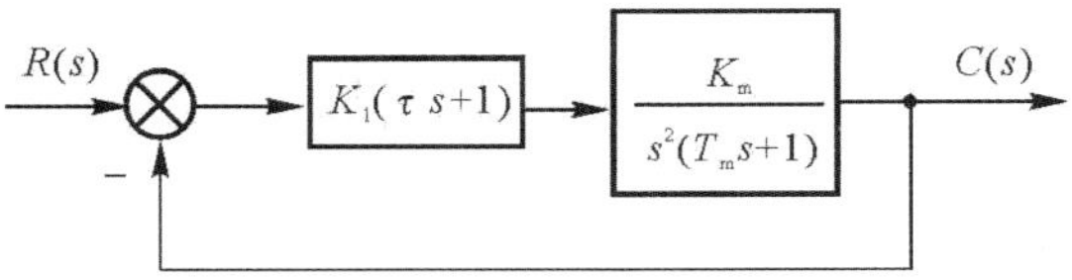

图 3－45　例 3－10 系统结构图

解　首先，判别系统的稳定性，系统闭环特征方程为

$$s^2(T_m s+1)+K_1K_m(\tau s+1)=0$$

展开整理得

$$T_m s^3+s^2+K_1K_m\tau s+K_1K_m=0$$

根据代数判据，可知系统稳定的条件：$a_i>0$，即 T_m，K_1，K_m 和 τ 均应大于零；$(a_1a_2-a_0a_3)>0$，即 $(K_1K_m\tau-K_1K_mT_m)>0$，因此要求 $\tau>T_m$。

其次，根据计算稳态误差的公式，可以直接求出系统的稳态误差。

由图 3－45 可知，系统为单位反馈系统，开环传递函数中有二个积分环节，即为二型系统。因此，由表 3－3 可知

当输入 $r(t)=1(t)$ 时，　　$e_{ss}=0$

当输入 $r(t)=t$ 时，　　$e_{ss}=0$

当输入 $r(t)=\frac{1}{2}t^2$ 时，

$$e_{ss}=\frac{1}{K_a}=\frac{1}{K_1K_m}$$

所以，系统在 $r(t)=1(t)+t+\frac{1}{2}t^2$ 输入下的稳态误差为 $e_{ss}=\frac{1}{K_1K_m}$

应当指出：系统必须是稳定的，否则计算稳态误差没有意义。

三、非单位反馈系统稳态误差的计算

非单位反馈系统如图 3-46 所示。根据系统在输出端误差的定义式(3-42b)，即

$$E'(s)=\frac{1}{H(s)}R(s)-C(s)$$

因为

$$C(s)=\frac{G(s)}{1+G(s)H(s)}R(s)$$

所以

$$E'(s)=\left[\frac{1}{H(s)}-\frac{G(s)}{1+G(s)H(s)}\right]R(s) \tag{3-48}$$

同样可利用终值定理计算稳态误差，则

$$e_{ss}=\lim_{s\to 0}sE'(s)=\lim_{s\to 0}s\left[\frac{1}{H(s)}-\frac{G(s)}{1+G(s)H(s)}\right]R(s) \tag{3-49}$$

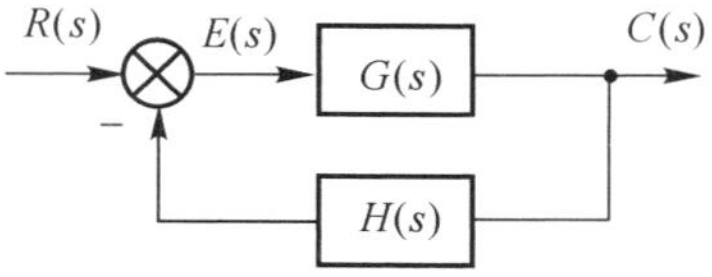

图 3-46　非单位反馈系统

假定系统输入信号为 $r(t)=1(t)$，其单位为 rad；$H(s)=0.1$；$G(s)=\frac{10}{s+1}$，将上述已知条件代入式(3-49)，求得非单位反馈系统在阶跃输入下的稳态误差

$$e_{ss}=\lim_{s\to 0}s\left[\frac{1}{0.1}-\frac{10}{s+2}\right]\frac{1}{s}=5\ \text{rad}$$

四、干扰作用下的稳态误差

由于控制系统经常处于各种扰动作用之下，如负载的变动，电源电压波动及系统工作环境温度、湿度的变化，等等。因此，系统在扰动作用下的稳态误差大小就反映了系统抗扰动的能力。在理想情况下，总希望系统对任何扰动作用的稳态误差为零。但实际上，这是很难做到的。

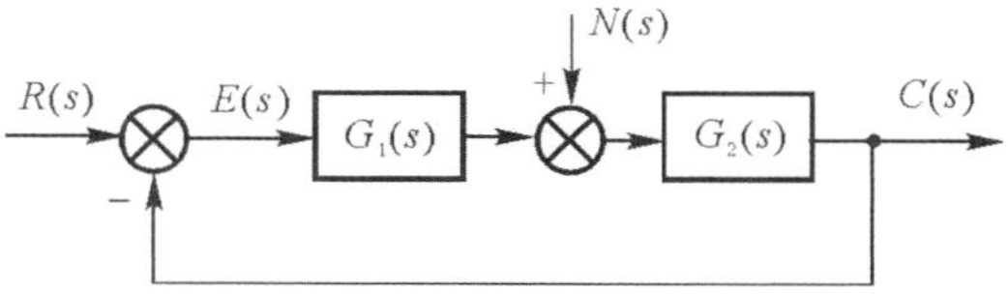

图 3-47　系统典型结构图

对于扰动作用下的稳态误差，同样可以采用终值定理计算。系统典型结构图如图 3-47 所示。假定系统无输入作用，只有扰动 $N(s)$ 作用在系统上。这时，系统输出的期望值为零，而实

际输出值为

$$C(s)=\Phi_n(s)N(s)=\frac{G_2(s)}{1+G_1(s)G_2(s)}N(s)$$

因此,扰动作用下系统的误差为

$$E_n(s)=-C(s)=-\frac{G_2(s)}{1+G_1(s)G_2(s)}N(s)$$

利用终值定理得

$$e_n=\lim_{s\to 0}sE_n(s)=-\lim_{s\to 0}s\frac{G_2(s)}{1+G_1(s)G_2(s)}N(s) \tag{3-50}$$

假定图 3-47 所示系统中,已知

$$G_1(s)=\frac{K_1}{T_1s+1},\quad G_2(s)=\frac{K_2}{s(T_2s+1)}$$

试求在阶跃干扰 $N(s)=\frac{R_0}{s}$ 作用下系统的稳态误差。

将上述已知条件代入式(3-50)并整理得

$$e_n=-\lim_{s\to 0}\frac{K_2(T_1s+1)R_0}{s(T_1s+1)(T_2s+1)+K_1K_2}=-\frac{R_0}{K_1}$$

由此可见:

(1) 系统的稳态误差不等于零,其大小随 K_1 的增加而减小。因此可通过增加 K_1 来减小扰动作用下的稳态误差。

(2) 稳态误差与干扰信号大小 R_0 成正比。

(3) 干扰的作用点改变后,由于干扰作用点到系统输出前向通路传递函数不同,稳态误差也就不同,所以稳态误差还与干扰的作用点有关。

五、减小或消除稳态误差

下面讨论减小稳态误差的方法。如上所述,改变放大系数无疑是一种方法,但显然不能用无限增加放大系数 K_1 的方法使 e_n 趋于零,因为这样会导致系统的不稳定。

如前所述,对于输入信号 $r(t)$ 的稳态误差,可以在系统中串入积分环节来增加系统的无差度。对于干扰信号是否也成立呢?

设在图 3-47 所示系统中

$$G_1(s)=\frac{K_1}{s^\nu}G_{10}(s),\quad G_2(s)=\frac{K_2}{s^k}G_{20}(s)$$

式中,$G_{10}(s)$ 和 $G_{20}(s)$ 中均为一阶、二阶的典型环节串联形式。将 $G_1(s)$ 和 $G_2(s)$ 代入式(3-50)并整理得

$$e_n=-\lim_{s\to 0}s^{\nu+1}\frac{N(s)}{K_1}$$

若要使系统的稳态误差为零,则必须使

$$e_n=-\lim_{s\to 0}s^{\nu+1}\frac{N(s)}{K_1}=0$$

若 $N(s)=\frac{R_0}{s}$,因此要使

$$e_n=-\lim_{s\to 0}s^{\nu}\frac{R_0}{K_1}=0$$

就必须 $\nu \geqslant 1$。就是说，如欲使系统在阶跃干扰作用下无稳态误差，则应在干扰作用点之前至少串入一个积分环节。

若 $n(t)=V_0 t$ 时，则 $N(s)=V_0/s^2$，要使系统无稳态误差，$G_1(s)$ 中至少要有两个积分环节 $\nu=2$。

以上分析表明，$G_1(s)$ 为误差信号与干扰作用点之间的传递函数。因此，系统在典型干扰作用下的稳态误差与误差信号到干扰信号作用点之间的积分环节数目和放大系数大小有关，而与干扰作用点后面的积分环节数目及其放大系数大小无关。

若求系统在输入和扰动同时作用下的稳态误差，则应求系统分别在输入和扰动作用下的稳态误差之和。

【例题 3－11】　系统如图 3－48 所示。图中 $G_n(s)$ 为补偿器的传递函数。试确定使干扰 $n(t)$ 对输出 $c(t)$ 无影响的 $G_n(s)$。

解　如图 3－48 所示系统的干扰传递函数为

$$\Phi_n(s)=\frac{C(s)}{N(s)}=\frac{G_2(s)+G_n(s)G_1(s)G_2(s)}{1+G_1(s)G_2(s)}$$

若能使 $\Phi_n(s)$ 为零，则扰动对输出的影响就可消除。故令上式的分子等于零，即

$$G_2(s)+G_n(s)G_1(s)G_2(s)=0$$

得出对干扰全补偿的条件为

$$G_n(s)=-\frac{1}{G_1(s)} \tag{3-51}$$

从结构图上可知，由于扰动信号经过 $G_n(s)$，$G_1(s)$ 后又到达 A 点与干扰信号 $N(s)$ 直接在 A 点相加，所以若满足式(3－51)，则表明这两条通路的信号在 A 点正好大小相等，方向相反，从而实现干扰的全补偿。

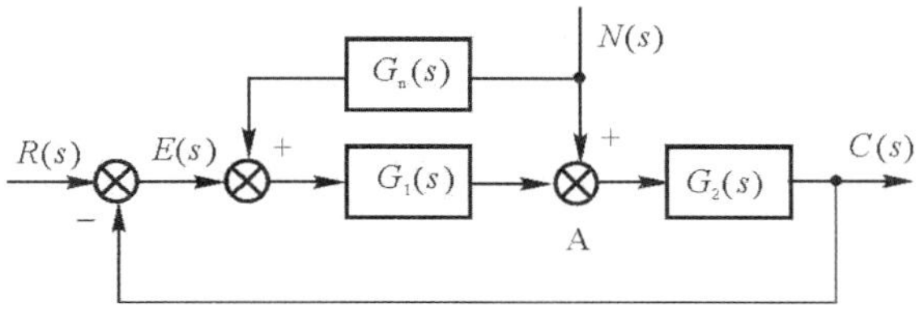

图 3－48　例题 3－11 系统结构图

【例题 3－12】　图 3－49 所示系统为按输入进行补偿的系统结构图。图中 $G_r(s)$ 为补偿器传递函数。试确定使系统对输入作用的稳态误差得到全补偿的 $G_r(s)$。

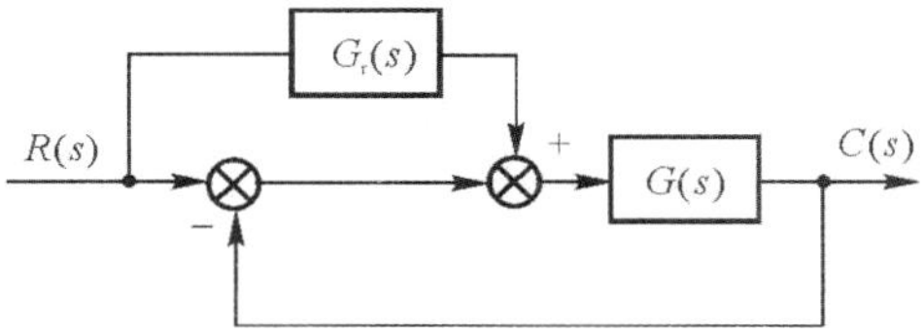

图 3－49　例题 3－12 系统结构图

解　根据定义式

$$E(s)=R(s)-C(s)$$

由图 3 - 49 得

$$C(s)=[1+G_r(s)]\frac{G(s)}{1+G(s)}R(s)$$

将上式代入定义式(3 - 42a)得

$$E(s)=\left[1-\frac{G(s)+G(s)G_r(s)}{1+G(s)}\right]R(s)=\frac{1-G(s)G_r(s)}{1+G(s)}R(s)$$

为使 $E(s)=0$,应确保

$$1-G(s)G_r(s)=0$$

则得

$$G_r(s)=\frac{1}{G(s)} \tag{3-52}$$

由此可见,按输入补偿的办法,实际上相当于将输入信号经过一个环节进行"整形",然后再加入系统回路,使系统既能满足动态性能要求,又能保证高的稳态精度。因为 $G_r(s)$ 在系统回路之外,所以可以先设计系统的回路、保证系统具有较好的动态性能。

3 - 9　基于 MATLAB 的控制系统的时域分析

一、动态性能分析

1. 阶跃输入响应分析

函数 step( )可实现线性定常连续系统的单位阶跃响应。其格式和功能见表 3 - 4。

表 3 - 4　step 函数格式和功能

step(sys1,…,sysN)	在同一个图形窗口中绘制 N 个系统 sys1,…,sysN 的单位阶跃响应
step(sys1,…,sysN,T)	指定终止时间 T
step (sys1,' PlotStyle1 ', …, sysN,' PlotStyleN')	定义曲线属性 PlotStyle
[y,x,t]=step(sys)	得到输出向量、状态向量以及相应的时间向量

说明:(1)线性定常连续系统 sys1,…,sysN 可以是连续时间传递函数,零、极点增益及状态空间等模型形式。

(2)系统为状态空间模型时,只求其零状态响应。

(3)T 为终止时间点,由 t=0 开始,至 T 秒结束。T 可省略,缺省时由系统自动确定。

(4)y 为输出向量;t 为时间向量,可省略;x 为状态向量,可省略。

在 MATLAB 中,通过单位阶跃响应曲线来获取动态性能指标。在阶跃响应曲线图中任意处,使用鼠标右键,选择菜单项"Characteristics",弹出的菜单内容包括峰值响应(Peak Response)、最大值(Peak amplitude)、超调量(Overshoot)、峰值时间(Peak time);调节时间(Settling time);上升时间(Rise time);稳态值(Steady State);选择"Properties…",弹出阶跃响应属性编辑对话框,可以重新定义调节时间和上升时间。

【例 3－13】 已知二阶系统的传递函数为 $\Phi(s)=\dfrac{25}{s^2+3s+25}$，绘制单位阶跃响应曲线，并求取动态性能指标。

解

命令窗口程序	运行结果
>> num=25; den=[1 5 25]; step(num,den)	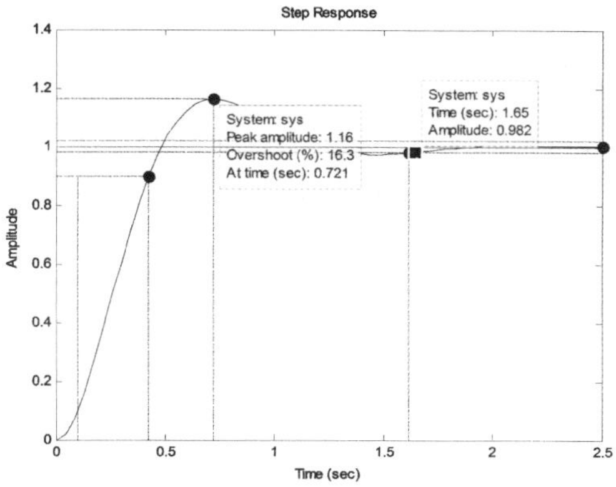

2. 自然频率和阻尼比计算

函数 damp( )：计算自然频率和阻尼比。damp 函数格式和功能见表 3－5。

表 3－5　damp 函数格式和功能

[wn,z]= damp(sys)	计算闭环系统的自然频率和阻尼比

【例 3－14】 计算单位负反馈系统 $G(s)=\dfrac{12}{s(s+5)}$ 的阻尼比 ζ 和自然振荡频率 ω_n。

解

命令窗口程序	运行结果
>> G=tf([12],[1 5 12]); >> [wn,z]=damp(G)	wn = 3.4641 3.4641 z = 0.7217 0.7217

3. 脉冲输入响应分析

impulse( ) 函数用来计算和显示线性连续系统的单位脉冲响应。其主要功能和格式见表 3－6。

表 3-6　impulse 函数格式和功能

impulse(sys1,…,sysN)	在同一个图形窗口中绘制 N 个系统 sys1,...,sysN 的单位脉冲响应曲线
impulse(sys1,…,sysN,T)	指定响应时间 T
impulse(sys1,'PlotStyle1',... sysN,'PlotStyleN')	指定曲线属性 PlotStyle
[y,t,x]= impulse(sys)	得到输出向量 y、状态向量 x 以及相应的时间向量 t

【例 3-15】 已知系统的传递函数为 $G_1(s)=\dfrac{10}{s^2+1s+10}$,$G_2(s)=\dfrac{3}{2s+7}$,计算并绘制其脉冲响应曲线。

解

命令窗口程序	运行结果
>> G1=tf(10,[1 1 10]); >> G2=tf(3,[2 7]); >> impulse(G1,'—',G2,'—.',10) %指定曲线属性和终止时间	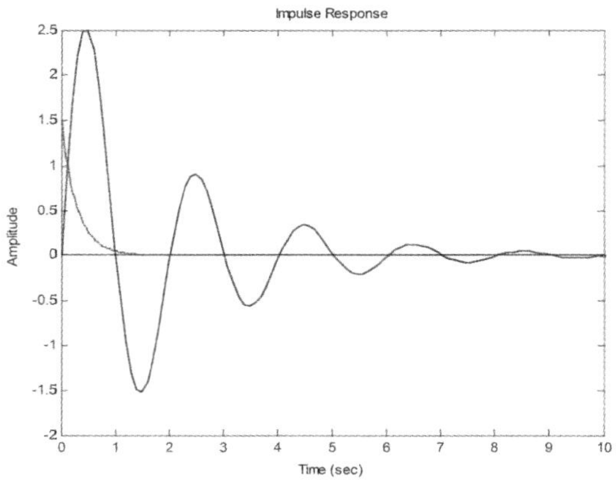

4. 零输入响应

函数 initial( )用来计算线性定常连续时间系统状态空间模型的零输入响应。initial 函数功能和格式见表 3-7。

表 3-7　initial 函数功能和格式

initial(sys1,…,sysN,x0)	同一个图形窗口内绘制多个系统 sys1,…,sysN 在初始条件 x0 作用下的零输入响应
initial(sys1,…,sysN,x0,T)	指定响应时间 T
Initial(sys1,'PlotStyle1',…,sysN,'PlotStyleN',x0)	在同一个图形窗口绘制多个连续系统的零输入响应曲线,并指定曲线的属性 PlotStyle
[y,t,x]=initial(sys,x0)	不绘制曲线,得到输出向量、时间和状态变量响应的数据值

说明:(1)线性定常连续系统 sys 必须是状态空间模型。

(2)T 为终止时间点，由 t=0 开始，至 T 秒结束。可省略，缺省时由系统自动确定。

【例 3－16】 已知单位负反馈控制系统的开环传递函数为 $G(s)=\dfrac{100}{s(s+10)}$，应用 MATLAB 求其初始条件为[0　1]时的零输入响应。

解

命令窗口程序	运行结果
>> G1=tf([100],[1 10 0]); >> G=feedback(G1,1,－1); %使用函数 feedback( )进行反馈连接 >> GG=ss(G); %将传递函数模型转换为状态空间模型 >> initial(GG,[0 1])	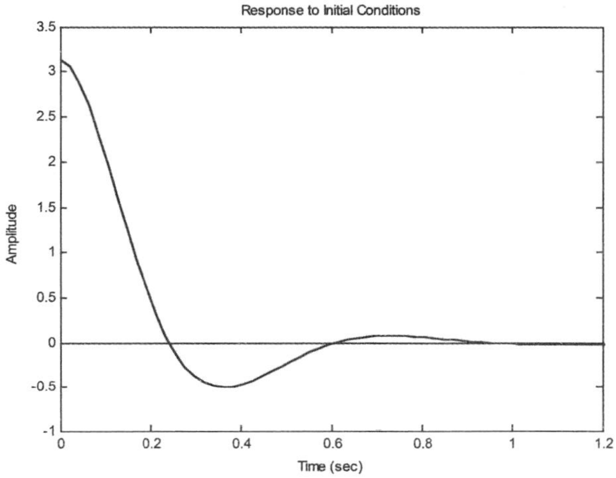

5. 任意输入响应分析

(1)函数 gensig( )：产生用于函数 lsim( )的试验输入信号。gensig 函数功能和格式见表 3－8。

表 3－8　gensig 函数功能和格式

[u,t]= gensig(type,tau)	产生以 tau(单位：秒)为周期并由 type 确定形式的标量信号 u，t 为采样周期组成的矢量
[u,t]= gensig(type,tau,T_f,T_s)	T_f为信号的持续时间，T_s为采样周期 t 之间的时间间隔。

说明：type 定义的信号形式包括："sin"，正弦波；"square"，方波；"pulse"，周期性脉冲。

(2)函数 lsim( )：求线性定常系统在任意输入信号作用下的时间响应。lsim 函数功能和格式见表 3－9，

表 3－9　lsim 函数功能和格式

lsim(sys,u,t,x0)	绘制系统在给定输入信号和初始条件 x0 同时作用下的响应曲线
lsim(sys,u,t,x0,'method')	指定采样点之间的差值方法为"method"
lsim(sys1,…,sysN,u,t,x0)	绘制 N 个系统在给定输入信号和初始条件 x0 同时作用下的响应曲线
lsim(sys1,'PlotStyle1',…,sysN,'PlotStyleN')	定义曲线属性 PlotStyle
[y,t,x]= lsim(sys,u,t,x0)	不绘制曲线，得到输出向量、时间和状态变量响应的数据值

说明:(1)u 为输入序列,每一列对应一个输入;t 为时间点。u 的行数和 t 相对应。u,t 可以由函数 gensig( )产生。

(2)字符串“method”可以指定:“zoh”,零阶保持器;“foh”,一阶保持器。

(3)字符串“method”缺省时,函数 lsim( )根据输入信号 u 的平滑度自动选择采样点之间的差值方法。

(4)y 为输出向量;t 为时间向量,可省略;x 为状态向量,可省略。

【例 3-17】 已知线性定常连续系统的传递函数为 $G(s)=\dfrac{10}{s^2+6s+80}$,求其在指定正弦信号作用下的响应。

解

命令窗口程序	运行结果
>> [u,t]=gensig('sin',4,10,0.1); %用函数 gensig( )产生周期为 4s,持续时间为 10s,每 0.1s 采样一次的正弦波。 >> G=tf(60,[1 6 80]); >> lsim(G,'-.',u,t)	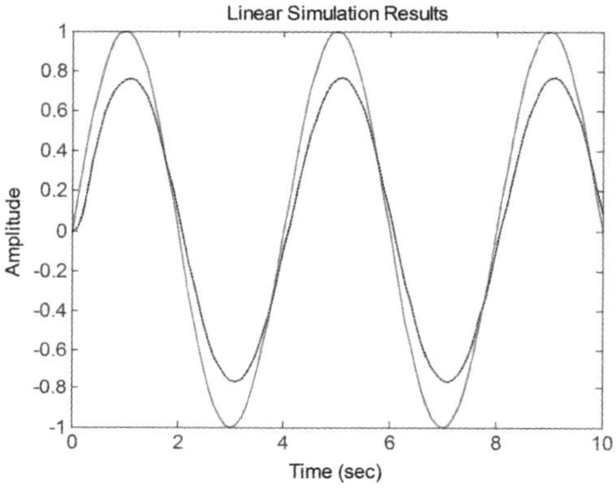

二、稳态性能分析

稳态性能是控制系统控制准确度的一种度量,也称稳态误差。计算稳态误差通常多采用静态误差系数法,其问题的实质就是求极限问题。MATLAB 符号数学工具箱(Symbolic Math Toolbox)中提供了求极限的 limit( )函数。limit 函数功能和格式见表 3-10。

表 3-10 limit 函数功能和格式

limit(F)	绘制开环系统 sys 的闭环根轨迹,增益 k 由用户指定
limit(F,x,a)	求极限
limit(F,x,a, 'right')	求单边有极限
limit(F,x,a,'left')	求单边左极限

说明:极限不存在,则显示 NaN。

【例 3-18】 单位负反馈控制系统的传递函数为 $G(s)=\dfrac{100}{s(s+10)}$,应用 MATLAB 求其位置误差系数、速度误差系数和加速度误差系数。

解 按照静态误差系数的定义:位置误差系数 $K_p=\lim\limits_{s\to 0}G(s)H(s)$;速度误差系数 $K_v=$

$s\lim_{s\to 0}G(s)H(s)$；加速度误差系数 $K_a=s^2\lim_{s\to 0}G(s)H(s)$。

命令窗口程序	运行结果	备注
>> F=sym('100/(s * (s+10))'); >> Kp=limit(F,'s',0)	Kp = NaN	$K_p\to\infty$
>> F=sym('s * 100/(s * (s+10))'); >> Kv=limit(F,'s',0)	Kv = 10	$K_v=10$
>> F=sym('s^2 * 100/(s * (s+10))'); >> Ka=limit(F,'s',0)	Ka = 0	$K_a=0$

【例 3-19】 已知单位反馈系统的开环传递函数为 $G(s)=\dfrac{15}{s(s+9)}$，求当系统输入为阶跃时的稳态误差。

解 (1)首先对系统判稳。

命令窗口程序	运行结果
>>num=[15]; >> [den]=conv([1 0],[1 9]); >>FI=tf(num,den); >>sys=feedback(FI,1); >>roots(sys.den{1}) %求传递函数分母多项式的根	ans = -6.7913 -2.2087

即所得系统闭环全部特征根都是负值，说明闭环系统稳定，可以进行稳态误差的计算。

(2)当输入为阶跃响应时。

命令窗口程序	单位阶跃输入响应曲线与误差响应曲线
>>num=[15]; >>[den]=conv([1 0],[19]); >>FI=tf(num,den); >>sys=feedback(FI,1); >>step(sys); >>t=[0:0.001:10]'; >>y=step(sys,t); >>subplot(121),plot(t,y),grid >>subplot(122),ess=1-y; >>plot(t,ess),grid	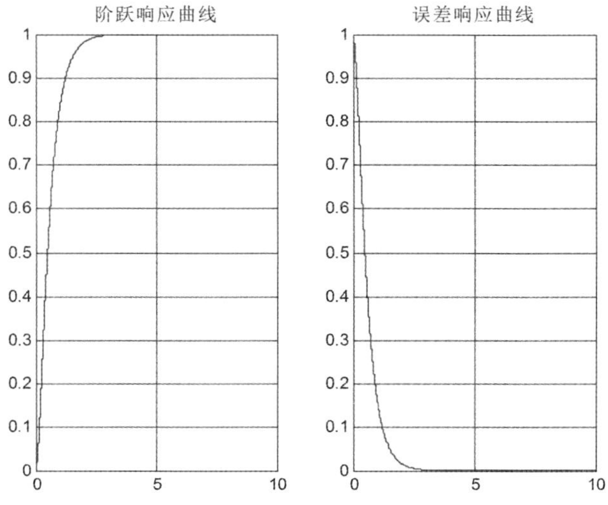

三、稳定性分析

1. 利用控制系统稳定的充要条件直接判断

由前面章节的学习已了解控制系统稳定的充要条件是系统的闭环特征根全部位于复平面左半平面，因此可以直接求出闭环特征的根，由其在复平面的位置判断系统的稳定性。求取闭环极点或特征根的函数如表 3－11 所示。

表 3－11　求取闭环极点或特征根的函数

p＝eig(G)	求取矩阵特征根。系统的模型 G 可以是传递函数，状态方程和零、极点模型，可以是连续或离散的
P＝pole(G)	求系统 G 的极点
Z＝zero(G)	求系统 G 的零点
[p,z] ＝ pzmap(sys)	求系统 sys 的极点和零点数值，并绘制零、极点图
r ＝ roots(P)	求特征方程的根。P 是系统闭环特征多项式降幂排列的系数向量

【例 3－20】 已知系统闭环传递函数为 $\Phi(s)=\dfrac{s^3+2s+1}{s^6+2s^5+8s^4+12s^3+20s^2+16s+16}$，用 MATLAB 判定稳定性。

解

命令窗口程序	运行结果为
\>\> num＝[1 0 2 1]; \>\> den＝[1 2 8 12 20 16 16]; \>\> G＝tf(num,den)　％得到系统模型	Transfer function: s^3 ＋ 2 s ＋ 1 －－－－－－－－－－－－－－－－－－－－－－－－－－ s^6 ＋ 2 s^5 ＋ 8 s^4 ＋ 12 s^3 ＋ 20 s^2 ＋ 16 s ＋ 16
\>\> p＝eig(G)　％求系统的特征根	p ＝ 0.0000 ＋ 2.0000i 0.0000 － 2.0000i －1.0000 ＋ 1.0000i －1.0000 － 1.0000i 0.0000 ＋ 1.4142i 0.0000 － 1.4142i
\>\> p＝pole(G)　％求系统的极点	
\>\>p＝roots(den)　％求系统特征方程的根	

注：可以看到系统特征根有 2 个是位于[s]左半平面的，而 4 个位于虚轴上，所以系统是不稳定的。

2. 利用零、极点图判定系统稳定性

【例 3－21】 已知反馈系统的开环传递函数为 $G(s)=\dfrac{s+3}{2s^4+4s^3+5s^2+1}$，应用 MATLAB 判断系统的稳定性。

解

命令窗口程序	运行结果为
>> num=[13]; >> den=[2 4 5 1]; >> sys=tf(num,den); >> pzmap(sys)	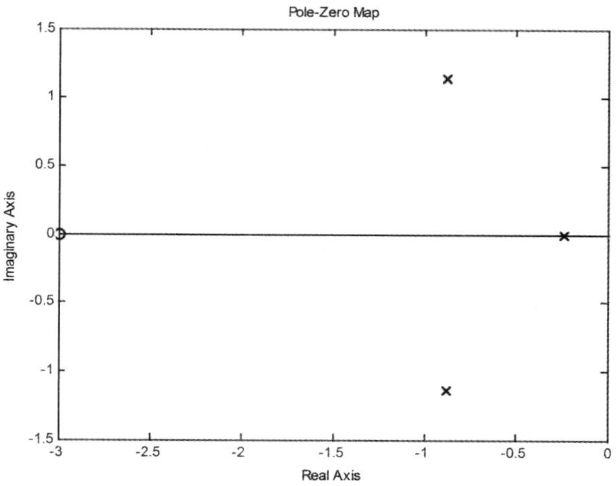

说明：由于特征根全部在[s]平面的左半平面，所以此负反馈系统是稳定的。

四、MATLAB边学边练

(1) 已知典型二阶系统的传递函数为$\Phi(s)=\dfrac{\omega_n^2}{s^2+2\zeta\omega_n s+\omega_n^2}$。其中自然频率$\omega_n=6$，绘制当阻尼比$\zeta=0.1,0.2,0.707,1.0,2.0$时系统的单位阶跃响应。

(2) 已知单位反馈系统的开环传递函数为$G(s)=\dfrac{s+2}{s^2+10s+1}$，求其在指定三角波信号(见图3-50)作用下的响应，并将输入、输出信号对比显示。

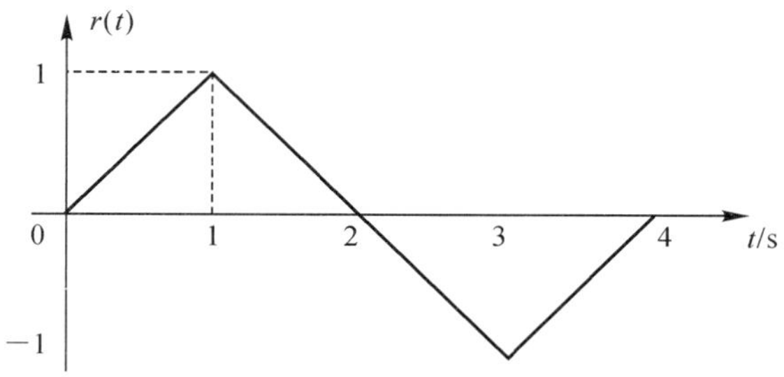

图3-50　三角波信号

(3) 单位负反馈系统的开环传递函数为$G(s)=\dfrac{s+1}{s^3+2s^2+9s+10}$，应用MATLAB通过直接计算其极点值和特征根来判断稳定性。

(4) 已知单位负反馈系统的开环传递函数为$G(s)=\dfrac{10}{s(s+4)}$，求当系统输入分别为阶跃、速度、加速度时的稳态误差。

本章小结

(1) 时域分析法是通过直接求解系统在典型输入信号作用下的时间响应，分析系统的动态性能。工程上常用单位阶跃响应的超调量、调节时间和稳态误差等性能指标来评价系统的优劣。

(2) 工程上许多自动控制系统其动态特性往往近似于一阶或二阶系统。因此，一、二阶系统的理论分析结果是高阶系统分析的基础。

(3) 稳定性是系统正常工作的首要条件。线性系统的稳定性是系统固有的一种特性，完全由系统自身的结构、参数决定。

(4) 系统的稳态误差是重要的稳态精度指标。它既与系统的结构、参数有关、还与外作用形式、大小及作用点有关。

(5) 系统的类型和静态误差系数也是精度的一种标志。

(6) 改善二阶系统的比例-微分控制和测速反馈控制本身就是控制系统的两种校正方法。

习　　题

3-1　假设温度计可用$\dfrac{1}{Ts+1}$传递函数描述其特性，现在用温度计测量盛在容器内的水温。发现需要 1 min 时间才能指示出实际水温的 98% 的数值，试问该温度计指示出实际水温从 10% 变化到 90% 所需的时间是多少？

3-2　系统在静止平衡状态下，加入输入信号 $r(t)=1(t)+t$，测得响应为

$$C(t)=(t+0.9)-0.9e^{-10t}$$

试求系统的传递函数。

3-3　某惯性环节在单位阶跃作用下各时刻的输出值如表 3-12 所示。试求环节的传递函数。

表　3-12

t	0	1	2	3	4	5	6	7	∞
$h(t)$	0	1.61	2.79	3.72	4.38	4.81	5.10	5.36	6.00

3-4　已知系统结构图如图 3-51 所示。试分析参数 a 对输出阶跃响应的影响。

3-5　设控制系统闭环传递函数为

$$\Phi(s)=\frac{\omega_n^2}{s^2+2\xi\omega_n s+\omega_n^2}$$

试在[s]平面上绘出满足下列各要求的系统特征方程式根的可能分布的区域。

(1)$1>\xi>0.707,\omega_n\geqslant 2$；　　(2)$0.5>\xi>0,4\geqslant\omega_n\geqslant 2$；

(3)$0.707>\xi>0.5,\omega_n\leqslant 2$。

3-6　已知某前向通路的传递函数(见图 3-52)为

$$G(s)=\frac{10}{0.2s+1}$$

今欲采用负反馈的办法将阶跃响应的调节时间 t_s 减小为原来的 0.1 倍，并保证总放大系数不变。试选择 K_H 和 K_0 的值。

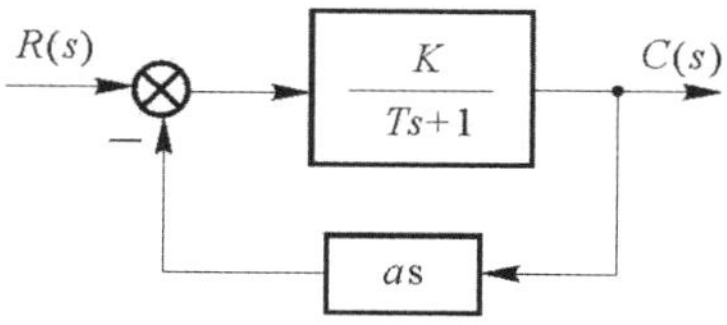

图 3-51　习题 3-4 系统结构图

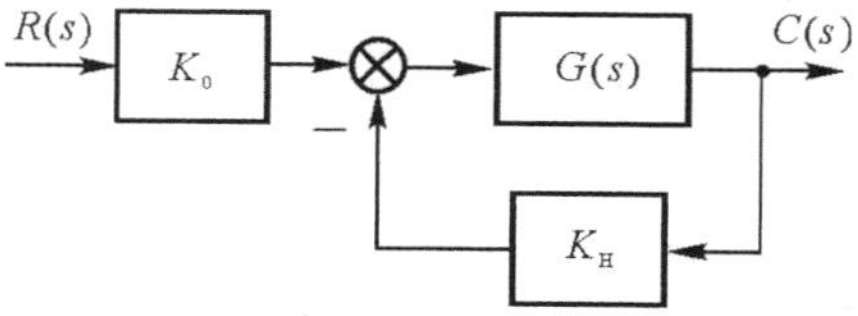

图 3-52　习题 3-6 系统结构图

3-7　设一单位反馈控制系统的开环传递函数为

$$G(s)=\frac{K}{s(0.1s+1)}$$

试分别求出当 $K=10\ \mathrm{s}^{-1}$ 和 $K=20\ \mathrm{s}^{-1}$ 时系统的阻尼比 ξ，无阻尼自然频率 ω_n，单位阶跃响应的超调量 $\sigma\%$ 及峰值时间 t_p，并讨论 K 的大小对系统性能指标的影响。

3-8　设二阶控制系统的单位阶跃响应曲线如图3-53 所示。如果该系统属于单位反馈控制系统，试确定其开环传递函数。

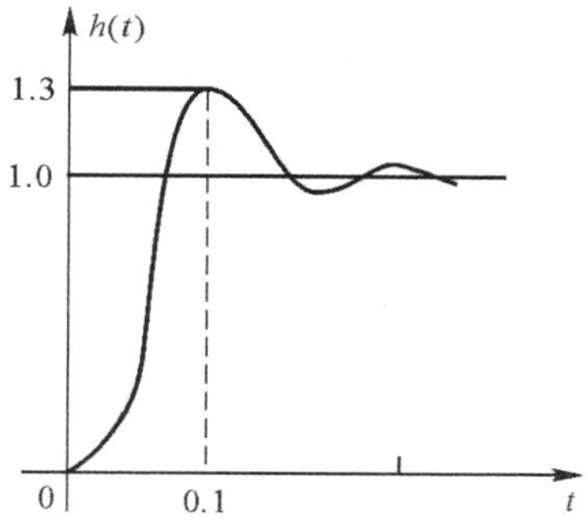

图 3-53　习题 3-8 系统的阶跃响应曲线

3-9　设系统闭环传递函数为

$$\Phi(s)=\frac{C(s)}{R(s)}=\frac{1}{T^2s^2+2\xi Ts+1}$$

试求：(1)$\xi=0.2$；$T=0.08$ s；$\xi=0.4$；$T=0.08$ s；$\xi=0.8$；$T=0.08$ s时单位阶跃响应的超调量 $\sigma\%$、调节时间 t_s 及峰值时间 t_p。

(2)$\xi=0.4$；$T=0.04$ s 和 $\xi=0.4$；$T=0.16$ s时单位阶跃响应的超调量 $\sigma\%$、调节时间 t_s 和峰值时间 t_p。

(3) 根据计算结果，讨论参数 ξ，T 对阶跃响应的影响。

3-10　已知图 3-54(a) 所示系统的单位阶跃响应曲线如图 3-54(b) 所示，试确定 K_1，K_2 和 a 的数值。

3-11　测得二阶系统图 3-55(a) 的阶跃响应曲线如图 3-55(b) 所示。试判断每种情况下系统内、外两个反馈的极性(其中“0”为开路),并说明其理由。

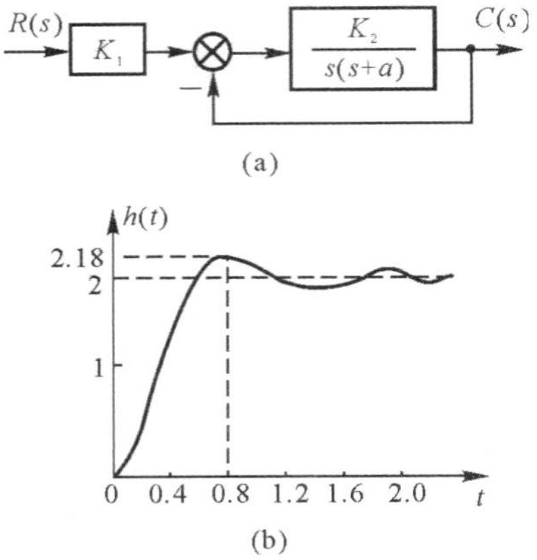

图 3-54　习题 3-10 系统及其阶跃响应

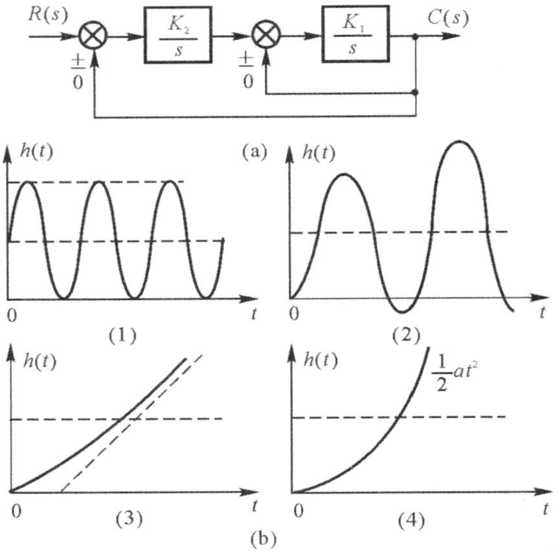

图 3-55　习题 3-11 系统及其阶跃响应

3-12　试用代数判据确定具有下列特征方程的系统稳定性:

(1)$s^3+20s^2+9s+100=0$;　　(2)$s^3+20s^2+9s+200=0$;

(3)$3s^4+10s^3+5s^2+s+2=0$。

3-13　设单位反馈系统的开环传递函数分别为

(1)$G(s)=\dfrac{K^*(s+1)}{s(s-1)(s+5)}$;　　(2)$G(s)=\dfrac{K^*}{s(s-1)(s+5)}$

试确定使闭环系统稳定的开环增益 K 的范围(传递函数 $G(s)$ 中的 $1/(s-1)$ 称为不稳定的惯性环节,K^* 为根轨迹增益)。

3-14　试确定图 3-56 所示系统的稳定性

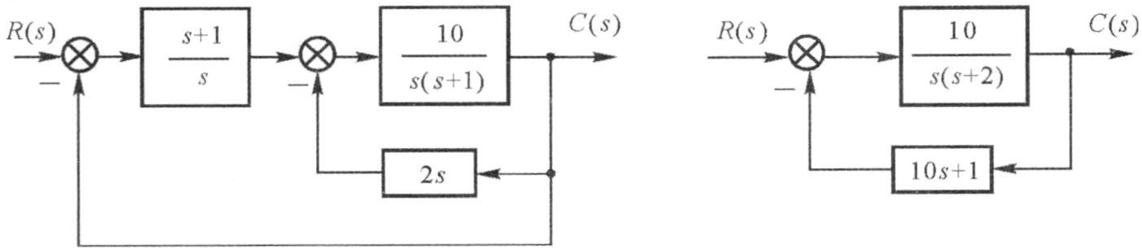

图 3-56　习题 3-14 系统结构图

3-15　已知单位反馈系统的开环传递函数为

$$G(s)=\frac{K}{s(0.01s^2+0.2\xi s+1)}$$

试求当系统稳定时,参数 K 和 ξ 的取值关系。

3-16　设系统结构图如图 3-57 所示,已知系统的无阻尼振荡频率 $\omega_n=3$ rad/s。试确定系统作等幅振荡时的 K 和 a 值(K,a 均为大于零的常数)。

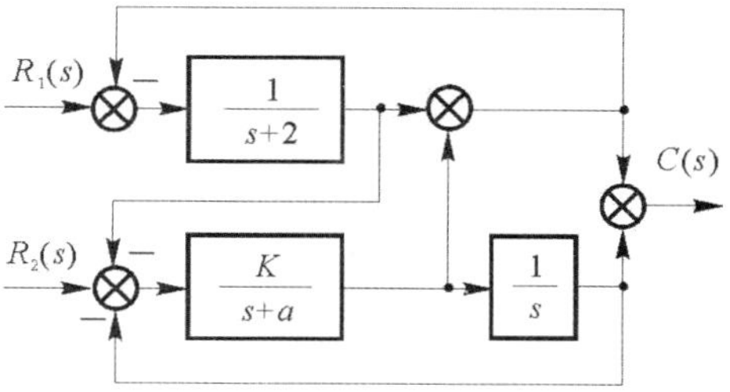

图 3-57　习题 3-16 图

3-17　已知单位反馈控制系统开环传递函数如下，试分别求出当输入信号为 $1(t)$，t 和 t^2 时系统的稳态误差。

(1) $G(s)=\dfrac{10}{(0.1s+1)(0.5s+1)}$；　　(2) $G(s)=\dfrac{7(s+3)}{s(s+4)(s^2+2s+2)}$；

(3) $G(s)=\dfrac{8(0.5s+1)}{s^2(0.1s+1)}$。

3-18　设单位反馈系统的开环传递函数为

$$G(s)=\frac{100}{s(0.1s+1)}$$

试求当输入信号 $r(t)=1+2t$ 时，系统的稳态误差。

3-19　控制系统的误差还有一种定义，这就是无论对于单位反馈系统还是非单位反馈系统，误差均定义为系统输入量与输出量之差，即

$$E(s)=R(s)-C(s)$$

现在设闭环系统的传递函数为

$$\Phi(s)=\frac{b_m s^m+b_{m-1}s^{m-1}+\cdots+b_1 s+b_0}{s^n+a_{n-1}s^{n-1}+\cdots+a_1 s+a_0}\quad n\geqslant m$$

试证：系统在单位斜坡函数作用下，不存在稳态误差的条件是 $a_0=b_0$ 和 $a_1=b_1$。

3-20　具有扰动输入 $n(t)$ 的控制系统如图 3-58 所示。试计算阶跃扰动输入 $n(t)=N\cdot 1(t)$ 时系统的稳态误差。

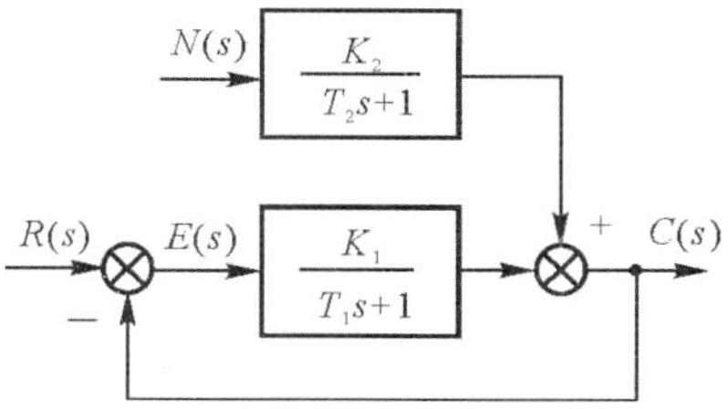

图 3-58　习题 3-20 系统结构图

3-21　试求图 3-59 所示系统总的稳态误差。

3-22　系统如图 3-60(a) 所示，其单位阶跃响应 $c(t)$ 如图 3-60(b) 所示，系统的位置误差 $e_{ss}=0$，试确定 K，ν 与 T 值。

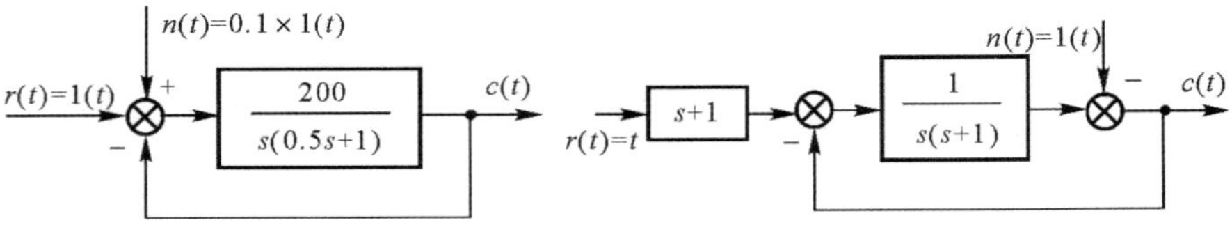

图 3-59　习题 3-21 系统结构图

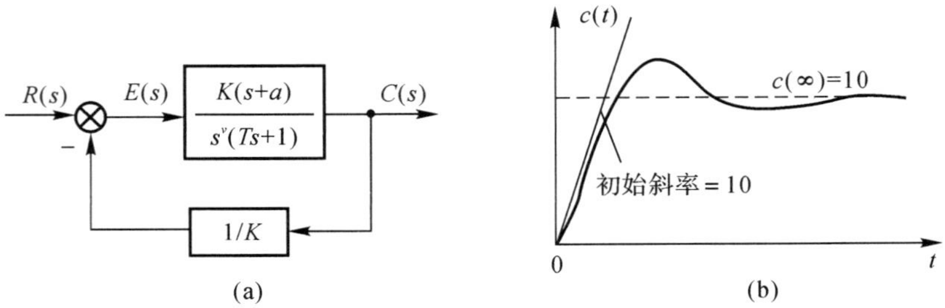

图 3-60　习题 3-22 图

3-23　系统结构图如图 3-61 所示。现要求：

(1) 扰动 $n(t)=5(t)$，稳态误差为零；

(2) 输入 $r(t)=2t$(rad/s)，稳态误差不大于 0.2 rad。

试：各设计一个零、极点形式最简单的控制器 $G_c(s)$ 的传递函数，以满足上述各自的要求。并确定 $G_c(s)$ 中各参数可选择范围。

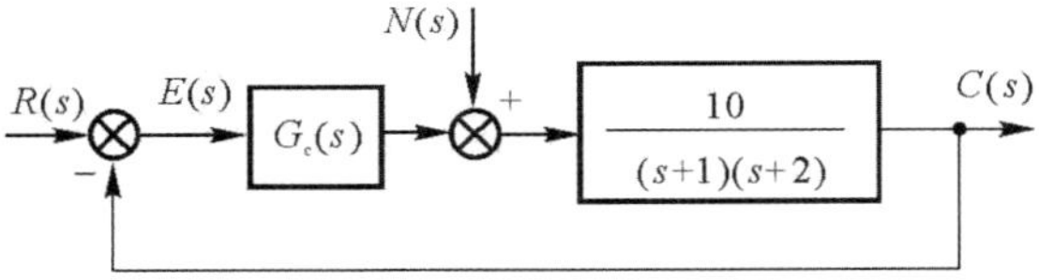

图 3-61　习题 3-23 图

第四章 根轨迹法

4-1 引 言

在时域分析中已经看到,控制系统动态性能由闭环系统零点、极点的分布情况决定。当系统的某个参数变化时,特征方程的根随之在[s]平面上移动,系统的性能也跟着变化。也就是说:闭环零点、极点在[s]平面上的位置确定了系统的性能。因此,在进行系统分析时,确定闭环零、极点在[s]平面上的位置是十分重要的。

所谓闭环极点就是闭环特征方程式的根。当特征方程式的阶次较高(例如在四阶以上)时,求根不是一件容易的事情,而且当系统中某一参数(如增益)发生变化时,又需要重新进行计算(通常实际系统的增益是比较容易改变的),这就给系统分析带来很大的不便。1948年伊凡恩(W. R. Evans)提出了一种寻找特征方程根的比较简易的图解方法,这种方法称为根轨迹法。根轨迹法主要研究[s]平面上闭环系统特征根的位置随参数变化的规律以及与系统性能的关系。因为根轨迹图既直观又形象,所以在控制工程中得到迅速发展和广泛的应用。

一、根轨迹

所谓根轨迹,是指当系统某个参数(如开环增益 K 或根轨迹增益 K^*)由零变化到无穷时,闭环特征根在[s]平面上移动的轨迹。

在介绍图解方法之前,先用直接求根的方法来说明根轨迹的含义。

例如图 4-1 所示系统。其开环传递函数为

$$G(s)=\frac{K}{s(0.5s+1)}=\frac{K^*}{s(s+2)}$$

式中,$K^*=2K$,称为根轨迹增益。系统闭环传递函数为

$$\Phi(s)=\frac{C(s)}{R(s)}=\frac{K^*}{s^2+2s+K^*}$$

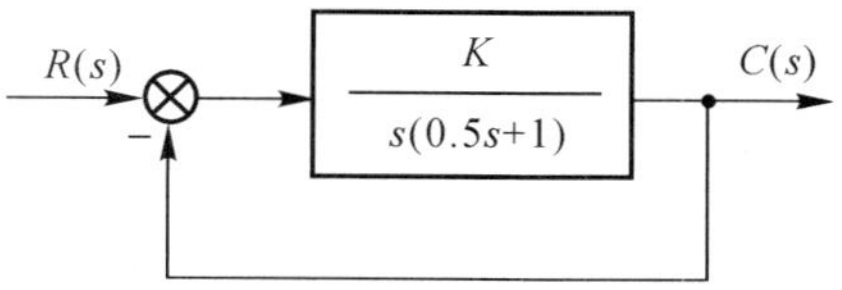

图 4-1 控制系统结构图

闭环特征方程为

$$s^2+2s+K^*=0$$

特征根为

$$s_1=-1+\sqrt{1-K^*},\quad s_2=-1-\sqrt{1-K^*}$$

当系统参数 K^*(或 K)从零变化到无穷时,闭环极点的变化情况如表 4-1 所示。

表 4-1 当 K^*, $K=0\sim\infty$ 时图 4-1 所示系统的特征根

K^*	K	s_1	s_2
0	0	0	-2

续 表

K^*	K	s_1	s_2
0.5	0.25	-0.3	-1.7
1	0.5	-1	-1
2	1	$-1+\mathrm{j}$	$-1-\mathrm{j}$
5	2.5	$-1+\mathrm{j}2$	$-1-\mathrm{j}2$
∞	∞	$-1+\mathrm{j}\infty$	$-1-\mathrm{j}\infty$

当 K^*（或 K）由零变化到无穷时，闭环特征根（即闭环极点）在[s]平面上移动的轨迹如图 4-2 所示。这两条轨迹线就是该系统的根轨迹。

由图 4-2 可见，根轨迹图直观地表示了参数 K^*（或 K）变化时，闭环特征根的变化情况。因此，根轨迹图全面地描述了参数 K 对闭环特征根分布的影响。

根据根轨迹图，对系统进行性能分析如下：

(1) 由于根轨迹全部在[s]平面的左半平面，因此，系统对所有的 K 值都是稳定的。

(2) 当 $0 < K < 0.5$ 时，闭环特征根为实根，系统呈现过阻尼状态，阶跃响应为非振荡的单调收敛过程。

当 $K=0.5$ 时，系统为临界阻尼状态。

当 $K>0.5$ 时，闭环极点为一对共轭复数极点，系统呈现欠阻尼状态，阶跃响应为衰减振荡过程。

(3) 系统类型可根据开环传递函数中积分环节数确定，也可以根据根轨迹图中坐标原点处的开环极点数确定。本例为一型系统。开环放大系数可在根轨迹相应点上得到，因此，可求出系统的稳态误差。

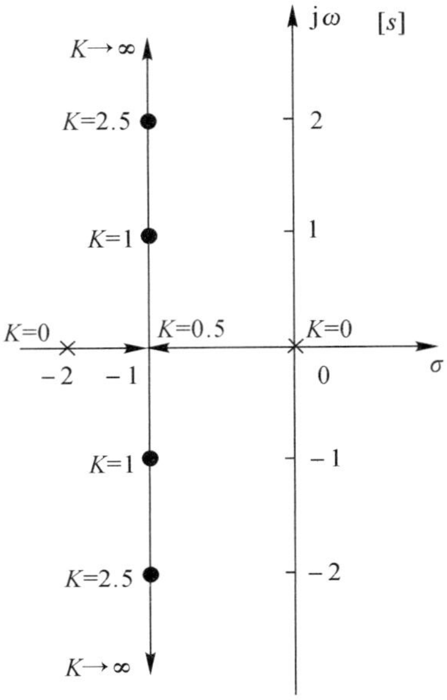

图 4-2　图 4-1 系统的根轨迹图

上述作根轨迹图的过程是：直接求解闭环特征根，然后逐点描绘出根轨迹图。显然，这种方法对高阶系统是不现实的。根轨迹法是根据反馈系统中闭环零、极点与开环零、极点之间的关系，利用开环零、极点的分布直接作闭环系统根轨迹的一种图解方法。

二、闭环零、极点与开环零、极点的关系

控制系统的一般结构如图 4-3 所示，其开环传递函数为 $G(s)H(s)$。假设

$$G(s)=\frac{K_G^*\prod_{i=1}^{f}(s-z_i)}{\prod_{i=1}^{g}(s-p_i)} \tag{4-1}$$

$$H(s)=\frac{K_H^*\prod_{j=1}^{l}(s-z_j)}{\prod_{j=1}^{h}(s-p_j)} \tag{4-2}$$

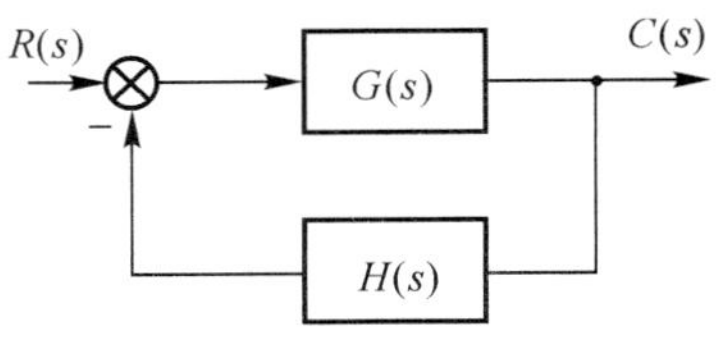

图 4-3　系统结构图

因此

$$G(s)H(s)=\frac{K_G^*K_H^*\prod_{i=1}^{f}(s-z_i)\prod_{j=1}^{l}(s-z_j)}{\prod_{i=1}^{g}(s-p_i)\prod_{j=1}^{h}(s-p_j)}=\frac{K^*\prod_{i=1}^{f}(s-z_i)\prod_{j=1}^{l}(s-z_j)}{\prod_{i=1}^{g}(s-p_i)\prod_{j=1}^{h}(s-p_j)} \tag{4-3}$$

式中，$K^*=K_G^*K_H^*$ 为系统根轨迹增益。

对于 m 个零点、n 个极点的开环系统，则有

$$f+l=m$$

$$g+h=n$$

系统闭环传递函数为

$$\Phi(s)=\frac{G(s)}{1+G(s)H(s)}$$

将式(4－1)和式(4－2)代入上式得

$$\Phi(s)=\frac{K_G^*\prod_{i=1}^{f}(s-z_i)\prod_{j=1}^{h}(s-p_j)}{\prod_{i=1}^{g}(s-p_i)\prod_{j=1}^{h}(s-p_j)+K^*\prod_{i=1}^{f}(s-z_i)\prod_{j=1}^{l}(s-z_j)} \tag{4-4}$$

由此可见：

(1) 系统闭环零点由前向通路传递函数 $G(s)$ 的零点和反馈通路传递函数 $H(s)$ 的极点组成。对于单位反馈系统 $H(s)=1$，闭环零点就是开环零点。

(2) 闭环极点(即闭环特征根)与开环极点、开环零点有关，且与根轨迹增益 K^* 也有关。

显然，要想知道闭环零、极点分布，关键是求取闭环极点分布。那么，如何由已知的开环零、极点分布找出闭环极点的分布，并绘制出根轨迹呢？为了解决这个问题，需要进一步讨论根轨迹方程。

三、根轨迹方程

绘制根轨迹实质上是用图解法求系统特征方程 $1+G(s)H(s)=0$ 的根。因此，在[s]平面上满足方程式

$$G(s)H(s)=-1 \tag{4-5}$$

的点都必定是根轨迹上的点，故式(4－5)称为根轨迹方程。

式(4－5)中 $G(s)H(s)$ 是系统开环传递函数，假设开环传递函数中有 m 个零点，有 n 个极点，将式(4－5)写成零、极点形式，则

$$\frac{K^*\prod_{j=1}^{m}(s-z_j)}{\prod_{i=1}^{n}(s-p_i)}=-1 \tag{4-6}$$

式(4－6)为向量方程，可以用幅值方程和相角方程来表示。

幅值方程：

$$|G(s)H(s)| = \frac{K^* \prod_{j=1}^{m} |(s-z_j)|}{\prod_{i=1}^{n} |(s-p_i)|} = 1 \tag{4-7}$$

或

$$K^* = \frac{\prod_{i=1}^{n}(s-p_i)}{\prod_{j=1}^{m}(s-z_j)} = \frac{\text{所有开环极点到根轨迹点的距离之积}}{\text{所有开环零点到根轨迹点的距离之积}}$$

相角方程：

$$\angle G(s)H(s) = \sum_{j=1}^{m} \angle(s-z_j) - \sum_{i=1}^{n} \angle(s-p_i) =$$

所有开环零点到根轨迹点的相角之和 − 所有开环极点到根轨迹点的相角之和 =

$$(2k+1)\pi \qquad (k=0, \pm 1, \pm 2, \cdots) \tag{4-8}$$

或

$$\sum_{j=1}^{m} \varphi_j - \sum_{i=1}^{n} \theta_i = (2k+1)\pi \tag{4-9}$$

式中

$$\varphi_j = \angle(s-z_j); \quad \theta_i = \angle(s-p_i)$$

方程式(4－7)和方程式(4－9)是根轨迹上每一个点都应同时满足的两个方程式，前者简称幅值条件，后者称相角条件。根据这两个条件，可以完全确定[s]平面上的根轨迹及根轨迹线上所对应的 K^*（或 K）值。

从这两个方程中还可以看出，幅值条件与 K^* 有关，而相角条件与 K^* 无关。因此，满足相角条件的点代入幅值条件中，总可以求得一个对应的 K^* 值。亦就是说，如果满足相角条件的点，则必定也同时满足幅值条件。因此说，相角条件是决定系统根轨迹的充分必要条件。显然，绘制根轨迹，只需要使用相角条件，而当需要确定根轨迹线上各点的 K^* 值时才使用幅值条件。

下面举例说明其应用。

【例 4－1】 设开环传递函数为

$$G(s)H(s) = \frac{K^*(s-z_1)}{s(s-p_2)(s-p_3)}$$

其零、极点分布如图 4－4 所示。

解 在[s]平面上任取一点 s_1，作为根轨迹上的试探点，画出所有开环零、极点到 s_1 点的向量，然后根据相角条件检验 s_1 点是否属于根轨迹上的点。其相角条件为

$$\sum_{j=1}^{m} \varphi_j - \sum_{i=1}^{n} \theta_i = \varphi_1 - (\theta_1 + \theta_2 + \theta_3) = (2k+1)\pi$$

若上式成立，则 s_1 为根轨迹上的一个点。该点对应的根轨迹增益 K^* 可根据幅值条件计算如下：

$$K^* = \frac{\prod_{i=1}^{n}(s_i - p_i)}{\prod_{j=1}^{m}(s_i - z_j)} = \frac{BCD}{E}$$

式中，B，C，D 表示开环各极点到 s_1 点的向量幅值；E 表示开环零点到 s_1 点的向量幅值。

应用相角条件，可以重复上述过程找到[s]平面上所有的闭环极点。但是在实际绘制根轨

迹中,不是采用试探的方法,而是应用以根轨迹方程为基础建立起来的根轨迹法则,绘制闭环极点变化的轨迹。

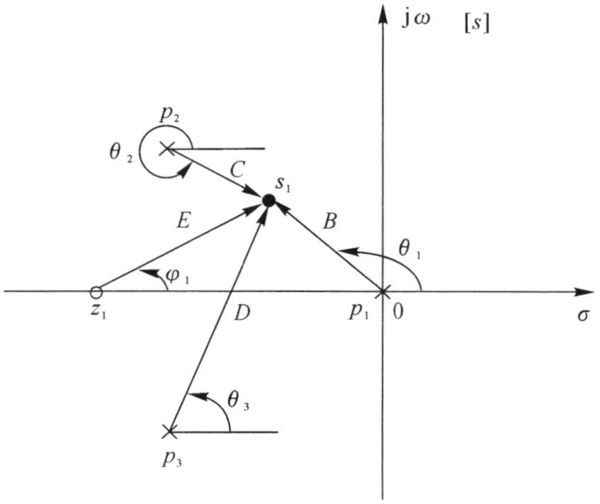

图 4-4 例 4-1 系统开环传递函数的零、极点分布

4-2 绘制根轨迹的基本法则

下面讨论系统根轨迹增益 K^*(或开环增益 K)变化时绘制根轨迹的法则。

这些基本法则比较简单,熟练地掌握它,可以方便、快速地绘制系统的根轨迹,对于分析和设计系统是非常有益的。基本法则如下。

一、根轨迹的起点、终点

根轨迹起于开环极点,终止于开环零点。如果零点数 m 少于极点数 n,则有$(n-m)$ 条根轨迹终止于无穷远处。

根轨迹的分支数等于闭环极点数 n。

证明 根轨迹的起点,即为当 $K^*=0$ 时的闭环极点。

根据根轨迹方程式(4-6),有

$$\frac{\prod_{j=1}^{m}|(s-z_j)|}{\prod_{i=1}^{n}|(s-p_i)|}=-\frac{1}{K^*} \tag{4-10}$$

当 $K^*=0$ 时,式(4-10) 等号右边为无穷大,而等号左边只有当 s 趋于 p_i 时才为无穷大,因此当 $K^*=0$ 时,根轨迹分别起始于 n 个开环极点。

根轨迹的终点,即为当 K^* 趋于无穷大时的闭环极点。为讨论方便,式(4-10) 可改写为如下形式;

$$\frac{s-z_1}{s-p_1}\frac{s-z_2}{s-p_2}\cdots\frac{s-z_m}{s-p_m}\frac{1}{s-p_{m+1}}\frac{1}{s-p_{m+2}}\cdots\frac{1}{s-p_n}=-\frac{1}{K^*} \tag{4-11}$$

由式(4-11) 可见,当 K^* 趋于无穷大时,式(4-11) 等号右边为零,而等号左边只有当 s 趋于 z_i

或 s 趋于无穷大时才能为零。因此，根轨迹有 m 个终止点在开环零点，还有 $(n-m)$ 个终止点在无穷远处。故有 $(n-m)$ 条根轨迹趋于无穷远处。

可见，根轨迹起点有 n 个，终止点也有 n 个，一个 K^* 值相应的闭环特征根有 n 个，故 K^* 从 $0\sim\infty$ 变化必然有 n 条根轨迹。

二、根轨迹的分支数、对称性和连续性

根轨迹的分支数与开环零点数 m、开环极点数 n 中大的相等；根轨迹是连续的并且对称于实轴。

证明　根轨迹是开环系统某一参数从零变化到无穷时，闭环特征方程式的根在 $[s]$ 平面上的变化轨迹，因此根轨迹的分支数与闭环特征方程根的数目相同，也就是与系统的阶数一致。因此，根轨迹的分支数与 n 和 m 中大的相同。

由于系统的闭环特征方程为实系数方程，其根只有实数和复数两种情况。闭环极点若为实数，则必定位于实轴上；若为复数，则一定是共轭成对出现的，所以根轨迹必然对称于实轴。

另外，闭环特征方程的一些系数是 K^* 的函数，当 K^* 从零到无穷连续变化时，特征方程的系数也是连续变化的，因而特征根的变化连续，根轨迹的变化也连续。

三、实轴上的根轨迹

实轴上的某一区域，若其右边开环实数零、极点个数之和为奇数，则该区域必有根轨迹。

此结论可用相角条件来说明：

若开环零、极点分布如图 4-5 所示。在实轴上任取一点 s_1，连接所有开环零、极点。由于复数零点、复数极点都对称于实轴，因此，复数零点、复数极点的相角大小相等，符号相反，可见，它们对相角条件没有影响，即复数零、极点对实轴上的根轨迹没有影响。因此只要分析位于实轴上的开环零、极点情况即可。由于位于 s_1 点左侧的零、极点到 s_1 点的向量，总是指向坐标原点，故它们所引起的相角总为零。只有 s_1 右侧零、极点构成的相角才为 $-180°$，故根据相角条件，说明只有实轴上根轨迹区段右侧的开环零、极点数目之和为奇数时，才能满足相角条件。

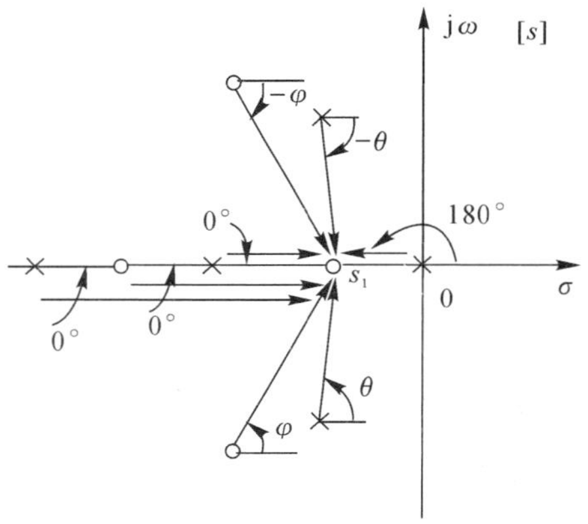

图 4-5　开环零、极点分布图

四、根轨迹的渐近线

当 K^* 趋于无穷大时，有 $(n-m)$ 条根轨迹趋于无穷远处。这 $(n-m)$ 条根轨迹趋于无穷远处的方位可由渐近线决定。

渐近线与实轴正方向的夹角 φ_a 为

$$\varphi_a=\frac{(2k+1)\pi}{n-m} \tag{4-12}$$

式中，k 依次取 $k=0,\pm1,\pm2,\cdots$ 直到获得 $(n-m)$ 个夹角为止。

渐近线与实轴的交点 σ_a 为

$$\sigma_a = \frac{\sum_{i=1}^{n} p_i - \sum_{j=1}^{m} z_j}{n-m} \qquad (4-13)$$

证明　根据根轨迹方程式(4－6)有

$$\frac{\prod_{j=1}^{m}(s-z_j)}{\prod_{i=1}^{n}(s-p_i)} = \frac{s^m + b_{m-1}s^{m-1} + \cdots + b_1 s + b_0}{s^n + a_{n-1}s^{n-1} + \cdots + a_1 s + a_0} = -\frac{1}{K^*}$$

式中，$b_{m-1} = \sum_{i=1}^{m}(-z_i)$，$a_{n-1} = \sum_{j=1}^{n}(-p_j)$ 分别为系统开环零点之和及开环极点之和。当 $s \to \infty$ 时，上式近似表示成

$$s^{m-n} + (b_{m-1} - a_{n-1})s^{m-n-1} = -\frac{1}{K^*}$$

即
$$s^{m-n}\left(1 + \frac{b_{m-1} - a_{n-1}}{s}\right) = -\frac{1}{K^*}$$

等号两边开 $m-n$ 次方，得到

$$s\left(1 + \frac{b_{m-1} - a_{n-1}}{s}\right)^{\frac{1}{m-n}} = \left(-\frac{1}{K^*}\right)^{\frac{1}{m-n}}$$

方程左边按牛顿二项式展开，并忽略高阶项可得

$$s\left(1 + \frac{1}{m-n}\frac{b_{m-1} - a_{n-1}}{s}\right) = \left(-\frac{1}{K^*}\right)^{\frac{1}{m-n}}$$

得

$$s = \frac{\sum_{i=1}^{m}(-z_i) - \sum_{j=1}^{n}(-p_i)}{n-m} + K^{*\frac{1}{n-m}}(-1)^{\frac{1}{n-m}} =$$

$$\frac{\sum_{j=1}^{n} p_j - \sum_{i=1}^{m} z_i}{n-m} + K^{*\frac{1}{n-m}} e^{j\frac{2k+1}{n-m}\pi} \quad (k = 0, \pm 1, \pm 2, \cdots)$$

由此即可求出渐近线方程式(4－12)和方程式(4－13)。

复数向量$(s-\sigma_a)$如图 4－6 所示。

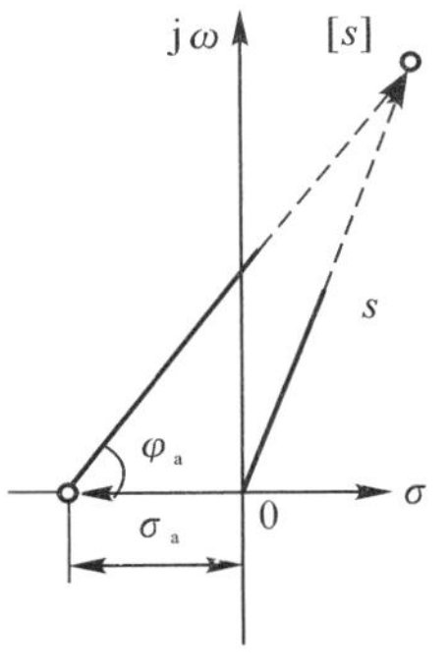

图 4－6　复数向量图

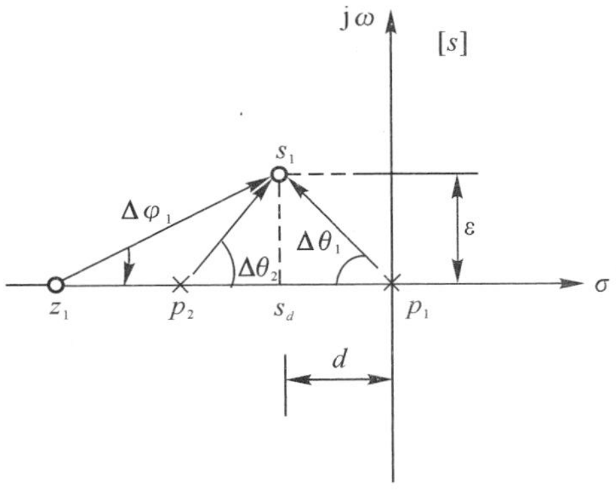

图 4－7　分离点坐标 d

五、分离点

把根轨迹在[s]平面上相遇后又分开的点，称为根轨迹的分离点。分离点的坐标用 d 表示，其值可由下式给出

$$\sum_{i=1}^{n}\frac{1}{d-p_i}=\sum_{j=1}^{m}\frac{1}{d-z_j} \tag{4-14}$$

证明 若开环零、极点分布如图 4-7 所示。其中 s_d 为分离点，s_d 也是根轨迹上的点，应当满足相角条件，即

$$\angle(s_d-z_1)-\angle(s_d-p_1)-\angle(s_d-p_2)=(2k+1)\pi \tag{4-15a}$$

假设 s_1 点是刚刚离开 s_d 点，距离 s_d 一个无穷小量 ε，故 s_1 也应是根轨迹上的点，同样应满足相角条件

$$\angle(s_1-z_1)-\angle(s_1-p_1)-\angle(s_1-p_2)=(2k+1)\pi \tag{4-15b}$$

将式(4-15a)与式(4-15b)相减，可得

$$\Delta\varphi_1-\Delta\theta_1-\Delta\theta_2=0 \tag{4-16}$$

式中

$$\Delta\varphi_1=\angle(s_1-z_1)-\angle(s_d-z_1)$$
$$\Delta\theta_1=\angle(s_1-p_1)-\angle(s_d-p_1)$$
$$\Delta\theta_2=\angle(s_1-p_2)-\angle(s_d-p_2)$$

因为相角增量很小，可以用其正切来近似，即 $\Delta\varphi_1\approx\tan\Delta\varphi_1=\dfrac{\varepsilon}{d-z_1}$，同样，$\Delta\theta_1=\dfrac{\varepsilon}{d-p_1}$，$\Delta\theta_2=\dfrac{\varepsilon}{d-p_2}$。将这些关系式代入式(4-16)并整理，则有

$$\frac{1}{d-p_1}=\frac{1}{d-p_2}=\frac{1}{d-z_1}$$

对于具有 m 个零点，n 个极点的开环系统，上式可写成形同式(4-14)的一般形式，即

$$\sum_{i=1}^{n}\frac{1}{d-p_i}=\sum_{j=1}^{m}\frac{1}{d-z_j}$$

上式也适用于具有开环复数零点、复数极点的情况，相应的 z_j，z_{j+1} 和 p_j，p_{j+1} 用复数零、极点代入即可。

应当注意：

(1) 由式(4-14)解出的值，有的并不是根轨迹上的点，因此必须舍弃不在根轨迹上的点；

(2) 当开环无零点时，则分离点方程中应取 $\sum_{j=1}^{m}\dfrac{1}{d-p_j}=0$；

(3) 定义根轨迹进入分离点的切线方向与离开分离点的切线方向之间的夹角为分离角。若分离点处有 l 条根轨迹分支进入并立即离开时，分离角为 $(2k+1)\pi/l$，其中 $k=0,1,\cdots,l-1$。例如 $l=2$ 时，分离角为直角。

六、根轨迹与虚轴的交点

根轨迹与虚轴相交，表示系统闭环特征方程式中含有纯虚根($\pm\mathrm{j}\omega$)，系统处于临界稳定状态。因此，将 $s=\mathrm{j}\omega$ 代入特征方程中，得到

$$1+G(\mathrm{j}\omega)H(\mathrm{j}\omega)=0$$

或

$$\mathrm{Re}[1+G(\mathrm{j}\omega)H(\mathrm{j}\omega)]+\mathrm{j}\,\mathrm{Im}[1+G(\mathrm{j}\omega)H(\mathrm{j}\omega)]=0$$

令上式的实部、虚部分别等于零，得方程组：

$$\left.\begin{aligned}\mathrm{Re}[1+G(\mathrm{j}\omega)H(\mathrm{j}\omega)]=0\\ \mathrm{Im}[1+G(\mathrm{j}\omega)H(\mathrm{j}\omega)]=0\end{aligned}\right\}\qquad(4-17)$$

根据方程组(4－17)联立求解，即可得到 ω 值及对应的临界开环增益 K(或 K^*)。

【例 4－2】 已知单位反馈系统开环传递函数为

$$G(s)=\frac{K^*}{s(s+1)(s+4)}$$

试绘制系统根轨迹。

解 作开环零、极点分布图，如图 4－8 所示。图中 $p_1=0, p_2=-1, p_3=-4$。

实轴上的根轨迹：负实轴的$[0,-1]$，$[-4,-\infty)$区段为根轨迹段。

根轨迹的起点：$n=3$，故有 3 个起点，分别起于开环极点(0,0)，(－1,0)和(－4,0)。

根轨迹的终点：因为 $m=0$，故 $n-m=3$，有 3 个终点在无穷远处，即有 3 条渐近线。

$$\sigma_a=\frac{\sum_{i=1}^{n}p_i-\sum_{j=1}^{m}z_j}{n-m}=\frac{0-1-4}{3}=-\frac{5}{3}\approx-1.7$$

$$\varphi_a=\frac{(2k+1)\pi}{n-m}=60°;180°;-60°$$

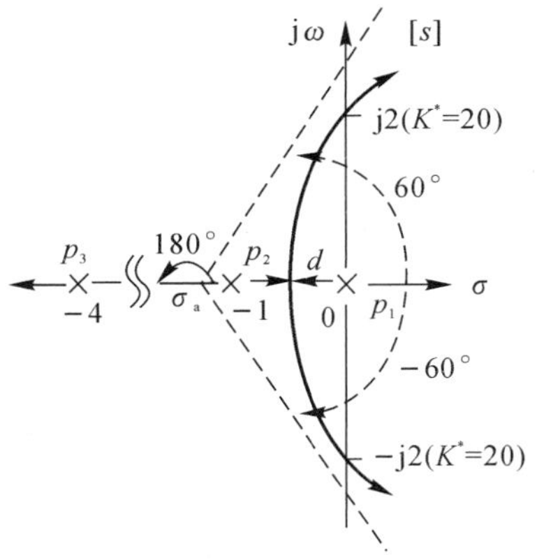

图 4－8　例 4－2 系统的根轨迹

分离点：在一般情况下，如果根轨迹位于实轴上两个相邻开环极点之间，则这两个极点间至少存在一个分离点。本例在 $p_1\sim p_2$ 之间有分离点。如果根轨迹位于两个相邻开环零点之间(其中一个零点可位于无穷远处)，那么，这两个零点之间至少也存在一个分离点。

本例因无开环零点，故 $\sum_{i=1}^{n}\left[\frac{1}{d-p_i}\right]=0$，则

$$\frac{1}{d}+\frac{1}{d+1}+\frac{1}{d+4}=0$$

解得

$$d_1=\frac{-5+2\sqrt{3}}{3}\approx-0.51,\quad d_2=\frac{-5-2\sqrt{3}}{3}\approx-2.82$$

可见 d_2 不在根轨迹线上，故舍弃。$d_1\approx-0.51$ 为分离点。分离角为 $\pm90°$。

根轨迹与虚轴交点：在系统闭环特征方程中，用 $s=\mathrm{j}\omega$ 代入

$$[s(s+1)(s+4)+K^*]\,|_{s=\mathrm{j}\omega}=0$$

得

$$\begin{cases}-\omega^3+4\omega=0\\-5\omega^2+K^*=0\end{cases}$$

解得

$$\omega=\pm2;\quad K^*=20\quad(K=K^*/4=5)$$

根据上述计算，可作出根轨迹，如图 4－8 所示。

七、根轨迹的出射角和入射角

根轨迹离开开环复数极点处的切线与正实轴的夹角，称为出射角 θ_{p_i}；根轨迹进入开环复

数零点处的切线与正实轴的夹角，称为入射角 φ_{z_i}。它们分别如图 4-9(a)，(b) 所示。

下面以图 4-9(a) 所示开环零、极点分布为例，说明出射角的求取。在图 4-9(a) 根轨迹线上靠近 p_1 点取一点 s_1，若 s_1 是根轨迹上的点，则它必满足相角条件，因此有

$$\angle(s_1-z_1)-\angle(s_1-p_1)-\angle(s_1-p_2)-\angle(s_1-p_3)=(2k+1)\,180^\circ$$

当 s_1 无限地靠近 p_1 点时，则各开环零、极点指向 s_1 点的向量，就成为各开环零、极点指向 p_1 点的向量，这时 $\angle(s_1-p_1)$ 即为出射角 θ_{pi}，则有

$$\theta_{p_1}=\varphi_{11}-\theta_{21}-\theta_{31}+(2k+1)180^\circ \tag{4-18}$$

将上面分析结果推广到一般情况。因为在一个极点处只有一个出射角，故取 $k=0$，得到出射角的一般表达式

$$\theta_{p_i}=180^\circ+\sum_{j=1}^{m}\varphi_{ji}-\sum_{\substack{j=1\\(j\neq i)}}^{n}\theta_{ji} \tag{4-19}$$

根据类似分析，可得到入射角图 4-9(b) 的一般表示式

$$\varphi_{z_i}=180^\circ+\sum_{j=1}^{n}\theta_{ji}-\sum_{\substack{j=1\\(j\neq i)}}^{m}\varphi_{ji} \tag{4-20}$$

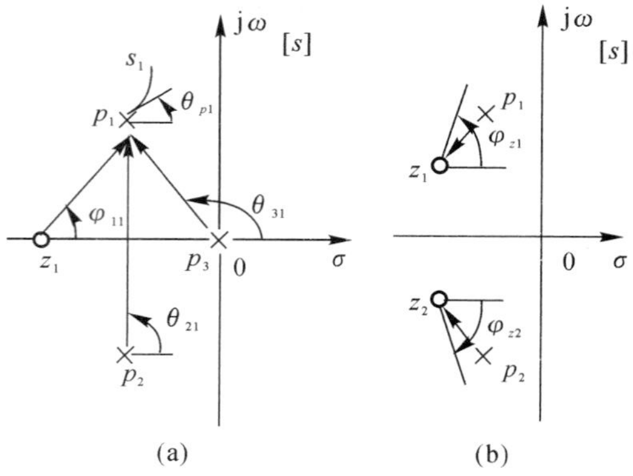

图 4-9　出射角与入射角

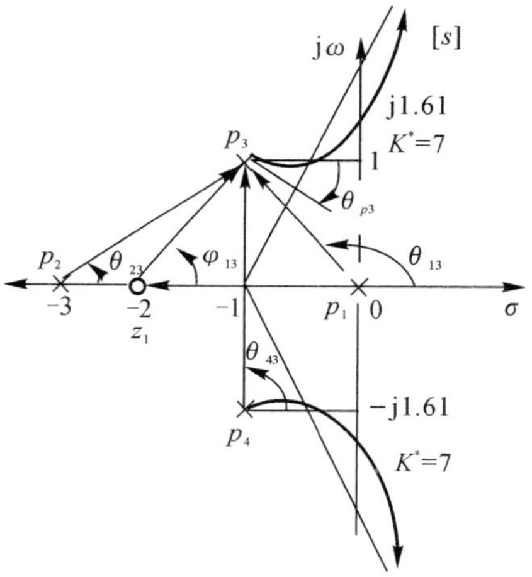

图 4-10　例 4-3 系统的根轨迹

【例 4-3】　已知控制系统开环传递函数为

$$G(s)=\frac{K^*(s+2)}{s(s+3)(s^2+2s+2)}$$

试绘制系统根轨迹。

解　(1) 作出开环零、极点分布图，如图 4-10 所示。

(2) 因为 $n=4$，因此有 4 条根轨迹分支。其起点分别为 4 个开环极点。又因为 $m=1$，故有 1 条根轨迹分支终止于开环零点；$n-m=3$，故有 3 条根轨迹分支终止于无穷远处。

(3) 渐近线：因为有 3 条根轨迹分支终止于无穷远处，故有 3 条渐近线。

$$\sigma_a=\frac{-3-1+\mathrm{j}-1-\mathrm{j}+2}{3}=-1$$

$$\varphi_a=\frac{(2k+1)\,180^\circ}{3}=\pm 60^\circ;180^\circ$$

(4) 根轨迹与虚轴的交点:令 $s=\mathrm{j}\omega$ 代入系统闭环特征方程中,得

$$[s(s+3)(s^2+2s+2)+K^*(s+2)]|_{s=\mathrm{j}\omega}=0$$

分别令上式的实部与虚部等于零,得

$$\begin{cases}\omega^4-8\omega^2+2K^*=0\\-5\omega^3+(K^*+6)\omega=0\end{cases}$$

解上述方程组,并舍去无意义解,得

$$\omega=\pm1.61;\quad K^*=7\qquad(K=7/3)$$

(5) 复数极点的出射角:

根据式(4-19)得

$$\theta_{p_3}=180°+\varphi_{13}-\theta_{13}-\theta_{23}-\theta_{43}\tag{4-21}$$

在图 4-10 中测量(或计算)得

$$\theta_{13}=135°,\quad \theta_{23}=22.6°$$
$$\theta_{43}=90°,\quad \varphi_{13}=45°$$

将这些角度代入式(4-21)求出

$$\theta_{p_3}=-22.6°$$

利用根轨迹的对称性可知:$\theta_{p_4}=22.6°$。

至此,即可绘出根轨迹图,如图 4-10 所示。

八、根之和

当系统开环传递函数 $G(s)H(s)$ 其分母、分子 s 多项式的最高阶次之差 $(n-m)$ 大于或等于 2 时,则有闭环系统极点之和等于开环系统极点之和。根之和的表达式如下:

$$\sum_{i=1}^{n}\lambda_i=\sum_{i=1}^{n}p_i\qquad(n-m\geqslant2)$$

式中,$\lambda_1,\cdots,\lambda_n$ 为闭环系统的 n 个极点(特征根);$p_1,\cdots,p_n$ 为开环系统的 n 个极点。

证明 系统开环传递函数

$$G(s)H(s)=\frac{K^*(s-z_1)(s-z_2)\cdots(s-z_m)}{(s-p_1)(s-p_2)\cdots(s-p_n)}=\frac{K^*s^m+K^*b_1s^{m-1}+\cdots+K^*b_m}{s^n-\sum\limits_{i=1}^{n}(p_i)s^{n-1}+a_2s^{n-2}+\cdots+a_n}$$

由式可见,当 $n-m=2$ 时,系统闭环特征式为

$$D(s)=s^n-\sum_{i=1}^{n}(p_i)s^{n-1}+(a_2+K^*)s^{n-2}+\cdots+(a_n+K^*b_n)\tag{4-22}$$

另外,根据闭环系统 n 个闭环极点 $\lambda_1,\cdots,\lambda_n$ 可得闭环系统特征式

$$D(s)=(s-\lambda_1)(s-\lambda_2)\cdots(s-\lambda_n)=s^n-\sum_{i=1}^{n}(\lambda_i)s^{n-1}+\cdots+\prod_{i=1}^{n}(-\lambda_i)\tag{4-23}$$

对于同一个系统,闭环特征式只有一个,因此式(4-22) 必须与式(4-23) 相等,则各对应项的系数必定相等,则有

$$\sum_{i=1}^{n}p_i=\sum_{i=1}^{n}\lambda_i$$

当 $n-m>2$ 时,上式也必然成立。

这就是说,对于一个满足 $n-m\geqslant2$ 的给定系统,其开环极点之和与闭环极点之和相等,且

为一常数。如果有一些闭环极点往[s]平面的左边移动，则必有另外一些闭环极点往[s]平面的右边移动。

【例 4-4】 已知控制系统开环传递函数为

$$G(s)=\frac{K^*}{s(s+1)(s+3)}$$

试绘制系统根轨迹，并求临界根轨迹增益及该增益对应的三个闭环极点。

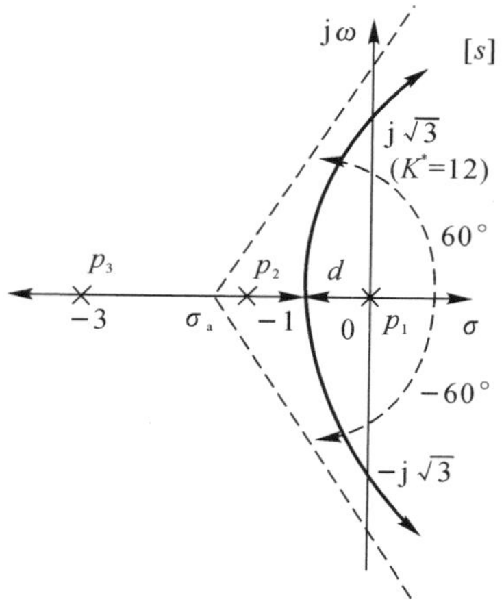

图 4-11 例 4-4 系统的根轨迹

解 (1) 作出开环零、极点分布图如图 4-11 所示。

(2) 由于 $n=3$，因此有 3 条根轨迹分支，起点分别为 3 个开环极点。又因为 $m=0$，故 3 条根轨迹分支终止于无穷远处。

(3) 渐近线：因为有两条根轨迹分支终止于无穷远处，故有两条渐近线。

$$\varphi_a=\frac{(2k+1)\pi}{3}=\pm\frac{\pi}{3},\quad \pi$$

$$\sigma_a=\frac{-1-3}{3}=-\frac{4}{3}$$

(4) 在实轴上，$(-\infty,-3]$，$[-1,0]$ 之间是根轨迹。

(5) 分离点：

$$\frac{1}{d}+\frac{1}{d+1}+\frac{1}{d+3}=0$$

整理得

$$3d^2+8d+3=0$$

则

$$d_1=-2.215,\quad d_2=-0.451$$

显然分离点位于实轴上$[-1,0]$间，故取 $d=-0.451$。

(6) 与虚轴交点：系统闭环特征方程为

$$D(s)=s^3+4s^2+3s+K^*=0$$

令 $s=j\omega$，则

$$D(j\omega)=(j\omega)^3+4(j\omega)^2+3(j\omega)+K^*=-j\omega^3-4\omega^2+j3\omega+K^*=0$$

分别令上式的实部与虚部等于零，求解

$$\begin{cases}K^*-4\omega^2=0\\3\omega-\omega^3=0\end{cases}\Rightarrow\begin{cases}\omega=0\\K^*=0\end{cases}\quad 和\quad\begin{cases}\omega=\pm\sqrt{3}\\K^*=12\end{cases}$$

第一组解是根轨迹的起点，故舍去。根轨迹与虚轴的交点为 $\lambda_{1,2}=\pm j\sqrt{3}$，对应的根轨迹增益为 $K^*=12$。由图 4-11 可知 $0<K^*<12$ 时系统稳定，故 $K^*=12$ 为临界根轨迹增益。根轨迹与虚轴的交点为对应的两个闭环极点，第三个闭环极点可由根之和法则求得

$$0-1-3=\lambda_1+\lambda_2+\lambda_3=\lambda_1+j\sqrt{3}-j\sqrt{3}\Rightarrow\lambda_3=-4$$

系统根轨迹如图 4-11 所示。

九、计算根轨迹增益

按式(4-9)相角条件绘出系统根轨迹后，还需要在根轨迹上标记出系统根轨迹增益

K^*（或 K）的数值。

对应根轨迹上某一点 s_l 的根轨迹增益 K_l^* 值，可以根据式(4－7)幅值条件来进行计算，即

$$K_l^* = \frac{|s_l - p_1||s_l - p_2|\cdots|s_l - p_n|}{|s_l - z_1||s_l - z_2|\cdots|s_l - z_m|} \tag{4-24}$$

式(4－24)表明，与根轨迹上的点 s_l 相对应的根轨迹增益 K_l^*，可以通过 s_l 点到所有开环极点 p_i ($i=1,2,3,\cdots,n$) 及所有开环零点 z_j ($j=1,2,3,\cdots,m$) 的几何长度 $|s_l - p_i|$ 及 $|s_l - z_j|$ 来计算。

假定取根轨迹上一系列不同的点 s_l，用上述方法就可求得根轨迹线上各点的 K_l^* 值。

利用下式就可以计算系统开环增益：

$$K = K^* \frac{\prod_{j=1}^{m}(-z_j)}{\prod_{i=1}^{n}(-p_i)} \tag{4-25}$$

使用式(4－25)时，需要注意，不计坐标原点的开环零、极点，否则式(4－25)无意义。

表 4－2 中，列出几种常见的开环零、极点分布图及相应的根轨迹，供绘制根轨迹作参考。

表 4－2　开环零、极点分布及其相应的根轨迹

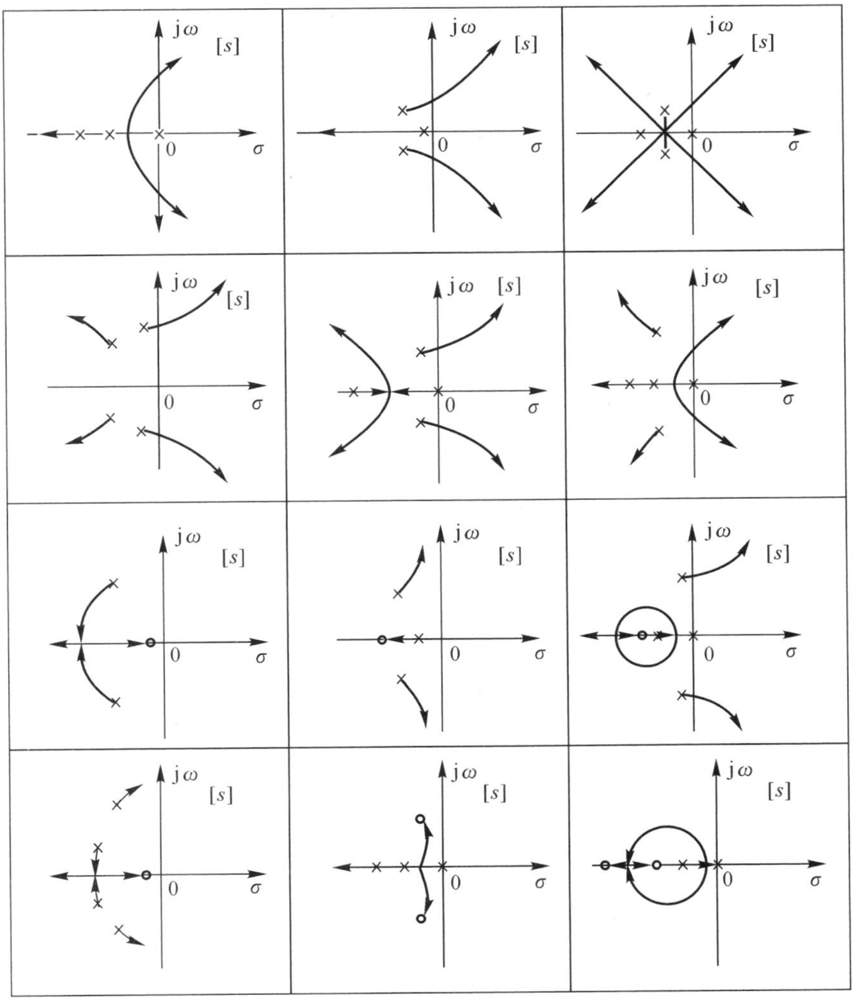

4-3 广义根轨迹和零度根轨迹

在负反馈系统中,除根轨迹增益 K^* 以外,系统其他参数(如时间常数、测速反馈系数等)变化时的根轨迹称广义根轨迹。与此相应,把负反馈系统中 K^* 变化时的根轨迹称常规根轨迹。此外,从更广泛的含义来说,也可以把零度根轨迹列入广义根轨迹的范畴。零度根轨迹既可源于正反馈系统,又可源于负反馈系统。

一、广义根轨迹

如果引入等效传递函数的概念,则广义根轨迹的绘制与常规根轨迹相同。下面举例说明。

【例 4-5】 已知图 4-12(a) 所示的测速反馈控制系统,试作出测速反馈系数 T_a 由零变化到无穷时的系统根轨迹。系统开环传递函数

$$G(s)=\frac{5(T_a s+1)}{s(5s+1)}$$

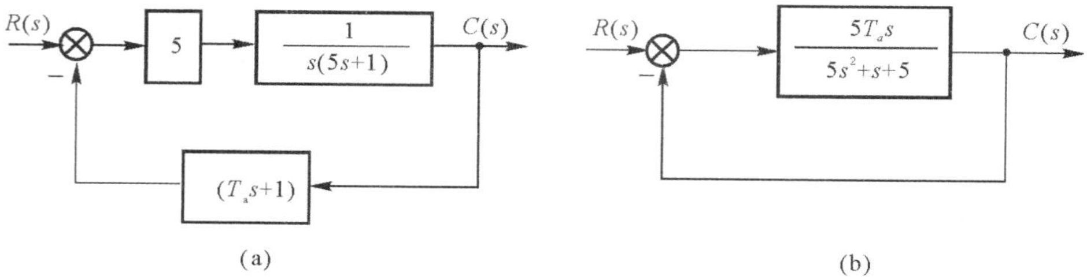

图 4-12 例 4-5 系统结构图

解 参数 T_a 并非是系统根轨迹增益,前述有关 K^* 变化时的根轨迹法则不能直接使用,须将系统开环传递函数作适当的变换。

系统闭环特征方程

$$D(s)=s(5s+1)+5(T_a s+1)=0$$

对上式整理如下:

$$5s^2+s+5+5T_a s=0$$

根据上式可以构成等效系统如图 4-12(b) 所示。等效系统的开环传递函数为

$$G_{等效}(s)=\frac{5T_a s}{5s^2+s+5}$$

所谓等效是指图 4-12(b) 所示系统与图 4-12(a) 所示原系统的闭环特征方程相同。

将等效传递函数 $G_{等效}(s)$ 写成零、极点形式

$$G_{等效}(s)=\frac{T_a s}{(s+0.1+\mathrm{j}0.99)(s+0.1-\mathrm{j}0.99)}$$

这样,式中 T_a 就相当于等效系统的根轨迹增益。因此,其根轨迹可以根据绘制常规根轨迹的基本法则绘制。

T_a 由 $0\sim\infty$ 变化时的根轨迹:等效开环传递函数 $G_{等效}(s)$ 有两个复数极点

$$p_1=-0.1+\mathrm{j}0.09,\quad p_2=-0.1-\mathrm{j}0.09$$

和一个零点 $z_1=0$。

根轨迹如图 4－13 所示，即表示了原系统 T_a 由 $0\sim\infty$ 变化时的根轨迹。

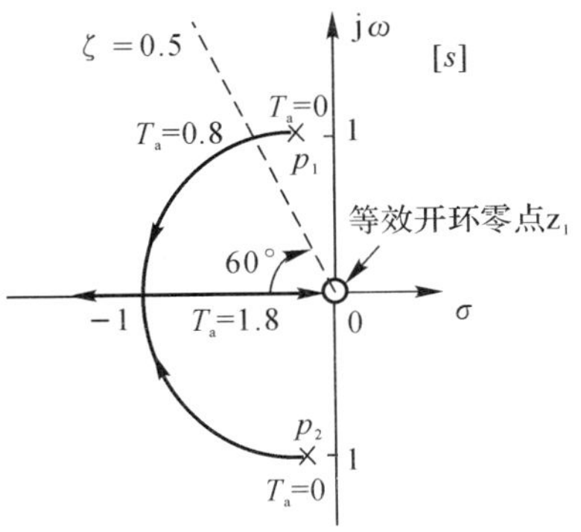

图 4－13　例 4－5 系统在 T_a 变化时的根轨迹

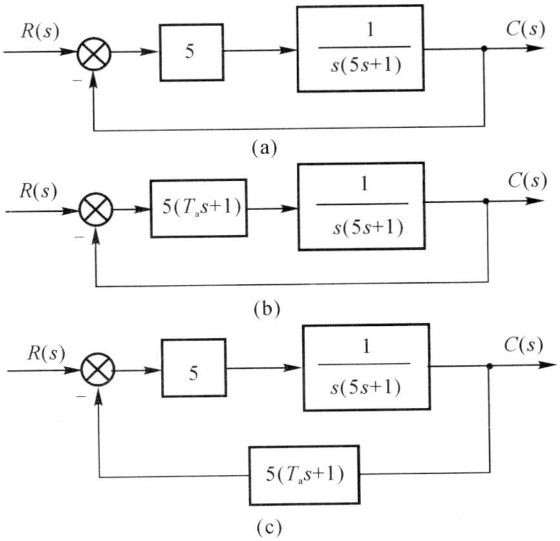

图 4－14　位置随动系统

值得指出的是，等效开环传递函数的零点 $z_1=0$，不是原系统的闭环零点。由图 4－12(a) 系统可知，原系统无闭环零点。这样，就可用原系统的闭环极点分布情况（由图 4－13 确定）来分析系统的动态性能。

当 T_a 很小时，闭环的一对共轭复数极点离虚轴很近，这是由于系统测速反馈信号很弱，阻尼比很小，使系统响应振荡强烈。

当 T_a 加大时，两个闭环极点远离虚轴，靠近实轴，系统的阻尼加强，振荡减弱，提高了系统的平稳性。当 T_a 再加大时，两个闭环极点变化到实轴上成为负实数，系统呈现过阻尼状态，阶跃响应具有非周期特性。

【例 4－6】　设位置随动系统如图 4－14 所示。图 4－14(a) 所示系统为比例控制系统，图 4－14(b) 所示系统为比例-微分控制系统，图 4－14(c) 所示系统为测速反馈控制系统，T_a 表示微分器时间常数或测速反馈系数。试分析 T_a 对系统性能的影响，并比较图 4－14(b)(c) 所示系统在具有相同阻尼比 $\xi=0.5$ 时的有关特点。

解　显然，图 4－14(b)(c) 所示系统具有相同的开环传递函数，即

$$G(s)H(s)=\frac{5(T_a s+1)}{s(5s+1)}$$

但是它们的闭环传递函数是不同的，即

$$\Phi_b(s)=\frac{5(T_a s+1)}{s(5s+1)+5(T_a s+1)} \tag{4-26}$$

和

$$\Phi_c(s)=\frac{5}{s(5s+1)+5(T_a s+1)} \tag{4-27}$$

从式(4-26)和式(4-27)可以看出,两者具有相同的闭环极点(在 T_a 相同时),因此,它们有相同的根轨迹,如图 4-15 所示,但是图 4-14(b) 所示系统有闭环零点($-1/T_a$),而图 4-14(c) 所示系统没有闭环零点。

为了确定图 4-14(b) 所示系统和图 4-14(c) 所示系统在 $\xi=0.5$ 时的闭环极点,可在图 4-15 中作 $\xi=0.5$ 线,得闭环极点为 $s_{1,2}=-0.5\pm j0.87$,相应 $T_a=0.8$,于是有

$$\Phi_b(s)=\frac{0.8(s+1.25)}{(s+0.5+j0.87)(s+0.5-j0.87)}$$

和

$$\Phi_c(s)=\frac{0.8}{(s+0.5+j0.87)(s+0.5-j0.87)}$$

而图 4-14(a) 所示系统的闭环传递函数与 T_a 值无关,应是

$$\Phi_a(s)=\frac{1}{(s+0.1+j0.995)(s+0.1-j0.995)}$$

各系统的单位阶跃响应,可以由拉氏反变换法确定为

$$h_a(t)=1-e^{-0.1t}(\cos 0.995t+0.1\sin 0.995t)$$

$$h_b(t)=1-e^{-0.5t}(\cos 0.87t-0.347\sin 0.87t)$$

$$h_c(t)=1-e^{-0.5t}(\cos 0.87t+0.578\sin 0.87t)$$

上述三种单位阶跃响应曲线,如图 4-16 所示。由图可见,对于图 4-14(b) 所示系统,由于微分控制反映了误差信号的变化率,能在误差信号增大之前,提前产生控制作用,因此具有良好的时间响应特性,呈现最短的上升时间,快速性较好;对于图 4-14(c) 所示系统,由于速度反馈加强了反馈作用,在上述三个系统中,具有最小的超调量。

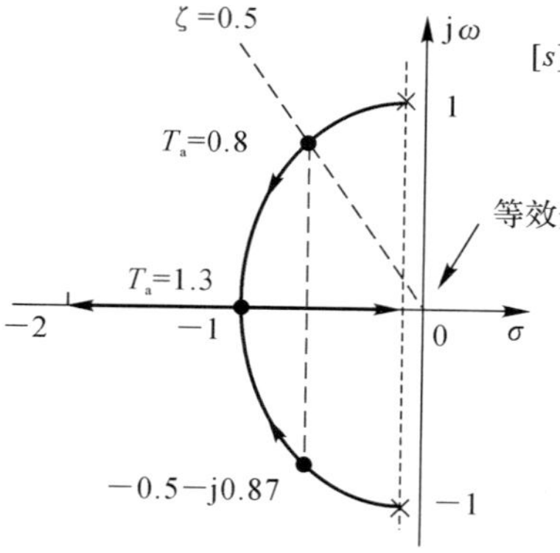

图 4-15 [例 4-6]系统根轨迹图

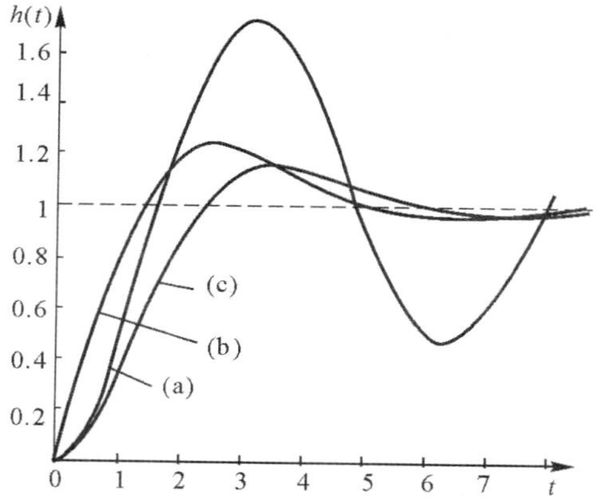

图 4-16 图 4-15 所示系统的单位阶跃响应曲线

如果位置随动系统承受单位斜坡输入信号,则同样可由拉氏反变换法确定它们的单位斜坡响应

$$c_b(t)=t-0.2+0.2e^{-0.5t}(\cos 0.87t-5.19\sin 0.87t) \tag{4-28}$$

$$c_c(t)=t-1+e^{-0.5t}(\cos 0.87t-0.58\sin 0.87t) \tag{4-29}$$

此时,系统将出现速度误差,其数值为 $e_{ss_b}=0.2$ 和 $e_{ss_c}=1$。图 4-14(a) 所示系统的速度误差,可利用终值定理求出 $e_{ss_a}=0.2$。根据式(4-28)和式(4-29),可以画出图 4-14(b) 和(c)

所示系统的单位斜坡响应曲线，如图 4－17 所示。

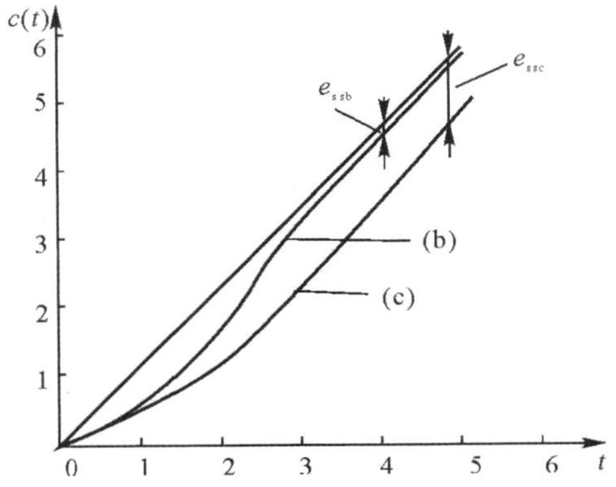

图 4－17　图 4－14(b)(c) 所示系统的单位斜坡响应曲线

最后，将图 4－14 所示位置随动系统的性能比较结果，列于表 4－3。

表 4－3　位置随动系统性能比较

性能	控制规律		
	(a) 比例	(b) 比例-微分	(c) 测速反馈
峰值时间 /s	3.14	2.62	3.62
调节时间 /s	30	6.1	6.3
超调量	73%	24.8%	16.3%
速度误差	0.2	0.2	1.0

二、零度根轨迹

若系统出现正反馈，或者在复杂系统中，可能遇到正反馈的内回路，这时闭环特征方程式（或正反馈的内回路特征方程式）有如下形式：

$$1-G(s)H(s)=0$$

式中，$G(s)H(s)$ 写成典型环节形式，其根轨迹方程即为

$$G(s)H(s)=1$$

或

$$|G(s)H(s)|=1$$

$$\angle G(s)H(s)=2k\pi+0^\circ \tag{4-30}$$

与常规根轨迹相比较，显然幅值条件相同，但相角条件不同，由于相角条件为$(2k\pi+0^\circ)$，故称为零度根轨迹。相应地，常规根轨迹相角条件为$(2k\pi+180^\circ)$，因此也称为180° 根轨迹。

因此，凡是与相角条件无关的绘制常规根轨迹的基本法则，均可应用于零度根轨迹的绘制。凡是与相角条件有关的一些法则，需作如下的修改：

(1) 渐近线与正实轴的夹角 φ_a

$$\varphi_a=\frac{2k\pi}{n-m}\quad (k=0,\pm 1,\pm 2,\cdots) \tag{4-31}$$

(2) 实轴上的根轨迹区段的右侧开环零、极点数之和为偶数。

(3) 出射角、入射角

$$\theta_{p_i}=\sum_{j=1}^{m}\varphi_{ji}-\sum_{\substack{j=1\\(j\neq i)}}^{n}\theta_{ji} \tag{4-32}$$

$$\varphi_{z_i}=-\sum_{\substack{j=1\\(j\neq i)}}^{m}\varphi_{ji}+\sum_{j=1}^{n}\theta_{ji} \tag{4-33}$$

如前所述，在复杂系统中，内回路采用了正反馈，这种系统通常由外回路加以稳定。为了分析整个系统的性能，首先要确定内回路的零、极点。当用根轨迹确定内回路的零、极点时，就相当于绘制正反馈系统的根轨迹。为了说明正反馈系统根轨迹的绘制，现举例如下。

【例 4-7】 设单位正反馈系统如图 4-18 所示。试绘制根轨迹。

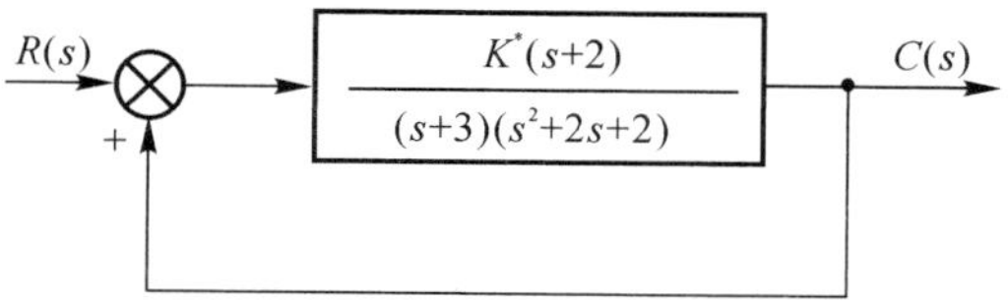

图 4-18 例 4-7 正反馈系统结构图

解 由图 4-18 可知，系统开环传递函数

$$G(s)=\frac{K^*(s+2)}{(s+3)(s^2+2s+2)}$$

系统闭环传递函数

$$\Phi(s)=\frac{G(s)}{1-G(s)}$$

闭环特征方程为

$$1-G(s)=0$$

可见，其闭环特征方程是符合零度根轨迹的。根据零度根轨迹的绘制法则作零度根轨迹：

(1) 开环极点($n=3$)，有 3 个：

$$p_1=-3,\quad p_2=-1+\mathrm{j},\quad p_3=-1-\mathrm{j}。$$

开环零点($m=1$) 有 1 个：

$$z_1=-2$$

(2) 实轴上的根轨迹区段为$[-2\sim 0]$，$[0\sim\infty)$ 和$[-3\sim-\infty)$

(3) 渐近线。根据式(4-31) 得

$$\varphi_a=\frac{2k\pi}{n-m}=\frac{2k\pi}{2}=0°,180°$$

即为正实轴和负实轴，不必再求 σ_a。

(4) 出射角。根据式(4-32) 得

$$\theta_{p_2}=\varphi_{12}-\theta_{12}-\theta_{32} \tag{4-34}$$

由图 4-19 所示开环零、极点分布图可求得

$$\varphi_{12}=45°,\quad \theta_{12}=26.6°,\quad \theta_{32}=90°$$

将这些值代入式(4-34) 得

$$\theta_{p_2}=45°-90°-26.6°=-72°$$

根据根轨迹的对称性可得 $\theta_{p_3}=72°$。

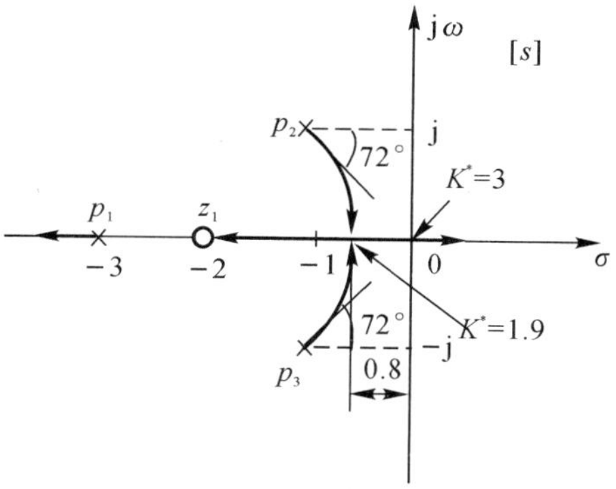

图 4-19　例 4-7 系统的根轨迹

(5) 分离点坐标。根据常规根轨迹法则五，由方程式(4-14)得

$$\frac{1}{d+3}+\frac{1}{d+1+\mathrm{j}}+\frac{1}{d+1-\mathrm{j}}=\frac{1}{d+2}$$

解得

$$d_1=-0.8,\quad d_{2,3}=-2.35\pm \mathrm{j}0.77(\text{舍去})$$

绘出正反馈系统根轨迹如图 4-19 所示。

4-4　系统性能分析与估算

利用根轨迹，可以定性分析当系统某一参数变化时系统动态性能的变化趋势，在给定该参数值时可以确定相应的闭环极点。本节将通过示例，说明如何应用根轨迹法分析和估算系统性能。

【例 4-8】　一单位反馈系统的开环传递函数为

$$G(s)=\frac{K^*}{s^2(s+10)}$$

试画出闭环系统的根轨迹。

解　此系统有三个开环极点：$p_1=0$，$p_2=0$，$p_3=-10$。

由常规根轨迹法则作出根轨迹如图 4-20 所示。

由图 4-20 可见，有两条根轨迹线始终位于[s]平面的右半平面，即闭环系统始终有两个右极点，这表明 K^* 无论取何值，此系统总是不稳定的。这样的系统，称为结构不稳定系统。

如果在系统中附加一个开环零点 z_1，z_1 为负的实数零点，用来改善系统动态性能，则系统开环传递函数变为

$$G_0(s)=\frac{K^*(s-z_1)}{s^2(s+10)}$$

将 z_1 设置在[0 ～ −10]之间，则附加零点后的系统根轨迹，如图 4-21 所示。

很明显，当 K^* 由 0 ～ ∞ 变化时，这 3 条根轨迹线均处在[s]平面的左半平面，即无论 K^* 取何值，系统总是稳定的，而且闭环系统总有一对靠近虚轴的共轭复数极点，即系统的主导极点。因此，无论 K^* 取何值，系统的阶跃响应都是衰减振荡的，且振荡频率随 K^* 增大而增大。只要适当选取 K^* 值，可以得到满意的系统动态性能。

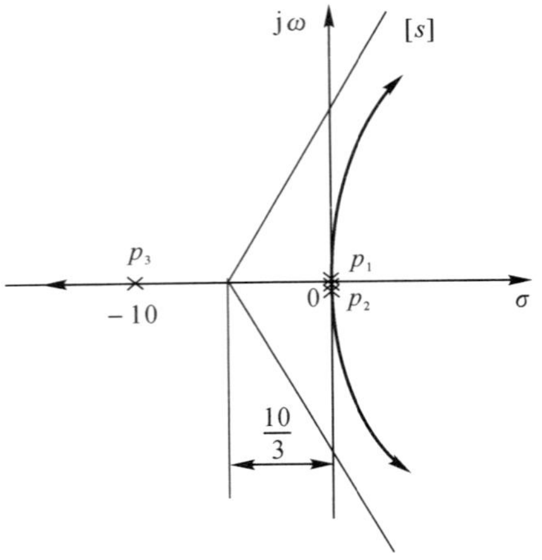

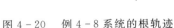

图 4-20　例 4-8 系统的根轨迹

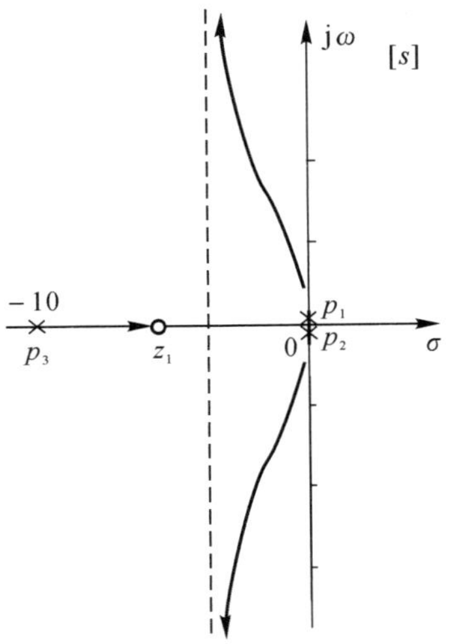

图 4-21　附加零点后的根轨迹

若附加零点 $z_1<-10$，如取 $z_1=-20$，则系统根轨迹如图 4-22 所示。

由图 4-22 可见，系统仍有两条根轨迹分支始终位于[s]平面的右半平面，系统仍无法稳定。因此，引入的附加零点要适当，才能对系统的性能有所改善。

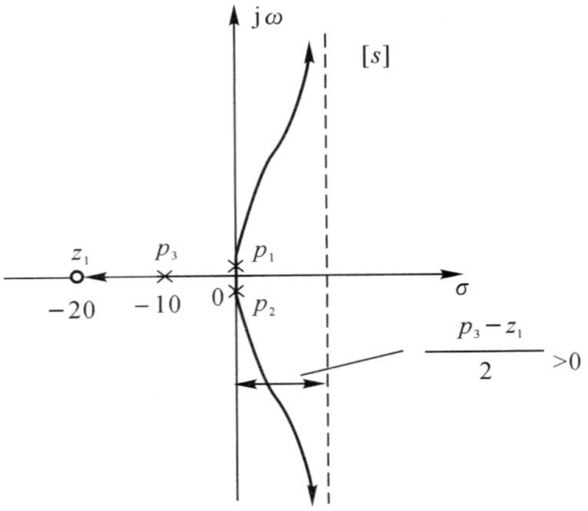

图 4-22　附加零点后的根轨迹

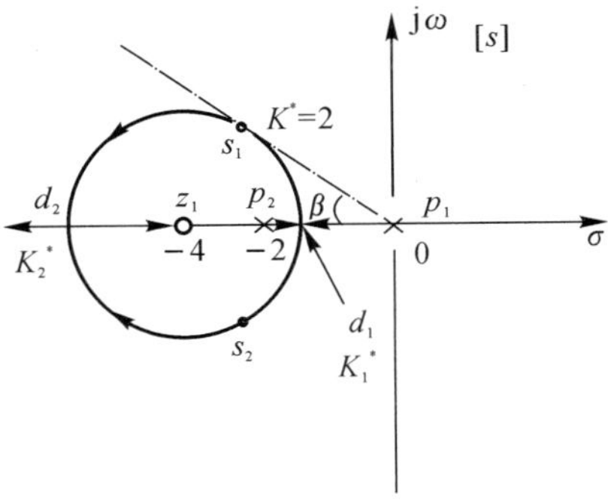

图 4-23　例 4-9 系统的根轨迹

【例 4-9】　一单位反馈系统，其开环传递函数为

$$G(s)=\frac{K^*(s+4)}{s(s+2)}$$

试作根轨迹，分析 K^* 对系统性能的影响，并求出系统最小阻尼比所对应的闭环极点。

解　开环传递函数有两个极点、一个零点，且位于两个极点左侧。可以证明，此类带零点的二阶系统的根轨迹其复数部分为一个圆，其圆心在开环零点处，半径为零点到分离点的距离。分离点为

$$d_1=-1.17,\quad d_2=-6.83$$

系统根轨迹如图 4-23 所示。

利用幅值条件式(4-7)求得分离点 d_1,d_2 处的根轨迹增益 K_1^* 和 K_2^* 为

$$K_1^* = \frac{|d_1||d_1+2|}{|d_1+4|} = \frac{1.17\times 0.828}{2.83} = 0.343$$

$$K_1 = 2K_1^* = 0.686$$

$$K_2^* = \frac{6.83\times 4.83}{2.83} = 11.7,\quad K_2 = 23.4$$

可见,当根轨迹增益 K^* 在[0,0.343]范围内时,闭环系统为两个负实数极点,系统阶跃响应为非周期性质。

当根轨迹增益 K^* 在[0.343,11.7]范围内时,闭环系统为一对共轭复数极点,其阶跃响应为振荡衰减过程。

当根轨迹增益 K^* 在[11.7,∞)范围内时,闭环系统又为两个负实数极点,其阶跃响应又为非周期性质。

下面求解系统最小阻尼比所对应的闭环极点。

在图 4-23 中,过坐标原点作根轨迹圆的切线,此切线与负实轴夹角的余弦,即为系统的最小阻尼比

$$\xi = \cos\beta = \cos 45^\circ = 0.707$$

因此,最小阻尼比 $\xi = 0.707$ 所对应的闭环极点可从图 4-23 直接得到

$$s_{1,2} = -2 \pm j2$$

该点对应的 K^* 值可用幅值条件求得,$K^* = 2$。

由于最小阻尼比为 0.707,故系统阶跃响应具有较好的平稳性和快速性。

【例 4-10】 某非最小相位系统开环传递函数为

$$G(s)H(s) = \frac{K^*(s+1)}{s(s-3)}$$

试作系统根轨迹。

解 所谓非最小相位系统,就是指在[s]平面的右半平面内具有开环零、极点的系统。反之,则为最小相位系统。如前面分析的系统均属于最小相位系统。

绘制非最小相位系统的根轨迹一般与绘制常规根轨迹法则相同。在非最小相位系统中,虽为负反馈系统,但有时会出现[$1-G(s)H(s)$]形式的闭环特征式,这时应按零度根轨迹法则绘制。

系统根轨迹:

(1)$n=2$,有两条根轨迹线。

(2) 实轴上根轨迹区段[0,3]和(−∞,−1]。

(3) 渐近线 $\varphi_a = 180^\circ$。

(4) 分离点坐标

$$\frac{1}{d} + \frac{1}{d-3} = \frac{1}{d+1}$$

解得

$$d_1 = 1 \text{ 和 } d_2 = -3$$

分离点上的根轨迹增益分别求得为 $K_1^* = 1$ 和 $K_2^* = 9$。

(5) 根轨迹与虚轴的交点

$$\begin{cases} -3\omega + K^* \omega = 0 \\ \omega^2 = K^* \end{cases}$$

解得

$$\omega = \pm\sqrt{3}, \quad K^* = 3$$

根据上述分析计算，绘制系统根轨迹如图 4－24 所示。当 K^* 变化时，对阶跃响应的影响情况，读者可自行分析。

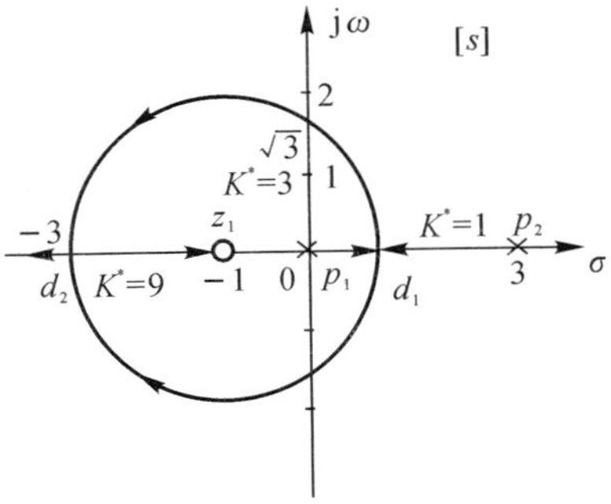

图 4－24　例 4－10 非最小相位系统的根轨迹

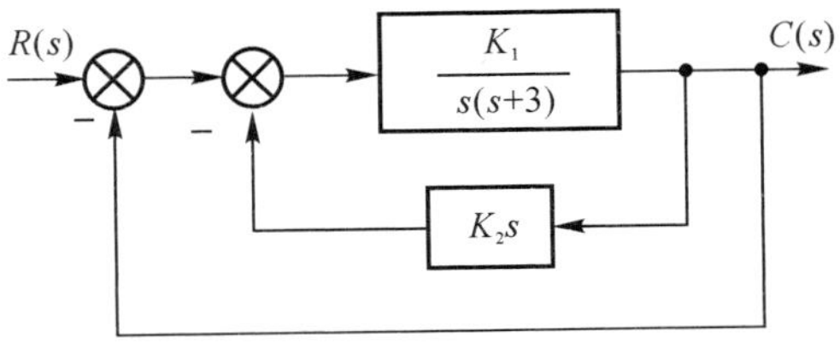

图 4－25　控制系统框图

【例 4－11】　如图 4－25 所示为一单位反馈系统，试选择参数 K_1 和 K_2，使控制系统满足以下性能指标要求：

(1) 单位斜坡输入时，系统的稳态误差 $e_{ss} \leqslant 0.35$；

(2) 闭环极点的阻尼比 $\xi \geqslant 0.707$；

(3) 调节时间 $t_s \leqslant 3$ s。

解　本例是两个参数同时变化时的根轨迹。系统的开环传递函数为

$$G(s) = \frac{K_1}{s(s + 3 + K_1 K_2)}$$

速度误差系数为

$$K_v = \frac{K_1}{3 + K_1 K_2}$$

根据对系统稳态误差的要求，得

$$e_{ss} = \frac{1}{K_v} = \frac{3 + K_1 K_2}{K_1} \leqslant 0.35$$

在$[s]$平面的左半平面上，过坐标原点作一条与负实轴成45°的直线，即在此直线上的闭环极点的阻尼比 ξ 为 0.707。

要求调节时间为

$$t_s = \frac{4}{\xi\omega_n} = \frac{4}{\sigma} \leqslant 3 \text{ s}$$

因此，闭环极点的实部 σ 必须大于 4/3。为了同时满足 ξ 和 t_s 的要求，闭环极点应位于图 4－26 所示的阴影区域内。令 $\alpha = K_1$，$\beta = K_1 K_2$，则系统闭环特征方程为

$$D(s) = s^2 + 3s + \beta s + \alpha = 0$$

$$G_{等效}(s) = \frac{\beta s}{s^2 + 3s + \alpha}$$

确定等效传递函数随参数 α 变化时的根轨迹。作如下传递函数：

$$G_0(s)=\frac{\alpha}{s(s+3)} \tag{4-35}$$

$G_0(s)$ 所对应的闭环特征方程 $s^2+3s+\alpha=0$ 的根轨迹，即 $G_{等效}(s)$ 的极点变化轨迹，如图 4－27 所示。

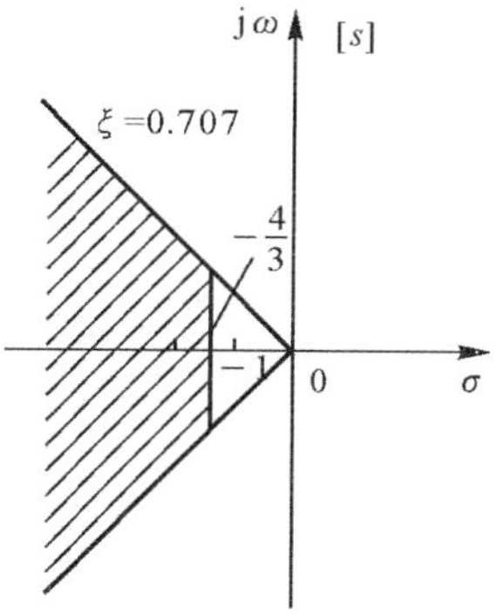

图 4－26 平面上期望极点区域

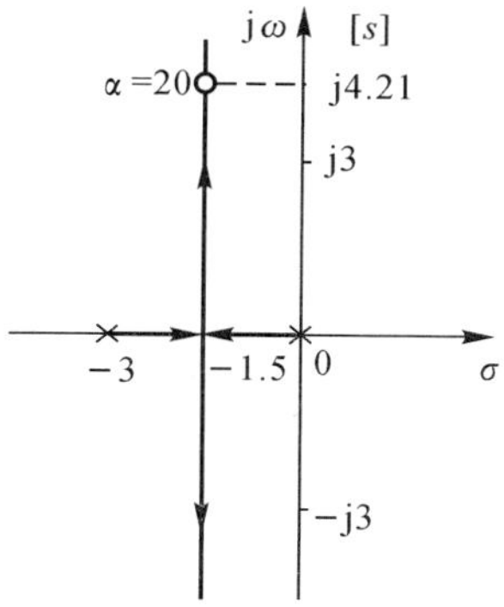

图 4－27 式(4－35)的根轨迹图

根据稳态性能要求，试取 $K_1=\alpha=20$，由式(4－35)可得特征方程

$$D(s)=s^2+3s+20=0$$

其中闭环极点为 $s=-1.5\pm j4.213$。

把特定的 $\alpha=20$ 和相应的闭环极点$(-1.5\pm j4.213)$代入 $G_{等效}(s)$ 得

$$G_{等效}(s)=\frac{\beta s}{s^2+3s+20}=\frac{\beta s}{(s+1.5+j4.213)(s+1.5-j4.213)} \tag{4-36}$$

则参数 β 变化时的根轨迹如图 4－28 所示。由该图的坐标原点作一条与负实轴成45°的直线，并与根轨迹相交于点 $-\sqrt{10}\pm j\sqrt{10}$，且 $\beta=3.32=20K_2$，即 $K_2=0.166$。

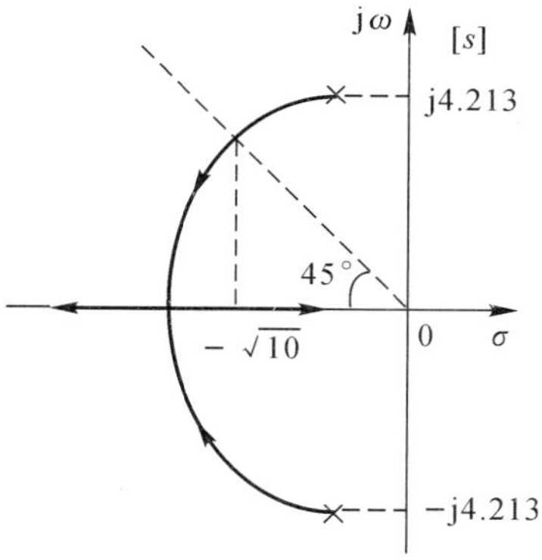

图 4－28 式(4－36)的根轨迹图

由于所求闭环极点的实部 $\sigma=-\sqrt{10}$，因而系统的调节时间为

$$t_s=\frac{4}{|\sigma|}=\frac{4}{\sqrt{10}}=1.265\text{s}<3\text{s}$$

在单位斜坡输入时，系统的稳态误差为

$$e_{ss}=\frac{3+K_1K_2}{K_1}=\frac{3+3.32}{20}=0.316<0.35$$

综上所述，$K_1=20$，$K_2=0.158$ 时系统达到要求的性能指标。

4－5　利用 MATLAB 分析根轨迹

一、利用 MATLAB 控制系统工具箱函数绘制根轨迹

(1)函数 rlocus( )：用于计算并绘制根轨迹图，具体使用见表 4－4。

表 4－4　rlocus 函数使用方法及说明

rlocus(sys)	绘制指定系统的根轨迹。缺省情况下，k 由系统自动确定
rlocus(sys,k)	绘制开环系统 sys 的闭环根轨迹，增益 k 由用户指定
rlocus(sys1,sys2,…,sysN)	在同一个窗口中绘制多个系统的根轨迹
[r,k]= rlocus(sys)	不绘制图形，计算并返回系统 sys 的根轨迹值
r= rlocus(sys,k)	不绘制图形，计算并返回系统的根轨迹值，增益 k 由用户指定

说明：1)系统 sys 为开环系统。

2)返回根轨迹参数。r 为复根位置矩阵。r 有 length(k)列，每列对应增益的闭环根返回指定增益 k 的根轨迹参数。r 为复根位置矩阵。r 有 length(k)列，每列对应增益的闭环根。

3)函数同时适用于连续时间系统和离散时间系统。

【例 4－12】 若单位反馈系统的开环传递函数为 $G(s)=\frac{K^*}{s(s+2)(s+4)}$，绘制系统的根轨迹。

解

MATLAB 命令窗口键入程序	运行结果

num=1;
den=conv([12 0],[1 4]);
rlocus(num,den)%绘制根轨迹
	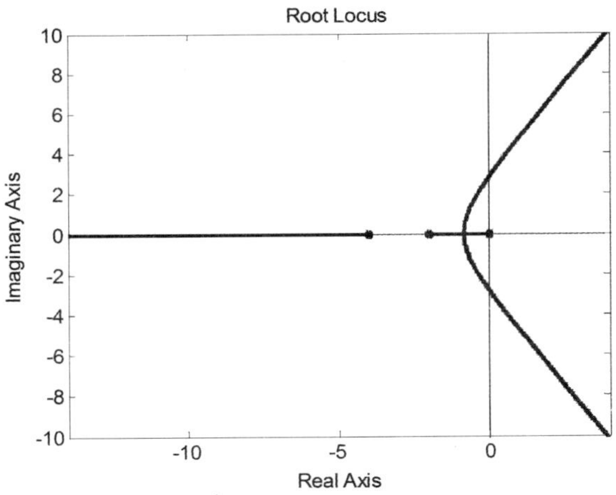

续表

MATLAB 命令窗口键入程序	运行结果
r=rlocus(num,den) %返回根轨迹参数	r = 1.0e+002 * 0 -0.0200 -0.0400 -0.0011 -0.0180 -0.0409 -0.0029 -0.0150 -0.0420 -0.0082 -0.0088 -0.0431 -0.0085 + 0.0000i -0.0085 - 0.0000i -0.0431 -0.0085 + 0.0003i -0.0085 - 0.0003i -0.0431 -0.0079 + 0.0060i -0.0079 - 0.0060i -0.0441 -0.0061 + 0.0133i -0.0061 - 0.0133i -0.0478 -0.0033 + 0.0210i -0.0033 - 0.0210i -0.0535 0.0009 + 0.0303i 0.0009 - 0.0303i -0.0619 0.0068 + 0.0420i 0.0068 - 0.0420i -0.0737 0.0149 + 0.0571i 0.0149 - 0.0571i -0.0899 0.0259 + 0.0769i 0.0259 - 0.0769i -0.1117 0.0406 + 0.1030i 0.0406 - 0.1030i -0.1411 1.3911 + 2.4441i 1.3911 - 2.4441i -2.8423 Inf Inf Inf

【例 4-13】 已知负反馈控制系统的结构框图如图 4-29 所示，其中 $G(s)=\dfrac{5}{s(s-2)}$，$H(s)=s+1$，绘制其闭环系统的根轨迹。

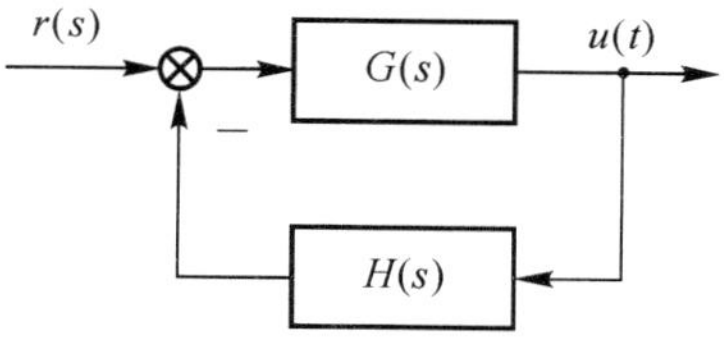

图 4-29 负反馈控制系统的框图

解

MATLAB 命令窗口键入程序	运行结果
>> G=tf([5],[1 -1 0]); >> H=tf([0.5 1],[1]); >> sys=G * H; >> rlocus(sys)	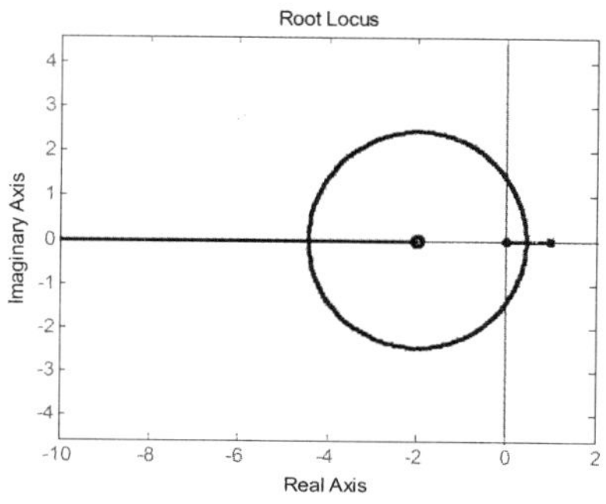

续表

MATLAB 命令窗口键入程序	运行结果
使用鼠标右键菜单添加网格线;使用鼠标左键单击图上任意一点,得到当前点的信息	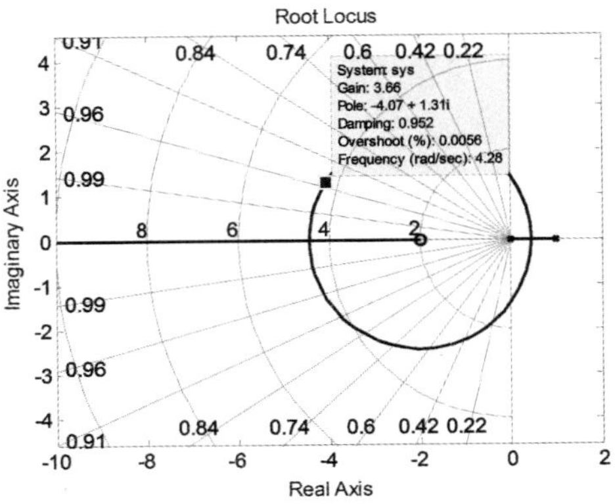

(2)函数 sgrid( ):用于为连续时间系统的根轨迹图添加网格线。sgrid 函数使用方法及说明见表 4-5。

表 4-5　sgrid 函数使用方法及说明

sgrid(z,wn)	为根轨迹图添加网格线,等阻尼比范围和等自然频率范围分别由向量 z 和 wn 确定

说明:1)网格线包括等阻尼比线和等自然频率线。

2)向量 z 和 wn 可缺省。缺省情况下,等阻尼比 z 步长为 0.1,范围为 0～1。等自然频率 wn 步长为 1,范围为 0～10。

【例 4-14】　在 MATLAB 中,使用函数 sgrid( )为【例 4-13】中根轨迹添加网格线。

MATLAB 命令窗口键入程序	运行结果
>> sgrid	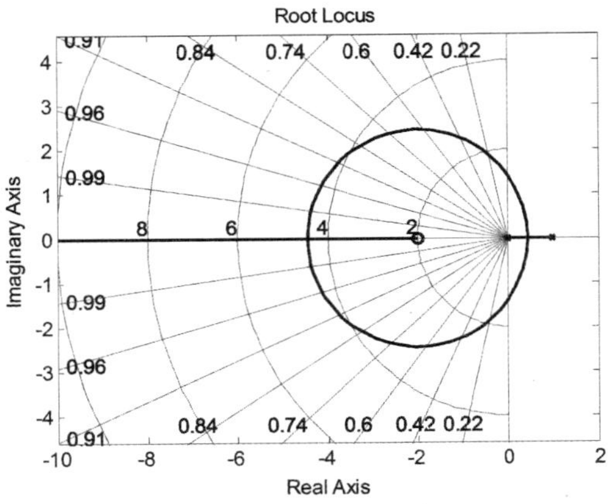

说明:使用函数 sgrid( ),在缺省 z 和 wn 情况下,和使用鼠标右键添加网格线的结果是完全相同的。

(3)函数 rlocfind():获得根轨迹上任一点对应的增益和闭环极点值。rlocfind 函数使用方法及说明见表 4－6。

表 4－6　rlocfind 函数使用方法及说明

[K,POLES] = rlocfind(G) [K,POLES]= rlocfind(G,P)	在根轨迹上单击一个极点，同时给出该增益所有对应极点值，返回 P 所对应根轨迹增益 K，及 K 所对应的全部极点值

【例 4－15】 若单位负反馈控制系统的开环传递函数为 $G(s)=\dfrac{K^*(s+0.3)}{s(s+1)(s+3)(s+5)}$。

(1)绘制系统的根轨迹；

(2)确定当系统稳定时，参数的取值范围；

(3)阻尼比 $\zeta=0.707$ 时，系统的闭环极点。

解

MATLAB 命令窗口键入程序	运行结果

num=[1 0.3];
den=conv([1 1 0],[1 8 15]);
G=tf(num,den);
K=0:0.05:200;
rlocus(G,K)
	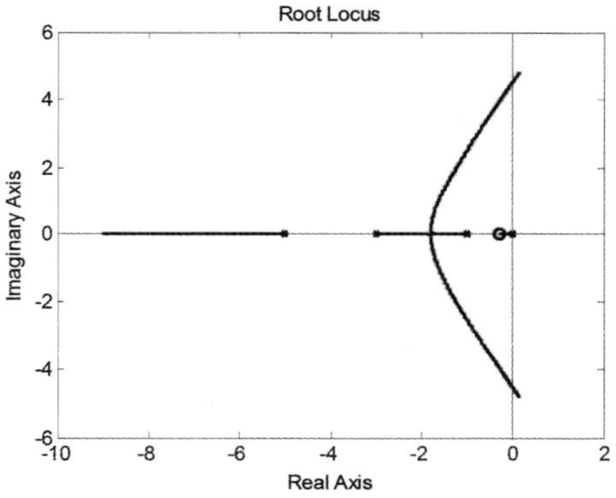

[K,POLES]= rlocfind(G)	Select a point in the graphics window selected_point = 0.0041 + 4.5722i K = 173.2049 POLES = －8.7517 0.0183 + 4.5647i 0.0183 － 4.5647i －0.2849
sgrid(0.707,[])　%只画 ζ=0.707 系数线	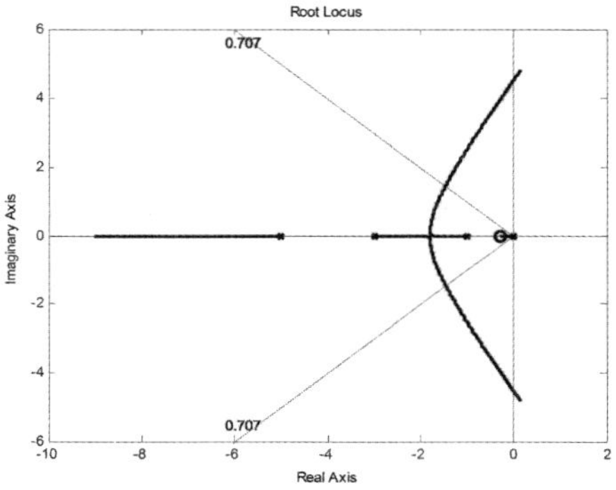

续表

MATLAB 命令窗口键入程序	运行结果
[K1,POLES1]= rlocfind(G)	Select a point in the graphics window selected_point = −1.4675 + 1.4668i K1 = 13.8257 POLES1 = −5.9157 −1.4602 + 1.4640i −1.4602 − 1.4640i −0.1640

说明：由于根轨迹图上选点的误差，临界点的值一般接近于根轨迹与虚轴的交点。此题，系统稳定的增益范围为 $0<K<173$。

二、利用 rltool 绘制和分析系统根轨迹

MATLAB 图形化根轨迹法分析与设计工具 rltool 是对 SISO 系统进行分析设计的，既可以分析系统根轨迹，又能对系统进行设计。在设计零、极点过程中，能够不断观察系统的响应曲线，看其是否满足控制性能要求，以此来达到提高系统控制性能的目的。

使用 rltool 的具体步骤如下：

(1)用户在命令窗口输入 rltool 命令即可打开图形化根轨迹法分析与设计工具。rltool 初始界面如图 4-30 所示。

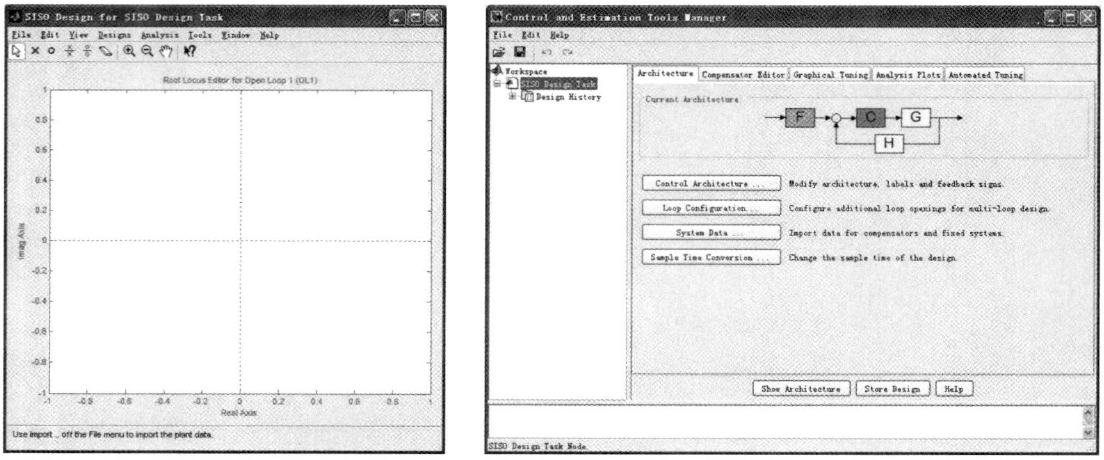

图 4-30　rltool 初始界面

(2)使用 rltool()函数也可以打开界面，其具体用法见表 4-7。

表 4－7　rltool 命令使用方法及说明

rltool(Gk)	指定开环传递函数
rltool(Gk,Gc)	指定待校正传递函数和校正环节
rltool(Gk,Gc,LocationFlag,... FeedbackSign)	指定待校正传递函数和校正环节，并指定校正环节的位置和反馈类型 LocationFlag = 'forward'：位于前向通道 LocationFlag = 'feedback'：位于反馈通道 FeedbackSign = －1：负反馈 FeedbackSign = 1：正反馈

用户可以通过 Control Architecture 窗口进行系统模型的修改，如图 4－31 所示，也可通过 System Data 窗口为不同环节导入已有模型，如图 4－32 所示。

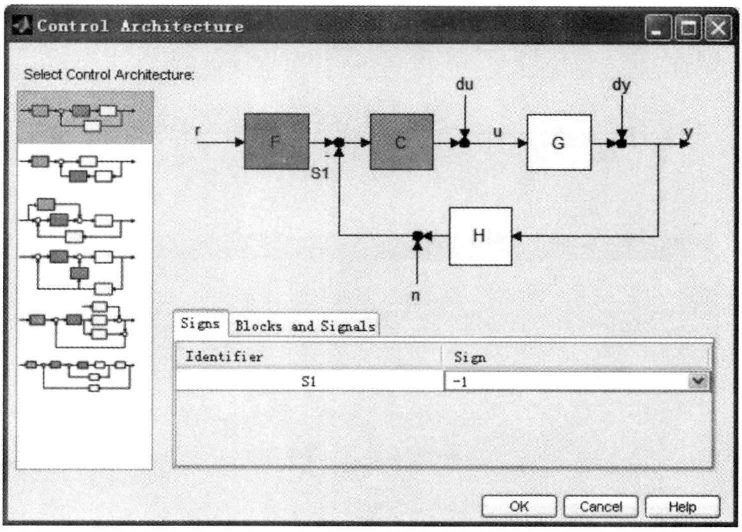

图 4－31　rltool 工具 Control Architecture 窗口

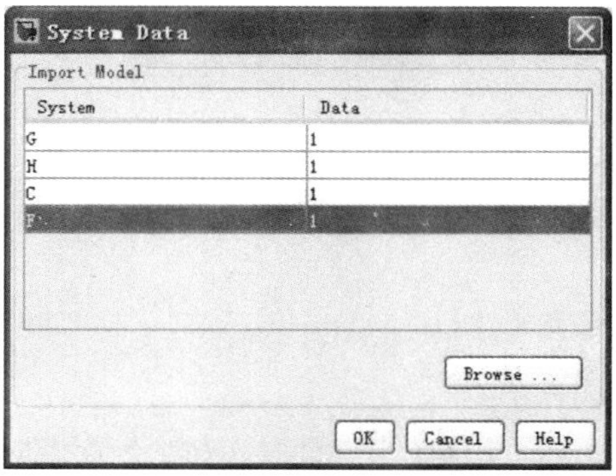

图 4－32　rltool 工具 System Data 窗口

可以通过 Compensator Editor 的快捷菜单进行校正环节参数的修改，

如增加或删除零、极点，增加超前或滞后校正环节等，如图 4－33 所示。通过 Analysis Plots 配置要显示的不同图形及其位置，如图 4－34 所示。

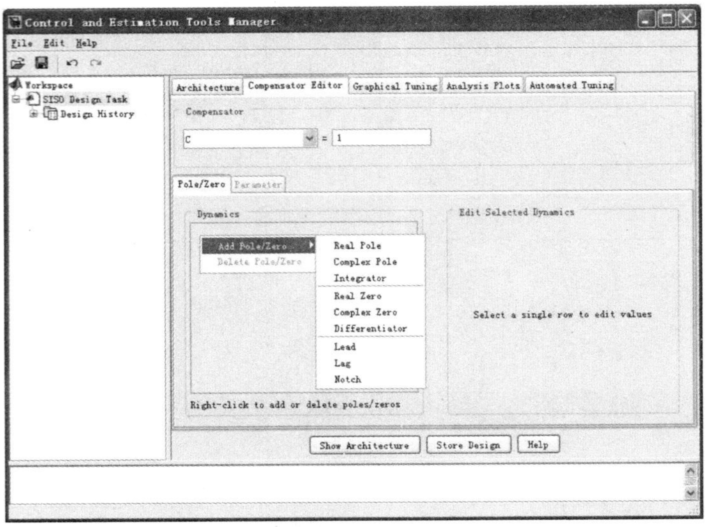

图 4－33　rltool 工具 Compensator Editor 窗口

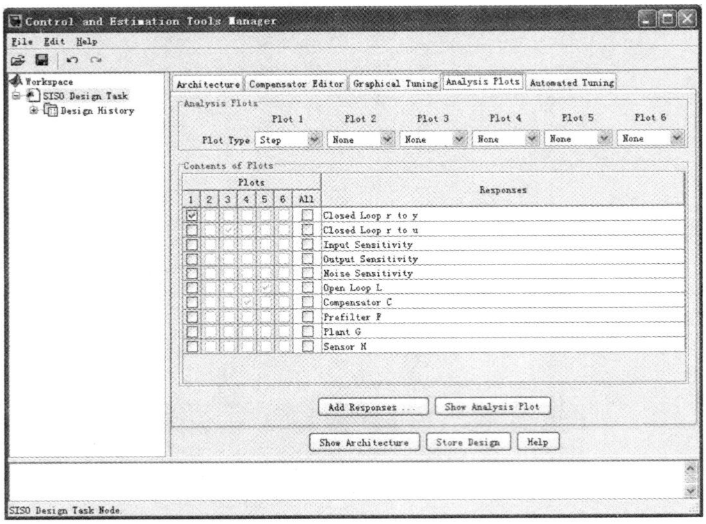

图 4－34　rltool 工具 Analysis Plots 窗口

【例 4－16】 系统开环传递函数 $G(s)=\dfrac{K^*(s+2)}{s(s+1)(s+3)}$，用根轨迹设计器查看系统增加开环零点或开环极点后对系统的性能。

解　(1)打开工具。在 MATLAB 命令窗口输入如下程序，结果如图 4－35 所示。

```
>> G=tf([1 2],conv([1 1 0],[1 3 ]))
>> rltool(G)
```

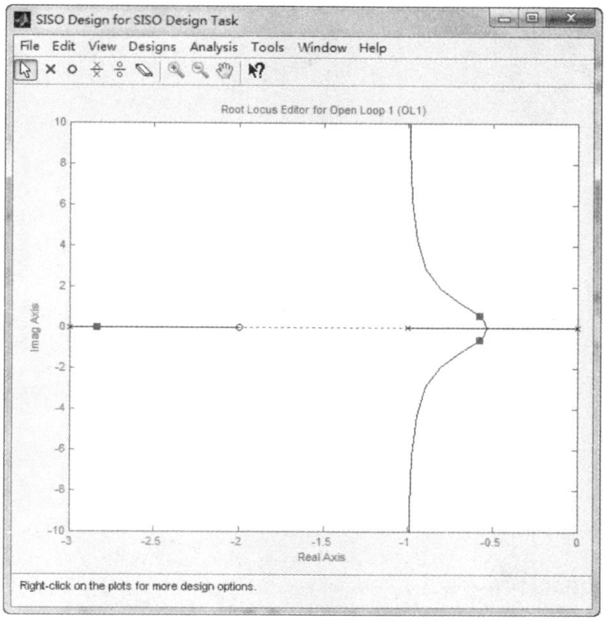

图 4－35　rltool 工具 Design Task 窗口

选择图 4－35 菜单中 Analysis ＞response to step command，显示选定根轨迹上对称点的单位阶跃响应曲线，如图 4－36 所示。

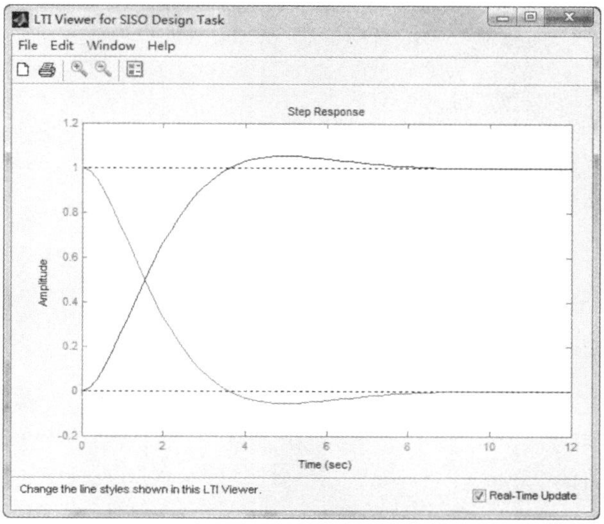

图 4－36　rltool 工具阶跃响应窗口

(2)增加开环零点。

在如图 4－35 所示的工具条中选择增加一对共轭复数零点，在窗口相应位置点击鼠标左键，加入相应零点，根轨迹随着变化。这里选择增加零点－0.5±4j，根轨迹如图 4－37 所示，选中点的阶跃响应如图 4－38 所示。

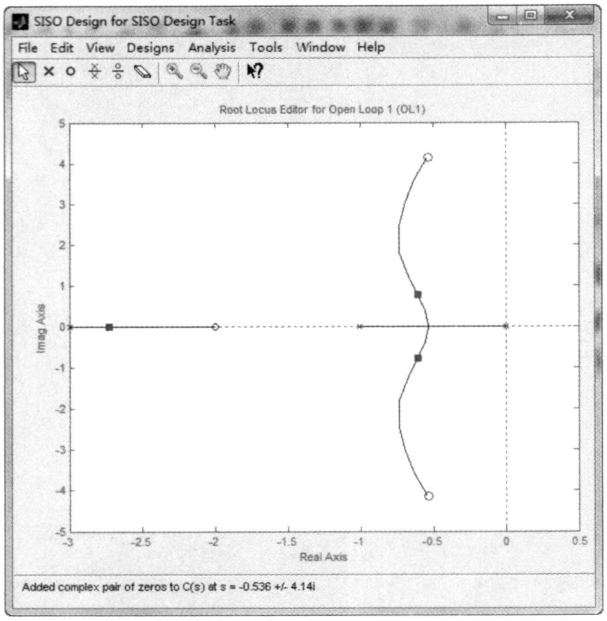

图 4-37　增加零点后的根轨迹

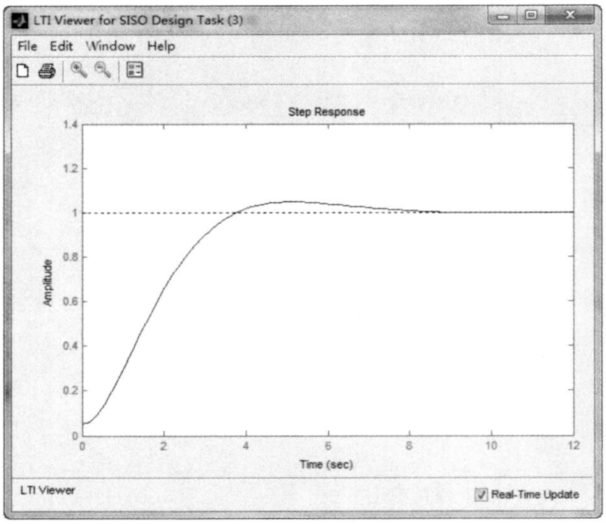

图 4-38　阶跃响应

可见增加零点－0.5±4j，根轨迹在[s]平面左侧，系统是稳定的。

(3)开环极点。

增加极点－0.5±4j，根轨迹如图 4-39 所示，选中点的阶跃响应如图 4-40 所示。可见增加极点－0.5±4j，根轨迹跨过虚轴进入右半平面，系统出现不稳定的情况。

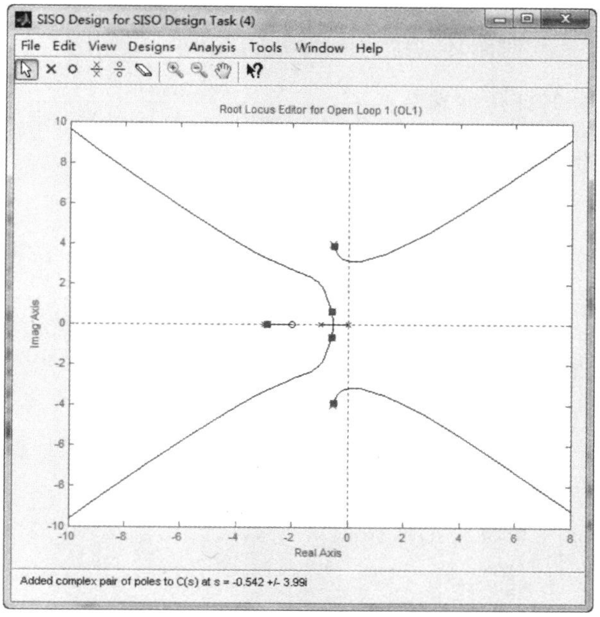

图 4-39　增加极点后的根轨迹

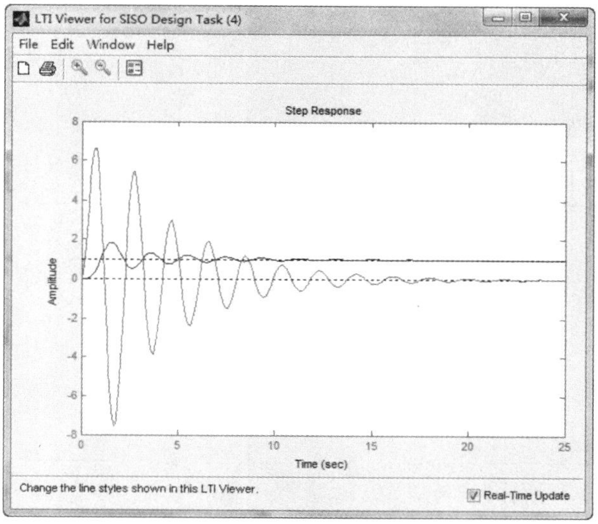

图 4-40　阶跃响应

三、MATLAB 边学边练

(1)已知系统的开环传递函数为 $G(s)=\dfrac{K^*(s+1)}{s^3+4s^2+2s+9}$，绘制系统的根轨迹。

(2)系统的开环传递函数为 $G(s)=\dfrac{K^*(s^2+5s+6)}{s^3+8s^2+3s+25}$。

1)绘制系统根轨迹；

2)确定系统稳定的 K 的范围。

3)分别绘制 $K=1$ 和 5 时闭环系统的阶跃响应。

(3)利用 rltool 设计开环传递函数为 $G(s)=\dfrac{s+0.125}{s^2(s+5)(s+20)(s+50)}$ 的单位反馈系统,使其阶跃响应具有良好的性能。

本章小结

(1)在已知开环零、极点分布的基础上,依据绘制根轨迹的基本法则,可以很方便地绘出闭环系统的根轨迹,并在根轨迹上确定闭环零、极点的位置;然后再利用主导极点概念,应用近似公式来分析和计算系统的动态性能。

(2)根轨迹法能较为方便地确定高阶系统中某个参数变化时闭环极点分布的规律,形象直观地看出参数对系统动态过程的影响。

(3)广义根轨迹与常规根轨迹都遵循相角为 180°的绘制法则,与零度根轨迹绘制法则的区别是与相角条件有关的三条法则。

(4)增加开环零、极点对根轨迹会产生不同的影响,可以分析系统性能随参数变化的趋势。

习　题

4-1　已知开环零、极点分布如图 4-41 所示。试概略绘制相应的闭环根轨迹图。

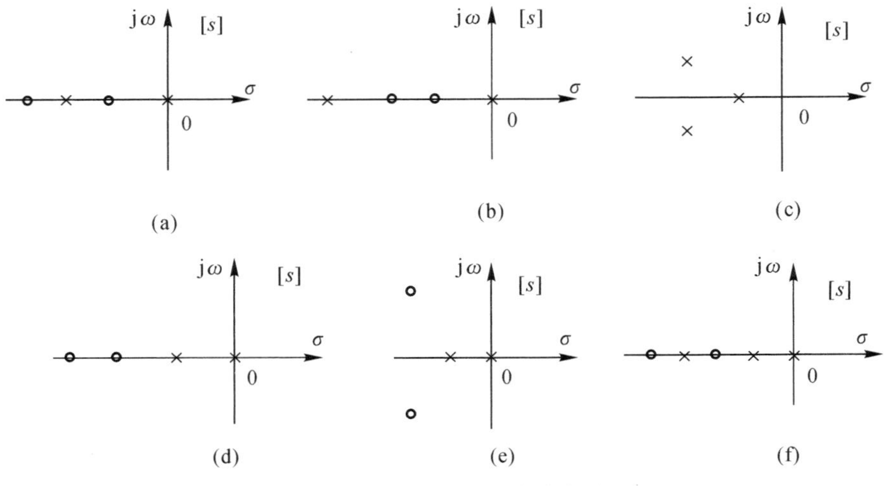

图 4-41　开环零、极点分布图

4-2　已知系统开环传递函数

$$G(s)=\frac{K^*(s+3)}{s(s+1)}$$

试作 K^* 从 $0\to\infty$ 的闭环根轨迹,并证明在[s]平面内的根轨迹是圆,求出圆的半径和圆心。

4-3　设单位反馈控制系统开环传递函数如下,试概略绘出系统根轨迹图(要求确定分离点坐标 d)。

(1)$G(s)=\dfrac{K}{s(0.2s+1)(0.5s+1)}$；　　(2)$G(s)=\dfrac{K^*(s+5)}{s(s+2)(s+3)}$。

4-4　已知单位反馈系统的开环传递函数如下，试概略绘出系统的根轨迹图(要求算出出射角)。

(1)$G(s)=\dfrac{K^*(s+2)}{(s+1+j2)(s+1-j2)}$；　　(2)$G(s)=\dfrac{K^*(s+20)}{s(s+10+j10)(s+10-j10)}$。

4-5　已知系统如图 4-42 所示。作根轨迹图，要求确定根轨迹的出射角和与虚轴的交点，并确定使系统稳定的 K 值的范围。

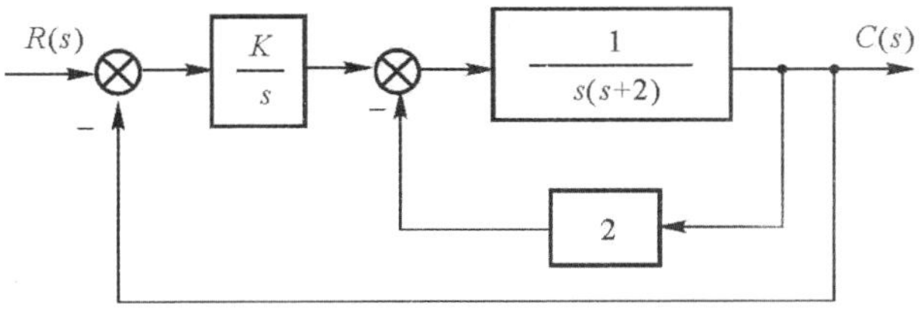

图 4-42　习题 4-5 图

4-6　已知单位反馈系统的开环传递函数如下，试画出概略根轨迹图。

(1)$G(s)=\dfrac{K^*}{s(s+5)}$；　　(2)$G(s)=\dfrac{K^*(s+4)}{s(s+5)}$；

(3)$G(s)=\dfrac{K^*(s+20)}{s(s+5)}$。

4-7　设系统开环传递函数为

$$G(s)=\frac{20}{(s+4)(s+b)}$$

试作出 b 从 $0\rightarrow\infty$ 变化时的根轨迹图。

4-8　设系统的闭环特征方程为

$$s^2(s+a)+K(s+1)=0\qquad(a>0)$$

(1) 当 $a=10$ 时，作系统根轨迹图，并求出系统阶跃响应分别为单调、阻尼振荡时(有复极点)K 的取值范围。

(2) 若使根轨迹只具有一个非零分离点，求此时 a 的取值，并作出根轨迹图。

(3) 当 $a=5$ 时，说明是否具有非零分离点，并做出根轨迹。

4-9　试作出如图 4-43 所示系统 K 从 $0\rightarrow\infty$ 时的系统根轨迹图，并确定使系统稳定的 K 值范围。

4-10　试作出如图 4-44 所示系统的根轨迹，图中 $H(s)$ 分别为

(1)$H(s)=1$；　　(2)$H(s)=s+1$；　　(3)$H(s)=s+3$。

4-11　设控制系统如图 4-45 所示，为了使系统闭环极点为 $s_{1,2}=-1\pm j\sqrt{3}$，试确定增益 K 和速度反馈系数 K_h 的数值，并利用 K_h 值绘制系统的根轨迹图。

4-12　为了使如图 4-46 所示系统的闭环极点的希望位置为 $s_{1,2}=-1.6\pm j4$，在前向通路中串入一个校正装置作补偿，其传递函数为

$$G_c(s)=\frac{s+2.5}{s+a}$$

图中

$$G(s)=\frac{K}{s(s+1)}$$

试确定:(1) 所需的 a 值;

(2) 所希望的闭环极点上的 K 值;

(3) 第三个闭环极点的位置。

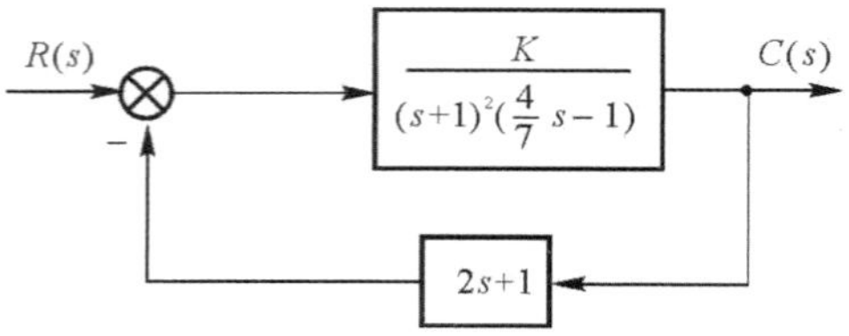

图 4-43　习题 4-9 图

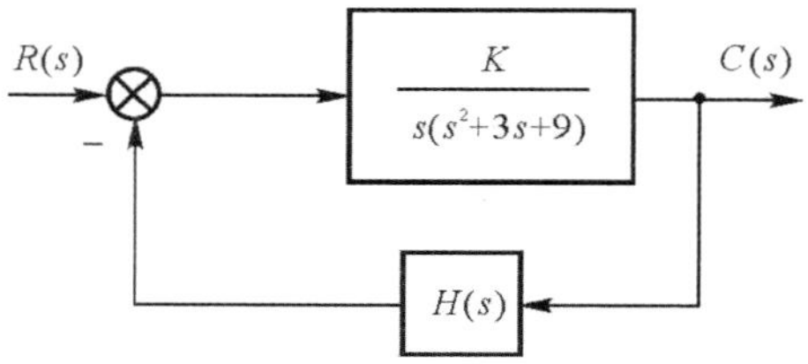

图 4-44　习题 4-10 图

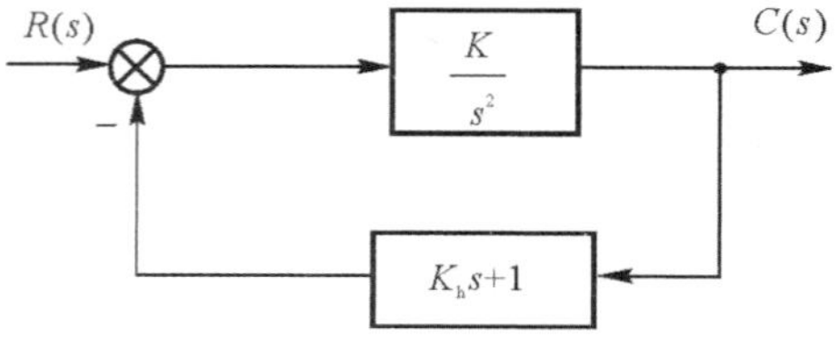

图 4-45　习题 4-11 图

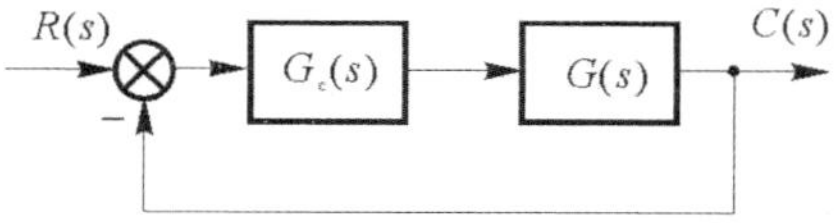

图 4-46　习题 4-12 图

4-13　设负反馈系统的开环传递函数为

$$G(s)=\frac{K^{*}(s+2)}{s(s+1)(s+3)}$$

(1) 试作系统的根轨迹图。

(2) 求当 $\xi=0.5$ 时,闭环系统的一对主导极点值,并求 K 值与另一个极点。

(3) 求出满足条件(2) 下的闭环零、极点分布,并求出其在阶跃作用下的性能指标。

4-14　如图 4-47 所示的随动系统,其开环传递函数为

$$G(s)=\frac{K}{s(5s+1)}$$

为了改善系统性能,分别采用在原系统中加比例-微分串联校正和速度反馈校正两种不同方案。

(1) 试分别绘制这三个系统的根轨迹图。

(2) 当 $K=5$ 时,根据闭环零、极点分布,试比较两种校正对系统阶跃响应的影响。

4-15　系统的开环传递函数为

$$G(s)=\frac{K^{*}}{s(s+2)(s^{2}+2s+2)}$$

试绘制系统的根轨迹图,并确定系统输出为等幅振荡时的闭环传递函数。

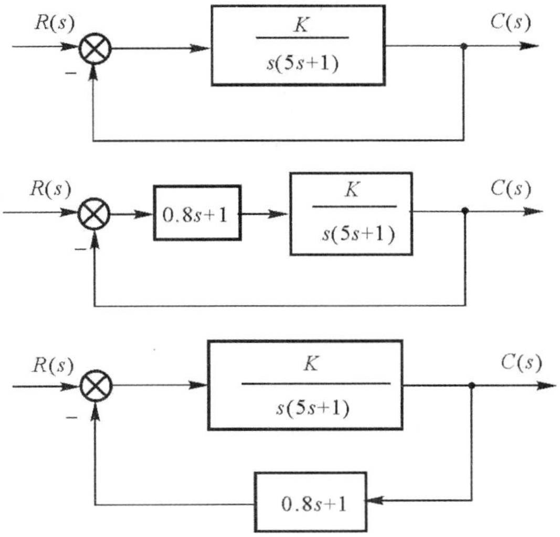

图 4-47　习题 4-14 图

第五章　频率响应法

5-1　引　　言

系统的频率响应就是系统在输入正弦信号时的稳态响应。频率法所研究的问题，仍然是自动控制系统的运动特性，即稳定性、快速性与稳态精度。在研究方法上，频率法是间接地应用开环或闭环的频率特性图形来分析和计算系统性能的一种方法。

频率特性是定义复变量 s 在复平面虚轴上变化的传递函数，是传递函数的一种特殊形式。即系统频率特性为

$$\Phi(s)\big|_{s=j\omega}=\Phi(j\omega)$$

部件频率特性为

$$G(s)\big|_{s=j\omega}=G(j\omega)$$

频率特性与微分方程、传递函数一一对应。因此，当已知系统运动方程（微分方程或传递函数）时，就可得到其频率特性。

频率特性具有明确的物理意义，可以用实验方法来确定，这对于难以列写运动方程的元、部件或系统来说，具有很大的实际意义。另外，控制系统的频率设计可以兼顾动态响应和噪声抑制两方面的要求。因此，频率特性是控制系统在频率域分析、设计系统的数学模型。

5-2　频率特性的基本概念

一、频率特性定义

一个稳定的线性定常系统（或部件），在正弦信号作用下其输出的稳态分量也是一个正弦信号，而且其角频率与输入信号角频率相同，但振幅和相位则一般不同于输入信号的振幅和相位，且随角频率的改变而改变，如图 5-1 所示。

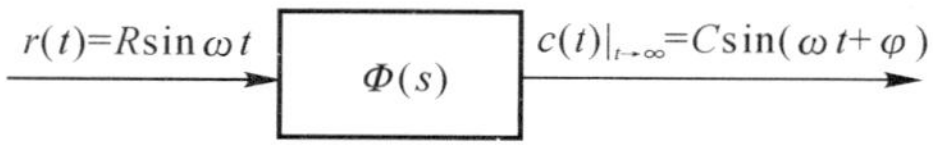

图 5-1　系统在正弦信号作用下的稳态响应

若不断改变输入信号角频率 ω，并测得对应的稳态输出振幅 $C(\omega)$ 及输出相对于输入的相位差 $\varphi(\omega)$，就可测得频率特性。其中稳态输出振幅与输入振幅之比，称为**幅频特性**，即

$$\frac{C(\omega)}{R(\omega)}=|\Phi(j\omega)|$$

稳态输出对输入的相角差 $\varphi(\omega)$，称为**相频特性**，即

$$\varphi(\omega)=\angle C(\mathrm{j}\omega)-\angle R(\mathrm{j}\omega)=\angle \Phi(\mathrm{j}\omega)$$

幅频特性及相频特性统称为**频率特性**。

上述结果也可以从理论上证明：系统在正弦输入 $r(t)=R\sin\omega t$ 作用下的输出响应，可用拉氏变换法求解。输出的拉氏变换式为

$$C(s)=\Phi(s)R(s) \tag{5-1}$$

式中

$$R(s)=\frac{R\omega}{s^2+\omega^2}=\frac{R\omega}{(s+\mathrm{j}\omega)(s-\mathrm{j}\omega)} \tag{5-2}$$

设系统传递函数为

$$\Phi(s)=\frac{M(s)}{(s+s_1)(s+s_2)\cdots(s+s_n)} \tag{5-3}$$

式中，$-s_1,-s_2,\cdots,-s_n$ 为系统特征根。假定系统稳定，为便于讨论，同时假设特征根均为互异的负实根。

将式(5-2)和式(5-3)代入式(5-1)得

$$C(s)=\Phi(s)R(s)=\frac{M(s)}{(s+s_1)(s+s_2)\cdots(s+s_n)}\frac{R\omega}{(s+\mathrm{j}\omega)(s-\mathrm{j}\omega)}=$$

$$\frac{B}{s+\mathrm{j}\omega}+\frac{\overline{B}}{s-\mathrm{j}\omega}+\frac{A_1}{s+s_1}+\frac{A_2}{s+s_2}+\cdots+\frac{A_n}{s+s_n}$$

式中，$B,\overline{B},A_1,A_2,\cdots,A_n$ 为待定系数。对上式进行拉氏反变换得

$$c(t)=B\mathrm{e}^{-\mathrm{j}\omega t}+\overline{B}\mathrm{e}^{\mathrm{j}\omega t}+A_1\mathrm{e}^{-s_1t}+A_2\mathrm{e}^{-s_2t}+\cdots+A_n\mathrm{e}^{-s_nt} \tag{5-4}$$

当 t 趋于无穷时，输出稳态分量为

$$c(t)\mid_{t\to\infty}=B\mathrm{e}^{-\mathrm{j}\omega t}+\overline{B}\mathrm{e}^{\mathrm{j}\omega t} \tag{5-5}$$

求待定系数

$$B=\Phi(s)\frac{R\omega}{(s+\mathrm{j}\omega)(s-\mathrm{j}\omega)}(s+\mathrm{j}\omega)\mid_{s=-\mathrm{j}\omega}=-\frac{R}{2\mathrm{j}}\Phi(-\mathrm{j}\omega)=-\frac{R}{2\mathrm{j}}\mid\Phi(\mathrm{j}\omega)\mid\mathrm{e}^{-\mathrm{j}\angle\Phi(\mathrm{j}\omega)}$$

同理可得

$$\overline{B}=\frac{R}{2\mathrm{j}}\mid\Phi(\mathrm{j}\omega)\mid\mathrm{e}^{\mathrm{j}\angle\Phi(\mathrm{j}\omega)}$$

将 $B,\overline{B}$ 代入式(5-5)并整理得

$$c(t)\mid_{t\to\infty}=R\mid\Phi(\mathrm{j}\omega)\mid\left\{\frac{1}{2\mathrm{j}}\mathrm{e}^{\mathrm{j}[\omega t+\angle\Phi(\mathrm{j}\omega)]}-\frac{1}{2\mathrm{j}}\mathrm{e}^{-\mathrm{j}[\omega t+\angle\Phi(\mathrm{j}\omega)]}\right\}=$$

$$R\mid\Phi(\mathrm{j}\omega)\mid\sin(\omega t+\angle\Phi(\mathrm{j}\omega))=C(\omega)\sin(\omega t+\varphi(\omega)) \tag{5-6}$$

可以看出，系统的稳态输出是和输入有相同角频率的正弦信号，其稳态输出与正弦输入的振幅比为幅频特性 $\mid\Phi(\mathrm{j}\omega)\mid$；输出相对于输入的相角差为相频特性 $\varphi(\omega)=\angle\Phi(\mathrm{j}\omega)$。系统频率特性可写成

$$\Phi(\mathrm{j}\omega)=\mid\Phi(\mathrm{j}\omega)\mid\mathrm{e}^{\mathrm{j}\angle\Phi(\mathrm{j}\omega)}$$

显然，幅频特性描述了系统（或部件）对不同频率的正弦输入信号在稳态情况下的放大（或衰减）特性。而相频特性描述了系统对不同频率的正弦输入信号在相位上产生的相角迟后（或超前）特性。

上述理论证明是在假定线性系统稳定的条件下导出的。如果不稳定，则输出响应 $c(t)$ 最

终不可能趋于稳态振荡，当然也就无法由实际系统直接测量到这种稳态响应。但是从式(5-4)、式(5-5)和式(5-6)中不难看出，在理论上输出响应中的稳态分量总是可以分离出来的，并不依赖于系统的稳定性。因此频率法的应用不局限于稳定的系统。

二、频率特性的三种图示方法

下面以图 5-2 所示的 RC 网络为例，说明频率特性的三种图示方法。

网络传递函数为

$$G(s)=\frac{U_c(s)}{U_r(s)}=\frac{1}{RCs+1}=\frac{1}{Ts+1}$$

式中，$T=RC$，故 RC 网络的频率特性为

$$|G(j\omega)|=\frac{1}{\sqrt{1+\omega^2T^2}} \qquad 幅频特性 \qquad (5-7)$$

$$\angle G(j\omega)=-\arctan\omega T \qquad 相频特性 \qquad (5-8)$$

1. 幅相频率特性图

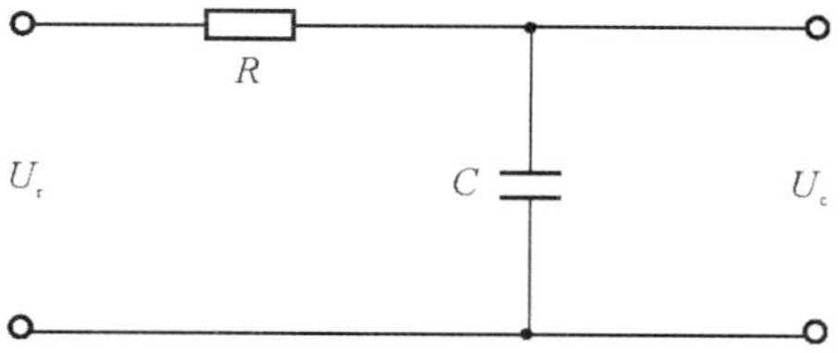

图 5-2　RC 网络

由式(5-7)和式(5-8)可以看出，对于一个确定的频率，必有一个相应的幅值和一个相应的相角与之对应，例如 $\omega=1/T$ 时，幅值为 $1/\sqrt{2}=0.707$，相角为 $-\arctan1=-45°$。幅值 0.707 和相角 $-45°$ 在复平面[G]上代表一个向量。当频率 ω 从零变化到无穷大时，相应地，向量的矢端就描绘出一条曲线，其计算值见表 5-1。向量矢端随 ω 增加方向运动的轨迹，就称为幅相频率特性曲线(简称幅相特性曲线)，又称奈奎斯特(H. Nyquist)图，也叫极坐标图，如图 5-3 中实线所示。

因为幅频特性是 ω 的偶函数，相频特性是 ω 的奇函数，一旦画出 ω 从零到无穷大的幅相特性曲线，则 ω 从负无穷到零变化的幅相特性曲线，可根据其对称于实轴的特性得到，如图 5-3 中虚线所示。可以证明，RC 网络(即惯性环节)的幅相特性曲线是以(1/2,j0)为圆心，1/2 为半径的圆。因为在工程实践中负频率是没有意义的，故一般只需画出 ω 从零到无穷变化的幅相特性曲线。图中曲线上箭头方向表示 ω 增加方向。

表 5-1　RC 网络的频率特性计算表

ω	$\|G(j\omega)\|$	$\angle G(j\omega)$
0	1	0°
1/T	0.707	-45°
∞	0	-90°

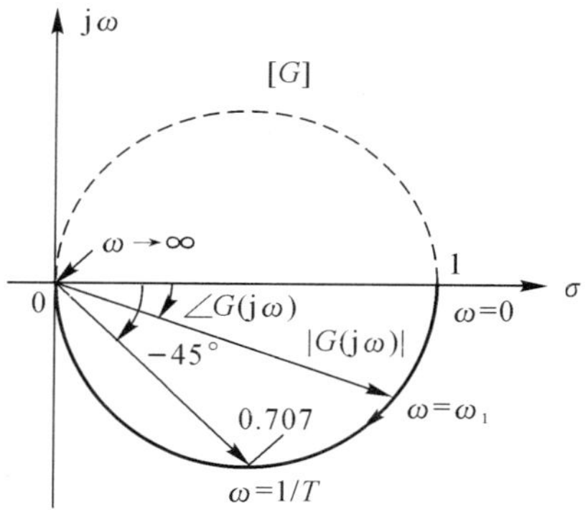

图 5-3　RC 网络的幅相特性图

2. 对数频率特性图

对数频率特性图，又称为伯德(Bode)图，包括对数幅频和对数相频两条曲线，是频率法中应用最广泛的一组曲线。

对数频率特性图绘制在特殊的对数坐标系中。对数幅频图的横坐标是频率 ω，单位为 rad/s，按对数刻度。频率每变化十倍，称为一个十倍频程，记作 dec。每个 dec 沿横坐标走过的间隔为一个单位长度。纵坐标是幅频 $L(\omega)=20\lg|G(j\omega)|$，单位是 dB，按线性均匀分度。对数相频图的横坐标也是按 $\lg\omega$ 刻度，纵坐标是相频 $\varphi(\omega)=\angle G(j\omega)$，按线性均匀分度。

下面仍以 RC 网络为例来说明对数频率特性图的绘制方法。

(1) 对数幅频特性图的绘制。

由式(5-7)可知，幅频特性为

$$|G(j\omega)|=\frac{1}{\sqrt{1+\omega^2T^2}}$$

对数幅频特性为

$$L(\omega)=20\lg|G(j\omega)|=20\lg 1-20\lg\sqrt{1+\omega^2T^2}=-20\lg\sqrt{1+\omega^2T^2} \tag{5-9}$$

根据式(5-9)，给定不同的 ω 值后，在单边对数坐标平面内就可得到一系列点，把各点顺 ω 增加方向连接起来，即为其对数幅频特性曲线 $L(\omega)$，如图 5-4 所示。为了作图方便，还可采用近似曲线，即渐近线来作图。近似作图法如下：

根据式(5-9)

$$L(\omega)=-20\lg\sqrt{1+\omega^2T^2}$$

当 $\omega T\ll 1$，即 $\omega\ll\frac{1}{T}$ 时，有

$$L(\omega)\approx 0 \quad \text{(为零分贝线)} \tag{5-10}$$

当 $\omega T\gg 1$，即 $\omega\gg\frac{1}{T}$ 时，则有

$$L(\omega)\approx -20\lg\omega T \tag{5-11}$$

由式(5-11)可见，$-20\lg\omega T$ 是 $\lg\omega$ 的一次线性函数，在对数坐标系中应是直线。例如

$\omega=1/T$ 时，　$-20\lg\omega T=0$ dB

$\omega=10/T$ 时，　$-20\lg\omega T=-20$ dB

$\omega=10^2/T$ 时，　$-20\lg\omega T=-40$ dB

……

可见，ω 每增加 10 倍，则 $L(\omega)$ 下降 20 dB，故 $L(\omega)$ 是在 $\omega=1/T$ 处通过零分贝线的一条直线，其斜率为 -20 dB/dec(即分贝 /10 倍频程)。因此，惯性环节的对数幅频特性可由两条直线(渐近线)来近似，如图 5-4 所示。

显然，渐近线作图很方便，但与实际曲线相比较有一定误差。最大误差发生在两条直线的交接处，两条直线交接处的频率 $\omega=1/T$ 称为交接频率。把 $\omega=1/T$ 代入式(5-9)，即可求得最大误差为

$$-20\lg\sqrt{1+\omega^2T^2}\Big|_{\omega=\frac{1}{T}}=-3(\text{dB})$$

(2) 对数相频特性图的绘制。

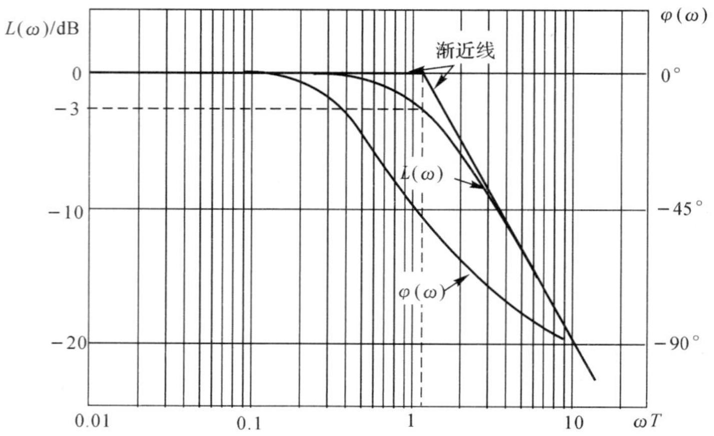

图 5-4　$1/(1+j\omega T)$ 的对数频率特性图

由式(5-8)可知，相频特性为

$$\varphi(\omega)=-\arctan\omega T$$

当 ω 取不同值时，逐点求出 $\varphi(\omega)$ 并绘制成曲线，即为对数相频特性曲线，如图 5-4 所示。可见，$\varphi(\omega)$ 随 ω 增加由 0° 变化到 -90°。

可以证明，对数相频特性曲线对 -45° 具有奇对称性质。因此，只要作出一半曲线，将其绕 -45° 点旋转 180°，即可得另一半相频特性曲线。表 5-2 给出了惯性环节在不同 ωT 时所对应的相角 $\varphi(\omega)$ 值。

表 5-2　惯性环节的相频特性数据

ωT	0.01	0.05	0.1	0.2	0.3	0.4	0.5	0.7	1.0
$\varphi(\omega T)$	-0.6	-2.9	-5.7	-11.3	-16.7	-21.8	-26.6	-35	-45
ωT	2.0	3.0	4.0	5.0	7.0	10	20	50	100
$\varphi(\omega T)$	-63.4	-71.5	-76	-78.7	-81.9	-84.3	-87.1	-88.9	-89.4

应当指出，惯性环节时间常数 T 的改变，不会影响对数频率特性曲线形状的改变，只要将整个曲线左右平移，使交接频率对准 $1/T$ 即可。

3. 对数幅相特性图

对数幅相特性图，是把 $\varphi(\omega)$ 和 $L(\omega)$ 画在一张图上。其横坐标 $\varphi(\omega)$、纵坐标 $L(\omega)$ 都是均匀分度的，单位分别为°和 dB，频率 ω 则作为图形的参变量。这种图又称为尼柯尔斯(Nichols)图。

一阶惯性环节的对数幅相特性图，如图 5-5 所示。

比较这三种图形的作图过程，可以看出，对数频率特性图作图最为方便。因为对数坐标中的横坐标采用对数刻度，可将低频段展宽，将高频段压缩。可以在较宽的频段范围中研究系统的频率特性。另外，它还可以用渐近线作图。以后会看到，利用对数频率特性可以将幅值的乘、除运算转变为加、减运算。若将实验所获得的频率特性数据画成对数频率特性曲线，能比较方便地确定频率特性的表达式，对应的传递函数式也可获得。因此这三种图示法中以对数频率特性图应用最广。

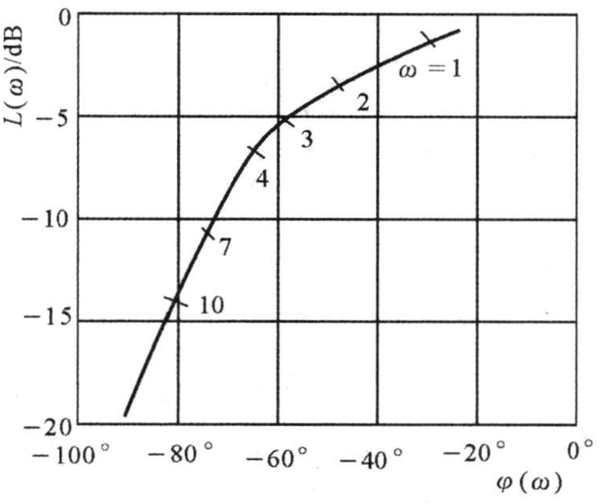

图 5－5　$1/(1+\mathrm{j}\omega T)$ 的对数幅相特性图

5－3　典型环节的频率特性

一个系统或部件总是由一些典型环节所组成的。要用频率法研究系统或部件的运动特性，首先就要作出系统或部件的频率特性图，因此，熟练掌握各典型环节频率特性图的绘制及其图形特点是很重要的。下面着重说明典型环节的幅相特性图和对数频率特性图的绘制方法及其特点。在此基础上进一步绘制串联环节的频率特性图。

一、比例环节 *K*

比例环节的频率特性为

$$G(\mathrm{j}\omega)=K$$

其幅频为

$$|G(\mathrm{j}\omega)|=K$$

相频为

$$\varphi(\omega)=\angle G(\mathrm{j}\omega)=0^{\circ}$$

1. 幅相特性图

显然，其频率特性与 ω 无关。幅相特性图是实轴上一个点，如图 5－6 所示。

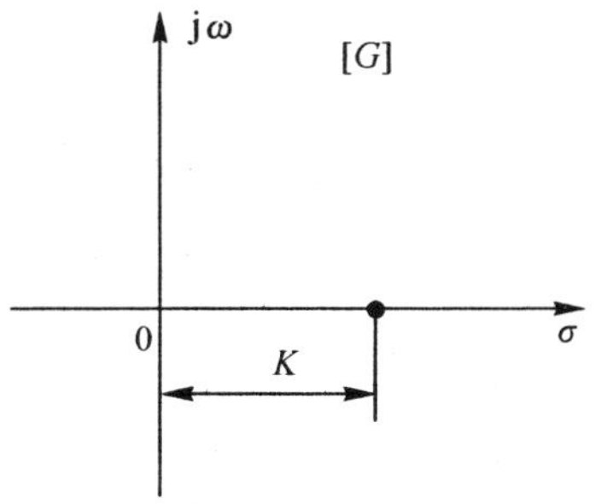

图 5－6　比例环节的幅相特性图

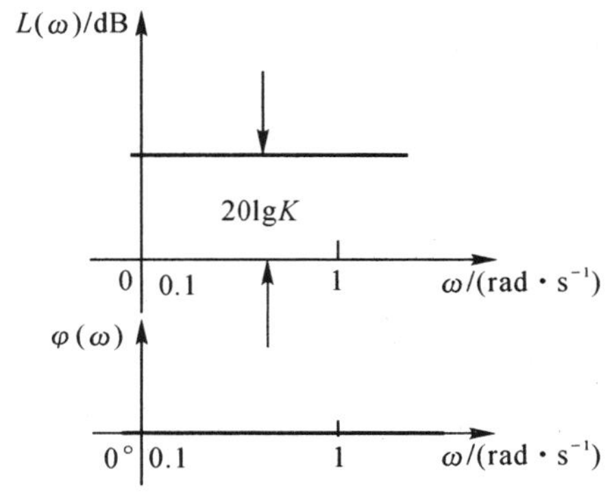

图 5－7　比例环节的对数频率特性图

2. 对数频率特性图

比例环节的对数幅频：$L(\omega)=20\lg K$

对数相频：$\varphi(\omega)=0^\circ$

由于 K 为一常数，比例环节的对数幅频特性图是平行于横坐标轴 ω 的等分贝线，对数相频特性图则为零度线，如图 5-7 所示。

二、积分环节 1/s

积分环节的频率特性为

$$G(\mathrm{j}\omega)=\frac{1}{\mathrm{j}\omega}=\frac{1}{\omega}\mathrm{e}^{-\mathrm{j}90^\circ}$$

1. 幅相特性图

幅频：$|G(\mathrm{j}\omega)|=\dfrac{1}{\omega}$

相频：$\angle G(\mathrm{j}\omega)=-90^\circ$

当频率 ω 由零变化到无穷大时，其幅值由无穷大衰减到零，即与 ω 成反比；而其相频特性与频率取值无关，等于常值 -90°。因此，其幅相特性图为负虚轴，如图 5-8 所示。

2. 对数频率特性图

对数幅频：$L(\omega)=20\lg\left|\dfrac{1}{\mathrm{j}\omega}\right|=-20\lg\omega$

对数相频：$\varphi(\omega)=-90^\circ$

故积分环节的对数幅频特性为一条在 $\omega=1$ 处通过零分贝线的直线，其斜率为 -20 dB/dec；对数相频特性与 ω 无关，是一条 -90° 的等相角线。积分环节的对数频率特性如图 5-9 所示。

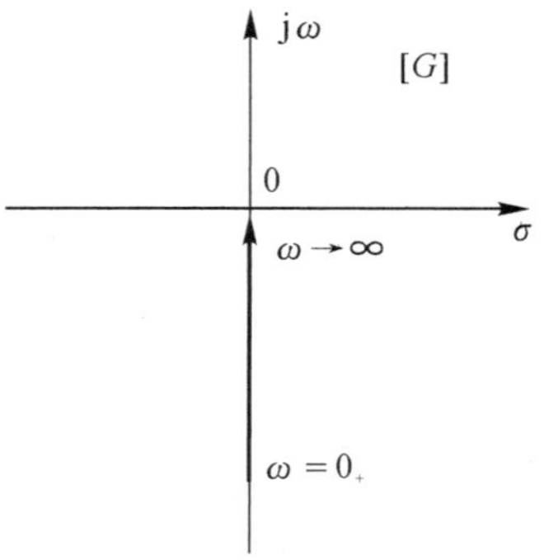

图 5-8　1/s 的幅相特性图

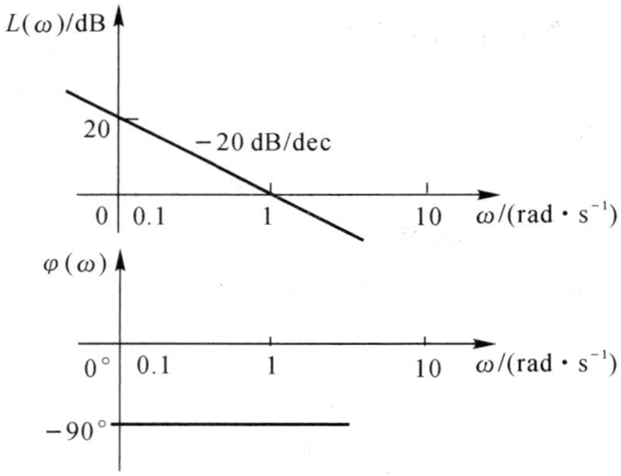

图 5-9　1/s 的对数频率特性图

三、微分环节 s

微分环节频率特性为

$$G(\mathrm{j}\omega)=\mathrm{j}\omega=\omega\mathrm{e}^{\mathrm{j}90^\circ}$$

1. 幅相特性图

幅频：$|G(\mathrm{j}\omega)|=\omega$

相频：

$$\angle G(\mathrm{j}\omega)=90^{\circ}$$

当频率 ω 由零变化到无穷大时，微分环节幅值由零增加到无穷大；而其相频特性与频率 ω 取值无关，等于常值 90°。因此，其幅相特性图为正虚轴，如图 5－10 所示。

2. 对数频率特性图

对数幅频：

$$L(\omega)=20\lg\omega$$

对数相频：

$$\varphi(\omega)=90^{\circ}$$

微分环节的对数幅频特性曲线为一条在 $\omega=1$ 处通过零分贝的直线，其斜率为 20 dB/dec，对数相频特性则与 ω 无关，是一条等 90° 线。微分环节的对数频率特性如图 5－11 所示。

比较积分 $1/s$ 和微分 s 环节的对数频率特性图可见，微分环节的对数幅频、相频曲线与积分环节的对数曲线，分别以零分贝线、0° 线互为镜像。

同样，一阶微分（$Ts+1$）及二阶微分（$T^2s^2+2\xi Ts+1$）环节的对数频率特性曲线，将分别与惯性环节 $1/(Ts+1)$ 及振荡环节 $1/(T^2s^2+2\xi Ts+1)$ 的对数频率特性曲线互为镜像。在此不再赘述。

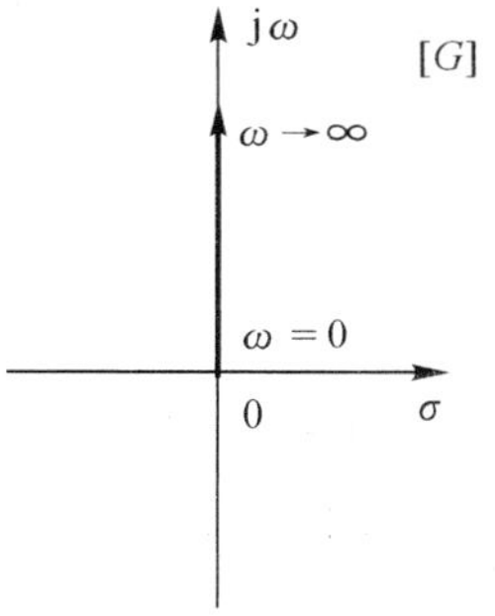

图 5－10　s 的幅相特性图

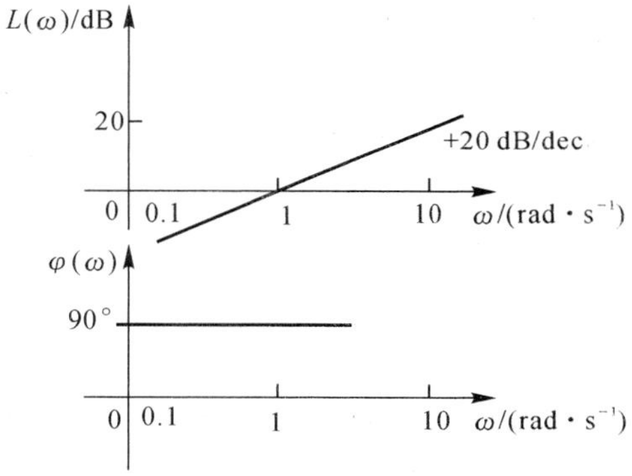

图 5－11　s 的对数频率特性图

四、振荡环节 $1/(T^2s^2+2\xi Ts+1)$

振荡环节的频率特性为

$$G(\mathrm{j}\omega)=\frac{1}{-\omega^2T^2+\mathrm{j}2\xi\omega T+1}$$

幅频：

$$|G(\mathrm{j}\omega)|=\frac{1}{\sqrt{(1-\omega^2T^2)^2+(2\xi\omega T)^2}}$$

或

$$|G(\mathrm{j}\omega)|=\frac{1}{\sqrt{\left[1-\left(\frac{\omega}{\omega_n}\right)^2\right]^2+\left(2\xi\frac{\omega}{\omega_n}\right)^2}} \tag{5-12}$$

式中 $T=1/\omega_n$。

相频：

$$\angle G(\mathrm{j}\omega)=-\arctan\frac{2\xi\omega T}{1-\omega^2T^2}$$

或

$$\angle G(\mathrm{j}\omega)=-\arctan\frac{2\xi\frac{\omega}{\omega_n}}{1-\left(\frac{\omega}{\omega_n}\right)^2} \tag{5-13}$$

1. 幅相特性图

由式(5－12)和式(5－13),在给 ω(由 $0\sim\infty$)一系列数值后,便可求得相应的 $|G(j\omega)|$ 和 $\angle G(j\omega)$ 值,于是可作出如图 5－12(a)所示幅相特性曲线。曲线上几个特征点的数据如表 5－3 所示。

表 5－3　振荡环节幅相特性图的特征点

ω	$\lvert G(j\omega)\rvert$	$\angle G(j\omega)$
0	1	0°
$1/T$	$1/2\xi$	-90°
∞	0	-180°

由图 5－12(a)可见,幅相特性曲线与 ξ 有关。ξ 不同,曲线也不相同,但 $\omega=0,\omega=\infty$ 这两个点的位置不受 ξ 的影响。

为了更清楚地看出 ξ 的影响,可分别作出其幅频、相频特性曲线,如图 5－12(b)所示。由图 5－12(b)可见,当 ω 由零变化到无穷时,振荡环节的幅值从 $|G(j\omega)|=1$ 开始,最终衰减到零。ξ 较小时幅频特性会出现峰值,而相频则由零趋于 -180°。

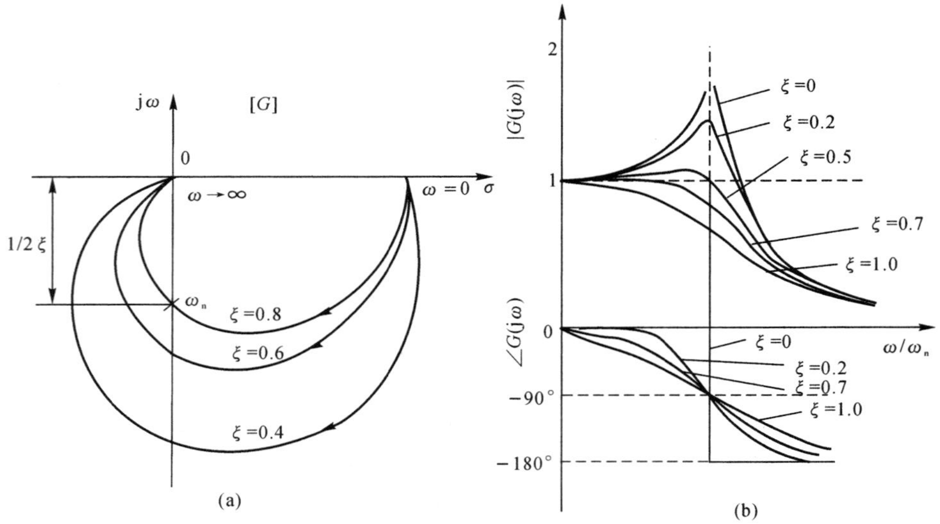

图 5－12　振荡环节的 $G(j\omega)$ 及 $|G(j\omega)|$,$\angle G(j\omega)$ 图

当 $\omega=\omega_n$(即 $\omega=1/T$)时,$|G(j\omega)|=1/2\xi$,$\angle G(j\omega)=-90^\circ$,这是一个特征点,表明该频率处的相角不受 ξ 的影响。

当 ξ 较小时,幅频的峰值称为谐振峰值,记作 M_r,峰值点的频率称为谐振频率,记作 ω_r,M_r 和 ω_r 可应用极值条件求得。即

$$\frac{d|G(j\omega)|}{d\omega}=0$$

解得峰值频率

$$\omega_r=\omega_n\sqrt{1-2\xi^2} \tag{5-14}$$

将式(5－14)代入式(5－12)并整理,得峰值

$$M_r=\frac{1}{2\xi\sqrt{1-\xi^2}} \tag{5-15}$$

由式(5－14)、式(5－15)可见,谐振频率 ω_r 及谐振峰值 M_r 均与阻尼比有关。M_r 与 ξ 之间的关系曲线如图 5－13 所示。

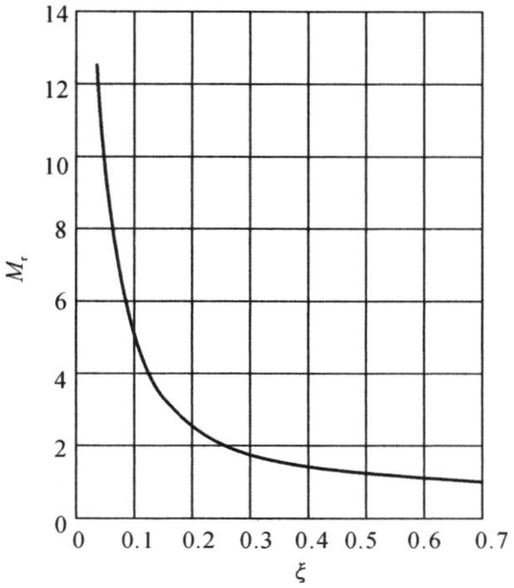

图 5－13　谐振峰值与阻尼比的关系

显然,振荡环节幅频特性的峰值 M_r 和超调量 $\sigma\%$ 一样,只与系统阻尼比 ξ 有关。

当 $\xi>0.707$ 时,幅频特性不出现峰值,$|G(j\omega)|$ 单调衰减。

当 $\xi=0.707$ 时,$|G(j\omega)|=1$,$\omega_r=0$,这正是幅频特性曲线的初始点频率。

当 $\xi<0.707$ 时,则 $|G(j\omega)|=M_r>1$,$\omega_r>0$,幅频特性出现峰值,而且 ξ 越小,峰值 M_r 越大,频率 ω_r 越高。

当 $\xi=0$ 时,峰值趋于无穷大,峰值频率 ω_r 趋于 ω_n。这表明外加正弦信号的角频率等于振荡环节的自然振荡频率时,即引起环节的共振,环节处于临界稳定状态。

峰值过大,意味着输出响应的超调量过大,响应过程不平稳。对振荡环节或二阶系统来说,相当于阻尼比过小,这和时域分析法中所得的结论一致。一般要求 $M_r<1.5$,ξ 取最佳值 0.707,阶跃响应既快又稳,比较理想。

2. 对数频率特性图

将式(5－12)幅频特性取对数,得

$$L(\omega)=-20\lg\sqrt{\left[1-\left(\frac{\omega}{\omega_n}\right)^2\right]^2+\left(2\xi\frac{\omega}{\omega_n}\right)^2} \tag{5-16}$$

低频渐近线:当 $\omega\ll\omega_n$ 时,式(5－16)中 ω/ω_n 很小,略去不计,则有

$$L(\omega)\approx-20\lg 1=0$$

可见在低频段的渐近线为零分贝线。

高频渐近线:当 $\omega\gg\omega_n$ 时,式(5－16)近似为

$$L(\omega)\approx-20\lg\left(\frac{\omega}{\omega_n}\right)^2=-40\lg\frac{\omega}{\omega_n}$$

上式为 $\lg\omega$ 的一次线性函数,故在 ω 为对数坐标系中,高频段渐近线是一条直线,其斜率为－

40 dB/dec。

振荡环节的相频特性仍为式(5－13)，作出对数频率特性图，如图 5－14 所示。

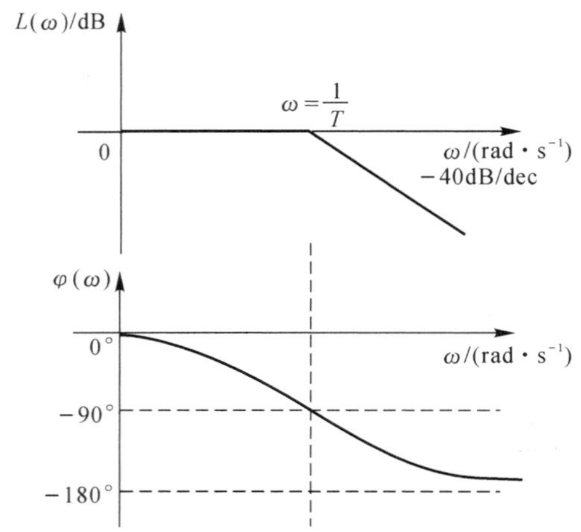

图 5－14　振荡环节的对数频率特性图

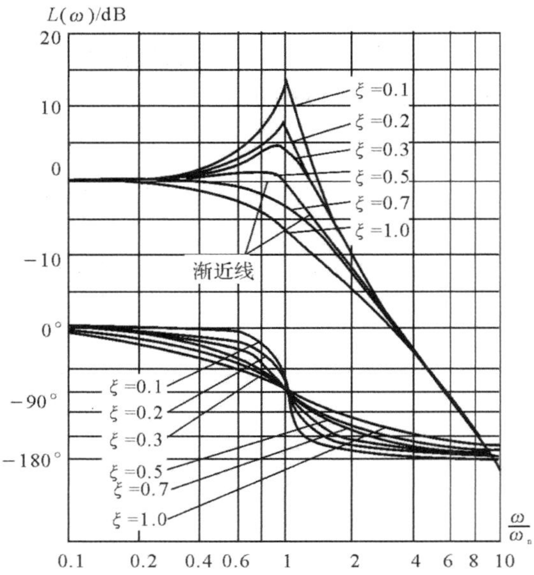

图 5－15　振荡环节的对数频率特性图

由图 5－14 可见，低频、高频两条渐近线的交接频率 $\omega_n = 1/T$，这时渐近线所引起的误差值为式(5－16) 中 $\omega = \omega_n$ 时的值，即

$$L(\omega_n) = -20\lg 2\xi \tag{5-17}$$

很明显，渐近线仅在 $0.4 < \xi < 0.9$ 的范围内误差较小。ξ 过小或过大则应进行修正。显然，渐近线反映不出谐振峰值特征。

根据式(5－16) 和式(5－13)，对不同的 ξ 值，可作出精确的对数频率特性图，如图 5－15 所示。

当环节中 T(或 ω_n) 不同时，和惯性环节一样，其对数频率特性曲线也将左右平移，而曲线形状不变。此外，对数相频特性曲线对 $-90°$ 点具有奇对称性质。

五、不稳定惯性环节 $1/(Ts-1)$

由于这种环节传递函数的特征根($Ts-1=0$ 的根) 为 $1/T$，为正实数根，故环节是不稳定的。其频率特性为

$$G(j\omega) = \frac{1}{j\omega T - 1}$$

幅频：

$$|G(j\omega)| = \frac{1}{\sqrt{1+\omega^2 T^2}} \tag{5-18}$$

相频：

$$\angle G(j\omega) = -\arctan\frac{\omega T}{-1} \tag{5-19}$$

1. 幅相特性图

比较式(5－18) 与式(5－7)，式(5－19) 与式(5－8)。可见，不稳定惯性环节与惯性环节其

幅频特性完全相同，而相频则不同。惯性环节在 ω 从零变化到无穷大时，相角变化为 $0°\sim-90°$，而不稳定惯性环节相角变化为 $-180°\sim-90°$。显然其幅相特性曲线（见图 5-16）与惯性环节的幅相特性曲线是对称于虚轴的。

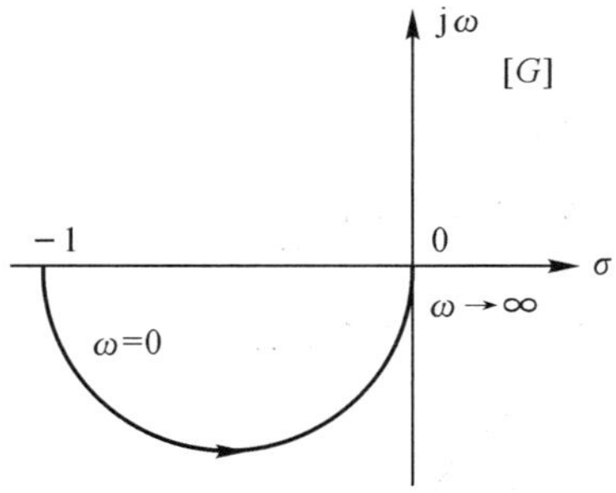

图 5-16　$1/(Ts-1)$ 的幅相特性图

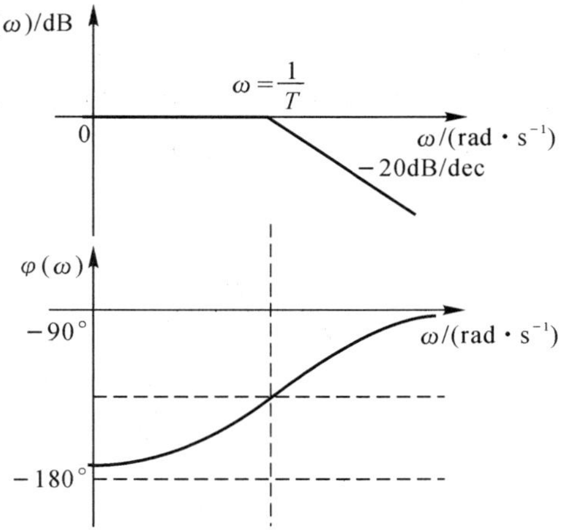

图 5-17　$1/(Ts-1)$ 的对数频率特性图

2. 对数频率特性图

不稳定惯性环节的对数幅频特性曲线完全与惯性环节的对数幅频特性曲线相重合，而对数相频特性曲线则与 $-90°$ 线成镜像，如图 5-17 所示。

由图可见，不稳定惯性环节相角的绝对值大于惯性环节相角的绝对值。

六、延迟环节

在实际系统中，有些部件（如长管道传输）输出量毫不失真地复现输入量的变化，仅在时间上存在恒定延迟，这种环节称延迟环节。其信号传递关系如图 5-18 所示。

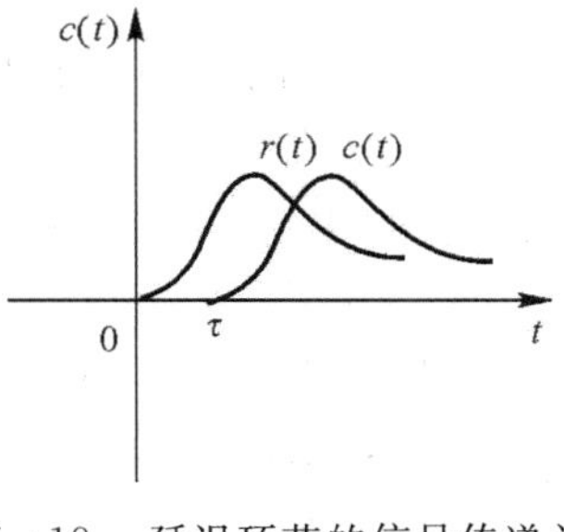

图 5-18　延迟环节的信号传递关系

由于延迟环节输出的拉氏变换式为

$$C(s)=R(s)e^{-\tau s}$$

故延迟环节传递函数为

$$\frac{C(s)}{R(s)}=G(s)=e^{-\tau s} \tag{5-20}$$

1. 幅相特性图

延迟环节频率特性

$$G(j\omega)=e^{-j\omega\tau}$$

幅频：$$|G(j\omega)|=1$$

相频：$$\angle G(j\omega)=-\omega\tau=-57.3\omega\tau(^\circ)$$

延迟环节的幅相特性幅值恒为 1，相角与 ω 成比例变化，因而其幅相曲线是圆心在原点，半径为 1 的圆，如图 5-19(a) 中所示。

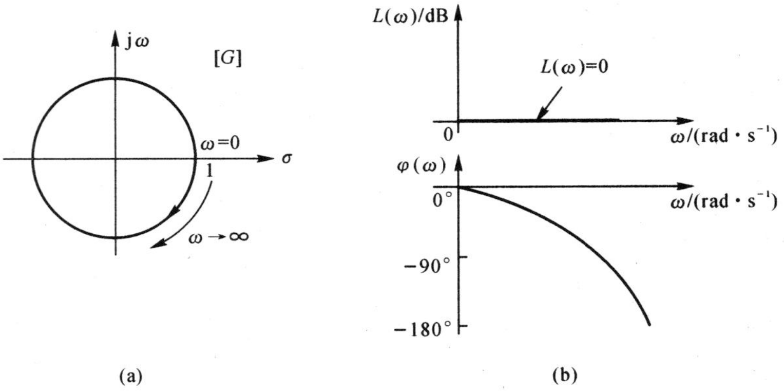

图 5-19　延迟环节的特性图

(a) 幅相特性；(b) 对数频率特性

因为
$$e^{-j\omega\tau}=\frac{1}{e^{j\omega\tau}}=\frac{1}{1+j\omega\tau+\frac{1}{2!}(j\omega\tau)^2+\cdots}$$

当 $\omega\tau\ll 1$ 时，可近似为
$$e^{-j\omega\tau}\approx\frac{1}{1+j\omega\tau}$$

所以，当 $\omega\tau\ll 1$ 时，工程上常用惯性环节近似表示延迟环节。

2. 对数频率特性图

对数幅频特性 $L(\omega)=20\lg 1=0$，为零分贝线。对数相频特性曲线如图 5-19(b) 所示。由图可见，τ 越大，延迟环节相角迟后量就越大。

综上所述，各典型环节传递函数及其频率特性参见表 5-4。

由表 5-4 可得以下几点。

(1) 稳定的典型环节(即零点、极点在[s]平面的左半平面)包括积分环节、微分环节，它们的对数幅频特性与相频特性曲线之间具有单值的对应关系。

(2) 不稳定环节与对应的稳定环节之间具有相同的幅频特性，两者的对数幅频特性曲线完全重叠在一起，而相频特性则对称于它们相角终值的坐标线。

(3) 稳定环节相角的绝对值(如惯性环节相角绝对值的最大值为 90°) 小于不稳定环节相角的绝对值(如不稳定惯性环节相角绝对值的最大值为 180°)。故若系统传递函数均由稳定环节组成，则该系统称为最小相位系统。若系统传递函数中有不稳定环节时，则该系统称为非最小相位系统。显然，最小相位系统其对数幅频特性与相频特性曲线之间具有一一对应的单值关系，故可仅用系统对数幅频特性曲线来分析系统的运动特性；而非最小相位系统，则要同时使用对数幅频特性和相频特性两条曲线来分析系统运动特性。

表 5 - 4　典型环节频率特性一览表

	典型环节			
频率特性曲线	(1)比例环节 K (2)延迟环节 $e^{-\tau s}$	(1)积分环节 $1/s$ (2)微分环节 s	(1)惯性环节 $1/(Ts+1)$ (2)一阶微分环节 $Ts+1$ (3)不稳定惯性环节 $1/(Ts-1)$ (4)不稳定一阶微分环节 $Ts-1$	(1)振荡环节 $1/[(s/\omega_n)^2+2\xi(s/\omega_n)+1]$ (2)二阶微分环节 $[(s/\omega_n)^2+2\xi(s/\omega_n)+1]$ (3)不稳定振荡环节 $1/[(s/\omega_n)^2-2\xi(s/\omega_n)+1]$ (4)不稳定二阶微分环节 $[(s/\omega_n)^2-2\xi(s/\omega_n)+1]$
幅相曲线	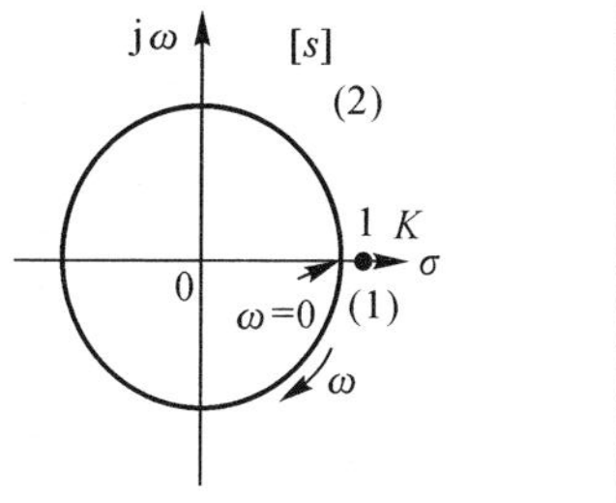	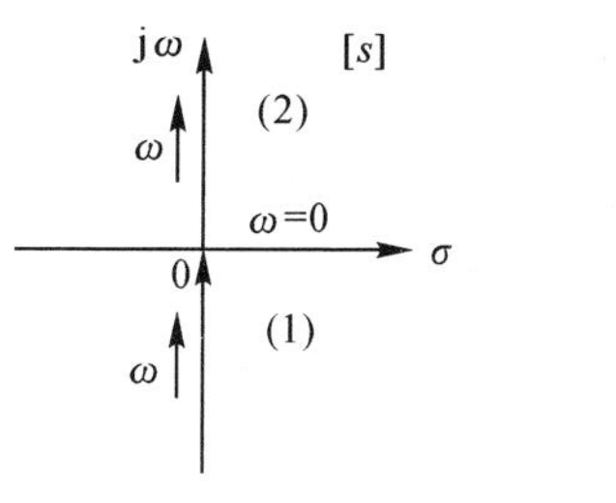	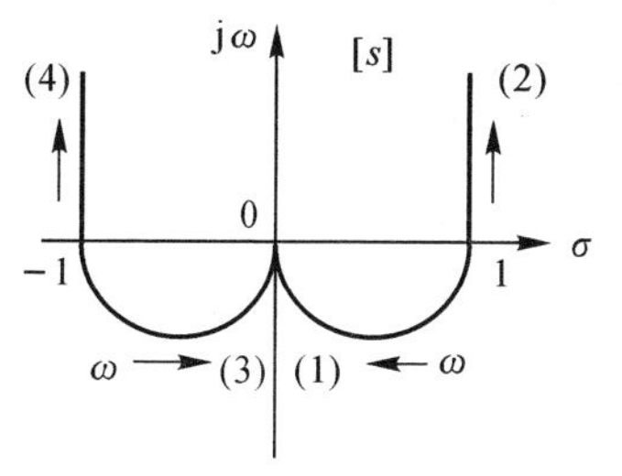	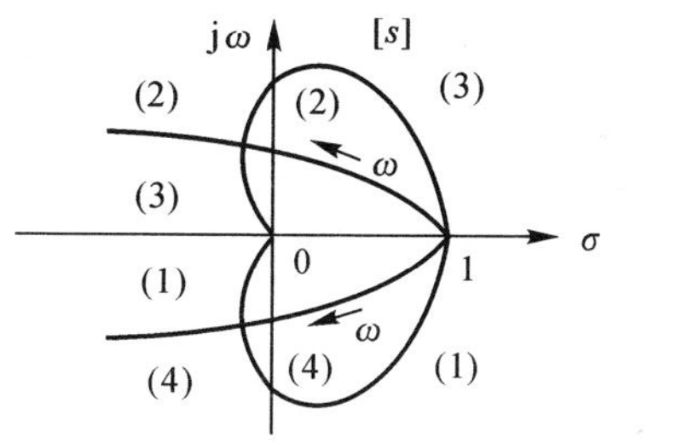
对数频率特性曲线	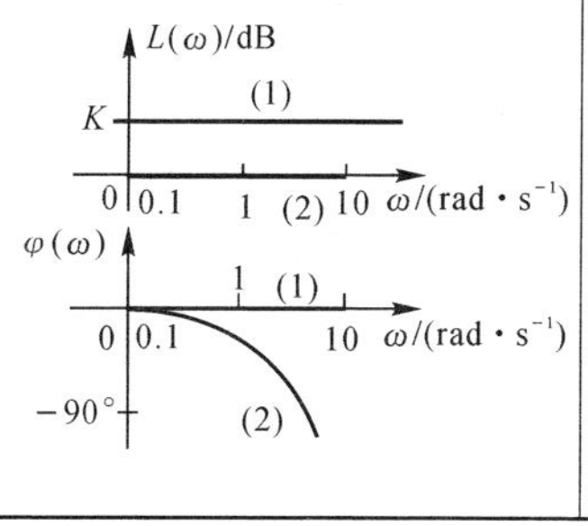	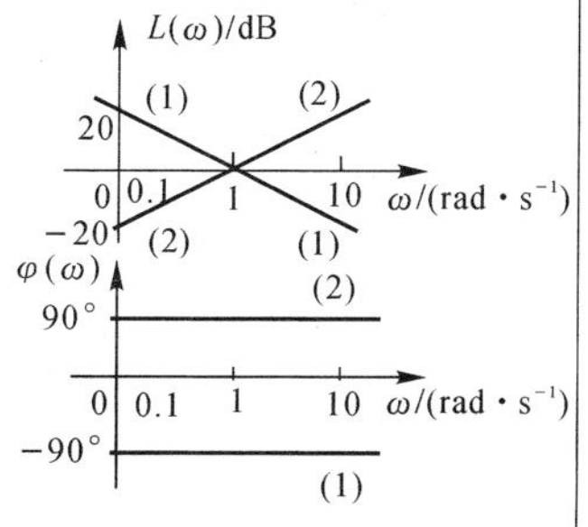	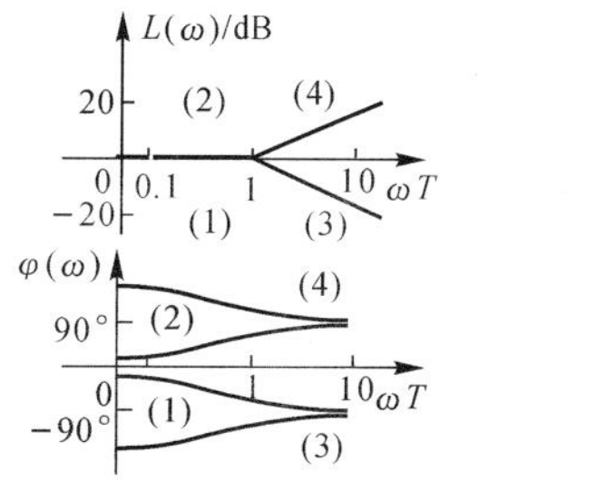	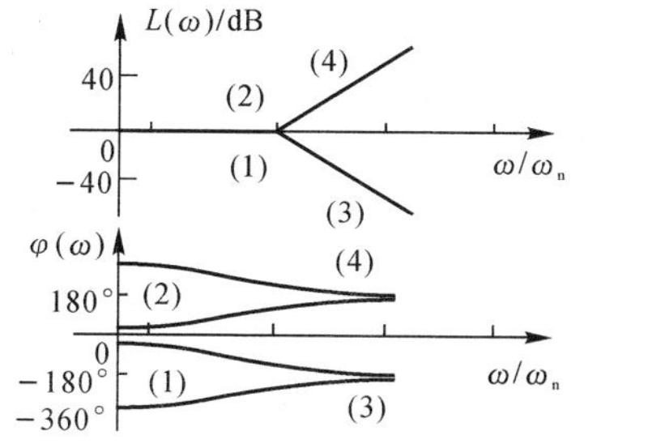

5－4　系统开环频率特性

若系统开环传递函数由典型环节串联而成，即

$$G(s)H(s)=G_1(s)G_2(s)\cdots G_n(s)$$

开环频率特性为

$$\begin{aligned}G(\mathrm{j}\omega)H(\mathrm{j}\omega)=&G_1(\mathrm{j}\omega)G_2(\mathrm{j}\omega)\cdots G_n(\mathrm{j}\omega)=\\&|G_1(\mathrm{j}\omega)|\mathrm{e}^{\mathrm{j}\varphi_1(\omega)}|G_2(\mathrm{j}\omega)|\mathrm{e}^{\mathrm{j}\varphi_2(\omega)}\cdots|G_n(\mathrm{j}\omega)|\mathrm{e}^{\mathrm{j}\varphi_n(\omega)}=\\&\prod_{i=1}^{n}|G_i(\mathrm{j}\omega)|\ \mathrm{e}^{\mathrm{j}\sum_{i=1}^{n}\varphi_i(\omega)}\end{aligned}$$

幅频特性为

$$|G(\mathrm{j}\omega)H(\mathrm{j}\omega)|=\prod_{i=1}^{n}|G_i(\mathrm{j}\omega)|$$

开环相频特性为

$$\varphi(\omega)=\angle G(\mathrm{j}\omega)H(\mathrm{j}\omega)=\sum_{i=1}^{n}\varphi_i(\omega)$$

而系统开环对数幅频特性为

$$L(\omega)=20\lg|G(\mathrm{j}\omega)H(\mathrm{j}\omega)|=20\sum_{i=1}^{n}\lg\ |G_i(\mathrm{j}\omega)|$$

由此可见，系统开环对数幅频特性等于各串联环节的对数幅频特性之和，系统开环相频特性等于各环节相频特性之和。

综上所述，应用对数频率特性，可使幅值乘、除的运算转化为幅值加、减的运算，且典型环节的对数幅频又可用渐近线来近似，对数相频特性曲线又具有奇对称性质，再考虑到曲线的平移和互为镜像特点，就可以方便地绘制一个系统的开环对数频率特性曲线。

【例 5－1】　已知系统开环传递函数为

$$G(s)=\frac{100}{s(s+10)(s+1)}$$

试绘制该系统的开环对数频率特性曲线。

解　(1) 首先将系统开环传递函数写成典型环节串联的形式，即

$$G(s)=\frac{10}{s(0.1s+1)(s+1)}$$

可见，系统开环传递函数由以下三种典型环节串联而成：

放大环节：　$G_1(s)=10$

积分环节：　$G_2(s)=1/s$

惯性环节：　$G_3(s)=1/(s+1)$ 和 $G_4(s)=1/(0.1s+1)$

(2) 分别作出各典型环节的对数幅频、相频特性曲线，如图 5－20 所示。为了图形清晰，有时略去直线斜率单位。

(3) 分别将各典型环节的对数幅频、相频特性曲线相加，即得系统开环对数幅频、相频特性曲线，如图 5－20 中实线所示。

由系统开环对数幅频特性曲线可以看出，系统开环对数频率特性渐近线由三段直线组成，其

斜率分别为 -20 dB/dec，-40 dB/dec，-60 dB/dec，直线与直线之间的交点频率按 ω 增加的顺序分别为两个惯性环节的交接频率 1，10。系统开环对数幅频特性曲线与零分贝线的交点频率称为系统的截止频率，并用 ω_c 表示。相频特性曲线由 $-90°$ 开始，随 ω 增加逐渐趋近于 $-270°$。

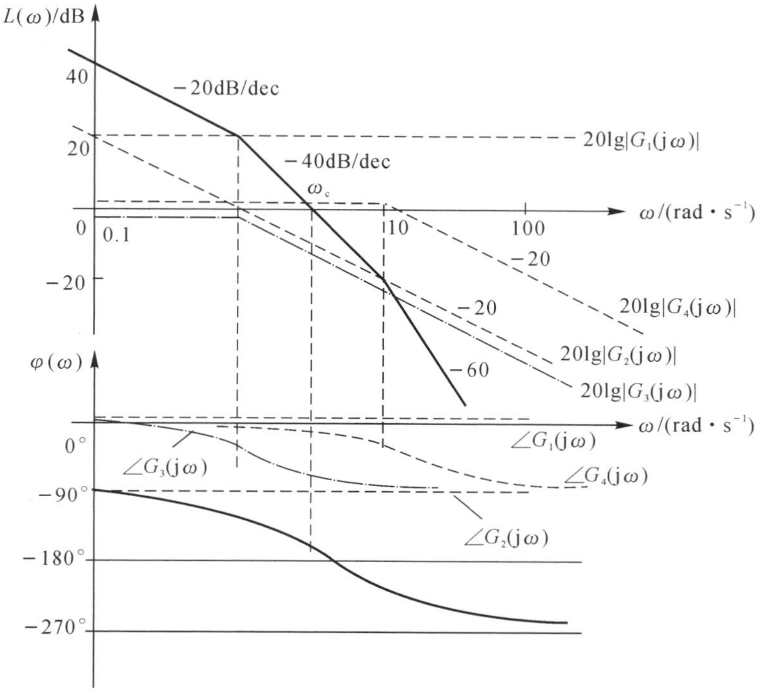

图 5-20 例 5-1 的对数频率特性曲线

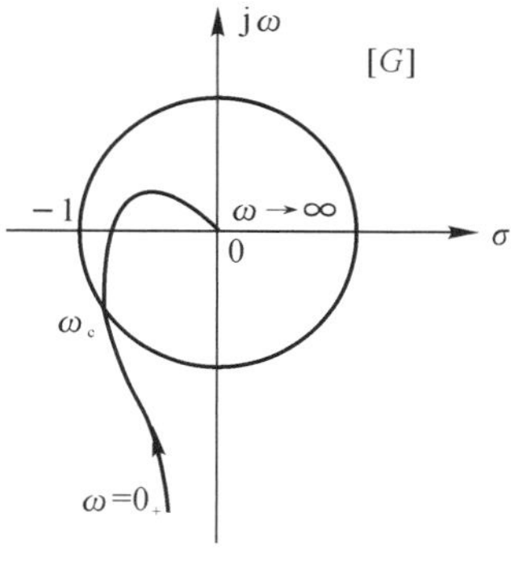

图 5-21 例 5-1 的幅相特性图

根据上述特点，实际绘制开环对数幅频特性曲线时，尤其在比较熟练的情况下，不必绘出各典型环节的对数幅频特性曲线，而可以直接绘制系统开环对数幅频特性曲线。

另外，因为开环幅频特性是各串联典型环节幅频特性的乘积，故绘制系统开环幅相特性曲线是比较麻烦的。为了绘制开环幅相特性曲线，可以先作出开环对数频率特性曲线，然后再根据幅值、相角变化情况绘制开环幅相特性曲线。例 5-1 的幅相特性曲线如图 5-21 所示。图中箭头方向表示参变量 ω 增加的方向。

5－5　频率域稳定性分析

一、数学基础

1. 辅助函数

在频率域的稳定判据中，目前应用得比较广泛的是奈奎斯特(H. Nyquist)判据，简称奈氏判据，这是一种应用开环频率特性曲线来判别闭环系统稳定性的判据。

由于闭环系统的稳定性决定于闭环特征根的性质，因此，运用开环频率特性研究闭环系统的稳定性，首先应明确开环频率特性与闭环特征方程之间的关系，然后，进一步寻找它与闭环特征根性质之间的规律性。

假设控制系统的一般结构如图5－22所示。

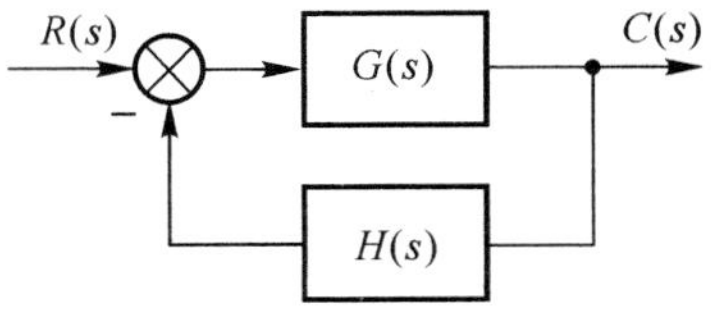

图5－22　系统结构图

其开环传递函数为

$$G(s)H(s)=\frac{M(s)}{N(s)}$$

式中，$M(s)$，$N(s)$ 为 s 的多项式，分别为开环传递函数的分子、分母，其 s 的最高幂次分别为 m，n，且 $n\geqslant m$。

开环系统的稳定性取决于开环特征方程$[N(s)=0]$的根的分布情况。闭环系统的稳定性取决于闭环特征方程$[1+G(s)H(s)=0]$的根的分布情况。闭环特征方程可写成

$$M(s)+N(s)=0$$

可见，$N(s)$ 及$[M(s)+N(s)]$分别为开环和闭环的特征多项式，且阶数相同。将它们的特征多项式联系起来，引入辅助函数 $F(s)$，即

$$F(s)=\frac{M(s)+N(s)}{N(s)}=1+G(s)H(s) \tag{5-21}$$

以 $s=\mathrm{j}\omega$ 代入式(5－21)，则有

$$F(\mathrm{j}\omega)=1+G(\mathrm{j}\omega)H(\mathrm{j}\omega) \tag{5-22}$$

式(5－21)和式(5－22)确定了系统开环频率特性和闭环特征式之间的关系。

2. 映射定理

辅助函数 $F(s)$ 写成零、极点形式为

$$F(s)=\frac{(s-z_1)(s-z_2)\cdots(s-z_n)}{(s-p_1)(s-p_2)\cdots(s-p_n)}$$

式中，$p_1,p_2,\cdots,p_n$ 和 $z_1,z_2,\cdots,z_n$ 分别为辅助函数的极点和零点，个数相同。依据辅助函数 $F(s)$ 与开环传递函数和闭环传递函数的关系，可得 $p_1,p_2,\cdots,p_n$ 是开环传递函数的极点，z_1，$z_2,\cdots,z_n$ 是闭环传递函数的极点。

映射定理：若自变量 s 在$[s]$平面上顺时针沿着任意一条封闭回线 C_s(封闭回线应避开复变函数 $F(s)$ 的零、极点)移动一周，并在封闭回线 C_s 内包围有 $F(s)$ 的 Z 个零点、P 个极点时，那么 C_s 的映射线 $F(s)$ 在$[F]$面上逆时针包围其坐标原点的圈数 $R=P-Z$。

假设复变函数 $F(s)$ 在$[s]$平面上的零、极点分布如图5－23(a)所示。

现在选取 C_s：选择整个虚轴及半径为无穷大的半圆作为 C_s。这样 C_s 包围了$[s]$平面的整个右半平面，即包围了闭环系统的全部右极点(即 $F(s)$ 的全部右零点)Z 个，以及开环系统的

全部右极点(即 $F(s)$ 的全部右极点)P 个。

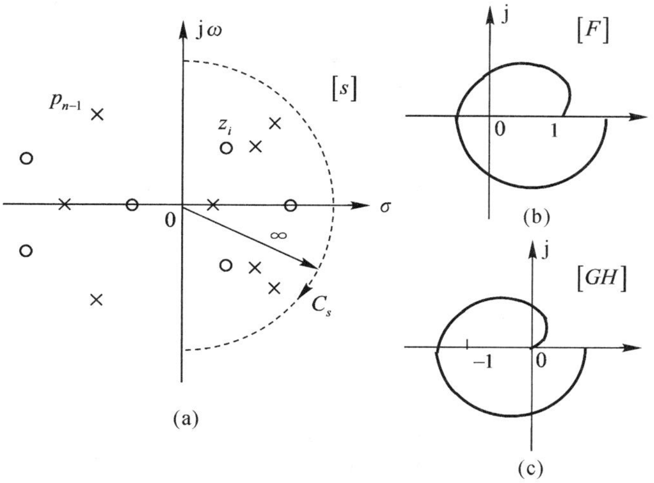

图 5-23　自变量 s 移动的封闭回线及 $F(s)$ 和 $G(s)H(s)$ 的关系

在回线 C_s 之外任意取一个极点 p_{n-1}(或零点),当复变量 s 沿 C_s 顺时针转一周时,向量 $(s-p_{n-1})$ 的相角变化为零,即 $\Delta\angle(s-p_{n-1})=0$。显然 $F(s)$ 中所有在 C_s 之外的零、极点的相角变化均为零。而在 C_s 内任取一零点(或极点)z_i,当复变量 s 沿 C_s 顺时针转一周时,向量 $(s-z_i)$ 的相角增量为 -2π,即 $\Delta\angle(s-z_i)=-2\pi$。可见,$F(s)$ 在[s]右半平面所有零、极点的相角增量之和分别为 $\sum_{i=1}^{n}\Delta\angle(s-z_j)=-2\pi Z$ 和 $\sum_{i=1}^{n}\Delta\angle(s-p_j)=-2\pi P$,因此,当复变量 s 沿封闭回线 C_s 运动一周时,C_s 的映射线 $F(x)$ 的相角增量为

$$\Delta\angle F(s)\mid_{s=C_s}=\sum_{i=1}^{n}\Delta\angle(s-z_j)\mid_{s=C_s}-\sum_{i=1}^{n}\Delta\angle(s-p_i)\mid_{s=C_s}=(P-Z)\times(-2\pi)$$

因此,$F(s)$ 在[F]面上逆时针包围其坐标原点圈数 R 为 $(P-Z)$。注意,这里封闭曲线 C_s 是包围整个右半平面的,所以变量 s 的变化范围是 $-\infty\sim+\infty$。

引入辅助函数 $F(s)=1+G(s)H(s)$,则 $F(s)$ 与 $G(s)H(s)$ 在图形上完全相同,只是纵坐标轴向右平移一个单位距离 1,[F]平面的原点则为[GH]面的 $(-1,\mathrm{j}0)$ 点,如图 5-23(b)(c) 所示。

由此可见,当 s 沿 C_s 顺时针移动一周时,C_s 的映射线 $G(s)H(s)$ 在[GH]平面上相对 $(-1,\mathrm{j}0)$ 点的相角变化应为 $(P-Z)\times2\pi$,则 $G(s)H(s)$ 包围 $(-1,\mathrm{j}0)$ 点的圈数 R 为 $(P-Z)$ 圈。即:$R=P-Z$,当 $R<0$ 时表示顺时针转动(称为反方向),当 $R>0$ 时表示逆时针转动(称为正方向),当 $R=0$ 时表示不包围;其中 P 表示开环传递函数在右半平面的极点数,Z 表示闭环传递函数在右半平面的极点数。

值得注意的是绘制 $G(s)H(s)$ 开环幅相特性曲线时,通常只绘制 ω 为 $0\sim+\infty$ 的曲线,且与 ω 为 $-\infty\sim0$ 的曲线对称,因此开环幅相特性曲线包围 $(-1,\mathrm{j}0)$ 点的圈数 $N=\frac{R}{2}$。

这样,就将开环幅相特性曲线、辅助函数、开环传递函数和闭环特征方程的根结合起来,为直接通过绘图方式分析闭环系统的稳定性提供方便。

二、奈奎斯特稳定判据

闭环系统稳定的充要条件是：当 $\omega=0\rightarrow\infty$ 时，系统开环幅相特性曲线逆时针包围 $(-1,\mathrm{j}0)$ 点的圈数 N 等于 $\frac{1}{2}$ 开环传递函数右半平面的极点数。即闭环传递函数右半平面的极点数为 0。

$$N=P/2,\quad Z=0 \tag{5-23}$$

否则闭环系统不稳定。

若开环系统稳定（$P=0$），则闭环系统稳定的充要条件是：系统开环幅相特性曲线不包围 $(-1,\mathrm{j}0)$ 点。否则闭环系统不稳定。

所谓正向包围 $(-1,\mathrm{j}0)$ 点，是指开环幅相特性曲线按逆时针方向包围 $(-1,\mathrm{j}0)$ 点。

根据映射定理可以证明奈氏判据的稳定条件，奈氏判据实质上是映射定理在自动控制系统中的应用。根据式(5-21)，当复变量 s 沿闭合围线 C_s 顺时针移动一周时，辅助函数 $F(s)=1+G(s)H(s)$ 映射线逆时针包围原点的圈数是

$N=P-Z=F(s)$ 的分母多项式 $N(s)$ 在右半平面的根数 $-$

$F(s)$ 的分子多项式 $M(s)+N(s)$ 在右半平面的根数 $=$

开环系统在右半平面的极点数 $-$ 闭环系统在右半平面的极点数

此外，$[F]$ 平面的原点为 $[GH]$ 面的 $(-1,\mathrm{j}0)$ 点，因此，当 s 沿闭合围线 C_s 顺时针移动一周时，系统开环幅相特性 $G(s)H(s)$ 曲线包围 $(-1,\mathrm{j}0)$ 点 $(P-Z)$ 圈。

当 s 在无穷大的半圆上移动时，由于开环传递函数分母 s 的最高次幂大于（或等于）分子的最高次幂，因此映射线 $G(s)H(s)$ 缩成一个点，即在 $[GH]$ 平面上的坐标原点（或实轴上某个点）。当 s 沿虚轴变化时，则为频率特性曲线。又因为 $s=\mathrm{j}\omega$，$\omega=-\infty\rightarrow0$ 和 $\omega=0\rightarrow\infty$ 变化时，幅相特性曲线对称于实轴，因此工程上常用其 $\omega=0\rightarrow\infty$ 变化的开环幅相特性曲线表示。

综上可得，**闭环系统稳定（$Z=0$）的充分必要条件**为：系统开环幅相特性曲线正向包围 $(-1,\mathrm{j}0)$ 点 $P/2$ 圈（因为 P 总是等于零或大于零的正整数），即

$$N=\frac{P}{2}$$

若开环系统稳定（$P=0$），要使闭环系统稳定的充分必要条件是：系统开环幅相特性曲线不包围 $(-1,\mathrm{j}0)$ 点，即

$$N=0$$

【例 5-2】 一个单位反馈系统开环传递函数为

$$G(s)=\frac{K_1}{(T_1s+1)(T_2s+1)(T_3s+1)}$$

试判别闭环系统的稳定性。

解 首先作开环幅相特性曲线，如图 5-24 中实线所示。

由图 5-24 可见，开环幅相特性曲线不包围 $(-1,\mathrm{j}0)$ 点，即

$$N=0$$

同时由开环传递函数 $G(s)$ 可知，开环特征根均分布在 $[s]$ 平面的左半平面，开环系统不存在右极点，即 $P=0$，因此，根据奈氏判据 $R=2N=P$，闭环系统稳定。

若系统开环增益 K_1 增大（或减小）到 K_2，则系统放大环节的放大系数增大（或减小），只增

大(或减小)系统开环频率特性的幅值,相频特性却不会改变。因此,这时的开环幅相特性曲线如图5-24中虚线所示。

由图5-24可见,系统开环幅相特性曲线顺时针(反向)包围(-1,j0)点一圈,因此$N=-1$,开环右极点数仍为零($P=0$),故$N\neq P/2$,则闭环系统不稳定。

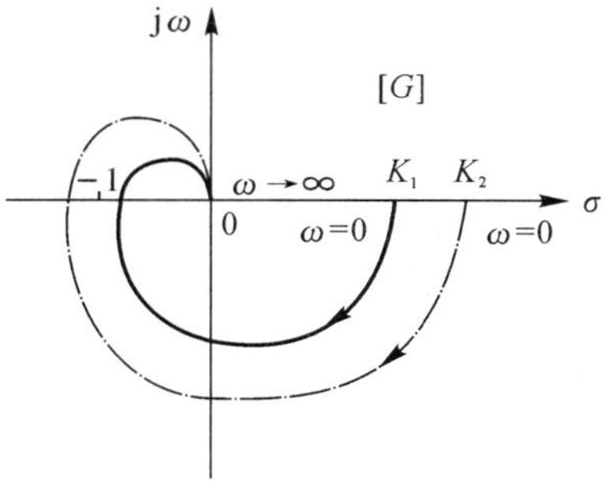

图5-24　例5-2的开环幅相特性曲线

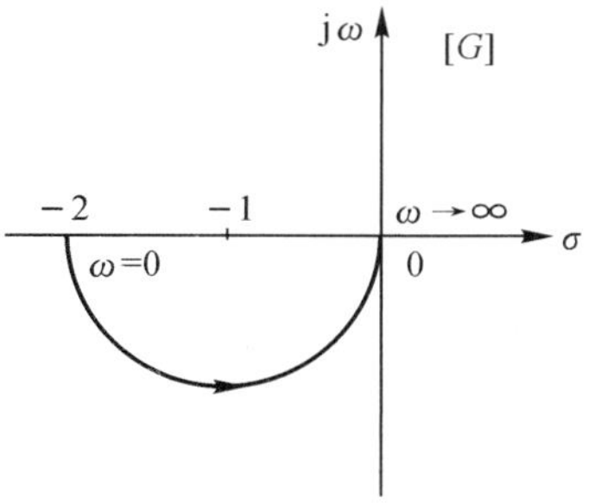

图5-25　例5-3的幅相特性曲线

【例5-3】　已知单位反馈系统开环传递函数为

$$G(s)=\frac{2}{s-1}$$

试判别闭环系统的稳定性。

解　作出开环幅相特性曲线,如图5-25所示。由图可见,$G(j\omega)$正向包围(-1,j0)点半圈,即$N=1/2$;由$G(s)$可知开环是不稳定的,有一个正根,即$P=1$,故$N=P/2$,闭环系统稳定。

从上述这两个例子可以看出,开环系统稳定,但若各部件以及被控对象的参数选择不当,很可能保证不了闭环系统的稳定性;而开环系统不稳定,只要合理地选择控制装置,完全能使闭环系统稳定。

最后,讨论当控制系统的开环传递函数$G(s)H(s)$在[s]平面的原点处有极点(系统型别$\nu\neq 0$,即$G(s)H(s)$含有串联积分环节)时,应用奈氏稳定判据分析闭环系统的稳定性问题。

在这种情况下,为使封闭回线C_s不经过[s]平面的原点,在[s]平面上选取如图5-26(a)所示的封闭回线C_s。在坐标原点虚轴右侧作半径为ε趋于零的小半圆,使复变量s在坐标原点的右侧绕过坐标原点处的极点。当自变量s在上述小半圆上变化时,有

$$s=\lim_{\varepsilon\to 0}\varepsilon e^{j\theta}$$

其中对角度θ的规定为:当ω从0_-沿小半圆移动到0_+时,按逆时针方向转过π角度。

设系统开环传递函数为

$$G(s)H(s)=\frac{K\prod_{i=1}^{m}(T_is+1)}{s^{\nu}\prod_{j=1}^{n-\nu}(T_js+1)}$$

式中,ν为系统型别。则复变量s在小半圆上移动时的开环传递函数映射线为

$$G(s)H(s)\Bigg|_{s=\lim\limits_{\varepsilon\to 0}\varepsilon e^{j\theta}}=\frac{K\prod\limits_{i=1}^{m}(T_is+1)}{s^{\nu}\prod\limits_{j=1}^{n-\nu}(T_js+1)}\Bigg|_{s=\lim\limits_{\varepsilon\to 0}\varepsilon e^{j\theta}}=\left(\lim_{\varepsilon\to 0}\frac{K}{\varepsilon^{\nu}}\right)e^{-j\nu\theta}=\infty e^{-j\nu\theta} \tag{5-24}$$

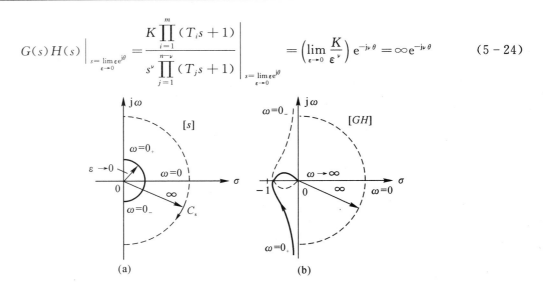

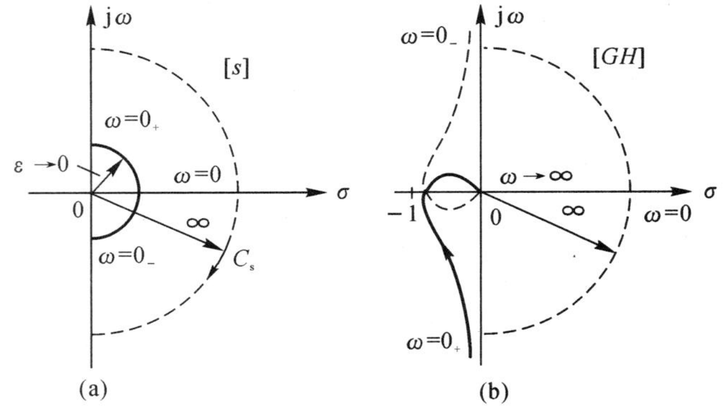

图 5-26　$G(s)H(s)$ 包含有积分环节时的 C_s 和奈氏曲线

对于一型系统($\nu=1$)，由式(5-24)可见，[s]平面上以原点为圆心，以无穷小为半径位于该平面右半侧小半圆的映射线，将是按顺时针方向从 $\omega=0_-$ 变化到 $\omega=0_+$ 转过 π 角度以无穷大为半径的圆弧[见图 5-26(b)]。由图 5-26(b)可见，增补后的开环幅相特性曲线仍具有封闭对称形式。按照增补大圆弧方式，一型系统开环幅相特性曲线是从 $\omega=0$ 变化到 $\omega=0_+$，又从 $\omega=0_+$ 继续变化到 $\omega=\infty$，然后再应用奈氏判据分析闭环系统的稳定性。

【例 5-4】　在例 5-1 中，系统开环传递函数为

$$G(s)=\frac{10}{s(0.1s+1)(s+1)}$$

其幅相特性曲线如图 5-27 所示。试判别闭环系统的稳定性。

解　因为系统开环传递函数中无右极点，即 $P=0$，由图 5-27 可见，系统开环幅相特性曲线不包围(−1,j0)点，即 $N=0$，故 $N=P/2$，所以闭环系统是稳定的。

同理，如果开环传递函数中包含有 ν 个积分环节，则绘制开环幅相特性曲线后，首先必须增补从 $\omega=0$ 开始顺时针转 $\nu\times 90°$ 到 $\omega=0_+$ 为止的半径为无穷大的一段大圆弧，然后用增补后的开环幅相特性曲线来分析闭环系统的稳定性。

【例 5-5】　一单位反馈系统，其开环传递函数为

$$G(s)=\frac{K}{s^2(Ts+1)}$$

试用奈氏判据判别闭环系统的稳定性。

解　系统开环幅相特性曲线如图 5-28 所示。图中虚线是按 $\nu=2$ 画的增补圆弧。可见，开环幅相特性曲线反向包围(−1,j0)点一圈，$N=-1$，开环右极点数 $P=0$，因此 $N\neq P/2$，闭环系统不稳定。

在工程计算中，常采用开环对数频率特性曲线，故必须把奈氏判据的条件转换到开环对数频率特性曲线上来，直接用开环对数频率特性曲线来判别闭环系统的稳定性，这样将会更方便。

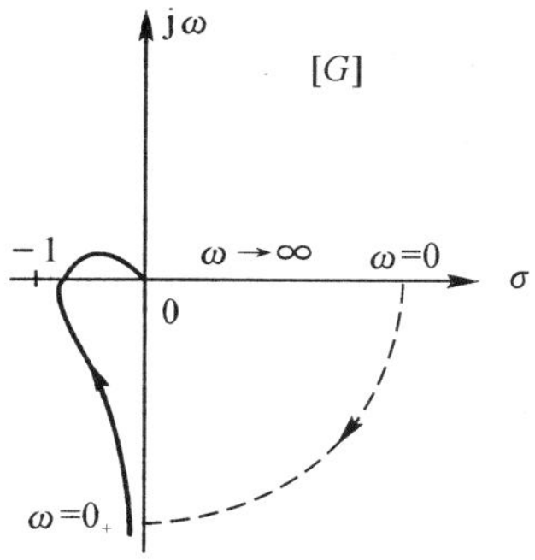

图 5-27　$\dfrac{10}{s(0.1s+1)(s+1)}$ 增补后的幅相特性曲线

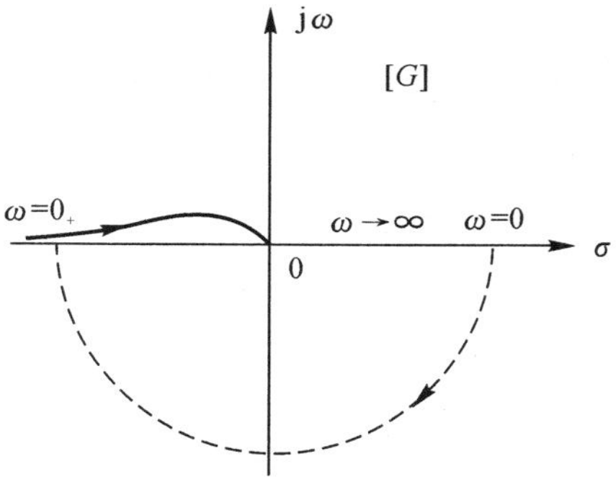

图 5-28　$\dfrac{K}{s^2(Ts+1)}$ 的幅相特性曲线

【例 5-6】　设系统的开环传递函数为

$$G(s)H(s)=\frac{K(T_2s+1)}{s^2(T_1s+1)}$$

该闭环系统的稳定性取决于 T_1 和 T_2 的相对值，试画出开环幅相特性曲线，并确定系统的稳定性。

解　作出 $G(s)H(s)$ 在 $T_1<T_2$，$T_1=T_2$ 和 $T_1>T_2$ 三种情况下的幅相特性曲线，分别如图 5-29(a)(b)(c) 所示。

当 $T_1<T_2$ 时，$G(\mathrm{j}\omega)H(\mathrm{j}\omega)$ 曲线不包围$(-1,\mathrm{j}0)$ 点，因此，闭环系统是稳定的。当 $T_1=T_2$ 时，$G(\mathrm{j}\omega)H(\mathrm{j}\omega)$ 曲线通过$(-1,\mathrm{j}0)$ 点，说明闭环极点位于 $\mathrm{j}\omega$ 轴上，闭环系统处于临界稳定状态。当 $T_1>T_2$ 时，$G(\mathrm{j}\omega)H(\mathrm{j}\omega)$ 曲线包围$(-1,\mathrm{j}0)$ 点，$N=-1$，因此，闭环系统是不稳定的。

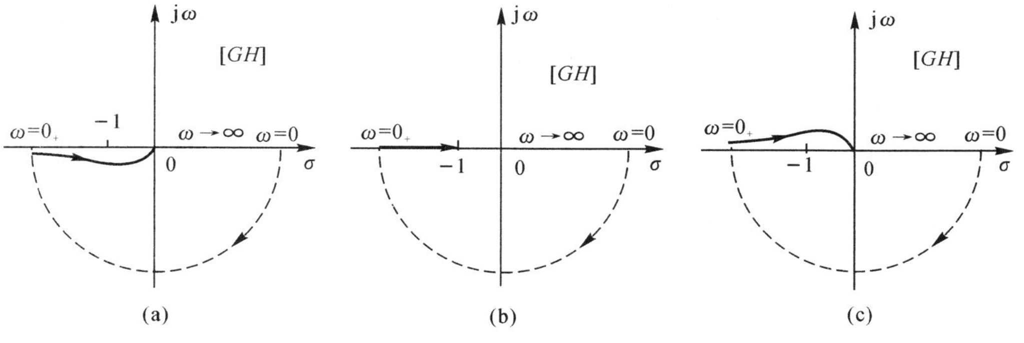

图 5-29　$\dfrac{K(T_2s+1)}{s^2(T_1s+1)}$ 的幅相特性曲线

三、对数稳定判据

由奈氏判据可知，若系统开环稳定($P=0$)，ω 由 $0\to\infty$ 变化时，开环幅相特性曲线不包围$(-1,\mathrm{j}0)$ 点，则闭环系统稳定；若包围$(-1,\mathrm{j}0)$ 点，则闭环系统不稳定；通过$(-1,\mathrm{j}0)$ 点，则闭环系统为临界稳定状态。

若某系统开环幅相特性曲线如图5-30(a)所示,其对数频率特性曲线如图5-30(b)所示,根据奈氏判据,则闭环系统是稳定的。

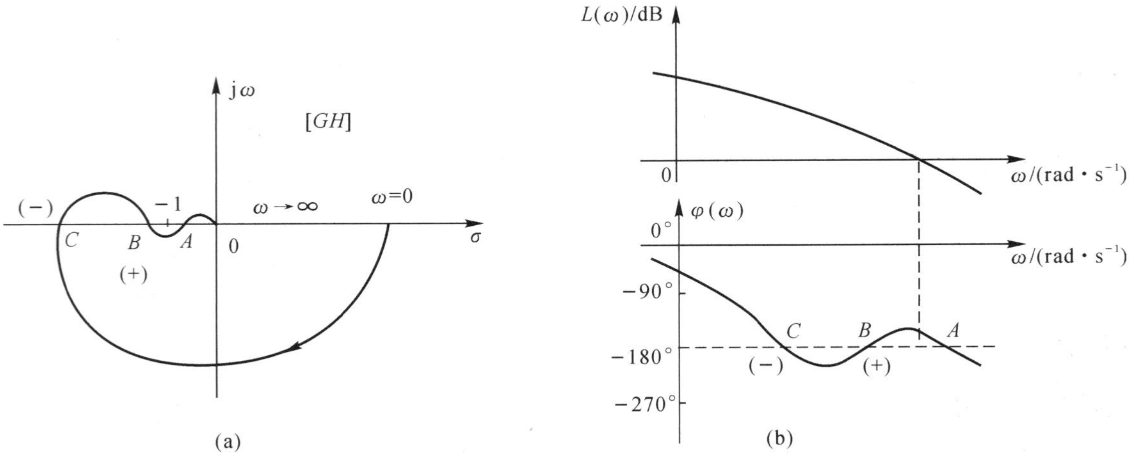

图5-30　开环幅相特性曲线及其对应的对数频率特性曲线

如果用开环幅频特性和开环相频特性来描述上述闭环系统,则稳定条件为:在 $|G(j\omega)H(j\omega)|>1$ 的范围内,开环幅相特性曲线对 $-180°$ 线的正穿越(随 ω 增大相角也增大)次数、负穿越(随 ω 增大相角减小)次数之差必须等于零。

由于 $|G(j\omega)H(j\omega)|>1$ 的范围对应着 $20\lg|G(j\omega)H(j\omega)|>0$ 的范围,因此可得对数稳定判据如下:

在开环对数幅频特性曲线 $20\lg|G(j\omega)H(j\omega)|>0$ 的所有频率范围内,对数相频特性曲线对 $-180°$ 线的正、负穿越次数之差等于零,则闭环系统稳定。

若开环系统不稳定($P\neq 0$),则**闭环系统稳定的充要条件**是:在 $20\lg|G(j\omega)H(j\omega)|>0$ 的所有频率范围内,$\angle G(j\omega)H(j\omega)$ 曲线对 $-180°$ 线的正、负穿越次数之差 N 等于 $P/2$。即

$$N=N_{+}-N_{-}=\frac{P}{2}$$

式中,N_{+} 为正穿越次数;N_{-} 为负穿越次数。

同理,当开环传递函数中包含有 ν 个积分环节时,在对数相频特性曲线上必须增补 ω 从 $0\sim 0_{+}$ 变化时所相应的相角变化量 $-\nu\times 90°$。

【例5-7】 已知系统开环传递函数为

$$G(s)H(s)=\frac{K}{s^2(Ts+1)}$$

试用对数判据判别闭环系统的稳定性。

解　绘制系统开环对数频率特性曲线,如图5-31所示。

开环传递函数中有两个积分环节,从 $\omega=0\sim 0_{+}$ 变化时相应的相角变化量为 $-180°$,在相频特性曲线上增补一段从 $0°\sim-180°$ 的相角,如图5-31中虚线所示。

根据对数判据:在 $L(\omega)>0$ 的所有频率范围内,相频特性曲线穿越 $-180°$ 线,$N_{-}=1$,

$N_{+}=0$,由开环传递函数可知 $P=0$,因此 $N=N_{+}-N_{-}\neq\frac{P}{2}$,故闭环系统不稳定。

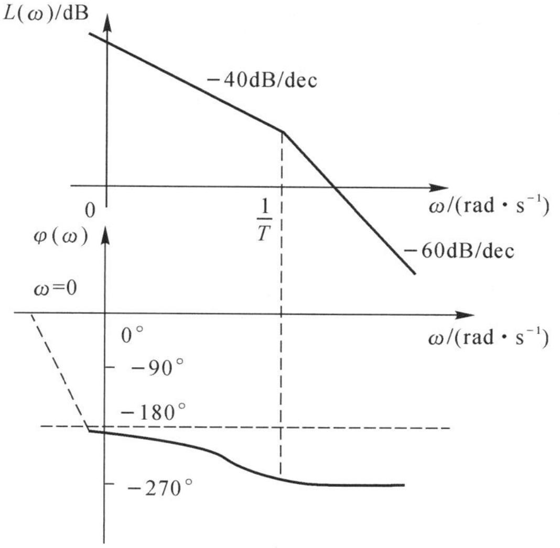

图 5－31　$\frac{K}{s^2(Ts+1)}$ 的对数频率特性曲线

四、稳定裕量

对一个控制系统而言,除了绝对稳定性外,还有一个稳定的程度,即稳定裕量的概念。进行控制系统设计时,不仅要求它必须是绝对稳定的,而且还应保证一定的稳定裕量。只有这样,系统才能对于参数变化、外界扰动等因素具有较好的抗干扰稳定能力。对于一个最小相角系统而言,开环系统 $G(\mathrm{j}\omega)$ 曲线与$(-1,\mathrm{j}0)$ 点的接近程度可表示系统的稳定裕量。下面可以看到稳定裕量不但是衡量一个闭环系统稳定程度的指标,而且与系统性能还有着密切的关系。通常**稳定裕量包括相角裕量 γ 和幅值裕量 h**。

相角裕量 γ:是指在开环幅相特性曲线上幅值等于 1 的向量与负实轴的夹角,如图 5－32(a) 所示。

在开环对数频率特性曲线上,系统截止频率 ω_c 点的相角离 $-180°$ 线的角度如图5－32(b)所示,图中箭头方向为正方向。相角裕量的表达式为

$$\gamma=180°+\angle G(\mathrm{j}\omega_c)H(\mathrm{j}\omega_c)=180°+\varphi(\omega_c) \tag{5-25}$$

相角裕量的含义是:如果系统对频率 ω_c 信号的相角迟后量再增大 γ,则系统将处于临界稳定状态,这点从图 5－32(a) 上很容易看出,所以说相角裕量是系统在相角上的稳定储备量。

幅值裕量 h:是指开环幅相特性曲线与 $-180°$ 线交点(ω_g) 处幅值的倒数,即

$$h=\frac{1}{|G(\mathrm{j}\omega_g)H(\mathrm{j}\omega_g)|} \tag{5-26a}$$

在开环对数频率特性曲线上,相频特性曲线为 $-180°$ 时的对数幅值离零分贝线的距离如图 5－32(b) 所示,图中箭头方向为正方向。幅值裕量的表达式为

$$h = -20\lg|G(j\omega_g)H(j\omega_g)|(\text{dB}) \tag{5-26b}$$

幅值裕量的含义是:如果系统开环增益增大到原来的 h 倍,则系统就将处于临界稳定状态,所以说幅值裕量是系统在幅值上的稳定储备量。

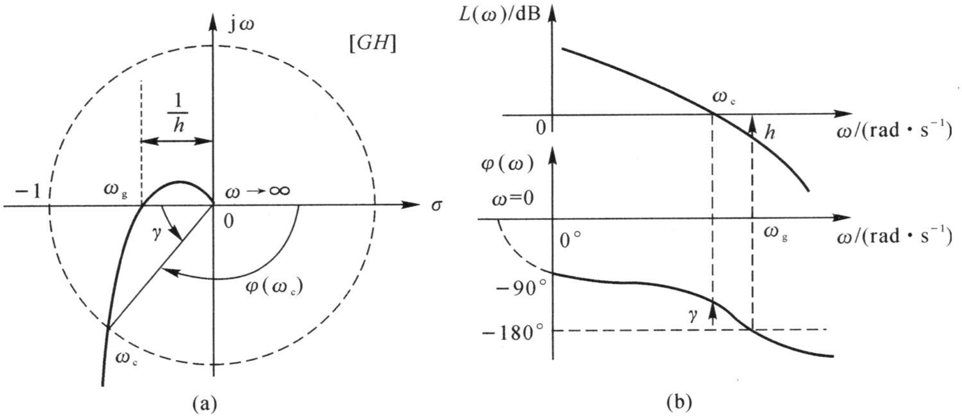

图 5-32 稳定系统的相角裕量及幅值裕量

对于最小相位系统,当相角裕量 γ 大于零而幅值裕量 h 大于 1(h 的分贝值为大于零)时,表明系统是稳定的,且 γ 和 h 越大,系统的稳定程度越好;当 $\gamma<1$,$h<1$(h 的分贝值为负)时,则表明系统不稳定。

一阶和二阶系统的相角裕量总大于零,而幅值裕量为无穷大。因此,从理论上讲,一阶、二阶系统不可能不稳定。但是,某些一阶和二阶系统的数学模型本身是忽略了一些次要因素之后建立的,实际系统常常是高阶的,其幅值裕量不可能无穷大。因此,如开环增益太大,这些系统仍有可能不稳定。

一般来说,仅用相角裕量(或幅值裕量)还不足以说明系统的稳定程度。但是,对于无零点的二阶系统和只要求粗略估算过渡过程性能指标的高阶系统,只用相角裕量也可以。

为了获得满意的动态过程,保证系统具有一定的相对稳定性,稳定裕度不能太小。在工程设计中,常常要求 $\gamma=30°\sim 60°$,$h\geqslant 2$ 或 $20\lg h\geqslant 6$ dB。

5-6 系统闭环频率特性和性能指标

系统闭环频率特性曲线,可以利用系统的开环频率特性曲线以及一些标准图线简捷方便地得到。然后,利用系统闭环频率特性曲线的一些特征量,如峰值和频带,可以进一步对系统进行分析和性能估算。

一、闭环频率特性和尼柯尔斯图线

对于单位反馈系统,其闭环传递函数为

$$\Phi(s)=\frac{G(s)}{1+G(s)}$$

频率特性为

$$\Phi(j\omega)=\frac{G(j\omega)}{1+G(j\omega)}$$

闭环频率特性的向量与开环幅相特性图之间的关系如图 5－33 所示。

由图 5－33 可见：在开环幅相特性曲线上任取一点 A，其对应频率为 ω_1，则有

$$|G(j\omega_1)|=|\overrightarrow{OA}|$$

$$|1+G(j\omega_1)|=|\vec{1}+\overrightarrow{OA}|=|\overrightarrow{BA}|$$

因此，系统在 $\omega=\omega_1$ 时的闭环频率特性的幅值为

$$|\Phi(j\omega_1)|=|\overrightarrow{OA}|/|\overrightarrow{BA}|$$

对数幅值用 M_1 来表示，即

$$M_1=20\lg|\Phi(j\omega_1)|=20\lg(|\overrightarrow{OA}|/|\overrightarrow{BA}|) \tag{5-27}$$

相角用 α_1 来表示，即

$$\alpha_1=\angle\Phi(j\omega_1)=\angle\overrightarrow{OA}-\angle\overrightarrow{BA}=\angle BAO \tag{5-28}$$

按照这种方法，在开环幅相特性曲线上，取一系列不同频率点，求得各对应频率下的闭环幅值和相角，最后绘制闭环频率特性曲线。

显然，上述图解方法是不便于工程使用的。为了便于工程使用，采用下列方法绘制成图线，即尼柯尔斯图线，供工程人员使用。

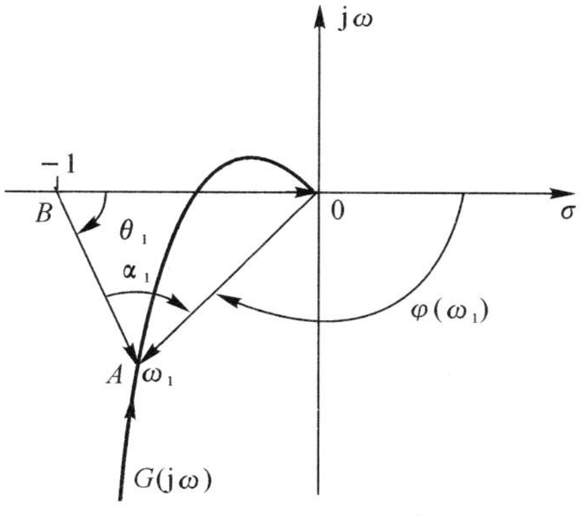

图 5－33　开环幅相特性曲线

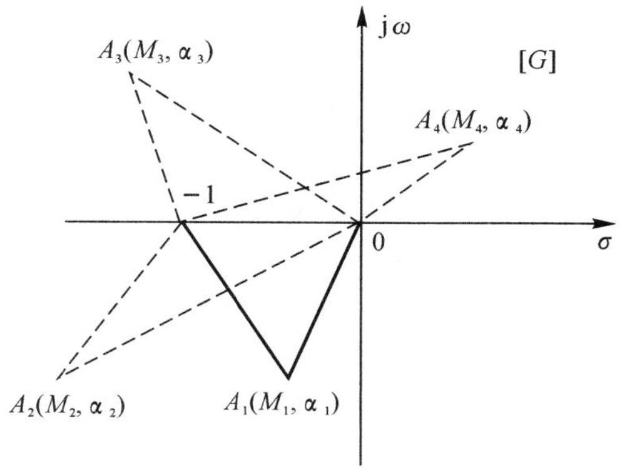

图 5－34　向量作图法

由上述分析过程可知，若复平面上任取一点 A_1，利用式(5－27)和式(5－28)求得该点的 M_1 和 α_1 值，在 A_1 点标注出 M_1 和 α_1 的数值，如图 5－34 所示。同理，在复平面上任取 A_2，A_3，…，求出对应的 M_2，α_2；M_3，α_3；…；将这些点表示在对数幅相坐标平面上。然后，分别把 M，α 值相同的点连接起来构成等 M、等 α 图线，即称为尼柯尔斯图线，如图 5－35 所示。图线纵坐标为系统开环对数幅频特性 $L(\omega)=20\lg|G(j\omega)|$，横坐标为开环相频特性 $\varphi(\omega)$。图中图线上标注的分贝数为闭环对数幅值，相角单位为(°)。

尼柯尔斯图线与 $\varphi(\omega)=-180°$ 线对称。对称的等 M 线其 M 值和符号都相同；而对称的等 α 线其 α 的绝对值相同，符号却相反。

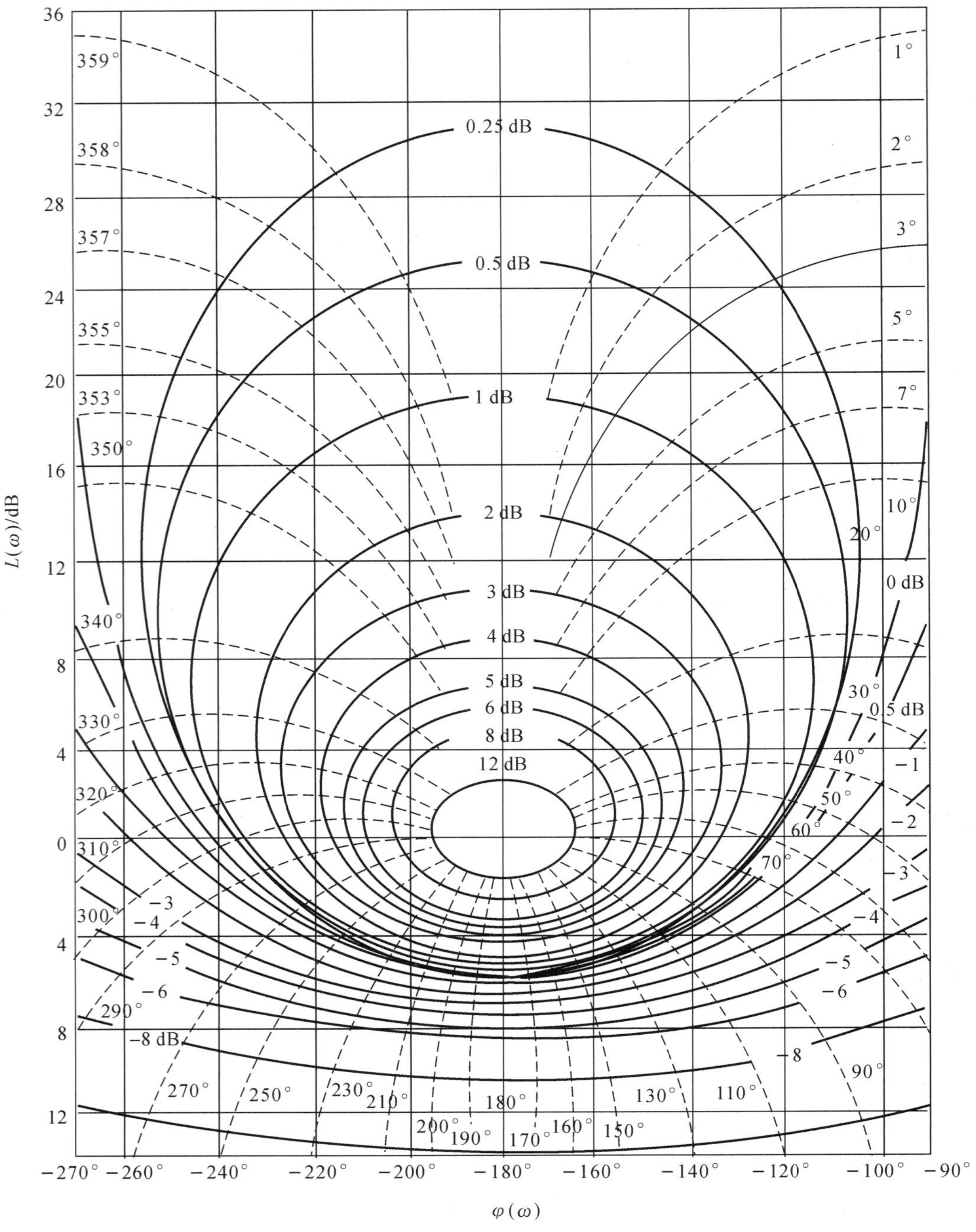

图 5－35　尼柯尔斯图线

【例 5－8】　试根据尼柯尔斯图线，确定图 5－36 所示系统的闭环对数频率特性曲线。

解　系统开环传递函数为

$$G(s)=\frac{1}{s(s+1)(0.5s+1)}$$

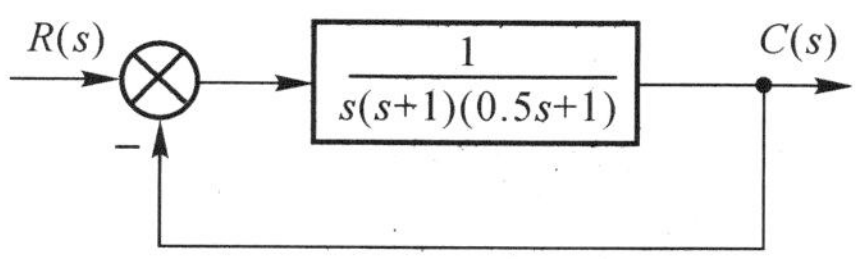

图 5－36　例 5－8 系统

把系统开环对数幅相特性曲线(尼柯尔斯图)绘制在尼柯尔斯图线上,如图 5－37(a) 所示。根据开环对数幅相特性曲线与尼柯尔斯图线的交点,读出各交点处对应的频率、闭环对数幅值和相角,然后根据所得数据绘制闭环对数幅频、相频特性曲线如图 5－37(b) 所示,图中纵坐标分别用 L_M 和 α 来表示。

应当指出,尼柯尔斯图线是根据单位反馈系统绘制的,因此,如果系统不是单位反馈时,则必须进行适当的等效变换才能使用。

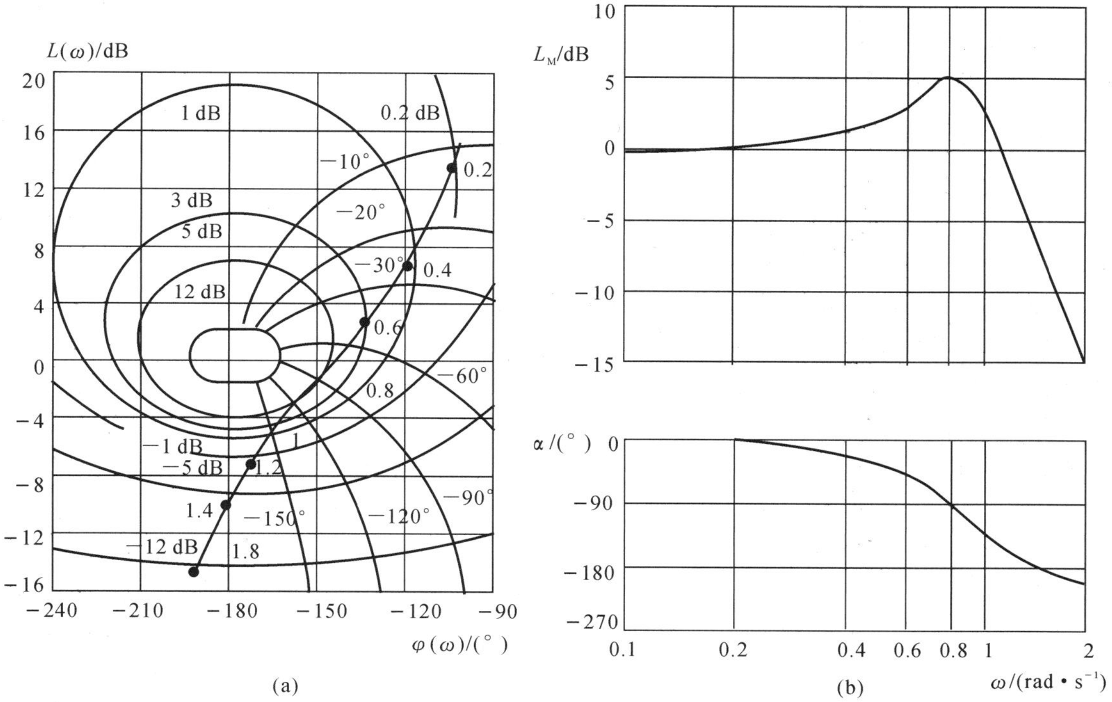

图 5－37　应用尼柯尔斯图线求闭环对数频率特性曲线

例如图 5－38(a) 所示为非单位反馈系统(或复杂的系统中的局部反馈),进行等效变换后可用图 5－38(b) 表示。由图 5－37(b) 可见,非单位反馈系统的闭环对数幅频特性 L_M 为

$$L_M = 20\lg\frac{|G(j\omega)H(j\omega)|}{|1+G(j\omega)H(j\omega)|} - 20\lg|H(j\omega)|$$

由上式可见,式中第一项是等效单位反馈部分的对数幅频特性,可利用尼柯尔斯图线求得,第二项是非单位反馈系统中反馈装置的对数幅频特性。显然非单位反馈系统的闭环对数幅频特性曲线为这两部分曲线之差。相频特性也为这两部分的相频特性之差,即

$$\alpha(\omega) = \angle\frac{G(j\omega)H(j\omega)}{1+G(j\omega)H(j\omega)} - \angle H(j\omega)$$

其中 $\angle\dfrac{G(j\omega)H(j\omega)}{1+G(j\omega)H(j\omega)}$ 可通过查尼柯尔斯图线得到。

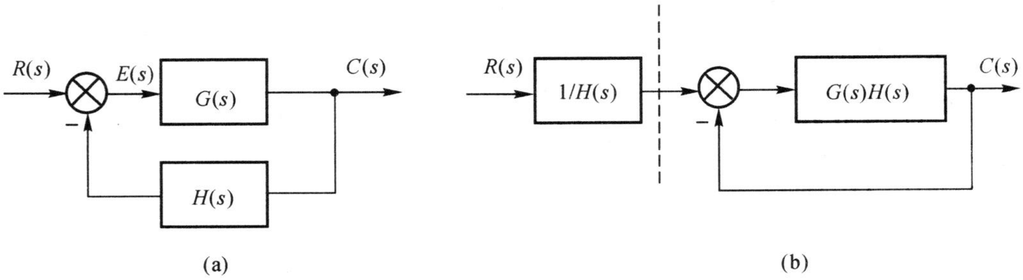

图 5 - 38　非单位反馈系统的结构图

二、性能指标

频率特性是描述控制系统内在固有特性的一种工具，因而它与系统的控制性能之间有着紧密的关系。

这里主要阐述用以描述控制系统性能的频域性能指标与时域性能指标之间的关系，从而揭示出从不同角度根据不同的方法分析与设计控制系统的内在联系。

设反馈系统的闭环对数幅频特性曲线如图 5 - 39 所示。其特征量为：

(1) 峰值 M_r：是对数幅频特性的最大值。峰值越大，意味着系统的阻尼比越小，平稳性越差，此时阶跃响应将有较大的超调量。

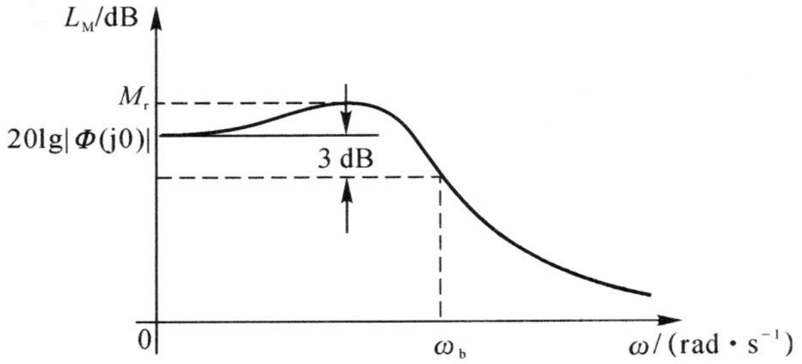

图 5 - 39　典型闭环对数幅频特性曲线

(2) 零频值：是指频率等于零时的闭环对数幅值，即 $20\lg|\varphi(j0)|$。

当 $20\lg|\varphi(j0)| = 0$(即 $|\varphi(j0)| = 1$)时，则系统阶跃响应的终值等于输入信号的幅值，稳态误差为零。当 $20\lg|\varphi(j0)| \neq 0$ 时，则系统存在稳态误差，故零频幅值反映了系统的稳态精度。

(3) 带宽频率和带宽：闭环对数幅频特性的分贝值相对 $20\lg|\varphi(j0)|$ 值下降 3 dB时的对应频率 ω_b，称为带宽频率。带宽频率的范围称带宽，即 $0 < \omega \leqslant \omega_b$。带宽频率范围越大，表明系统复现快速变化信号的能力越强，此时失真小，系统快速性好，阶跃响应上升时间和调节时间短，但系统抑制输入端高频噪声的能力相应削弱。

经验表明，闭环对数幅频特性曲线在带宽频率附近的斜率越小，即对数幅频特性衰减越快，系统从噪声中区别有用信号的特性越好。但是，一般呈现较大的峰值 M_r，因而系统平稳性较差，稳定程度也差。

对于一阶、二阶系统，闭环频率特性的特征量与时域指标之间的关系是很明确的。

对于二阶系统(即振荡环节)，方程式(5 - 15)就表明了 M_r 与阻尼比 ξ 之间的确定关系，由于方程式(3 - 19)确定了阻尼比与超调量 $\sigma\%$ 之间的关系，因此，M_r 与 $\sigma\%$ 也有确定关系。

带宽 ω_b 与调节时间 t_s 之间关系也很明确。

例如一阶系统,其闭环传递函数为

$$\Phi(s)=\frac{1}{Ts+1}$$

可求出系统带宽

$$\omega_b=\frac{1}{T}$$

由第三章时域分析可知,当取 5% 误差带时

$$t_s=3T,\quad t_r=2.2T$$

因此与频域中带宽之间关系为

$$t_s=\frac{3}{\omega_b},\quad t_r=\frac{2.2}{\omega_b}$$

显然,带宽频率和调节时间成反比,和上升时间成反比。

对于欠阻尼的二阶系统,由时域分析可知

$$t_s=\frac{3.5}{\xi\omega},\quad t_r=\frac{\pi-\beta}{\omega_n\sqrt{1-\xi^2}},\quad t_p=\frac{\pi}{\omega_n\sqrt{1-\xi^2}}$$

可见 t_s,t_r 和 t_p 都和自然频率 ω_n 成反比。而带宽 ω_b 与自然频率 ω_n 成正比。因此,t_s,t_r 和 t_p 也都和 ω_b 成反比。根据闭环幅频特性及带宽频率定义可得 ω_b 与 ω_n 的确定关系式如下:

$$\omega_b=\omega_n\left[(1-2\xi^2)+\sqrt{(1-2\xi^2)^2+1}\right]^{1/2} \tag{5-29}$$

最后应指出,系统的截止频率 ω_c 和闭环的带宽频率 ω_b 之间有密切关系。如果两个系统的稳定程度相仿,则 ω_c 大的系统,ω_b 也大;ω_c 小的系统,ω_b 也小。即 ω_c 和系统响应速度存在着反比关系。因此,也常用 ω_c 来衡量系统的响应速度。

对于高阶系统的 M_r,ω_b 与时域指标之间没有精确的关系式。这里介绍一个根据闭环幅频特性曲线来估算时域指标的经验公式。

若闭环系统的幅频特性曲线如图 5-40 所示。

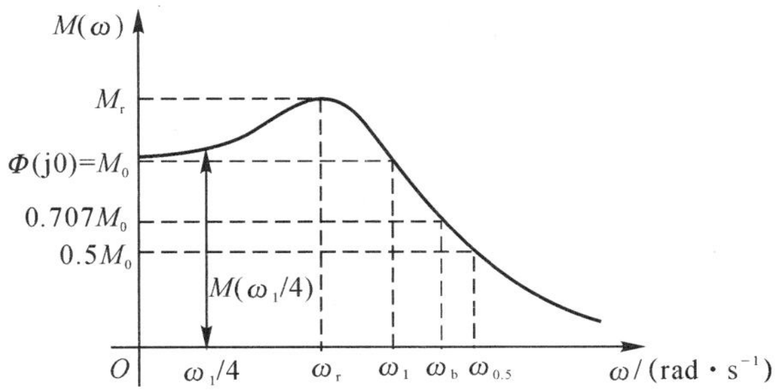

图 5-40　闭环幅频特性曲线

时域性能指标的估算公式为

$$\sigma\%\approx\left\{41\ln\left[\frac{M_rM\left(\frac{\omega_1}{4}\right)}{M_0^2}\,\frac{\omega_b}{\omega_{0.5}}\right]+17\right\}\% \tag{5-30}$$

$$t_s\approx\left(13.57\frac{M_r\omega_b}{M_0\omega_{0.5}}-2.51\right)\frac{1}{\omega_{0.5}}(\text{s}) \tag{5-31}$$

由于系统闭环频率特性曲线不如开环频率特性曲线那么容易得到，另外，既然闭环系统稳定性及稳定程度均可以通过开环频率特性得到，自然会想到能否根据开环频率特性来估算闭环系统的时域指标。在这方面，已有不少学者做过大量研究，方法也比较多。下节介绍由开环对数频率特性曲线的特征量 γ 和 ω_c 来估算时域指标。

5-7 开环对数频率特性和时域指标

根据系统开环对数频率特性对系统性能的不同影响，将系统开环对数频率特性分为三个频段：低频段、中频段和高频段。需要指出，开环对数频率特性三频段的划分是相对的，各频段之间没有严格的定义，要具体情况具体分析。

一、低频段

低频段通常是指开环对数幅频特性的渐近曲线在第一个交接频率以前的频段，这一频段完全由开环传递函数中的积分环节和放大环节所决定。低频段的对数幅频为

$$20\lg|G(j\omega)H(j\omega)| = 20\lg\frac{K}{\omega^{\nu}} = 20\lg K - \nu\times 20\lg\omega \tag{5-32}$$

式中，ν 为开环传递函数中的积分环节数。根据式(5-32)及积分环节数，就可作出开环对数幅频特性曲线的低频段，如图 5-41 所示。

若已知低频段的开环对数幅频特性曲线，则很容易得到 K 值和积分环节数 ν。利用第三章中介绍的静态误差系数法可以确定系统在给定输入下的稳态误差。故低频段的频率特性决定了系统的稳态性能。

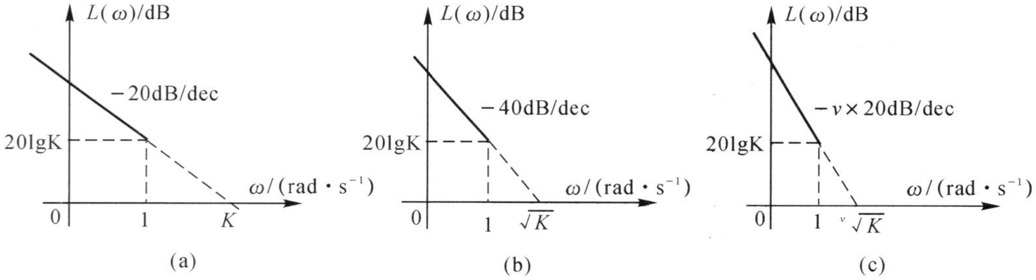

图 5-41 K 和 ν 与对数幅频特性曲线的关系

二、中频段

中频段是指开环对数幅频特性曲线截止频率 ω_c 附近的频段。它决定着系统的稳定程度和动态性能。

设有两个系统，均为最小相位系统。它们的开环对数幅频特性曲线除中频段的斜率不同(即一个为 -20 dB/dec，另一个为 -40 dB/dec)外，其余低频、高频段均相同，并且中频段相当长，如图 5-42 所示。

显然，图 5-42(a) 所示系统有将近 90° 的相角裕量，而图 5-42(b) 所示系统则相角裕量很小。

假定另有两个系统，均为最小相位系统，开环对数幅频特性曲线除中频段(斜率为 -20 dB/dec)线段的长度不同外，其余部分完全相同，如图 5-43 所示。显然，中频段线段较长的系统[见图 5-43(a)]的相角裕量将大于中频段线段较短的系统[见图 5-43(b)]的相角裕量。

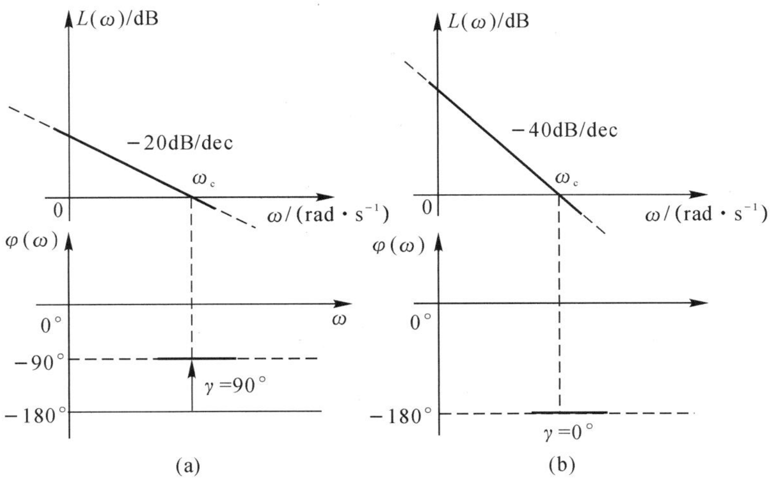

图 5-42　中频段斜率和相角裕量

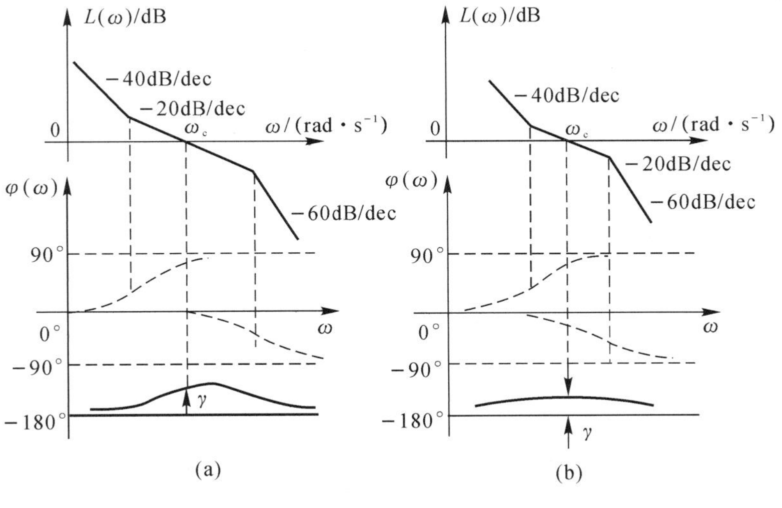

图 5-43　中频段长度与相角裕量

可见，开环对数幅频特性中频段斜率最好为 -20 dB/dec，而且希望其长度尽可能长些，以确保系统有足够的相角裕量。当中频段的斜率为 -40 dB/dec 时，中频段占据的频率范围不宜过长，否则相角裕量会很小；若中频段斜率更小(如 -60 dB/dec)，则系统就难以稳定。另外，截止频率 ω_c 越高，系统复现信号能力越强，系统快速性也就越好。

【例 5-9】　系统开环传递函数 $G(s)=\dfrac{K(1+T_1 s)}{s^2(1+T_2 s)}$，其中 $T_1=nT_2(n>1)$，幅频曲线如图 5-44 所示，求最大相位裕量 γ_{max} 并分析中频段对系统性能的影响。

解 系统相角裕量

$$\gamma = 180° - 180° + \arctan(T_1\omega_c) - \arctan(T_2\omega_c) = \arctan(T_1\omega_c) - \arctan(T_2\omega_c)$$

又 $T_1 = nT_2$，则

$$\gamma = \arctan(nT_2\omega_c) - \arctan(T_2\omega_c)$$

令 $x = T_2\omega_c$，则 $\gamma = \arctan(nx) - \arctan(x)$，欲得相角裕量最大值，求 γ 极值如下：

$$\frac{d\gamma}{dx} = \frac{n}{1+(nx)^2} - \frac{1}{1+x^2} = \frac{(n-1) - n(n-1)x^2}{(1+n^2x^2)(1+x^2)} = 0$$

得 $x^2 = \frac{1}{n}$，即 $T_2\omega_c = \frac{1}{\sqrt{n}}$

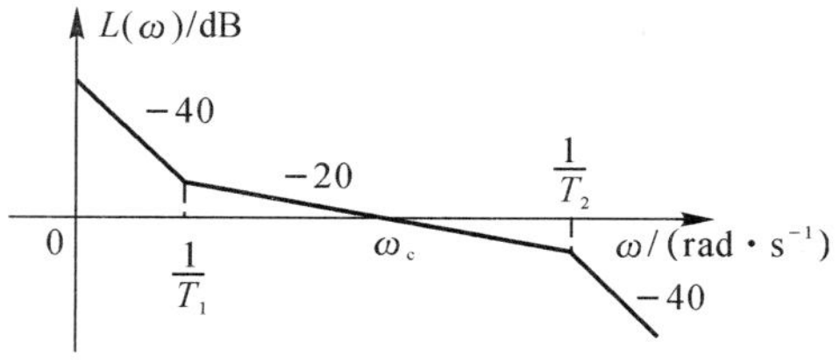

图 5-44 系统幅频 Bode 曲线

将 $T_2\omega_c = \frac{1}{\sqrt{n}}$ 代入 γ，可得最大相角裕量

$$\gamma_{max} = \arctan(nT_2\omega_c) - \arctan(T_2\omega_c) = \arctan(\sqrt{n}) - \arctan\left(\frac{1}{\sqrt{n}}\right)$$

由上式可以看出，中频段越宽（$T_1 = nT_2$ 中 n 越大），γ_{max} 越大，系统超调量越小；同时还使截止频率 ω_c 增大（$\omega_c = \sqrt{n}/T_1$，保持 T_1 不变，n 增大），调节时间 t_s 减小。

三、高频段

高频段是指开环对数幅频特性曲线在中频段以后的频段（一般 $\omega > 10\omega_c$ 的频段）。这部分特性是由系统中时间常数很小的部件所决定的。由于它远离截止频率 ω_c，一般幅值分贝数较低，故对系统动态性能（相角裕量）影响不大。另外，由于高频段的开环幅值较小，故对单位反馈系统有

$$|\Phi(j\omega)| = \frac{|G(j\omega)|}{|1+G(j\omega)|} \approx |G(j\omega)|$$

该式表明，闭环幅值近似等于开环幅值。因此，系统开环对数幅频特性在高频段的幅值，直接反映了系统对输入端高频干扰的抑制能力。因此，高频段的分贝数值愈低，系统的抗干扰能力愈强。

图 5-45 所示为典型的一型高阶系统开环对数幅频特性曲线的三个频段的划分。

应当指出，三个频段的划分并没有提供具体的控制系统设计方法，但是三个频段的概念为直接运用开环频率特性来判别、估算系统性能指出了方向。

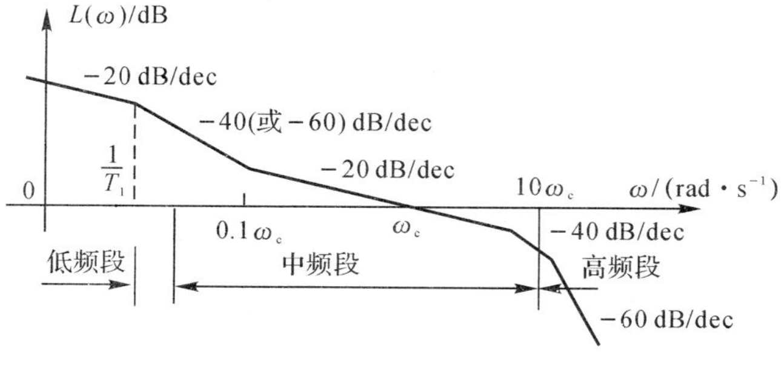

图 5-45 一型系统对数幅频特性的典型分布图

四、从相角裕量 γ 估算时域指标

相角裕量 γ 是在频域内描述系统稳定程度的指标，而系统的稳定程度直接影响时域指标 $\sigma\%$ 和 t_s，因此，γ 必定与 $\sigma\%$ 和 t_s 存在内在联系。

1. 二阶系统的时域指标

二阶系统的相角裕量与时域指标间有确定的关系。

分析图 5-46 所示二阶系统，其开环传递函数为

$$G(s)=\frac{\omega_n^2}{s(s+2\xi\omega_n)}=\frac{\omega_n/(2\xi)}{s\left(\frac{1}{2\xi\omega_n}s+1\right)}$$

其开环对数幅频特性曲线如图 5-47 所示。

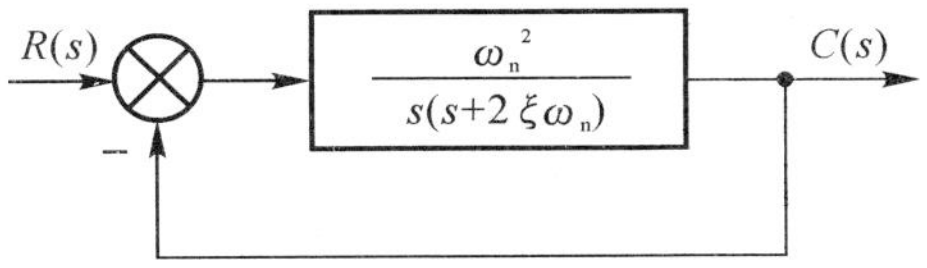

图 5-46　二阶系统

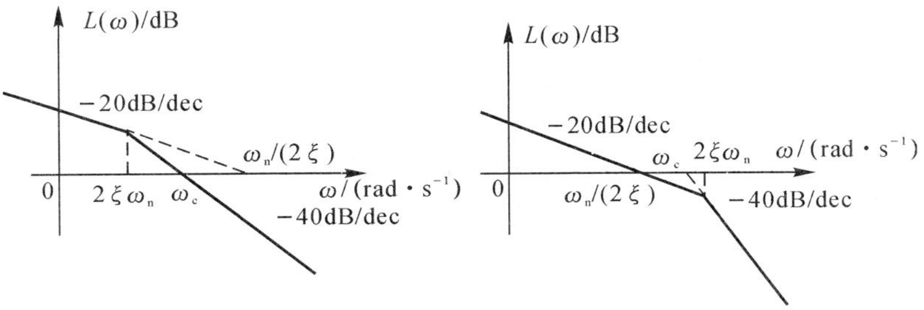

图 5-47　图 5-46 系统开环对数幅频特性曲线

二阶系统的结构参量 ξ，ω_n，在时域分析中已建立了与时域指标间的关系式，即

$$\sigma\%=e^{-\xi\pi/\sqrt{1-\xi^2}}\times 100\%$$

$$t_s=\frac{3.5}{\xi\omega_n}$$

$$t_p=\frac{\pi}{\omega_n\sqrt{1-\xi^2}}$$

式中，自然频率 ω_n 可从渐近对数幅频曲线上确定。在图 5-47 中，斜率为 −40 dB/dec 的线段（或其延长线）与零分贝的交点即为 ω_n。该点频率恰好是 $2\xi\omega_n$ 和 $\omega_n/2\xi$ 频率的几何平均值。

下面求解 γ 与 ξ 的关系式：根据相角裕量的定义式，即

$$\gamma=180°+\angle G(j\omega_c)=90°-\arctan\frac{\omega_c}{2\xi\omega_n} \tag{5-33}$$

当开环幅频等于 1，即 $|G(j\omega_c)|=1$ 时，得

$$\frac{\omega_c}{\omega_n}=\sqrt{\sqrt{1+4\xi^4}-2\xi^2} \tag{5-34}$$

将式(5－34)代入式(5－33),得

$$\gamma=\arctan\frac{2\xi}{\sqrt{\sqrt{1+4\xi^4}-2\xi^2}} \tag{5－35}$$

根据式(5－35)绘制γ-ξ曲线,如图5－48所示。由图可见:γ越大,ξ也越大;γ越小,ξ就越小。要想得到满意的动态过程,一般γ取值范围在$30^\circ \sim 70^\circ$之间。

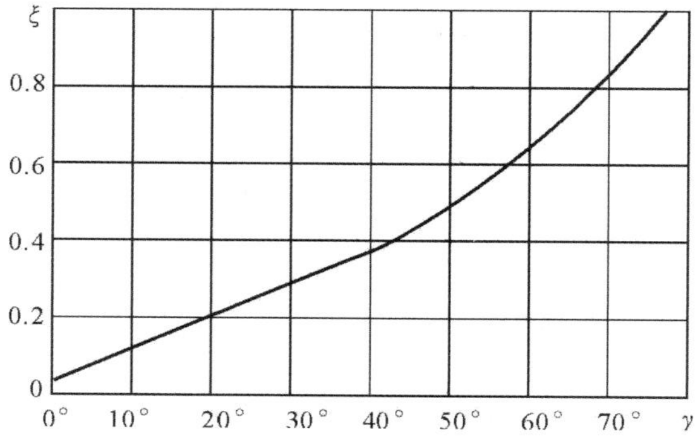

图5－48　二阶系统γ-ξ曲线

将二阶系统调节时间(取误差$\Delta=0.05$)$t_s=\dfrac{3.5}{\xi\omega_n}$与式(5－34)相乘,整理得

$$t_s\omega_c=\frac{3.5}{\xi}\sqrt{\sqrt{4\xi^4+1}-2\xi^2}$$

再由式(5－33)可得

$$t_s\omega_c=\frac{7}{\tan\gamma} \tag{5－36}$$

可见,调节时间t_s与相角裕量γ和截止频率ω_c都有关。当γ确定时,t_s与ω_c成反比。

由开环对数幅频特性求时域指标的方法:首先从开环对数幅频特性曲线上求得ω_n和γ值,然后根据γ值查图5－48获得ξ值,最后由ξ值查图3－15便可得到$\sigma\%$;将ω_n,ξ值代入式(3－18)和式(3－20)分别求得t_p和t_s。

2. 高阶系统的时域指标

对于高阶系统,γ毕竟只是比较简单的一项指标,它不能完全概括千变万化的频率特性形状。γ相同的系统,频率特性未必完全相同,因此时域指标也不会一样。在高阶系统中,γ与时域指标之间没有确定的函数关系。但是,通过对大量系统的研究,可归纳出下面两个近似的计算公式:

$$\sigma_p=0.16+0.4\left(\frac{1}{\sin\gamma}-1\right),\quad 35^\circ\leqslant\gamma\leqslant 90^\circ \tag{5－37}$$

$$t_s=\frac{\pi}{\omega_c}\left[2+1.5\left(\frac{1}{\sin\gamma}-1\right)+2.5\left(\frac{1}{\sin\gamma}-1\right)^2\right] \tag{5－38}$$

根据以上公式绘制成曲线如图5－49所示。

应当指出,根据计算公式或查图5－49所得结果,当γ较小时,比较接近实际系统,即准确度就高;而当γ较大时,近似程度较差,准确度就低。

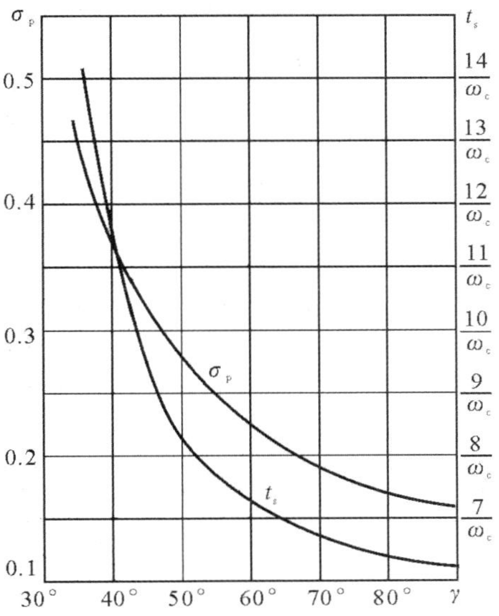

图 5-49　$\sigma_p-\gamma$ 和 $t_s-\gamma$ 曲线

5-8　传递函数的实验确定法

用时域分析法和根轨迹分析法，首先要列写出系统传递函数，否则就无法对系统进行分析。频率法却不同，频率特性曲线可以通过实验方法得到。因此，工程上也常常用实验测得的频率特性曲线来求得传递函数。测定系统或部件频率特性的方法是，给系统或部件输入不同频率的正弦信号，测出其对应的稳态输出，作出对数频率特性曲线。然后，将测得的对数频率特性曲线用斜率为 0 dB/dec，±20 dB/dec，±40 dB/dec 等直线近似，即得渐近对数幅频特性曲线。根据此曲线按最小相位系统写出试探性传递函数，并作出其相频特性曲线。若试探性相频特性曲线符合实验相频特性曲线，则试探性传递函数就是所求系统或部件的传递函数。若在低频或高频段相角差别较大，则必须考虑是否存在不稳定环节，修改试探传递函数，并再次作相频特性曲线与实验相频进行比较，反复进行计算比较，直到试探相频特性曲线与实验相频特性曲线重合为止。下面举例说明。

【例 5-10】　试确定图 5-50 所示实验对数频率特性曲线（图中实线所示）的传递函数。

解　第一步：以标准的斜率直线与实验对数频率特性曲线相比拟，得渐近对数幅频特性曲线，如图 5-49 虚线所示。

第二步：根据渐近对数幅频特性曲线写出传递函数的试探形式，即

$$G(s)=\frac{K(s+1)}{\left(\frac{1}{2}s+1\right)\left(\frac{1}{5}s+1\right)}$$

式中，$K=1$。

第三步：根据试探传递函数，作出其相频特性曲线，若试探相频特性曲线完全与实验相频特性曲线重叠（或低频段和高频段完全重合，而在中频段有所差异），这表明试探传递函数形式

就是所求传递函数(在中频段的交接频率处作一些修正即可)。本例是完全重合的。因此,试探性传递函数就是所求传递函数。

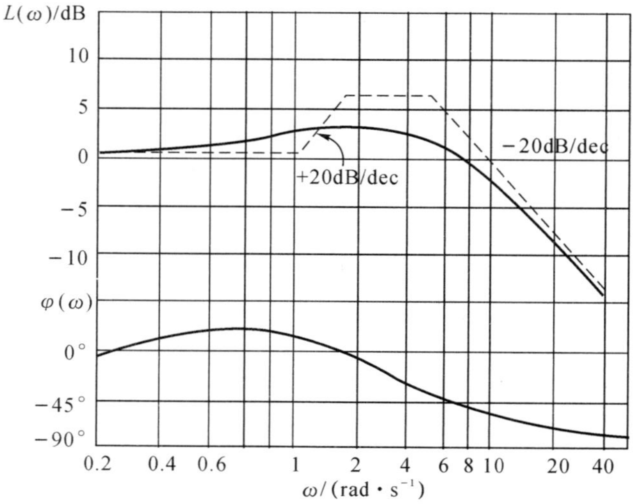

图 5-50　例 5-10 图

【例 5-11】 根据实验数据画出的对数频率特性曲线如图 5-51 中实线所示。试求相应的传递函数。

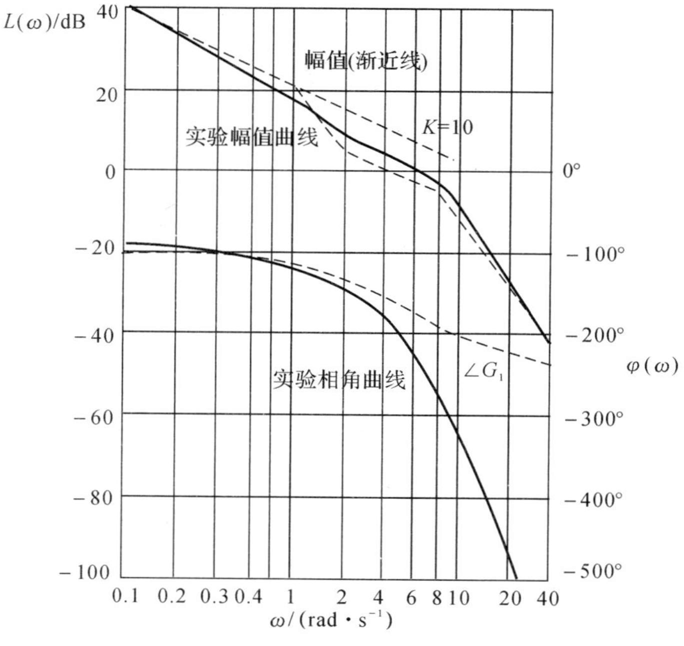

图 5-51　例 5-11 系统实验对数频率特性曲线

解　用标准斜率线与实验对数幅频特性曲线相比拟,得渐近对数幅频特性曲线,如图 5-51 中虚线所示。根据虚线对数幅频特性曲线,初步确定试探性传递函数为

$$G_1(s)=\frac{K\left(\frac{1}{2}s+1\right)}{s(s+1)\left(\frac{1}{64}s^2+2\xi\frac{1}{8}s+1\right)}$$

式中，阻尼比 ξ 可由接近于 $\omega=6$ rad/s 处的谐振峰值来求得，参照图 5-15，可得 $\xi=0.5$；开环增益 K 在数值上等于低频渐近线的延长线与零分贝直线相交处的频率值，于是可求得 $K=10$。因此试探性传递函数为

$$G_1(s)=\frac{10\left(\frac{1}{2}s+1\right)}{s(s+1)\left(\frac{1}{64}s^2+\frac{1}{8}s+1\right)}$$

由上式求出对应的对数相频特性曲线，如图 5-51 中虚线所示。可见 $\angle G_1(j\omega)$ 与实验相频曲线在高频段差距较大。这两条曲线之差在频率很高时，其变化率为常数，这必定是延迟环节在相角曲线上引起的差异。

因此，假设完整的传递函数为

$$G(s)=G_1(s)e^{-\tau s}$$

由于在很高频率时计算出的和实验得到的相角之差为 -0.2ωrad。又因为 $G_1(s)$ 为两个 s 多项式之比，其相角在很高频率时趋于定值，而 $e^{-\tau s}$ 的相角却为 $-\tau\omega$，可见 τ 等于 0.2s。

因此，确定了系统延迟环节为 $e^{-0.2s}$。最后，根据实验测得的对数频率特性曲线确定的传递函数为

$$G(s)=\frac{10\left(\frac{1}{2}s+1\right)e^{-0.2s}}{s(s+1)\left(\frac{1}{64}s^2+\frac{1}{8}s+1\right)}$$

或

$$G(s)=\frac{320(s+2)e^{-0.2s}}{s(s+1)(s^2+8s+64)}$$

5-9　基于 MATLAB 的频率特性分析

本章介绍的常用频率特性曲线有三种：对数频率特性曲线（Bode 图）、幅相特性曲线（Nyquist 曲线）和对数幅相曲线（Nichols 曲线）。根据教学重点，这里仅介绍 Bode 图和 Nyquist 曲线的绘制。

一、Nyquist 曲线（幅相特性曲线）

函数 nyquist( )：计算并绘制线性定常系统的幅相特性曲线，nyquist 函数用法及说明见表 5-5。

表 5-5　nyquist 函数用法及说明

nyquist(sys1,...,sysN)	在同一个图形窗口中同时绘制 N 个系统 sys1,...,sysN 的 Nyquist 曲线
nyquist(sys1,...,sysN,w)	指定频率范围 w

续 表

nyquist (sys1,' PlotStyle1 ', …, sysN,' PlotStyleN')	定义曲线属性 PlotStyle
[re,im,w]= nyquist(sys)	计算系统 sys 的幅相特性数据值。re 表示幅相特性的实部向量,im 表示虚部向量,w 表示频率向量
[re,im]=nyquist(sys,w)	指定频率范围,计算系统 sys 的幅相特性数据值

说明:

(1)此函数绘制频率 w 从 $-\infty$ 变化至 $+\infty$ 的幅相曲线,且关于实轴对称。

(2)频率范围 w 可缺省,缺省情况下由 MATLAB 根据数学模型自动确定;用户指定 w 用法为 w={wmin,wmax}。

【例 5-12】 单位负反馈系统的开环传递函数为 $G(s)=\dfrac{8(s+0.2)}{s(s+1)(s+5)}$,试绘制其 Nyquist 曲线。

解

MATLAB 命令窗口键入程序及属性设置	运行结果
>> z=[-2];p=[0 -1 -5];k=8; >> G=zpk(z,p,k); >> nyquist(G)	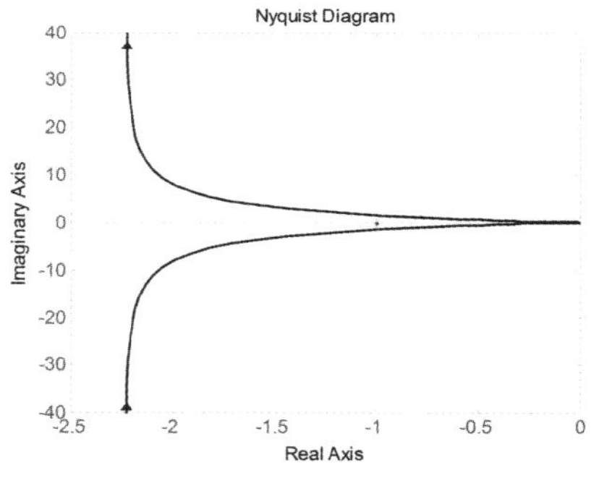
添加网格线:可以使用鼠标右键单击图中任意一处,选择菜单项"Grid"即可	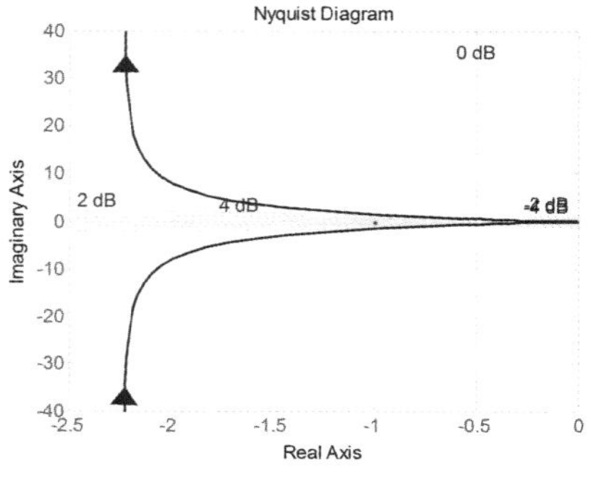

续表

MATLAB 命令窗口键入程序及属性设置	运行结果
只绘制 ω 从 0 变化至 $+\infty$ 的 Nyquist 曲线，使用鼠标右键单击图中任意一处，选择菜单项“Show”，去掉勾选项“Negative Frequencies”	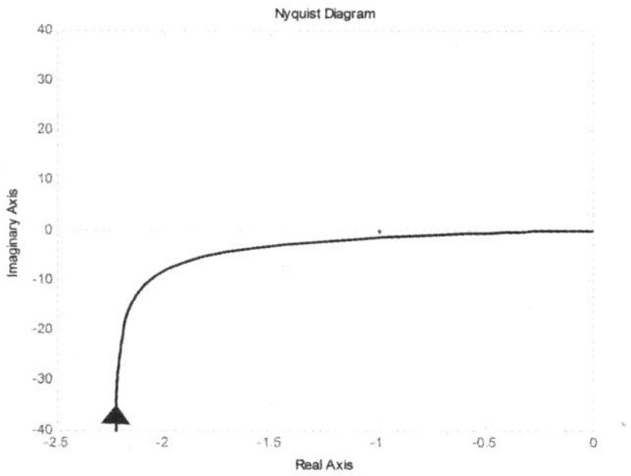
判断系统稳定：使用鼠标右键单击图中任意一处，菜单中选择“Characteristics”，并选择其中的“Minimum Stability Margins”，很容易判断闭环系统稳定性	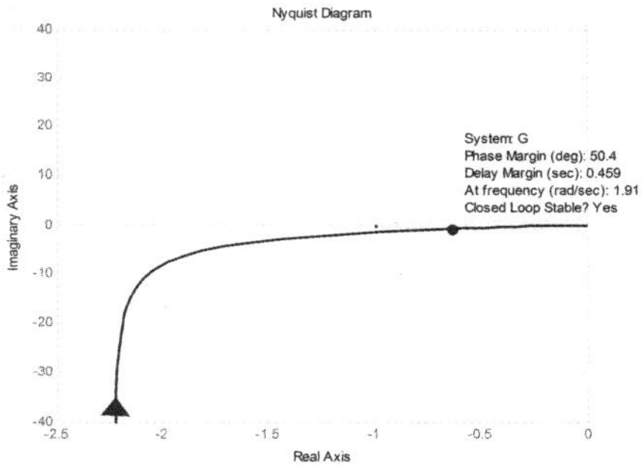

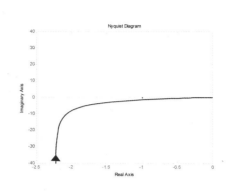

说明：从图中即可得到相位裕度为 50.4°，闭环系统稳定。

二、Bode 图的绘制

(1)函数 bode( )：计算并绘制线性定常连续系统的对数频率特性曲线(见表 5-6)。

表 5-6　bode 函数用法及说明

bode(sys1,…,sysN)	在同一个图形窗口中绘制 N 个系统 sys1,…,sysN 的 Bode 图
bode(sys1,…,sysN,w)	指定频率范围 w。w={wmin,wmax}
bode(sys1,'PlotStyle1',…,sysN,'PlotStyleN')	定义曲线属性 PlotStyle
[mag,phase,w]= bode(sys)	不绘制曲线，得到幅值向量、相位向量和频率向量

说明：系统 sys 形式可以是传递函数模型，状态空间模型或零、极点增益模型等多种形式。

【例 5-13】　已知系统开环传递函数为 $G(s)=\dfrac{10(s+1)}{(s+4)(s+0.1)(s+2)}$，试绘制其

Bode 图。

解

<table>
<tr><th>MATLAB 命令窗口键入程序及属性设置</th><th>运行结果</th></tr>
<tr><td>>> G＝zpk(－1,[－4,－0. 1,－2],10);
>> bode(G)</td><td>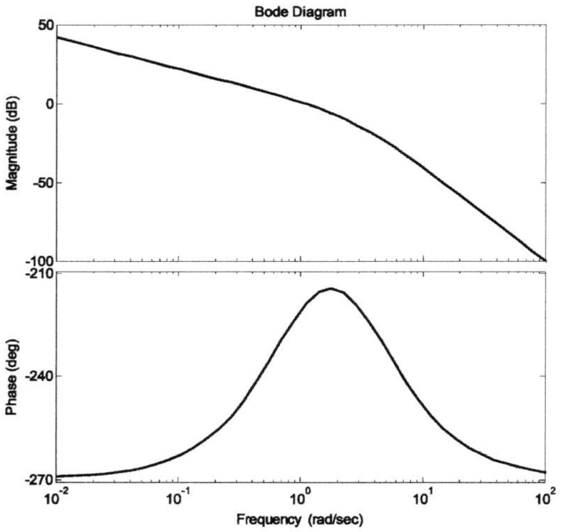
</td></tr>
<tr><td>用鼠标左键单击曲线上任意一点，可得到这一点的对数幅频（或相频）值以及相应的频率值</td><td>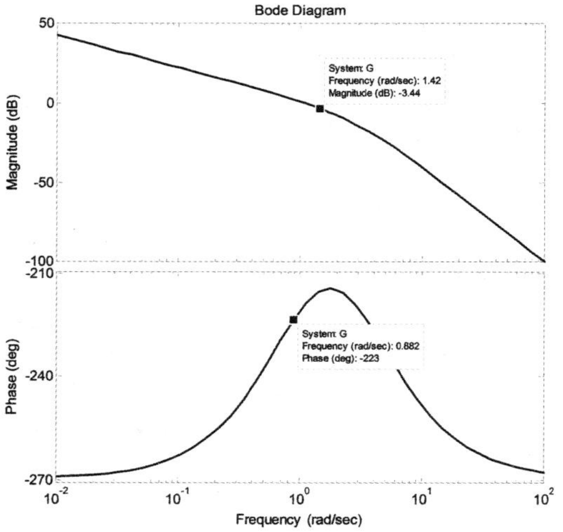
</td></tr>
</table>

续表

<table>
<tr><th>MATLAB 命令窗口键入程序及属性设置</th><th>运行结果</th></tr>
<tr><td>用鼠标右键单击图中任意处，会弹出菜单，在菜单“Show”中可以选取显示或隐藏对数幅频特性曲线（Magnitude）或对数相频特性曲线（Phase）</td><td>
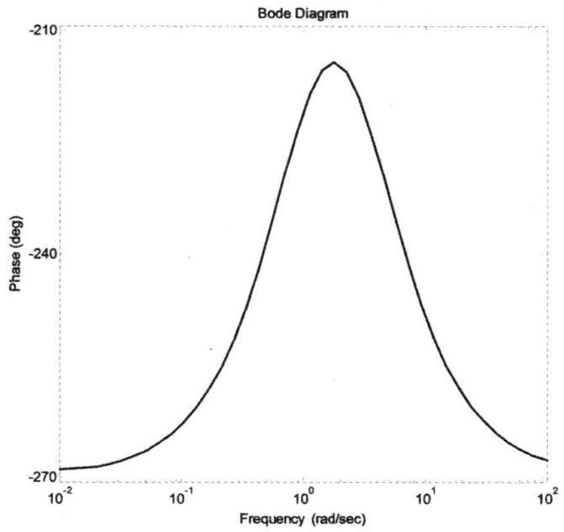

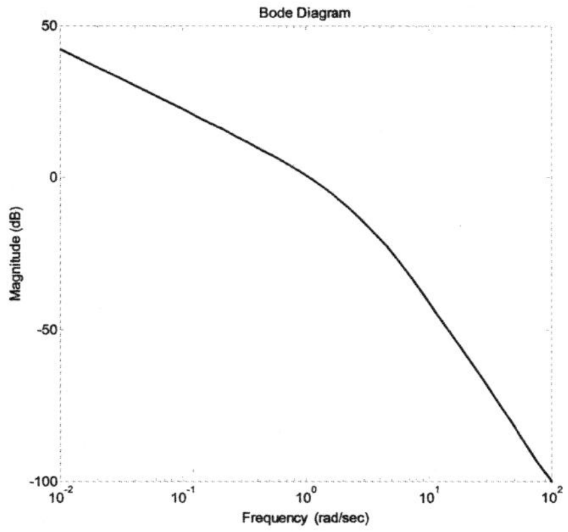

</td></tr>
<tr><td>添加网格线可以在弹出菜单中选择“Grid”</td><td>
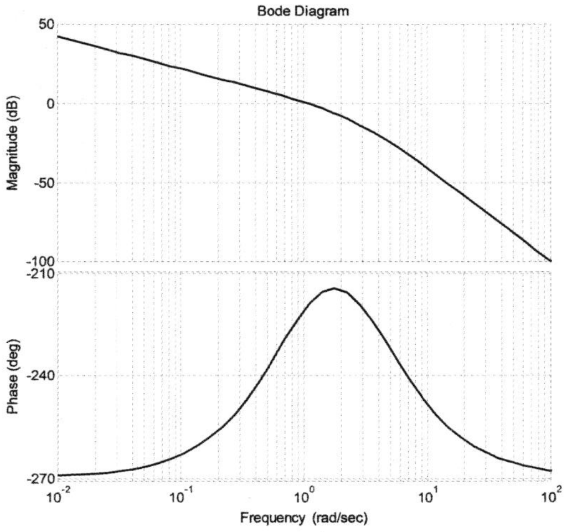

</td></tr>
</table>

(2)函数 margin( ):计算开环系统所对应的闭环系统频域指标。

margin(sys)	绘制 Bode 图,并将稳定裕度及相应的频率标示在图上
$[G_m, P_m, W_{cg}, W_{cp}]$= margin(sys)	不绘制曲线,得到稳定裕度数据值
$[G_m, P_m, W_{cg}, W_{cp}]$= margin(mag,phase,w)	w 为频率范围

说明:(1)在绘制的 Bode 图中,稳定裕度所在的位置将用垂直线标示出来。

(2)每次只计算或绘制一个系统的稳定裕度。

(3)返回值中,Gm 表示幅值裕度;Pm 表示相位裕度(单位:度);Wcg 表示截止频率;Wcp 表示穿越频率。

【例 5-14】 设单位负反馈的开环传递函数为 $G(s)=\dfrac{K}{s(s+1)(0.1s+1)}$,计算 $K=5$ 和 $K=20$时的稳定裕度。

解

MATLAB 命令窗口键入程序	运行结果
>> G=zpk([],[0 -1 -10],50); >> margin(G)	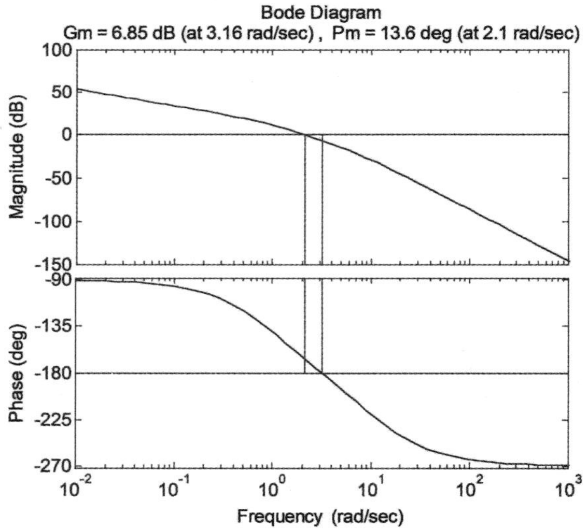
>> [Gm,Pm,Wcg,Wcp]=margin(G)	Gm = 2.2000 Pm = 13.5709 Wcg = 3.1623 Wcp = 2.1020

续表

MATLAB命令窗口键入程序	运行结果
>> G1=zpk([],[0 -1 -10],200); >> margin(G1)	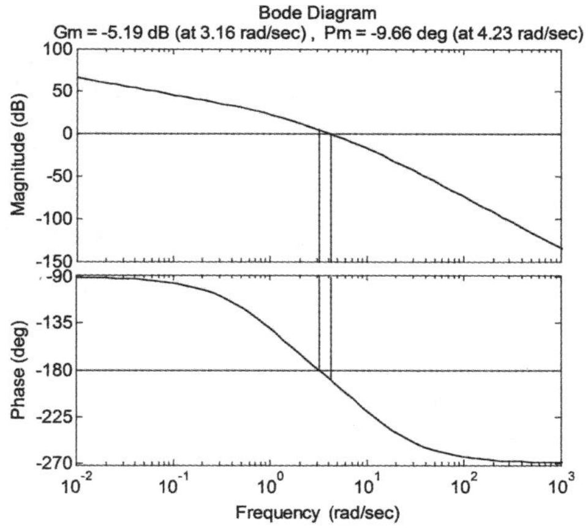
>> [Gm,Pm,Wcg,Wcp]=margin(G1)	Gm = 0.5500 Pm = -9.6566 Wcg = 3.1623 Wcp = 4.2337

注意:Gm的单位不是分贝。若须采用分贝表示,则按照20lg(Gm)计算。

三、MATLAB边学边练

(1)绘制一阶惯性环节$G(s)=\frac{3}{5s+1}$的Nyquist曲线。

(2)某系统开环传递函数为$G(s)=\frac{10}{s^2+2s+10}$,绘制其Bode图。

(3)系统开环传递函数为$G(s)=\frac{k}{s(0.5s+1)(0.1s+1)}$,试用MATLAB分析系统的稳定性。

(4)已知单位负反馈系统的开环传递函数$G(s)=\frac{2}{s(s+1)(s+2)}$,利用MATLAB求系统的稳定裕度。

本章小结

(1)频率特性的概念:由幅频特性和相频特性构成。幅频特性是指:当系统输入为单一频率正弦信号时,系统稳态输出响应的幅值与输入信号幅值之比与输入信号频率之间的函数关系。相频特性是指：当系统输入为单一频率正弦信号时，系统稳态输出响应的相位与输入信号相位之差与输入信号频率之间的函数关系。

(2)常用的频率特性的表示方法：幅相特性曲线图(Nyquist 图，极坐标图)、对数频率特性曲线图(Bode 图)和对数幅相特性图(Nichols 图)。

(3)典型环节的频率特性是传递函数绘制幅相特性曲线图、对数频率特性曲线图的重要依据。奈奎斯特稳定判据是根据开环传递函数判断系统闭环稳定性的主要方法。

(4)闭环频率特性的主要指标是 M_r(谐振峰值) 和 ω_b(带宽)，开环频率特性的主要指标是 γ 和 ω_c。一般情况下，M_r 越大，系统的超调越大，ω_b 越大，系统的调节时间越短。闭环频率指标可以通过闭环时域指标表现出来，用于分析和设计闭环系统。

(5)理解三频段概念，下一章将利用三频段特性来设计系统或系统的校正装置。低频段主要影响系统的稳态精度和响应速度，中频段主要反映了系统的稳定性和动态性能，高频段主要体现了系统的抗噪声能力。

习　　题

5-1　设系统开环传递函数为

$$G(s)=\frac{K}{Ts+1}$$

今测得其频率响应，当 $\omega=1$ rad/s 时，幅频 $|G(j\omega)|=12/\sqrt{2}$，相频 $\varphi(j\omega)=-45°$。

试问放大系数 K 及时间常数 T 各为多少？

5-2　设单位反馈系统的开环传递函数为

$$G(s)=\frac{1}{s+1}$$

当闭环系统作用有以下输入信号时，试求系统的稳态输出。

(1)$r(t)=\sin t$；

(2)$r(t)=2\cos(2t)$；

(3)$r(t)=\sin t-2\cos(2t)$。

5-3　若系统单位阶跃响应为

$$h(t)=1-1.8e^{-4t}+0.8e^{-9t}\qquad t\geqslant 0$$

试求系统的频率特性。

5-4　试求图 5-52 所示网络的频率特性，并画出其对数频率特性曲线。

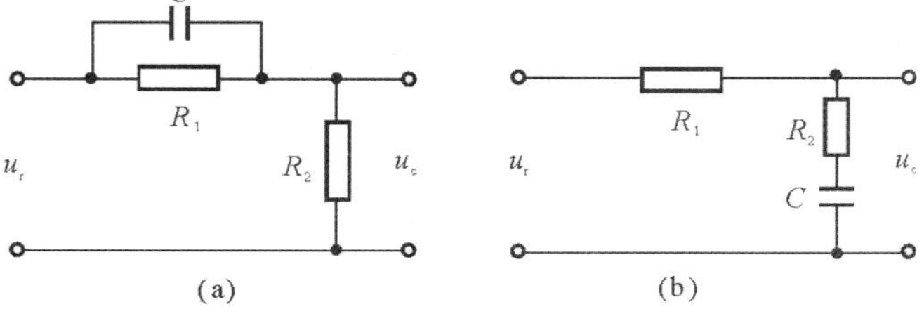

图 5-52　习题 5-4 图

5-5　已知某些部件的对数幅频特性曲线如图 5-53 所示，试写出它们的传递函数 $G(s)$，并计算出各环节参数值。

5-6　试证明惯性环节的幅相特性曲线为一个半圆。

5-7　概略画出下列传递函数的幅相特性曲线：

(1) $G(s)=\dfrac{K}{s(Ts+1)}$；　　(2) $G(s)=\dfrac{K}{s^2(Ts+1)}$；

(3) $G(s)=\dfrac{K}{s^3(Ts+1)}$。

5-8　画出下列传递函数的对数频率特性曲线（幅频特性作渐近线）：

(1) $G(s)=\dfrac{2}{(2s+1)(8s+1)}$；　　(2) $G(s)=\dfrac{50}{s^2(s^2+s+1)(6s+1)}$；

(3) $G(s)=\dfrac{10(s+0.2)}{s^2(s+0.1)}$；　　(4) $G(s)=\dfrac{8(s+0.1)}{s(s^2+s+1)(s^2+4s+25)}$；

(5) $G(s)=\dfrac{10}{s(s-1)}$。

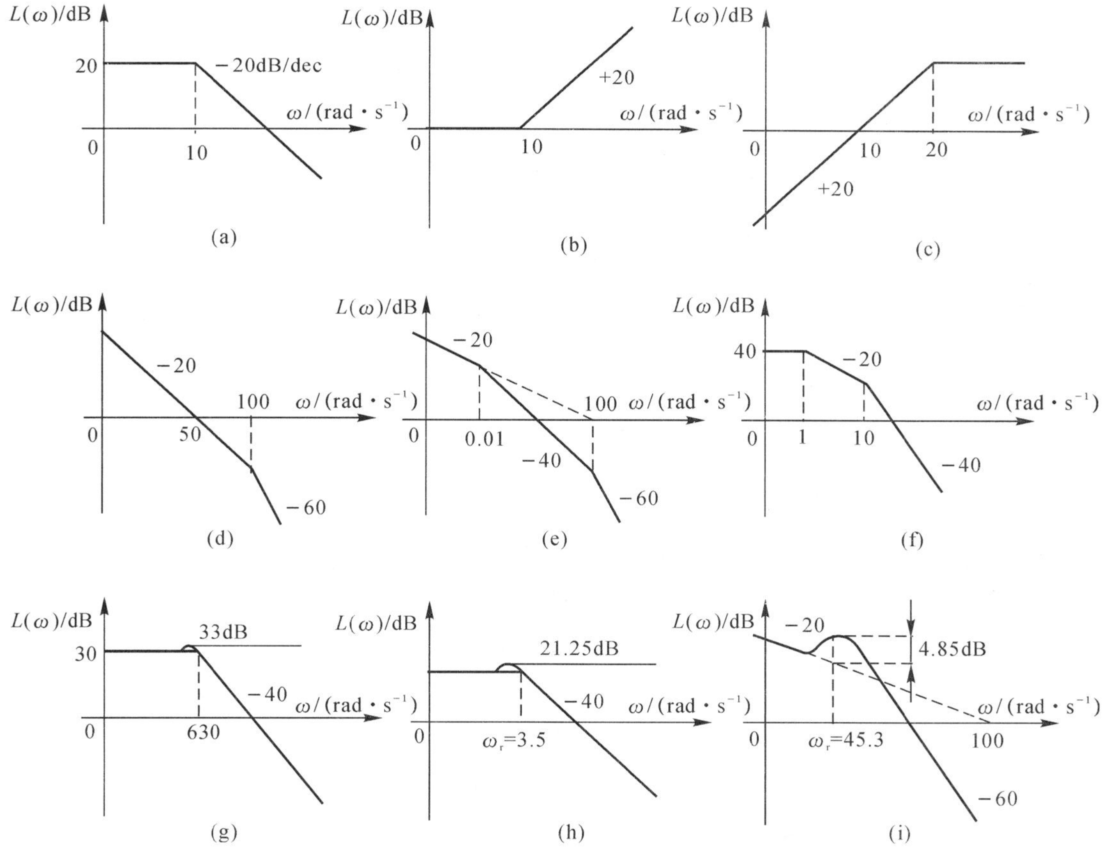

图 5-53　习题 5-5 图

5-9　若系统开环传递函数为

$$G(s)=\frac{K}{s^{\nu}}G_0(s)$$

式中，$G_0(s)$ 为 $G(s)$ 中除比例、积分两种环节外的部分，试证明

$$\omega_1=K^{1/\nu}$$

式中，ω_1 为 $20\lg|G(j\omega_1)|=0$ 时的频率值，如图 5-54 所示。

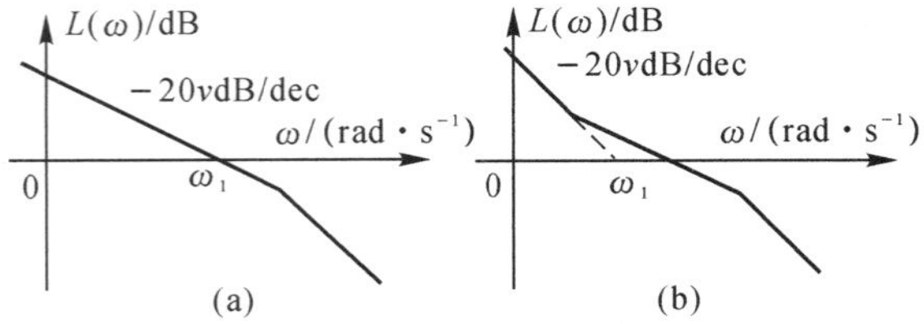

图 5-54　习题 5-9 图

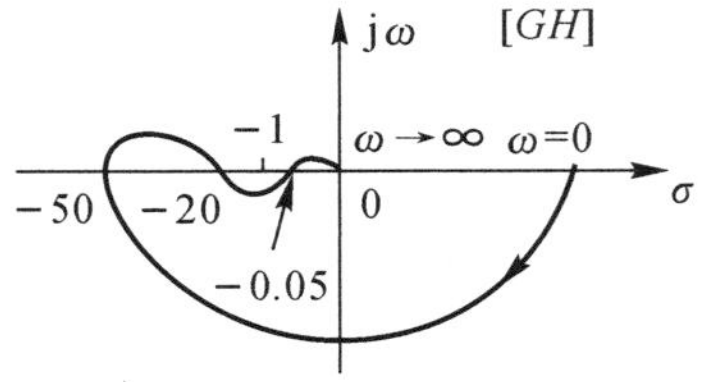

图 5-55　习题 5-10 图

5-10　负反馈系统开环幅相特性图如图 5-55 所示。

假设系统开环传递函数 $K=500$，在[s]右半平面内开环极点数 $P=0$。试确定使系统稳定时 K 值的范围。

5-11　图 5-56 所示为三个最小相位系统的对数幅频特性曲线。

(1) 试写出对应的传递函数；

(2) 概略地画出对应的对数相频特性曲线和幅相特性曲线。

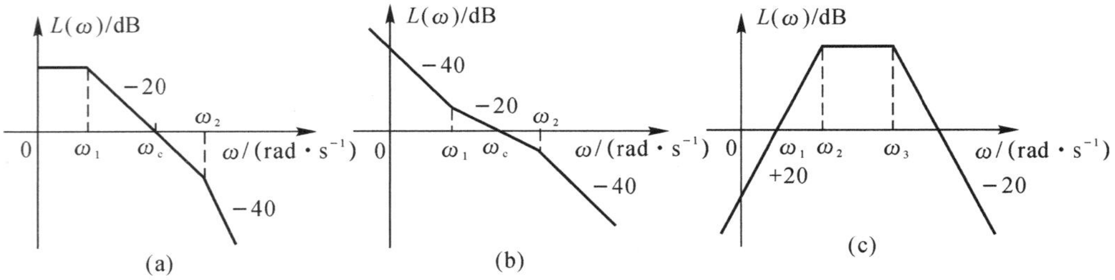

图 5-56　习题 5-11 图

5-12　设系统开环频率特性曲线如图 5-57(a) ~ (j) 所示，试用奈氏判据判别对应闭环系统的稳定性。已知对应开环传递函数分别为：

(1) $G(s)=\dfrac{K}{(T_1s+1)(T_2s+1)(T_3s+1)}$；

(2) $G(s)=\dfrac{K}{s(T_1s+1)(T_2s+1)}$；

(3) $G(s)=\dfrac{K}{s^2(Ts+1)}$；

(4) $G(s)=\dfrac{K(T_1s+1)}{s^2(T_2s+1)}$，　$T_1>T_2$；

(5) $G(s)=\dfrac{K}{s^3}$；

(6)$G(s)=\dfrac{K(T_1s+1)(T_2s+1)}{s^3}$；

(8)$G(s)=\dfrac{K(T_5s+1)(T_6s+1)}{s(T_1s+1)(T_2s+1)(T_3s+1)(T_4s+1)}$；

(8)$G(s)=\dfrac{K}{T_1s-1}$，　$K>1$；

(9)$G(s)=\dfrac{K}{T_1s-1}$，　$K<1$；

(10)$G(s)=\dfrac{K}{s(Ts-1)}$。

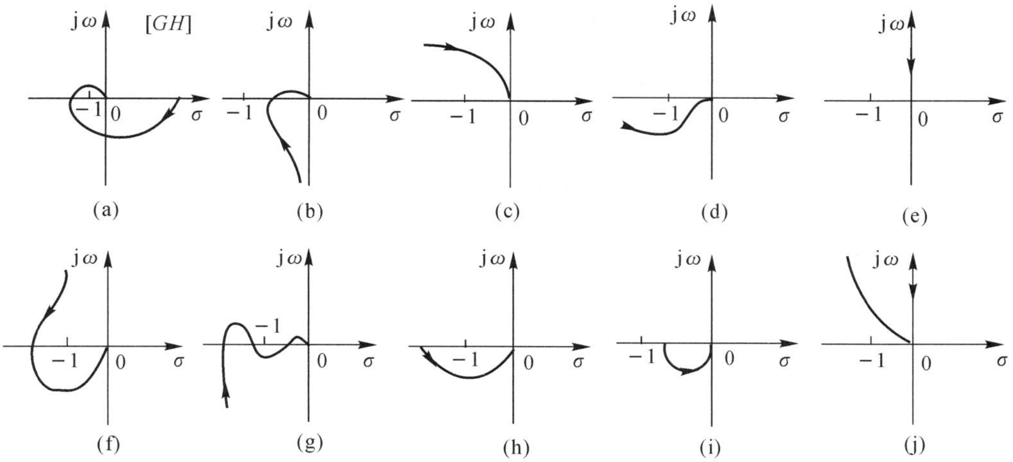

图 5 - 57　习题 5 - 12 图

5 - 13　设控制系统的开环传递函数为：

(1)$G(s)=\dfrac{100}{s(0.2s+1)}$；

(2)$G(s)=\dfrac{50}{(0.2s+1)(s+2)(s+0.5)}$；

(3)$G(s)=\dfrac{100(s+1)}{s(0.1s+1)(0.5s+1)(0.8s+1)}$；

(4)$G(s)=\dfrac{10}{s(0.1s+1)(0.25s+1)}$；

(5)$G(s)=\dfrac{10}{s(0.2s+1)(s-1)}$。

试用奈氏判据或对数判据，判别对应闭环系统的稳定性，并确定稳定系统的相角裕量和幅值裕量。

5 - 14　设系统开环对数相频特性曲线如图 5 - 58(a)(b) 所示，ω_c 为系统开环对数幅频特性 $20\lg|G(j\omega_c)|=0$ 时的频率，在第一个转折频率之前的频率范围，都有 $L(\omega)>0$，试判别闭环系统的稳定性。

5 - 15　设单位反馈系统的开环传递函数为：

（1） $$G(s)=\frac{as+1}{s^2}$$

试确定使相角裕量等于 45° 时的 a 值。

（2） $$G(s)=\frac{K}{(0.01s+1)^3}$$

试确定使相角裕量等于 45° 时的 K 值。

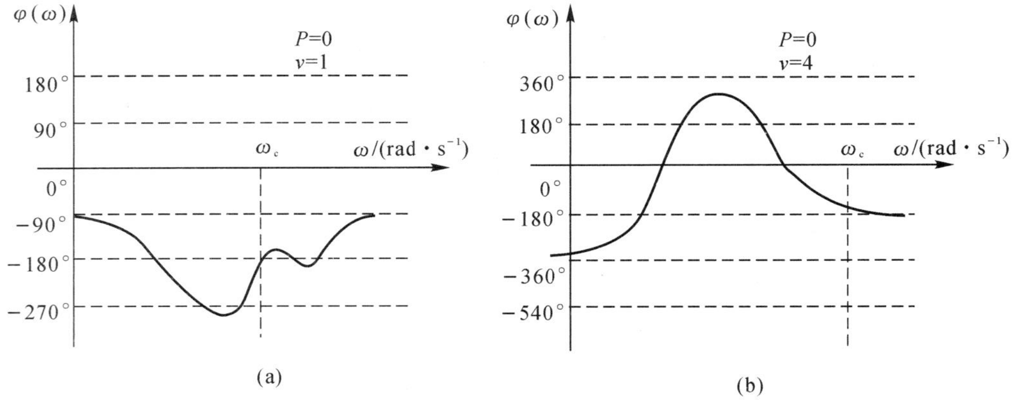

图 5-58　习题 5-14 图

5-16　已知单位反馈系统的开环对数频率特性，数据列表如表 5-6 所示，试画出系统闭环对数频率特性曲线。

表　5-6

ω	0	7	10	15	20	22	30	40	∞
L/dB	∞	10.5	5.9	0	−3.5	−5	−10	−15	−∞
φ/(°)	−90	−125	−135	−146	−153.4	−158	−161.5	−166	−180

5-17　一个系统由实验得到的对数频率特性数据如表 5-7 所示，试确定系统的传递函数。

表　5-7

ω	0.1	0.2	0.4	1	2	4	10	20	30
L/dB	34	28	21	13	5	−5	−20	−31	−44
φ/(°)	−93	−97	−105	−123	−145	−180	−225	−285	−345

5-18　一单位系统的开环对数渐近线曲线如图 5-59 所示。

（1）写出系统开环传递函数；

（2）判别闭环系统的稳定性；

（3）确定系统阶跃响应的性能指标 $\sigma\%$，t_s；

（4）将幅频特性曲线向右平移 10 dec，求时域指标 $\sigma\%$ 和 t_s。

5-19　已知两个系统的开环对数幅频特性曲线如图 5-60 中曲线(1)和(2)所示。试分析闭环系统的稳态性能和瞬态性能。

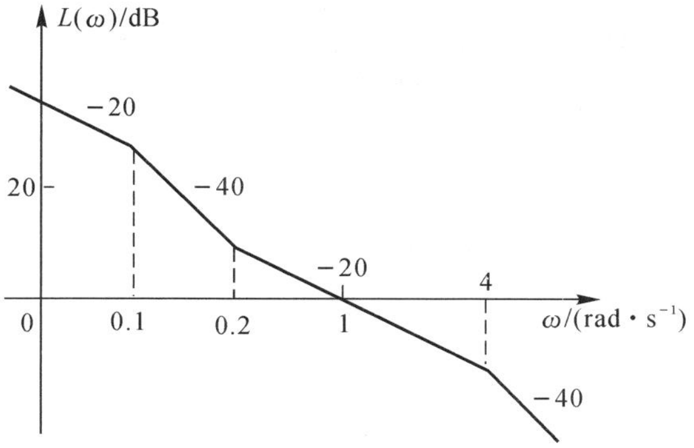

图 5－59　习题 5－18 图

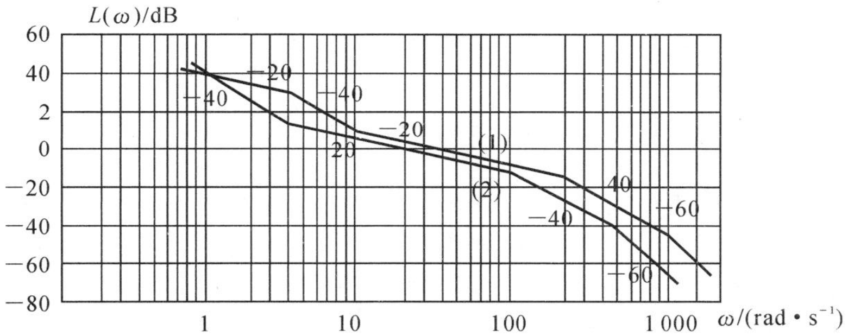

图 5－60　习题 5－19 图

第六章　线性系统频率法校正

6-1　引　　言

在这一章中，将介绍目前工程实践中最常用的一种校正方法，即频率法校正。所谓校正就是在系统中加入合适的装置，改变系统的结构或参数，使系统性能得到改善，从而满足给定的各项性能指标要求。

设计一个控制系统的目的就是为了完成某一特定任务。对控制系统的要求，通常用性能指标来表示。性能指标主要包括稳定性、精度和响应速度等方面。

性能指标要求是根据系统完成给定任务的需要而确定的，并不是愈高愈好。如果在给定的控制系统中，主要的要求是具备较高的稳态工作精度，那么，就不必对系统瞬态响应的性能指标过分苛求，因为高性能指标往往需要使用昂贵的元件来予以保证，而且性能指标之间也存在着相互约束，所以，恰当地制定出性能指标，是系统设计中的一项极为重要的工作。

为了使系统满足性能指标的要求，要对系统进行调整。通常是调整系统的开环增益值，这是一种最简单的方法。但是在大多数实际情况中，仅仅改变增益值仍有可能不满足给定性能指标的要求。因为随着增益值的增加，系统的稳态性能虽然得到了改善，但是系统的稳定性却随之变差，甚至有可能造成系统的不稳定。因此，需要对系统进行重新设计，使其满足全部性能指标的要求。为此目的，在系统中引入称之为校正装置的附加装置。

根据第五章讨论，系统开环对数频率特性的三个频段，分别对应着系统稳态性能、动态性能及滤波性能。故可根据系统性能要求，加入适当的校正装置，使系统开环对数频率特性曲线的三个频段的形状按照性能要求而变化。通常开环对数幅频特性曲线应具有以下特点：

(1) 低频段的增益足够大，以确保稳态误差的要求。如果要求系统对阶跃或斜坡输入信号无稳态误差，则低频段应具有 -20 dB/dec 或 -40 dB/dec 的斜率。

(2) 中频段在截止频率处的对数幅频曲线的斜率等于-20 dB/dec，且具有足够的长度，以保证相角裕量的要求。另外，系统具有较高的截止频率可以提高闭环系统的快速性。

(3) 高频段对数幅值应尽快减小，以便使噪声影响减到最小限度。

常用的校正方式有串联校正、反馈校正、前馈校正和复合校正，本章主要介绍前两者。如果校正装置 $G_c(s)$ 与系统原有部分 $G(s)$ 相串联，如图 6-1 所示。则这种校正方式称为串联校正。如果校正装置接在系统的局部反馈通路中，如图 6-2 所示，则称为反馈校正。

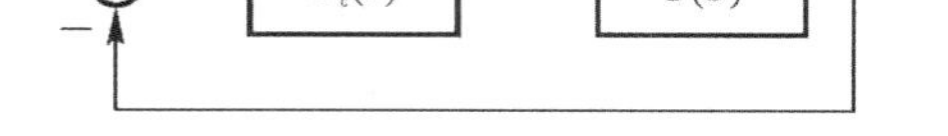

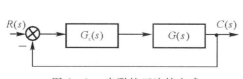

图 6-1　串联校正连接方式

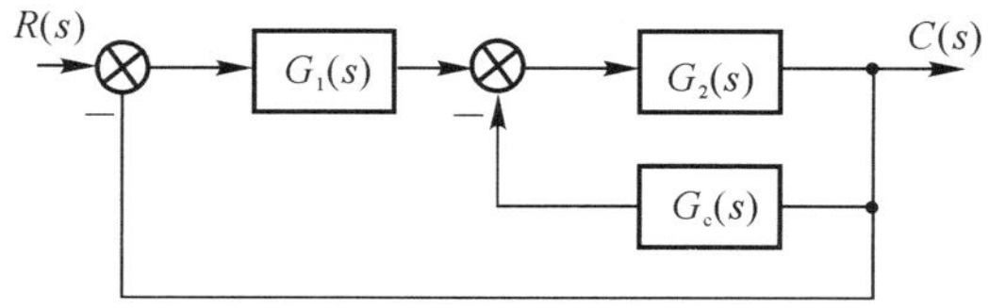

图 6-2　反馈校正连接方式

6－2　串联超前(微分)校正

一、RC 超前网络

RC 超前网络如图 6－3 所示，其传递函数为

$$\frac{U_c(s)}{U_r(s)}=\frac{1}{a}\frac{aTs+1}{Ts+1}$$

式中

$$T=\frac{R_1R_2}{R_1+R_2}C;\quad a=\frac{R_1+R_2}{R_2}>1$$

为了讨论问题方便，在网络前(或后)附加一个放大器，使其放大系数等于 a。这样的超前网络作为校正装置，其传递函数可看成为

$$G_c(s)=\frac{aTs+1}{Ts+1}$$

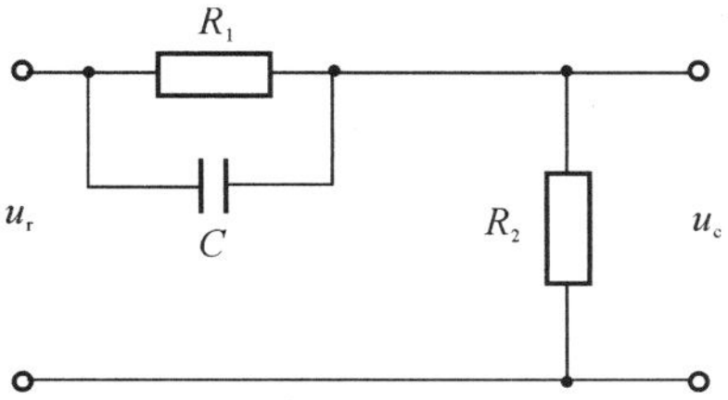

图 6－3　RC 超前网络

超前网络对数频率特性曲线如图 6－4 所示。可以看出，超前网络对频率在 $1/aT\sim1/T$ 之间的输入信号有明显的微分作用，在该频率范围内，输出信号的相角超前于输入信号的相角。超前网络的名称也由此而得来。由图 6－4 可见，当频率等于最大超前角频率 ω_m 时，相角超前量最大，以 φ_m 表示。而 ω_m 又恰好是频率 $1/aT$ 和 $1/T$ 的几何中点，即

$$\lg\omega_m=\frac{1}{2}\left(\lg\frac{1}{aT}+\lg\frac{1}{T}\right)=\lg\frac{1}{T\sqrt{a}}$$

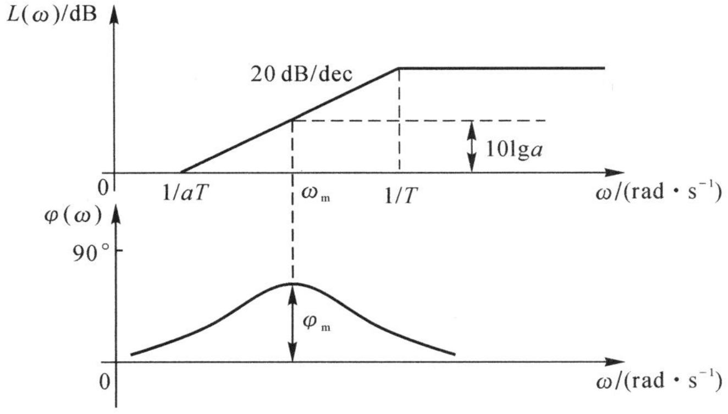

图 6－4　超前网络的对数频率特性曲线

因此
$$\omega_m = \frac{1}{T\sqrt{a}} \tag{6-1}$$
最大超前角为
$$\varphi_m = \arctan(a\omega_m T) - \arctan(\omega_m T)$$
根据三角函数两角求和公式，可解得
$$\varphi_m = \arctan\frac{a-1}{2\sqrt{a}} \quad 或 \quad \varphi_m = \arcsin\frac{a-1}{a+1} \tag{6-2}$$
式(6-2)表明，φ_m 仅与 a 值有关，a 值选得越大，则超前网络的微分效应越强。实际选用的 a 值必须考虑到网络物理结构的限制及附加放大器的放大系数等原因，一般取值不大于 20。

此外，ω_m 处的对数幅值为
$$L_m = 20\lg|G_c(j\omega_m)| = 10\lg a \tag{6-3}$$
a 与 φ_m 和 $10\lg a$ 的关系曲线如图 6-5 所示。

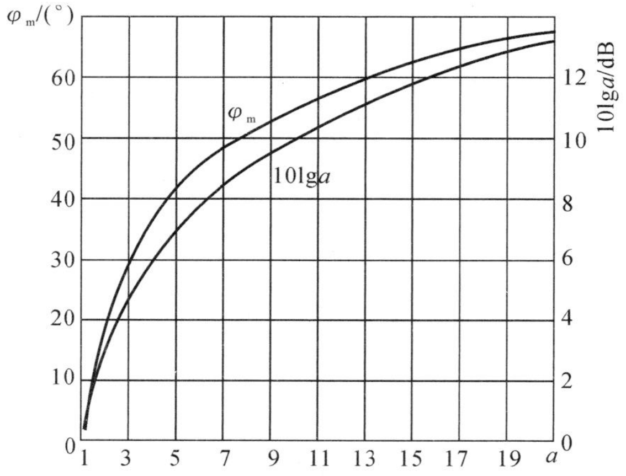

图 6-5　超前网络 a 与 φ_m 和 $10\lg a$ 的关系曲线

二、串联超前校正

超前网络的特性是相角超前，幅值增加。利用超前网络进行串联校正的基本原理，是将超前网络的最大超前角补在校正后系统截止频率处，使校正后系统的相角裕量和截止频率满足指标要求，从而达到改善系统动态性能的目的。

串联超前校正设计的一般步骤为：

(1) 根据稳态误差要求，确定开环增益 K。

(2) 在已确定 K 值条件下，计算未校正系统的相角裕量和截止频率。

(3) 根据指标要求，确定在系统中需要增加的相角超前量 φ_m。

(4) 由式(6-2)或查图 6-5 确定 a 值及 L_m 值，在未校正系统的对数幅频特性曲线上找到幅值等于 $-L_m$ 点所对应的频率，该频率为校正后系统的截止频率 ω_m，并且在此频率上超前校正网络产生最大超前相角 φ_m。

(5) 确定超前网络的交接频率 $\omega_1 = \frac{\omega_m}{\sqrt{a}} = 1/aT$，$\omega_2 = \sqrt{a}\omega_n = 1/T$。

(6) 绘制校正后系统的 Bode 图，验算性能指标是否达到要求，若不满足则重新设计。

下面举例说明。

【例 6-1】　设控制系统的结构图如图 6-6 所示。其开环传递函数为

$$G(s)=\frac{K}{s(0.5s+1)}$$

若要使系统速度误差系数 $K_v=20\ s^{-1}$，相角裕量不小于 50°，幅值裕量不小于 10 dB。试求串联校正装置 $G_c(s)$ 的参数。

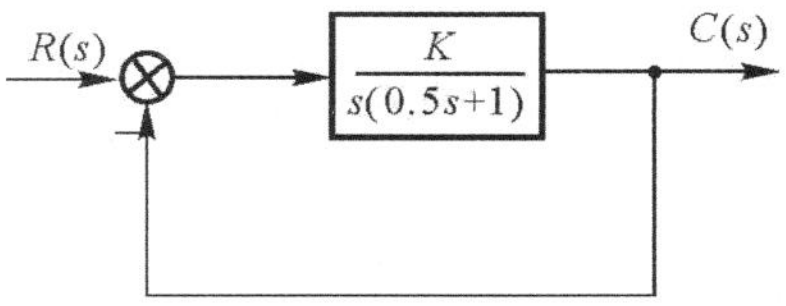

图 6-6　例 6-1 系统结构图

解　(1) 设计时，首先调整开环增益 K。本例未校正系统为一型系统，所以有

$$K_v=\lim_{s\to 0}sG(s)=\lim_{s\to 0}\frac{K}{0.5s+1}=K=20\ s^{-1}$$

(2) 作 $G(s)=20/[s(0.5s+1)]$ 的对数频率特性曲线，如图 6-7 中虚线所示 L_G 和 $\angle G$。其相位裕量 $\gamma_G=17°$，截止频率 $\omega_c=\sqrt{40}=6.32$ rad/s。

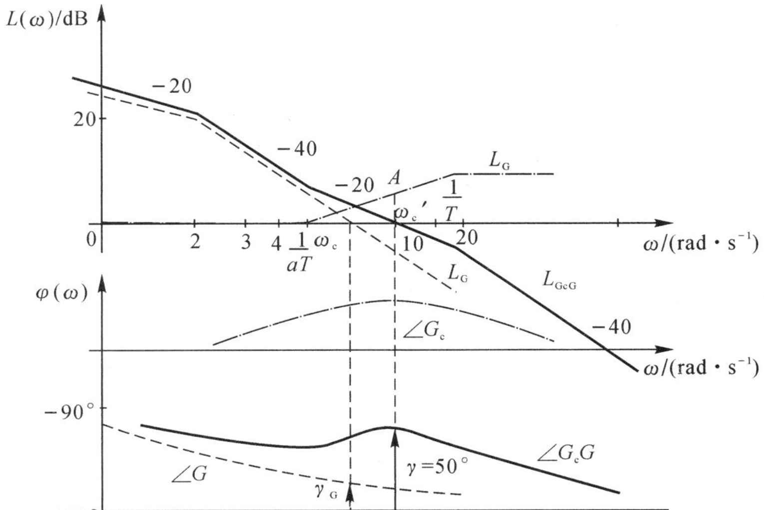

图 6-7　例 6-1 系统的对数频率特性曲线

(3) 为了满足指标要求($\gamma_G\geqslant 50°$)，至少需要加入相角超前量 33°。

应当指出，加入超前校正后，对数幅频特性曲线的斜率将由 −40 dB/dec 增加为 −20 dB/dec，从而使校正后的截止频率 $\omega_c'>\omega_c$，因而在频率 ω_c' 点所对应的校正前系统的相角裕量必定小于 17°。为了补偿由于 ω'_c 增大而造成的相角迟后量，一般要增加(5° ~ 15°) 左右的修正量。若 ω_c 附近的相频特性曲线变化较缓慢时，修正量取值适当减小。反之，变化较快时，修正量取值适当加大。因此，需要加入的超前角度大小可按下式计算：

$$\varphi_m = \gamma - \gamma_G + 5° \tag{6-4}$$

本例为
$$\varphi_m = 50° - 17° + 5° = 38°$$

(4) 由式(6-2)或查图 6-5 确定 a 和 L_m 值

$$a = 4.2;\quad L_m = 6.23\ \text{dB}$$

在校正前的对数幅频特性曲线 L_G 上寻找幅值等于 $-L_m$(dB)时所对应的频率 ω_c',即校正后系统的截止频率。由图 6-7 中的几何关系 $40\lg(\omega'_c/\omega_c) = L_m$ 得 $\omega'_c = \omega_c \cdot 10^{\frac{6.23}{40}} = 9.05$。

(5) 在 ω_c' 点取 $L_m = 6.5$ dB 得 A 点,通过 A 点作斜率为 20 dB/dec 的直线交于零分贝线,交点频率为 $\omega_1 = \omega'_c/\sqrt{a} = 4.42$,交接频率 $\omega_2 = \sqrt{a}\omega'_c = 18.55$。

校正装置的对数频率特性曲线 L_{G_c} 和 $\angle G_c$,如图 6-7 中点划线所示。其传递函数为

$$G_c(s) = \frac{\dfrac{1}{4.42}s + 1}{\dfrac{1}{18.55}s + 1} = \frac{0.226s + 1}{0.054s + 1}$$

(6) 验算。

作出校正后系统的开环对数频率特性曲线 L_{G_cG} 和 $\angle G_cG$。

校正后系统开环对数幅频特性为

$$L_{G_cG} = 20\lg|G_c(j\omega)G(j\omega)| = 20\lg|G_c(j\omega)| + 20\lg|G(j\omega)|$$

相频特性为

$$\angle G_cG = \angle G_c(j\omega) + \angle G(j\omega)$$

相角裕量为

$$r = 180° + \arctan\frac{9.05}{4.42} - 90° - \arctan\frac{9.05}{2} - \arctan\frac{9.05}{18.55} = 50.4°$$

可见,串联校正后系统的开环对数频率特性曲线,为校正前系统开环对数频率特性曲线与校正装置对数频率特性曲线之和,如图 6-7 中的实线所示。校正后系统的相角裕量为 50.4°,满足要求。校正后的相频特性曲线总大于 -180°,故幅值裕量为无穷大。

校正后系统开环传递函数为

$$G_c(s)G(s) = \frac{20(0.226s + 1)}{s(0.5s + 1)(0.054s + 1)}$$

如果验算结果不满足指标要求,则从第(3)步开始,适当加大角度修正量,重复计算直到满足指标要求为止。

三、超前校正的优、缺点

综上分析,串联超前校正的特点可归纳如下。

(1) 串联超前校正主要是对未校正系统在中频段的频率特性进行校正。确保校正后系统中频段斜率等于 -20 dB/dec,使系统具有 45° ~ 60° 的相角裕量。

(2) 超前校正可以加快系统的反应速度。从例 6-1 中看到,由于采用了串联超前校正,使系统截止频率增大了,即 $\omega'_c > \omega_c$。这就说明了超前校正在提高系统反应速度方面有较好的效果。但在设计系统时,还必须全面地看待系统的频带宽度扩展这个问题,加大系统的带宽固然可以使系统反应速度加快,但同时它也削弱了系统抗干扰的能力。因此,当系统输入信号中夹杂着较强的干扰时,对系统带宽的选择就不能仅从提高快速响应方面来考虑,还必须兼顾到系统抑制干扰的能力。

(3) 要注意串联超前校正的适用范围。如果在未校正系统的截止频率 ω_c 附近，相频特性的变化率很大，即相角减小得很快，则采用单级串联超前校正效果将不大，这是因为随着校正后的截止频率 ω_c' 向高频段的移动，相角在 ω_c 附近将减小得很快，于是在新的截止频率上便很难得到足够大的相角裕量。在工程实践中一般不希望 a 值很大，当 $a=20$ 时，最大超前相角 $\varphi_m=60°$，如果需要 60° 以上的超前相角时，可以考虑采用两个或两个以上的串联超前校正网络由隔离放大器串联在一起使用。在这种情况下，串联超前校正提供的总超前相角等于各单独超前校正网络提供的超前相角之和。

6-3　串联迟后(积分)校正

一、RC 迟后网络

RC 迟后网络如图 6-8 所示。其传递函数为

$$G_c(s)=\frac{bTs+1}{Ts+1}$$

式中　$T=(R_1+R_2)C$；　$b=\frac{R_2}{R_1+R_2}<1$

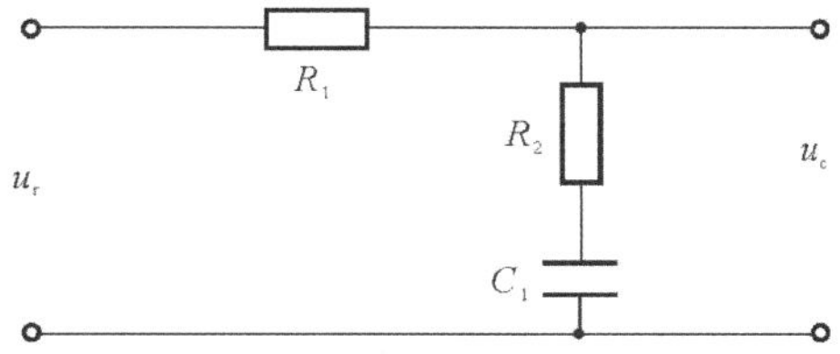

图 6-8　RC 迟后网络

从传递函数形式上看和超前网络相类似，但迟后网络的 $b<1$，而超前网络的 $a>1$。

迟后网络的对数频率特性曲线如图 6-9 所示。由图 6-9 可见，迟后网络的对数幅频特性在交接频率 $1/T\sim1/bT$ 之间呈现积分效应，而相频特性为相角迟后。与超前网络相类似，迟后的最大相角 φ_m 发生在频率 $1/T$ 与 $1/bT$ 的几何中点 ω_m 处。计算 ω_m，φ_m 和 L_m 的方法和超前网络相同。

此外，迟后网络对低频信号不产生衰减，而对于高频噪声有抑制作用，b 值越小，网络对噪声的抑制作用越强。

采用迟后校正主要是利用其高频幅值的衰减特性，但应力求避免最大迟后角发生在校正后系统截止频率 ω_c' 附近，以免增加相角迟后量，影响动态性能。因此选择迟后网络参数时，总是使网络的第二个交接频率 $1/bT$ 远小于 ω_c'，一般取 ω_c' 的(0.1 ~ 0.25)倍，即

$$\frac{1}{bT}=(0.1\sim0.25)\omega_c' \tag{6-5}$$

此时，迟后网络在校正后系统的截止频率 ω_c' 处产生的迟后角为

$$\varphi(\omega_c')\approx\arctan[0.1(b-1)] \tag{6-6}$$

迟后网络高频段对数幅值衰减值为

$$L_b = 20\lg|G_c(j\omega)|_{\omega \geqslant 1/(bT)} = 20\lg b \tag{6-7}$$

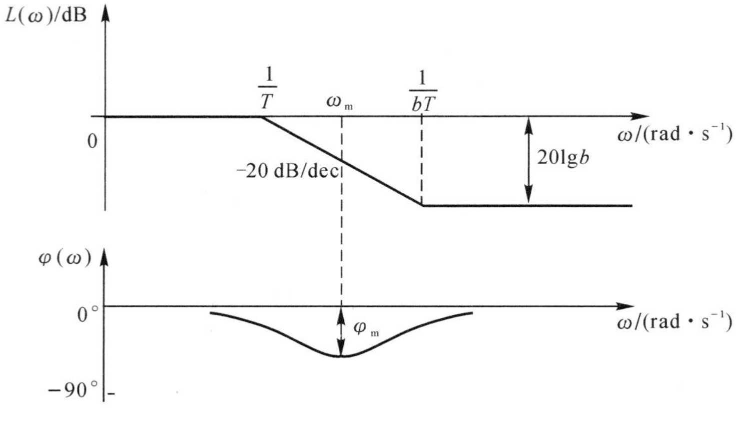

图 6-9　迟后网络的对数频率特性曲线

二、串联迟后校正

串联迟后校正主要利用迟后网络的高频幅值衰减特性，使截止频率下降，即 $\omega_c' < \omega_c$，从而使系统获得足够的相角裕量。因此，应尽可能使其最大相角迟后处在较低频段内。迟后校正适用于系统响应速度要求不高而滤波噪声性能要求较高的情况。此外，如果未校正系统具有满意的动态性能，而其稳态性能不满足指标要求时，也可采用串联迟后校正来提高其稳态精度，同时保持其动态性能基本不变。

串联迟后校正设计的一般步骤：

(1) 首先确定开环增益 K，以满足系统稳态精度的要求。

(2) 在已确定 K 值的条件下，计算未校正系统的相角裕量和截止频率。

(3) 根据对已校正系统相角裕量 γ 的要求，确定校正后系统的截止频率 ω_c'。

(4) 选定迟后网络的交接频率 $1/bT$ 和 $1/T$，使交接频率 $1/bT = (0.1 \sim 0.25)\omega_c'$。

(5) 绘制校正后系统的 Bode 图，验算性能指标是否达到要求，若不满足则重新设计。

下面举例说明。

【例 6-2】　已知单位反馈系统其开环传递函数为

$$G(s) = \frac{K}{s(s+1)(0.5s+1)}$$

要求校正后系统的稳态速度误差不大于 0.2，相角裕量不低于 40°，而幅值裕量不低于 10 dB。试设计串联校正装置。

解　(1) 首先确定满足稳态速度误差要求的开环增益 K，因为校正前的系统为一型系统，应有

$$e_{ss} = \frac{1}{K} = 0.2$$

所以

$$K = 5$$

(2) 计算校正前系统的相角裕量 γ_G。

校正前系统的开环传递函数为

$$G(s)=\frac{5}{s(s+1)(0.5s+1)}$$

其对数频率特性曲线 L_G 和 $\angle G$，如图 6-10 中虚线所示。由图 6-10 可见，系统是不稳定的，相角裕量 $\gamma_G=-20^\circ$，截止频率 $\omega_c=\sqrt[3]{10}=2.15\ \mathrm{rad/s}$，而且开环对数相频特性曲线在截止频率 ω_c 附近变化率较大。具有这样特性的系统，一般不适于采用串联超前校正。故可采用串联迟后校正。

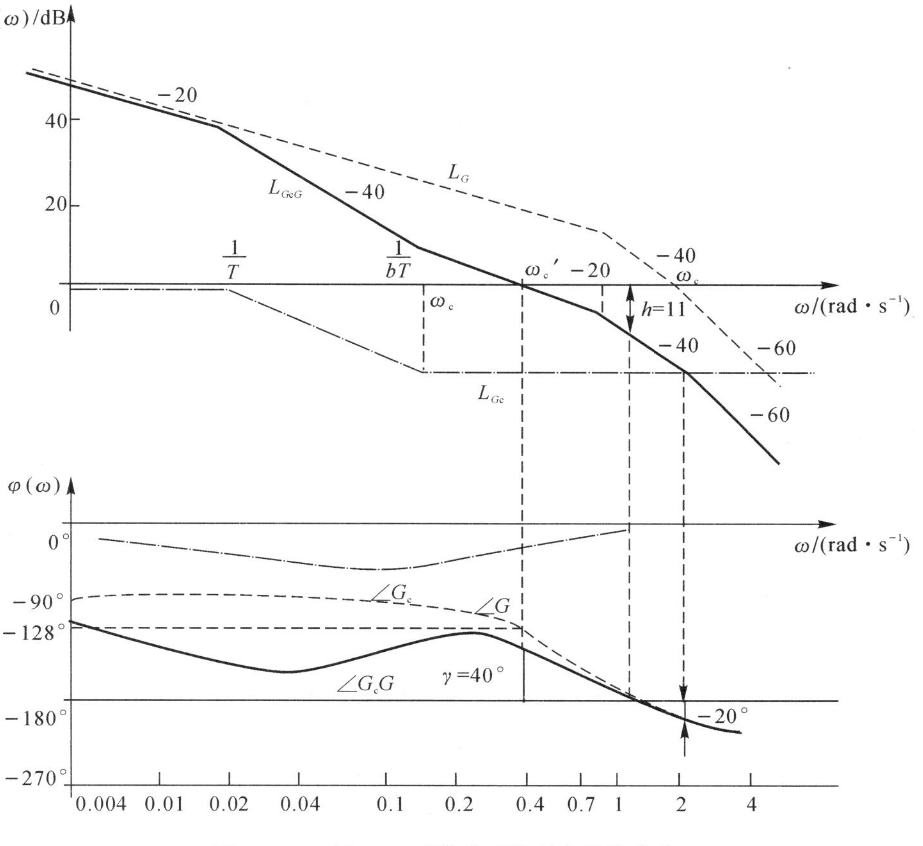

图 6-10　例 6-2 系统的对数频率特性曲线

（3）确定校正后系统的截止频率 ω_c'。

由图 6-10 可见，校正前系统的相角为 $(-180^\circ+40^\circ)$ 时，相应的频率是 0.7 rad/s。考虑到迟后校正的相角迟后量的影响，校正后的系统截止频率 ω'_c 必须选择在校正前系统的相角为 $(-180^\circ+40^\circ)$ 再加补偿相角 $(6^\circ\sim14^\circ)$，所对应的频率值附近，即 ω_c' 点相角要满足下式：

$$\angle G(\mathrm{j}\omega_c')=\gamma+(6^\circ\sim14^\circ)-180^\circ \tag{6-8}$$

式中补偿角的大小，根据 $\angle G(\mathrm{j}\omega_c')$ 附近相角变化快慢来确定，若变化快，则取值大些。反之，则取值小些。本例取值 12°，则有

$$\angle G(\mathrm{j}\omega_c')=40^\circ+12^\circ-180^\circ=-128^\circ$$

因此在相频特性曲线 $\angle G$ 上寻找 -128° 的相角值所对应的频率即为 ω_c'，也可通过计算

$$\angle G(\mathrm{j}\omega_c')=-90^\circ-\arctan\omega_c-\arctan0.5\omega_c=-128^\circ$$

则

$$\arctan\omega_c' + \arctan 0.5\omega_c' = 38°$$

两边取正切

$$\frac{\omega_c' + 0.5\omega_c'}{1 - 0.5\omega_c'^2} = \tan 38°$$

可得

$$\omega_c' = 0.5 \text{ rad/s}$$

(4) 选择迟后网络的交接频率。

迟后网络在 ω_c' 处的对数幅值的绝对值应等于校正前系统在 ω_c' 时的对数幅值 $20\lg|G(j\omega_c')|$，因此有

$$20\lg b = -20\lg|G(j\omega_c')| = -20 \text{ dB}$$

解得

$$b = 0.1$$

选取

$$\frac{1}{bT} = 0.2\omega_c' = 0.1; \quad \frac{1}{T} = 0.01$$

校正装置的传递函数为

$$G_c(s) = \frac{10s+1}{100s+1}$$

其对数频率特性曲线 L_{G_c} 和 $\angle G_c$，如图 6-10 中点划线所示。

(5) 验算。根据校正后系统开环对数频率特性曲线 L_{G_cG} 和 $\angle G_cG$，如图 6-10 中实线所示，可得相位裕量 $\gamma = 40°$，幅值裕量 $h \approx 11$ dB，均满足要求。若不满足要求，可适当增加补偿角度，以及降低频率 $1/bT$ 值，重新计算设计。

应当指出，采用串联迟后校正将使控制系统的带宽变窄，这虽然会使系统反应输入信号的快速性降低，但却能提高系统的抗干扰能力。

【例 6-3】 已知单位反馈系统，其开环传递函数

$$G(s) = \frac{10}{s(0.1s+1)}$$

要求系统稳态速度误差 $e_{ss} \leqslant 0.01$，但动态性能应保持基本不变。试求串联校正装置。

解 未校正系统的开环对数频率特性曲线 L_G 和 $\angle G$，如图 6-11 中虚线所示，其相角裕量有 45°，故原系统具有较好的动态性能。

稳态精度要求系统开环放大系数应由原来的 10 增加到 100。

如果在原系统中串入一个放大器，其放大系数等于 10。这样做的结果是稳态速度误差可以满足要求，经计算，系统放大系数等于 100 时的相角裕量只有 18°。显然，动态性能不能满足题意要求。

如果在加入放大器同时再串入迟后校正网络，其传递函数为

$$G_c(s) = \frac{10(bTs+1)}{Ts+1}$$

其对数频率特性曲线 L_{G_c} 和 $\angle G_c$，如图 6-11 中点划线所示。校正后系统的开环对数频率特性曲线 L_{G_cG} 和 $\angle G_cG$，如图 6-11 中实线所示。很明显，它的对数幅频特性曲线只是抬高了低频段，而中频段和高频段仍保持原系统特性不变。这表明，校正后的系统，基本保持了原系统的动态性能，而系统的稳态性能得到了提高。

因此，迟后校正可以用来提高系统的稳态精度。

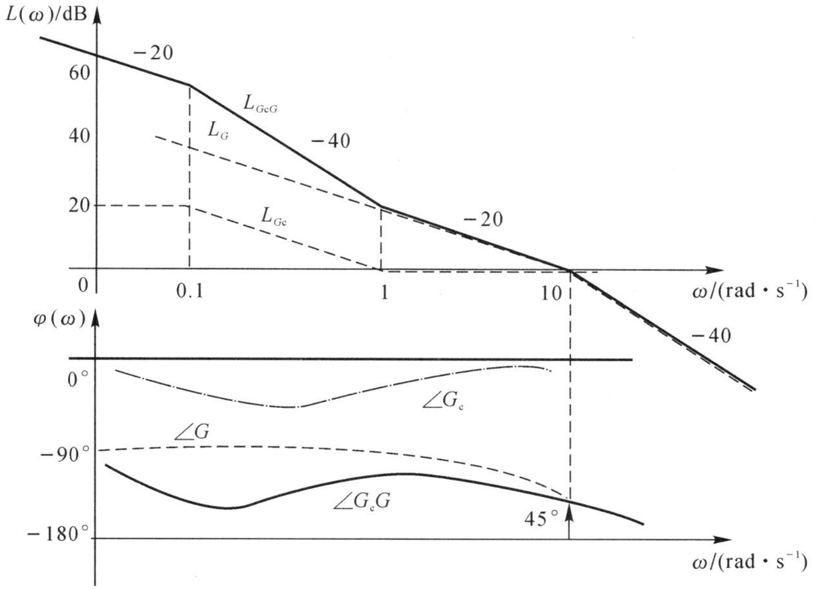

图 6－11　例 6－3 系统的对数频率特性曲线

三、迟后校正的优、缺点

(1) 由于串联迟后校正的作用主要在于提高系统的开环放大系数，从而改善系统的稳态性能，而对系统原有的动态性能不产生显著的影响。因此，串联迟后校正，主要用在未校正系统的动态性能满足性能指标要求，而只需要增加开环放大系数以提高控制精度的一些系统中。

(2) 从对数频率特性曲线上来看，串联迟后校正网络，本质上是一种低通器滤波。因此，经迟后校正后的系统对低频信号具有较高的放大能力，这样便可降低系统的稳态误差；但对频率较高的信号，系统却表现出显著的衰减特性。这样就有可能在系统中防止不稳定现象的出现。应特别注意，串联迟后校正是利用它对高频信号的衰减特性，使校正后系统开环幅频特性曲线下降来减小截止频率 ω_c，提高原系统相角裕量。也就是说，迟后校正环节充分利用原系统潜在的相角裕度，而不是利用其相角迟后特性。在这一点上，串联以后校正与串联超前校正具有完全不同的概念。

(3) 由于串联迟后校正使控制系统的带宽变窄，因而对高频信号具有明显的衰减特性，但也降低了系统的快速性。也就是说，应用串联迟后校正，一方面提高了系统动态过程的平稳性，另一方面降低了系统的快速性。但是系统带宽变窄，提高了抑制干扰信号的能力。

串联超前校正和迟后校正各有优、缺点，在某些方面二者还具有相反的特性，因此很自然会想到能否把两者有机结合，取长补短。

6－4　串联迟后-超前校正

一、迟后-超前校正网络

串联迟后-超前校正，可以通过单独的迟后网络和超前网络来实现，如图 6－12(a) 所示，也可以通过相位迟后-超前网络来实现，如图 6－12(b) 所示。

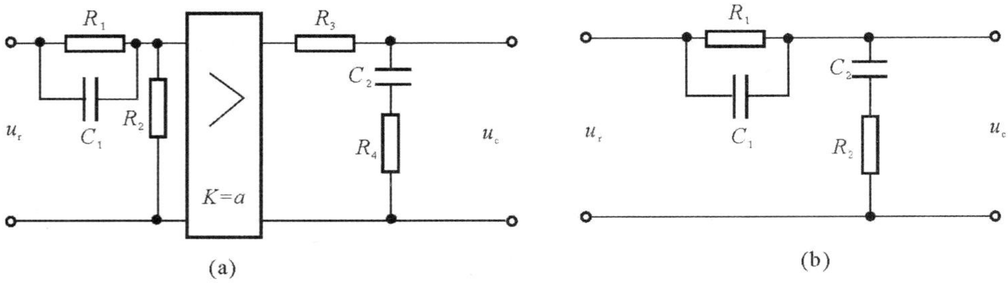

图 6－12　迟后-超前校正网络

图 6－12(b) 所示网络传递函数为

$$G_c(s)=\frac{(R_1C_1s+1)(R_2C_2s+1)}{R_1R_2C_1C_2s^2+(R_1C_1+R_2C_2+R_1C_2)s+1}=\frac{T_2s+1}{aT_2s+1}\,\frac{T_1s+1}{\frac{T_1}{a}s+1} \tag{6-9}$$

式中

$$R_1C_1=T_1;\quad R_2C_2=T_2$$

$$R_1C_1+R_2C_2+R_1C_2=\frac{T_1}{a}+aT_2,\quad (a>1)$$

式中迟后校正部分为$(T_2s+1)/(aT_2s+1)$；超前校正部分为$(T_1s+1)/\left(\frac{T_1}{a}s+1\right)$。其对数频率特性曲线如图 6－13 所示。

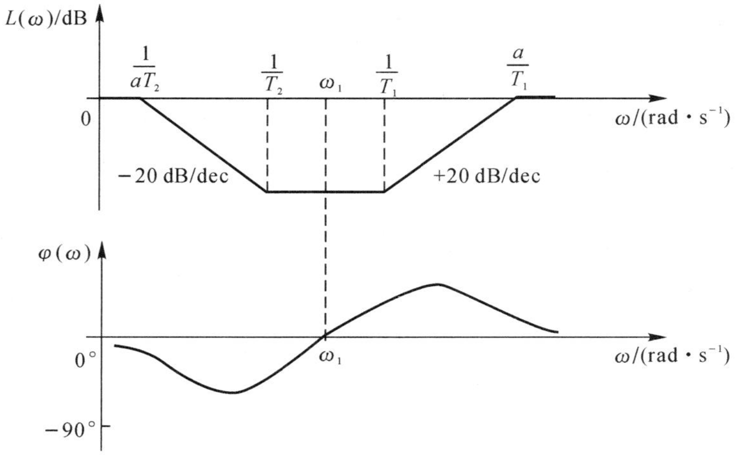

图 6－13　迟后-超前校正装置的对数频率特性

由图 6－13 可见，在频率 ω 由零增加到 ω_1 的频段内，该网络呈现积分性质，具有迟后相角。也就是说，在 $0\sim\omega_1$ 频段里，相角迟后超前网络具有单独的迟后校正特性；而在 $\omega_1\sim\infty$ 频段内，呈现微分性质，具有超前相角。因此它将起单独的超前校正作用。不难计算，对应相角等于零处的频率 ω_1 为

$$\omega_1=\frac{1}{\sqrt{T_1T_2}} \tag{6-10}$$

二、串联迟后-超前校正

应用串联迟后-超前校正设计，实际上是综合地应用串联迟后校正与串联超前校正的设计方法。当未校正系统不稳定，且校正后系统对响应速度、相位裕量和稳态精度的要求均较高时，以采用串联迟后-超前校正为宜。利用迟后-超前网络的超前部分来增大系统的相角裕量，同时利用迟后部分来改善系统的稳态性能或动态性能。

下面举例说明串联迟后-超前校正设计的一般步骤。

【例 6－4】　设单位反馈系统，其开环传递函数为

$$G(s)=\frac{K}{s(s+1)(0.5s+1)}$$

要求：(1) 开环放大系数 $K=10\ \mathrm{s}^{-1}$；

(2) 相角裕量 $\gamma=50^\circ$；

(3) 幅值裕量 $h=10\ \mathrm{dB}$。

试确定串联迟后-超前校正网络的传递函数 $G_c(s)$。

解　(1) 根据 $K=10\ \mathrm{s}^{-1}$ 的要求，绘制未校正系统的开环对数频率特性曲线，如图 6－14 中虚线所示。由图 6－14 可见，未校正系统的相角裕量等于 -32°。说明未校正系统是不稳定的。

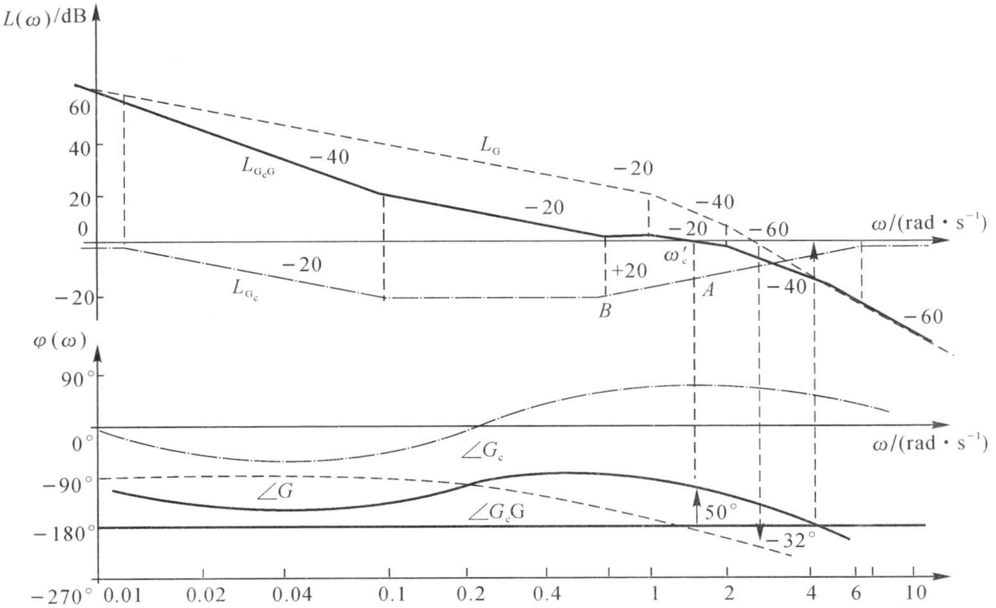

图 6－14　例 6－4 系统对数频率特性曲线

(2) 根据系统快速性要求，选择已校正系统的截止频率 ω_c'。本例这方面并没有提出明确的要求，为此可根据相角裕量的要求来选择 ω_c'。在未校正系统的相频特性曲线中可以看出，当频率等于 1.5 rad/s 时，$\angle G(j\omega)=-180°$。可见，选择 $\omega_c'=1.5$ rad/s 较为方便，此时所需加入的相角超前量约为 50°，采用迟后超前网络是完全可以达到的。当然 ω_c' 也不宜取值过小，ω_c' 过小固然可以降低对校正的要求，但由于 ω_c' 值过小，将降低系统的快速性，这也是不希望的。

(3) 在已校正系统的截止频率 ω_c' 确定后，便可以初步确定迟后校正部分的第二个交接频率，选取 $1/T_2=0.1\omega_c'$，于是 $1/T_2=0.15$ rad/s，若选择 $a=10$，则迟后部分第一个交接频率即为 $1/aT_2=0.015$ rad/s。因此迟后校正部分的传递函数为

$$\frac{T_2s+1}{aT_2s+1}=\frac{6.7s+1}{66.7s+1}$$

(4) 相角超前部分参数的确定计算对应 ω_c' 时的未校正系统的对数幅值，即

$$L_G=20\lg|G(j\omega_c')|=13\ \text{dB}$$

也可以直接在图 6-14 中测量。然后，在 ω_c' 点，取 $-L_G=-13$ dB 得点 A，如图 6-14 中所示。通过 A 点作一条斜率为 +20 dB/dec 的直线，该直线与零分贝坐标线相交，交点频率即为超前校正部分的第二个交接频率 a/T_1（等于 7 rad/s）；该直线与迟后校正部分的高频幅值衰减段的交点 B，即为超前校正部分的第一个交接频率 $1/T_1$（等于 0.7 rad/s）。因此，超前校正部分的传递函数为

$$\frac{T_1s+1}{\frac{T_1}{a}s+1}=\frac{1.43s+1}{0.143s+1}$$

(5) 将迟后、超前校正部分的传递函数组合在一起，得迟后-超前校正网络的传递函数

$$G_c(s)=\frac{6.7s+1}{66.7s+1}\,\frac{1.43s+1}{0.143s+1}$$

其对数频率特性曲线如图 6-14 中点划线所示。已校正系统的对数频率特性曲线如图 6-14 中实线所示。

(6) 验算。计算校正后系统的相角裕量。因为原系统相频特性在 ω_c' 处相角为 -180°，故校正装置 ω_c' 处的相角，即为所求相角裕量

$$\gamma=\angle G_c(j\omega_c')=48°$$

从图 6-14 中测量（或计算）得幅值裕量等于 16 dB，基本上满足指要示求。可见，在上述初步设计中，只有相角裕量比所要求的指标低 2°。如需确保 $\gamma=50°$，可以通过减弱迟后校正部分对相角迟后的不利影响来达到。例如，可将 $1/T_2=0.1\omega'_c$，改选为 $1/T_2=\omega'_c/15$，就可达到校正后系统相角裕量等于 50° 的指标要求。

最后可得串联迟后-超前校正网络的传递函数为

$$G_c(s)=\frac{10s+1}{100s+1}\,\frac{1.43s+1}{0.143s+1}$$

校正后系统开环传递函数为

$$G_c(s)G(s)=\frac{(10s+1)10(1.43s+1)}{(100s+1)s(s+1)(0.5s+1)(0.143s+1)}$$

三、系统“希望特性”设计方法

所谓系统“希望特性”，是指能够满足给定性能指标要求的一种开环对数频率特性曲线。根据给定的性能指标，同时结合未校正系统的开环对数频率特性，首先作出系统“希望特性”，然后将希望特性与未校正系统的开环对数频率特性相比较（相减），由此得到系统校正装置的传递函数，这种设计方法就称为希望特性设计方法。这也是一种广泛应用的设计方法。下面举例说明。

【例 6-5】　设已知单位反馈系统，其开环传递函数为

$$G(s)=\frac{K}{s(0.1s+1)(0.02s+1)(0.01s+1)(0.005s+1)}$$

对该系统要求的性能指标是

(1) 稳态速度误差 $e_{ss}=1/200$ rad；

(2) 最大超调整量 $\sigma\%\leqslant 30\%$；

(3) 调节时间 $t_s\leqslant 0.7$ s。

试确定串联迟后-超前校正装置。

解　(1) 根据系统稳态速度误差要求 $K=200$，作出 $K=200$ 时未校正系统的开环对数幅频特性曲线，如图 6-15 中虚线所示。因为图中低频部分已满足稳态精度要求，因此，系统希望特性的低频段必须与原系统低频段重合。

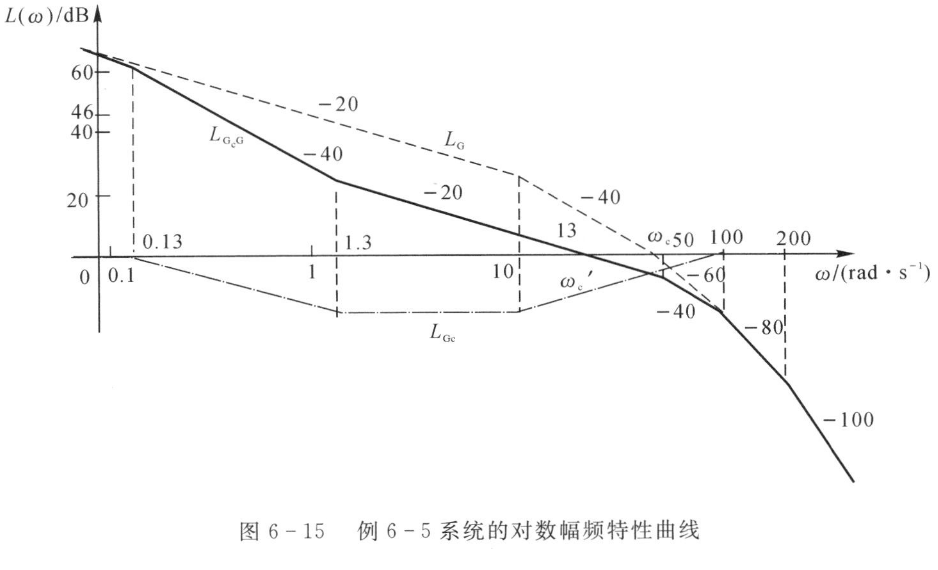

图 6-15　例 6-5 系统的对数幅频特性曲线

(2) 根据图 6-15 确定系统中频段的希望特性。

首先确定系统希望特性应具有的截止频率 ω_c'，根据 $\sigma\%\leqslant 30\%$ 和 $t_s\leqslant 0.7$ s 的要求，利用图 5-46，可查得 $\sigma\%=30\%$ 时所对应的相角裕量 $\gamma=47°$ 及 $t_s=9/\omega_c$。$\omega_c=9/t_s$，代入 $t_s\leqslant 0.7$ s，求得 ω_c 即为 $\omega_c'=13$ rad/s。然后，通过 ω_c' 点作 -20 dB/dec 斜率的直线。该直线随 ω 增

加直至 $\omega=50$(原系统第二个交接频率) 转成斜率等于 -40 dB/dec 的直线至 $\omega=100$(原系统第三个交接频率),与原系统开环对数幅频特性曲线相交。当 $\omega\geqslant 100$ 时,完全与原系统重合,最理想的情况最好保证 ω'_c 二边的长度相等,为了保证已校正系统中频段斜率为 -20 dB/dec 的直线有一定长度,该特性的左端可延伸到 $\omega=0.1\omega'_c=1.3$ 处,然后转成斜率为 -40 dB/dec 的直线交于原特性 $\omega=0.13$。当 $\omega<0.13$ 时,完全与原特性重合。这样选择希望特性的交接频率,可确保校正装置传递函数简单,便于实现。希望特性如图 6-15 中实线所示。

(3) 系统希望特性的低频段与中频段的连接问题。

从未校正系统的开环对数幅频特性曲线来看,在频率小于 1.3 的频段斜率为 -20 dB/dec,因为串联校正的对数幅频特性是系统希望特性与未校正系统开环对数幅频特性之差。为了符合串联迟后-超前校正的迟后部分应具有斜率为 -20 dB/dec 的要求,所以希望特性应取斜率为 -40 dB/dec 的直线,直至与未校正系统幅频特性相交于频率为 $\omega=0.13$ 所对应的对数幅频处。

希望特性与未校正系统的开环对数幅频特性相减,就得到串联校正的对数幅频特性曲线,如图 6-15 中点划线所示。其传递函数为

$$G_c(s)=\frac{\frac{1}{1.3}s+1}{\frac{1}{0.13}s+1}\,\frac{\frac{1}{10}s+1}{\frac{1}{100}s+1}$$

系统校正后的传递函数为

$$G_c(s)G(s)=\frac{200\left(\frac{1}{1.3}s+1\right)}{s\left(\frac{1}{0.13}s+1\right)(0.02s+1)(0.01s+1)^2(0.005s+1)}$$

(4) 验算。

通过作图或计算得已校正系统的性能指标:

超调量:$\sigma\%=27\%<30\%$;

调节时间:$t_s=8.5/\omega'_c=0.65<0.7$ s;

相角裕量:$\gamma=52^\circ$;

稳态误差:$e_{ss}=1/200$ rad。

可见,系统所要求的性能指标全部满足。

应当指出,在按系统希望特性的设计中,可能会使校正装置的传递函数具有相当复杂的形式。为了便于工程实现,通常总希望串联校正环节的对数幅频特性的交接点适当减少,交接点少表明其传递函数环节少,这样的校正环节自然易于实现。因此,在设计系统的校正环节时,一般总是设法先从最简单的校正形式考虑,只有发现采用最简单的形式不能满足指标要求时,才考虑采用复杂形式。另外,这种方法是基于系统的开环幅频特性,故仅适用于最小相位系统。

还应当指出,串联校正装置分有源校正和无源校正网络两种形式,这里仅介绍了最简单、最典型的几种无源校正网络。

6－5　串联 PID 控制

一、PID 控制基本原理

从 1936 年 PID 控制器问世至今已有 70 多年历史，它以其结构简单、稳定性好、工作可靠、调整方便而成为工业控制的主要技术之一。

PID 控制是指 Proportional（比例）＋ Integral（积分）＋Differential（微分）控制，它是一种串联控制器。其基本控制系统结构如图 6－16(a)所示，是典型的单位负反馈控制系统。

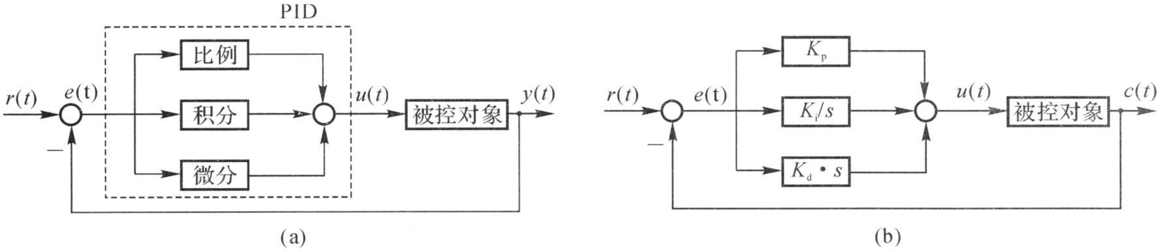

图 6－16　典型 PID 控制系统

PID 控制器是一种线性控制器，它根据给定值 $r(t)$ 与实际输出值 $c(t)$ 构成偏差：$e(t)=r(t)-c(t)$。将偏差的比例(P)、积分(I) 和微分(D) 通过线性组合构成控制量，对受控对象进行控制。其控制规律为

$$u(t)=K_p\left[e(t)+\frac{1}{T_i}\int_0^t e(t)\mathrm{d}t+T_d\frac{\mathrm{d}e(t)}{\mathrm{d}t}\right]=K_pe(t)+K_i\int_0^t e(t)\mathrm{d}t+K_d\frac{\mathrm{d}e(t)}{\mathrm{d}t} \tag{6-11}$$

上式表示为传递函数形式为

$$G(s)=\frac{U(s)}{E(s)}=K_p\left[1+\frac{1}{T_is}+T_ds\right]=K_p+K_i\frac{1}{s}+K_ds \tag{6-12}$$

式中，K_p 为比例系数；T_i 为积分时间常数；T_d 为微分时间常数；$K_i=K_p/T_i$ 为积分系数；$K_d=K_pT_d$，K_d 为微分系数。此时 PID 控制具体结构如图 6－16(b) 所示。

PID 控制器中各环节的作用如下：

1. 比例环节

比例环节的作用是对偏差量瞬间做出反应，产生相应的控制量，使减少偏差向减小的方向变化。控制作用的强弱取决于比例系数，K_p 越大，控制作用越强，则过渡过程越快，控制过程的静态偏差也就越小，但是 K_p 越大，也越容易产生振荡，增加系统的超调量，系统的稳定性会变差。其作用效果如图 6－17 所示。但单纯的比例控制存在稳态误差不能消除的缺点，这就需要加入积分控制。

2. 积分环节

只要偏差存在，积分控制作用就会就不断地增加(条件是控制器没有饱和)，偏差就不断减小，当偏差为零时，积分控制作用才会停止。可见，积分环节可以提高系统的抗干扰能力，消除系统的偏差，降低系统的稳态误差。但积分控制同时也会降低系统的响应速度，积分作用太强

会增加系统的超调量，系统的稳定性会变差。其作用效果如图 6-18 所示。

因此，比例+积分(PI) 控制器，可以使系统在进入稳态后无稳态误差。

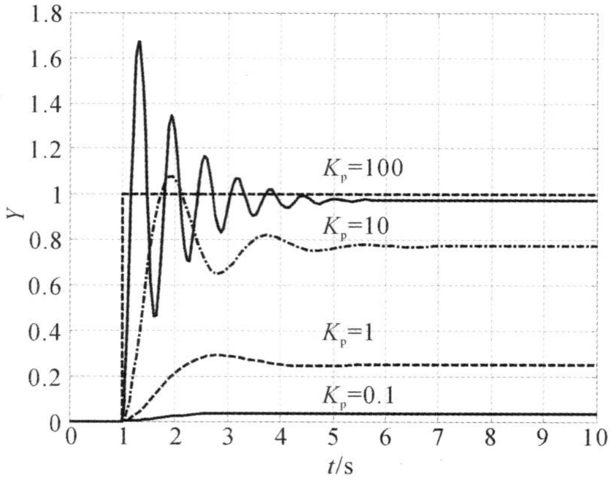

图 6-17 K_p 对于系统输出的影响

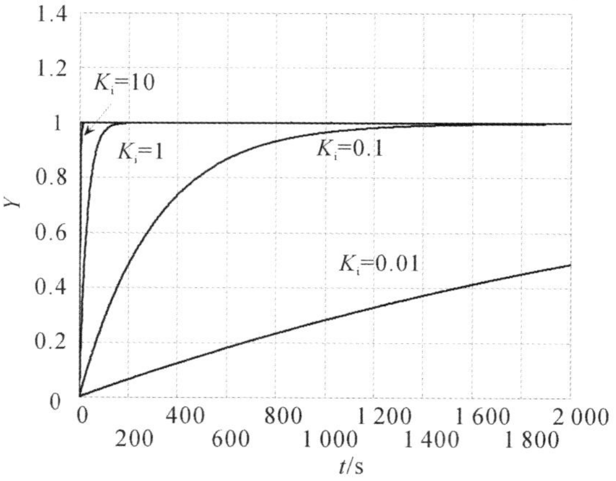

图 6-18 K_i 对于系统输出的影响

3. 微分环节

微分环节可以根据偏差的变化趋势(变化速度) 预先给出纠正作用，能在偏差变大之前进行修正。微分作用的引入，将有助于减小超调量，克服振荡，使系统趋于稳定，它加快了系统的跟踪速度，减少了调节时间，提高了系统的动态性能。但微分作用对输入信号的噪声很敏感，对那些噪声较大的系统一般不用微分，或在微分之前先对输入信号进行滤波。其作用效果如图 6-19 所示。

具有比例+微分(PD) 的控制器，就能够提前使抑制误差的控制作用等于零，甚至为负值，从而避免了被控量的严重超调。因此对有较大惯性或滞后的被控对象，比例+微分(PD) 控制器能改善系统在调节过程中的动态特性。

因此，PID 控制器的参数选取必须兼顾动态与静态性能指标要求，只有合理地整定 K_p，K_i，K_d 三个参数，才能获得比较满意的控制性能。

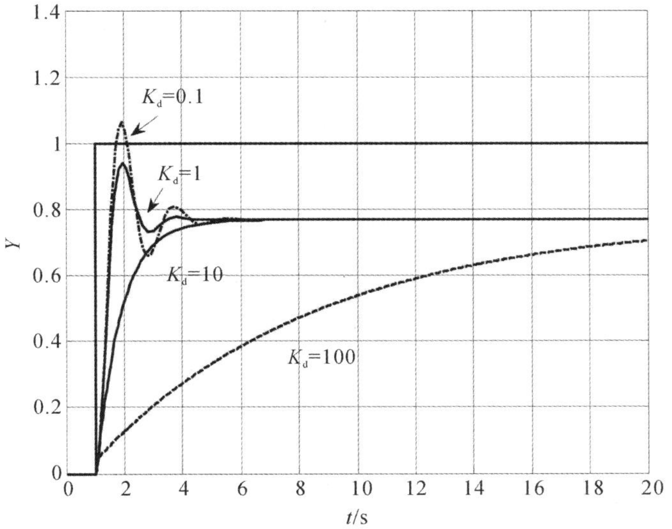

图 6－19　K_d 对于系统输出的影响

二、常用 PID 控制形式

在很多情形下，PID 控制并不一定需要全部的三项控制作用，而是可以方便、灵活地改变控制策略，实施 PI、PD 或 PID 控制。

1. 比例积分控制（PI）

PI 调节就是综合 P、I 两种调节的优点，利用 P 调节快速抵消干扰的影响，同时利用 I 调节消除残差。

PI 控制的控制规律为

$$u(t)=K_p\left[e(t)+\frac{1}{T_i}\int_0^t e(t)\mathrm{d}t\right]=K_p e(t)+K_i\int_0^t e(t)\mathrm{d}t \tag{6-13}$$

对应的传递函数为

$$G(s)=\frac{U(s)}{E(s)}=K_p\left[1+\frac{1}{T_i s}\right]=K_p+K_i\frac{1}{s} \tag{6-14}$$

根据式（6－14）可以绘制出 *PI* 控制的频率特性图，如图 6－20 所示。PI 控制的频率特性曲线类似于滞后校正，对于控制系统的作用在于：提高系统的型别，改善系统的稳态误差；增加了系统的抗高频干扰的能力；增加了相位滞后；降低了系统的频宽，调节时间增大。

2. 比例微分控制（PD）

PD 控制的控制规律为

$$u(t)=K_p\left[e(t)+\frac{1}{T_i}\int_0^t e(t)\mathrm{d}t+T_d\frac{\mathrm{d}e(t)}{\mathrm{d}t}\right]=K_p e(t)+K_i\int_0^t e(t)\mathrm{d}t+K_d\frac{\mathrm{d}e(t)}{\mathrm{d}t} \tag{6-15}$$

对应的传递函数为

$$G(s)=\frac{U(s)}{E(s)}=K_p\left[1+\frac{1}{T_i s}+T_d s\right]=K_p+K_i\frac{1}{s}+K_d s \tag{6-16}$$

根据式(6－16)可以绘制出 PD 控制的频率特性图，如图 6－21 所示。PD 控制的频率特性曲线类似于超前校正，对于控制系统的作用在于：增加系统的频宽，降低调节时间；改善系统的相位裕度，降低系统的超调量；增大系统阻尼，改善系统的稳定性；增加了系统的高频干扰。

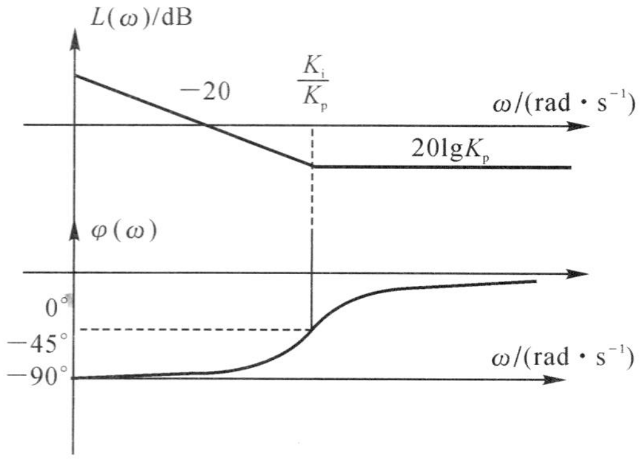

图 6－20　*PI* 控制器的频率特性

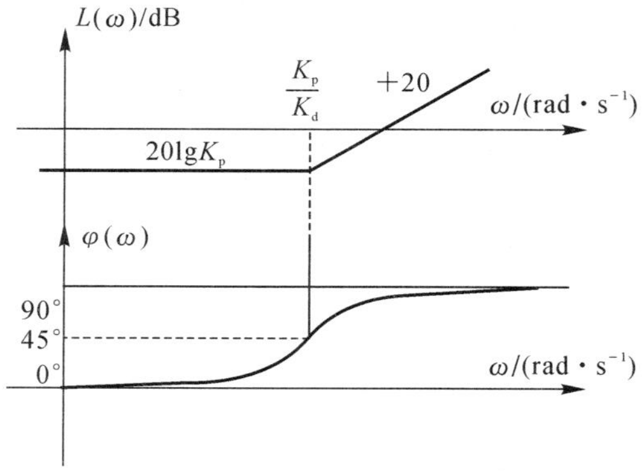

图 6－21　*PD* 控制器的频率特性

3. 比例积分微分控制(PID)

PID 控制器是 PI－PD 控制的组合，是一种超前-滞后校正装置，PI－PD 的作用发生在不同频段，**PI 控制作用发生在低频段(稳态特性)，PD 控制作用发生在高频段(动态特性)**，当系统既需要改善动态特性又需要改善稳态特性时，使用 PID 控制器。

6－6　反馈校正

在工程实践中，改善系统性能除了采用串联校正外，反馈校正也是广泛采用的一种校正方法。采用反馈校正来改善系统性能，实质上是充分利用反馈作用的特点，通过改变未校正系统的结构及参数，达到改善系统性能的目的。下面研究反馈校正的作用。

一、比例负反馈可削弱被包围环节 *G*(*s*)的惯性(时间常数)，从而扩展该环节的带宽

如图 6－22 所示，图中 G(s)＝K/(Ts＋1)环节，被比例负反馈包围后的传递函数为

$$\frac{C_2(s)}{C_1(s)}=\frac{K}{Ts+1+KK_h}=\frac{K'}{T's+1} \tag{6-17}$$

式中　$K'=\dfrac{K}{1+KK_h}$；　$T'=\dfrac{T}{1+KK_h}$

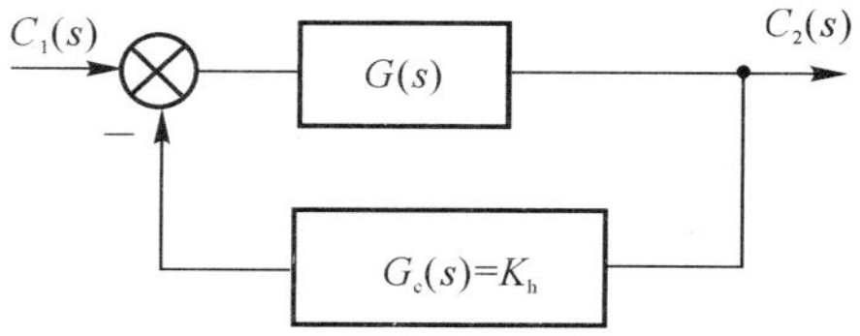

图 6－22　比例负反馈校正

可见，惯性环节采用比例负反馈后仍为惯性环节，其时间常数 T' 小于 T，即惯性削弱了。而且比例负反馈越强，惯性将越小。同时放大系数也降低了，一般来说，放大系数降低是不希望的，因此需要加入附加放大器来进行补偿。

由于时间常数变小，对数频率特性曲线的交接频率、带宽频率等将相应地扩大，从而使响应速度加快。

二、负反馈可以减弱参数变化及消除系统中性能差的元件对系统性能的影响

负反馈可以减弱参数变化对系统性能的影响，如图 6－23(a) 所示的开环系统，假设由于参数的变化，系统传递函数 $G(s)$ 存在变化量 $\Delta G(s)$，相应的输出变化量为 $\Delta C(s)$，这时开环系统的输出为

$$C(s)+\Delta C(s)=[G(s)+\Delta G(s)]R(s)$$

因为

$$C(s)=G(s)R(s)$$

则有

$$\Delta C(s)=\Delta G(s)R(s) \tag{6-18}$$

式(6－18)表明，对于开环系统，参数变化对系统输出的影响与传递函数的变化 $\Delta G(s)$ 成正比。

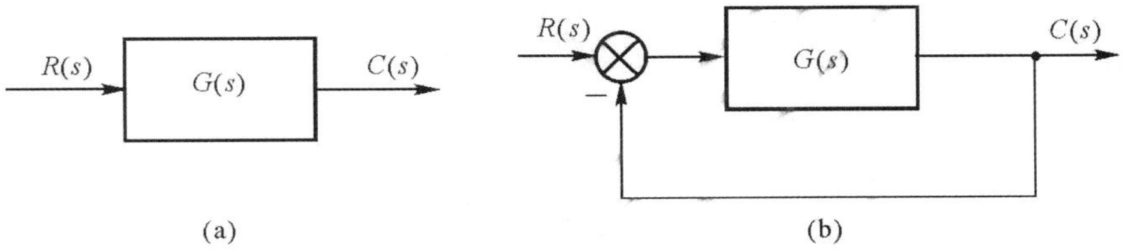

图 6－23　开环和闭环系统结构图

然而，对于如图 6－23(b) 所示的闭环系统，如果发生上述参数变化，则闭环系统的输出为

$$C(s)+\Delta C(s)=\frac{G(s)+\Delta G(s)}{1+G(s)+\Delta G(s)}R(s)$$

通常

$$|G(s)|\gg|\Delta G(s)|$$

于是近似有

$$\Delta C(s)\approx\frac{\Delta G(s)}{[1+G(s)]^2}R(s) \tag{6-19}$$

式(6－19)表明，因参数变化，闭环系统输出的变化只是开环系统的 $1/[1+G(s)]^2$ 倍。由于在许多实际情况中，$[1+G(s)]$ 的值远远大于 1。为了减小元件参数变化对系统的影响，我们通常对精度低的元件并联一个反馈回路。

负反馈可以消除系统中性能差的元、部件对系统性能的影响。如图 6－24 所示系统中有一部件，其传递函数为 $G_2(s)$。如果 $G_2(s)$ 的存在影响系统性能的提高，在这种情况下，采用局部负反馈 $G_c(s)$，将 $G_2(s)$ 包围起来(见图 6－24)就可抑制其不良影响。系统局部反馈回路的传递函数为

$$\frac{C(s)}{R_1(s)}=\frac{G_2(s)}{1+G_2(s)G_c(s)} \tag{6-20}$$

通过适当选择反馈通道的传递函数 $G_c(s)$，使

$$|G_2(s)G_c(s)|\gg 1$$

则式(6－20)可表示为

$$\frac{C(s)}{R_1(s)}\approx\frac{1}{G_c(s)} \tag{6-21}$$

即表明采用局部反馈后，$C(s)$ 只与反馈校正传递函数 $G_c(s)$ 的倒数有关，而与 $G_2(s)$ 无关。

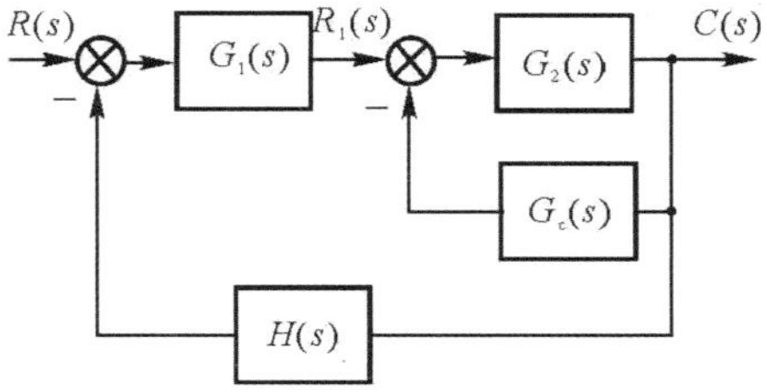

图 6－24　局部反馈校正系统

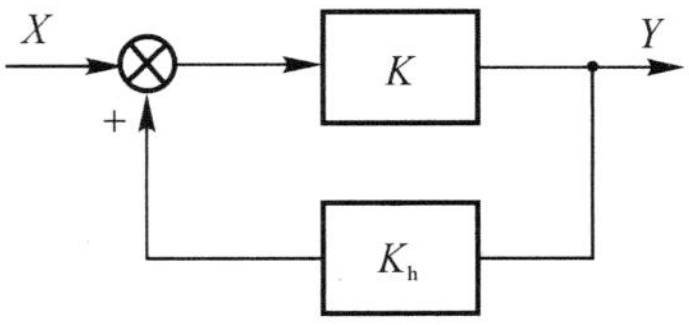

图 6－25　正反馈系统

三、正反馈可以提高放大系数

如图 6－25 所示的系统，设前向通路由放大环节组成，其放大系数为 K，采用正反馈，反馈系数为 K_h，则闭环放大系数为

$$\frac{Y}{X}=\frac{K}{1-KK_h}$$

从上式看出，若取 $K_h \approx 1/K$，则闭环放大系数 Y/X 将远大于前向通路的放大系数 K。这是正反馈所独具的重要特性之一。

【例 6－6】　试分析图 6－26 所示控制系统，采用局部正反馈后对系统性能的影响。

从图 6－26 求得系统的闭环传递函数为

$$\frac{C(s)}{R(s)}=\frac{G(s)}{1-H(s)+G(s)}$$

令 $G(s)=KG_0(s)$，$G_0(s)$ 中放大系数为 1。如果选取 $H(s)\approx 1$，则有

$$\frac{C(s)}{R(s)}\approx 1$$

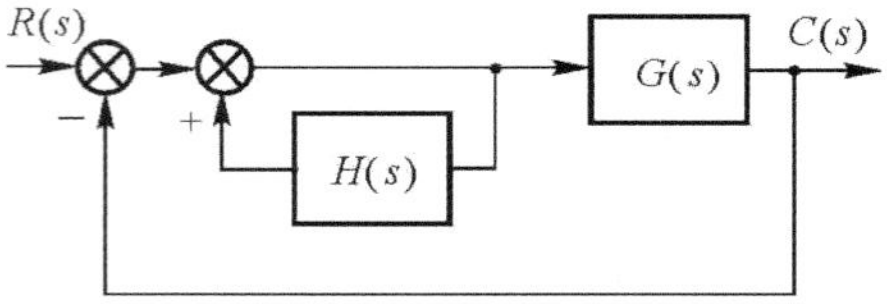

图 6－26　带正反馈的控制系统

上式说明，若将正反馈通道的反馈系数取得接近于 1 时，可使上述系统的开环放大系数 $\dfrac{K}{1-H(s)}$ 提高到一个相当大的数值。整个闭环系统的特性可以近似地由负反馈通道传递函数的倒数来描述。本例中，由于负反馈通道的传递函数为 1，因此闭环传递函数便与 1 相近，这表明，系统将不受可变部分 $G(s)$ 参数变化的影响，在输出端总是能够比较准确地复现输入信号，这是通过正反馈极大地提高系统的开环增益，从而改善系统稳态性能的一种途径。

最后比较一下串联和反馈校正装置的优、缺点。

串联校正的优点是，可以应用无源 RC 网络构成，比较方便，成本也低，通常位于系统前向通道的入口。其主要缺点是系统中其他元件的参数不稳定时会影响它的作用效果。因而在使用串联校正装置时，通常要对系统元件特性的稳定性提出较高的要求。串联微分网络则对干扰较为敏感。

反馈校正的优点是能削弱元、部件特性不稳定对整个系统的影响，故应用反馈校正装置后对于系统中各元件特性的稳定性要求降低。缺点是反馈校正装置常由一些昂贵而较大的部件所构成，如测速发电机、速度陀螺等。通常都需要消耗较大功率。

6－7　基于 MATLAB 的控制系统校正

一、通过编程实现

MATLAB 提供了大量的函数，通过编程很容易实现控制系统的校正，避免了的大量的计算和手工绘图；能够直观、快速地给出校正系统。

【例 6－7】 设单位反馈系统的开环传递函数为 $G_0(s)=\dfrac{40}{s(0.2s+1)(0.0625s+1)}$，要求设计串联滞后校正装置，使校正后系统的相角裕度为 50°，幅值裕度大于 15 dB。

解　由要求的校正后相角裕度 γ' 计算校正后截止频率 ω'_c。

选取 $\varphi(\omega'_c)=-6°$，而校正后的 $\gamma'=50°$，于是校正装置的 $\gamma(\omega'_c)=\gamma'-\varphi(\omega'_c)=56°$。由 $\gamma=90°-\arctan 0.2\omega'_c-\arctan 0.0625\omega'_c=56°$，解得 $\omega'_c=2.38$ rad/s。

MATLAB 命令窗口键入程序	运行结果

num1 = 40;
den1 = conv([0.2 1 0],[0.0625 1]);
sys1 = tf(num1,den1);
	Transfer function:
	40
	------------------ 	
	0.0125 s^3 + 0.2625 s^2 + s

margin(sys1);%计算校正前幅值裕度和相角裕度	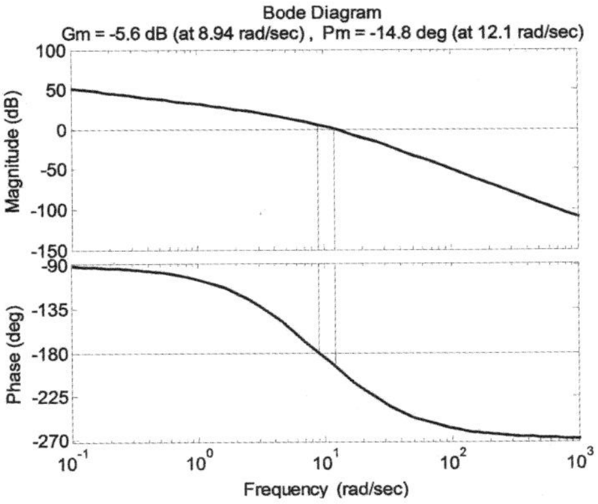
w=2.4; [mag]=bode(sys1,w); magL = 20 * log10(mag) %计算对数幅值裕度	magL = 23.4399

续表

MATLAB 命令窗口键入程序	运行结果

b = 10^(−mag/20);%滞后
T = 1/(0.1 * w * b);
num2= conv([40],[b * Tz 1]);
den2 = conv([0.01251 0.26255 1 0],[Tz 1]);
sys2 = tf(num2,den2);
margin(sys2)
	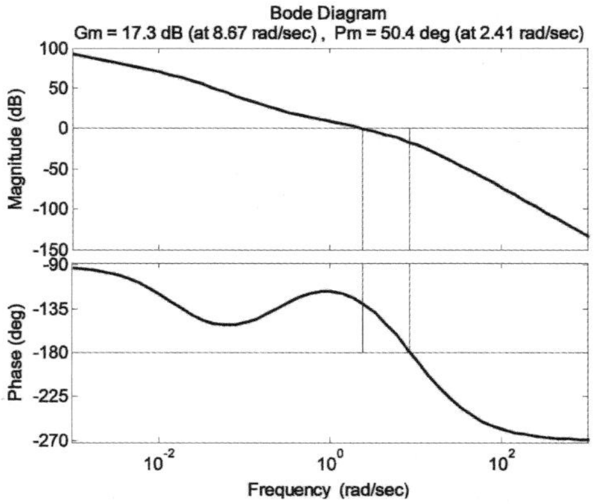

可以得到校正装置为

$$G_c(s)=\frac{1+4.2s}{1+61.92s}$$

二、SISO 设计工具实现

1. 简介

SISO 设计工具(SISO Design Tool)是 MATLAB 提供的能够分析及调整单输入单输出反馈控制系统的图形用户界面。使用 SISO 设计工具可以设计四种类型的反馈系统，如图 6-27所示。图中 $C(s)$为校正装置的数学模型;$G(s)$为被控对象的数学模型;$H(s)$为传感器(反馈环节)的数学模型;$F(s)$为滤波器的数学模型。

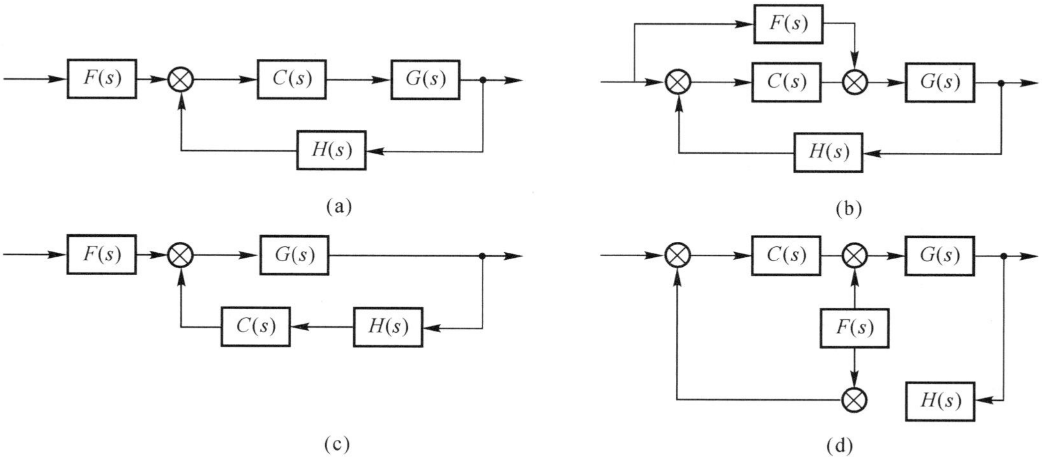

图 6-27　SISO 设计工具中的四种反馈系统

(a)校正装置位于前向通道；(b)按输入补偿的复合校正；(c)校正装置位于反馈通道；(d)校正装置位于局部回路

SISO 设计工具的应用包括:①应用根轨迹法改善闭环系统的动态特性;②改变开环系统

Bode 图的形状；③添加校正装置的零点和极点；④添加及调整超前/滞后网络和滤波器，检验闭环系统响应；⑤调整相位及幅值裕度；⑥实现连续时间模型和离散时间模型之间的转换。

2. 步骤

(1)首先编写 M 文件，建立各环节的传递函数；

(2)在 MATLAB 命令行输如 sisotool 回车，打开 GUI 界面；

(3)将 workspace 中的模型导入 sisotool；

(4)利用相应工具进行分析或设计。

3. 工作界面

(1)初始界面。初始弹出两个界面：管理界面和设计界面，如图 6－28 所示。

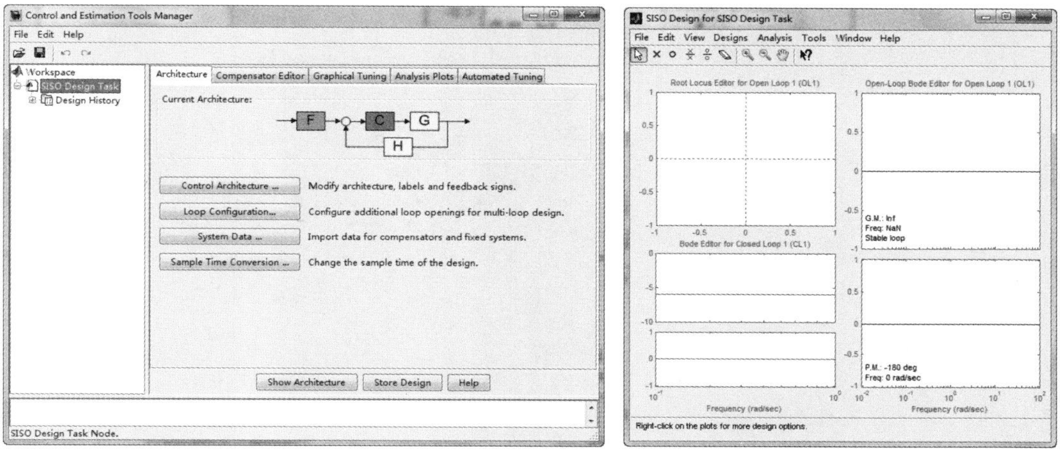

图 6－28　管理界面和设计界面

Architecture 页（见图 6－28）：该界面用于选择合适的模型结构，导入模型 data。点击 control architecture 选择模型的结构，点击 system data 导入模型各环节数据。

compensator editor 页[见图 6－29(a)]：该界面是校正器编辑界面，用于选择校正的参数，调整参数，同步参数的变化。比如，在 graphic tuning 的 root locus 图中可使用鼠标增加开环零、极点或改变闭环极点的位置，相应的变化会在该界面同步更新，显示增益，所增加的开环零、极点的具体数值。当然，如果当前打开 analysis plot，其中的响应曲线也会相应地变化。

graphic tuning 页[见图 6－29(b)]：用于控制要显示的图像，根轨迹校正肯定要选择根轨迹，频域校正选择开环 bode 图。可以在一个窗口中显示多种类型的图形。设计工作就是在所显示的图形上完成的。

analysis plot 界面[见图 6－30(a)]参数调整后效果好不好，需要看相应的曲线图，该界面控制要显示那些用于分析系统性能的图形。

automated tuning 界面[见图 6－30(b)]提供了 PID 自动整定的功能，实际上 PID 校正是开环零、极点配置，PI 控制增加了一个位于原点的开环极点，减小了稳态误差，同时，也增加了位于左半平面的开环零点，使响应迅速。

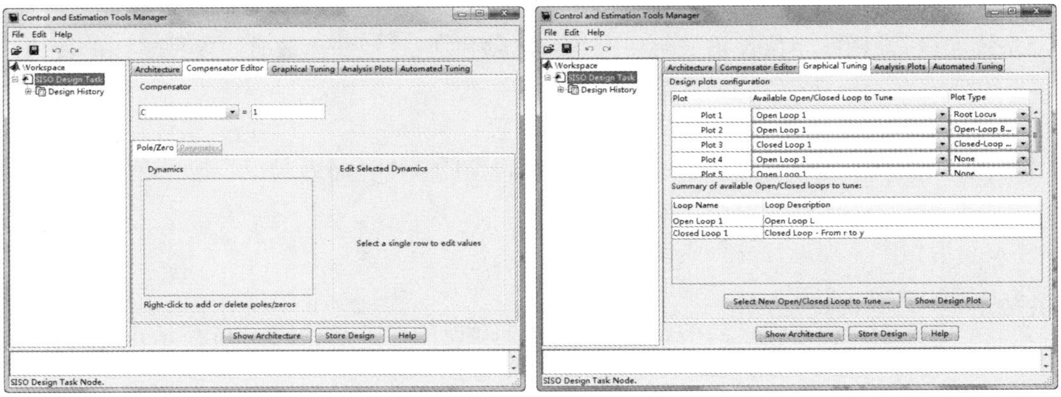

(a) (b)

图 6－29　compensator editor 界面和 graphic tuning 界面

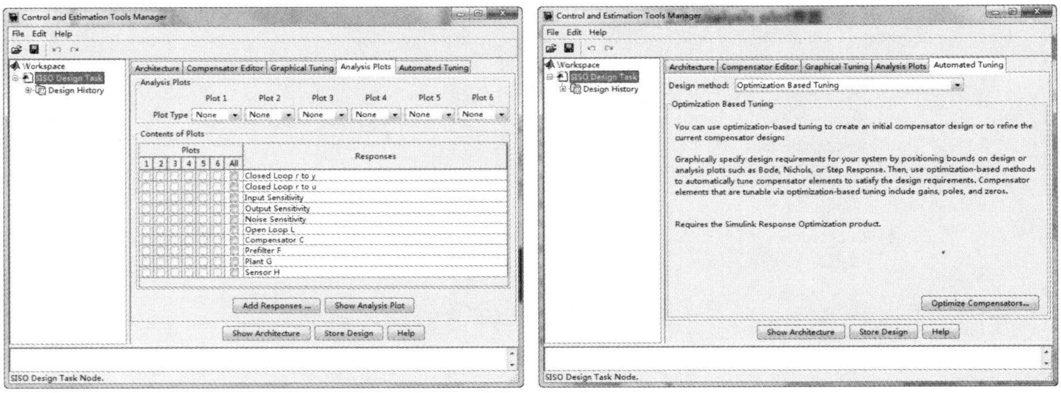

(a) (b)

图 6－30　analysis plot 界面和 automated tuning 界面

4. 应用实例

【例 6－8】 利用 sisotool 对开环传递函数为 $G(s)=\dfrac{1}{s^2+s}$ 的单位负反馈系统设计 PID 控制器。

解 (1)建立被控系统模型

```
num=[1]
den=[1 1 0]
G=tf(num,den)
G1=feedback(G,1)
```

(2)打开 SISO 设计工具窗口

```
>> sisotool
```

运行后，将 G1 的数据导入系统，如图 6－31 所示。

在 graphic tuning 界面选择要显示的用于设计的图形，如下选择了 root locus ，open－loop bode，closed－loop bode，如图 6－32 所示。进入 compensator editor 界面，开始时默认采用纯比例校正，且 $C=1$，如图 6－33 所示；设计窗口曲线和阶跃响应曲线如图 6－34 所示。

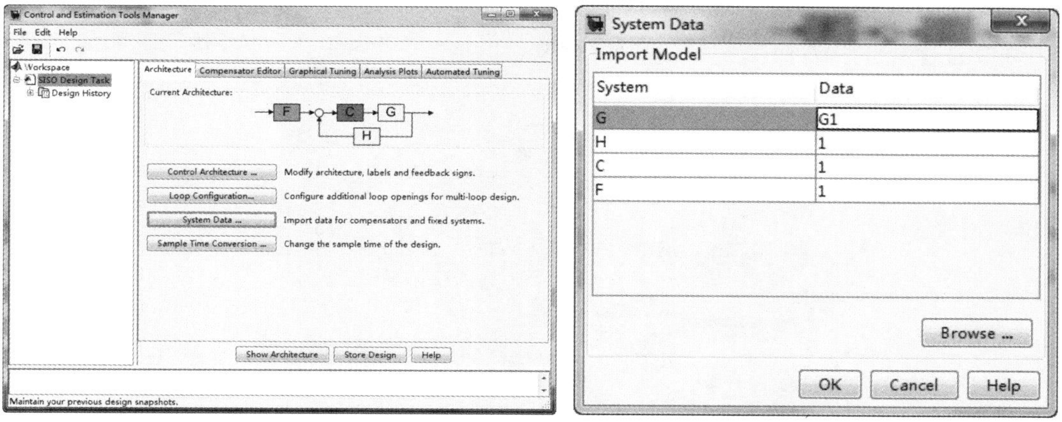

图 6－31　导入被控系统参数

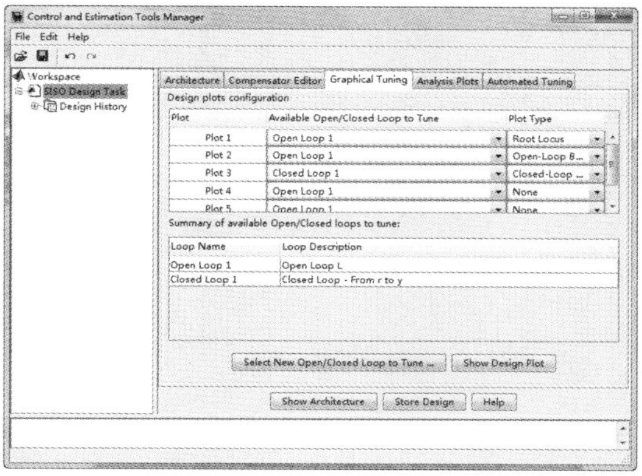

图 6－32　选择用于设计的图形

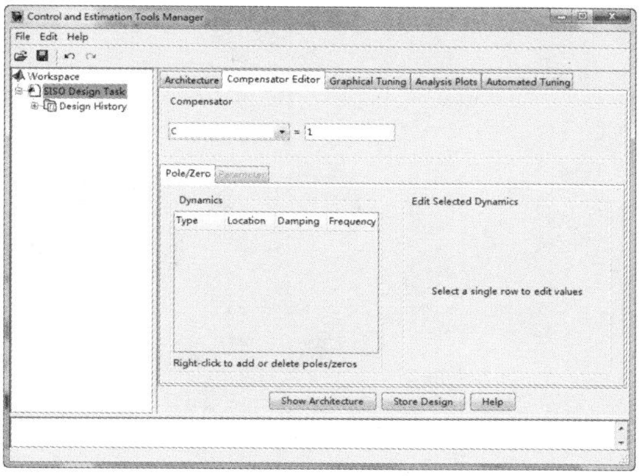

图 6－33　比例校正设置

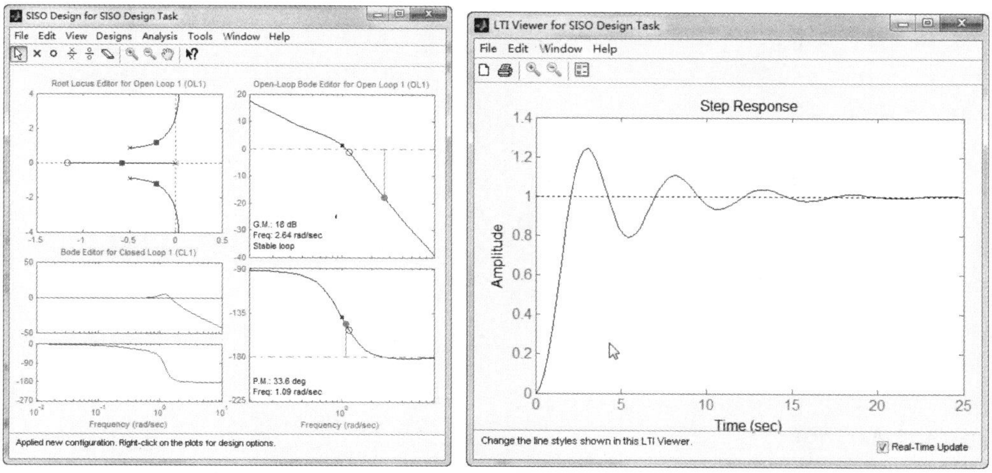

图 6－34　比例校正的设计窗口曲线和阶跃响应曲线

可以看到单纯的比例控制效果不是很好，采用 automated tuning 进行自整定一下，选择 PID tuning，type 为 PID，如图 6－35 所示。点击 update compensator 后，其阶跃响应曲线如图 6－36 所示。

很容易得到控制器结构为

$$G_c(s)=4.9167\times\frac{(1+1.8s+(0.96s)^2)}{s}$$

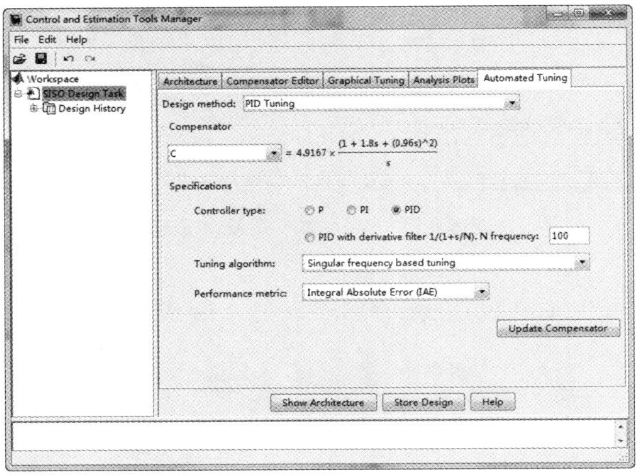

图 6－35　PID 控制自整定设置

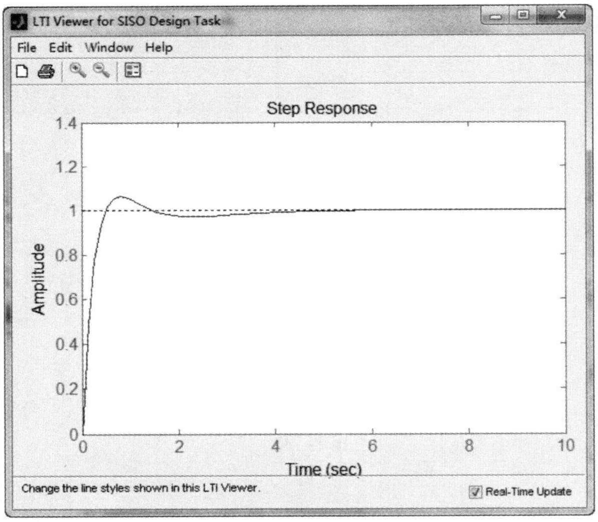

图 6－36　PID 控制效果

三、MATLAB 边学边练

(1) 设单位负反馈系统的开环传递函数为 $G_0(s)=\frac{40}{s(0.2s+1)(0.0625s+1)}$，要求设计串联滞后校正装置，使校正后系统的相角裕度为 50°，幅值裕度大于 15 dB。

(2)某单位负反馈系统的开环传递函数为$G_0(s)=\dfrac{10}{(s+1)(0.2s+1)(s/30+1)}$,利用SISO设计工具设计PID控制器,使$\sigma\%\leqslant 20\%$。

本章小结

(1)校正装置的设计方法通常分为分析法和综合法。分析法是用分析的方法设计校正装置,比较直观,在物理上易于实现,但要求设计者有一定的工程设计经验,设计过程中带有试探性;综合法是根据规定的性能指标要求确定系统期望的开环对数频率特性形状,然后与系统原有开环对数频率特性相比较,从而确定校正方式、校正装置的形式和形状,但希望的校正装置传递函数可能比较复杂,物理上难以实现。

(2)串联校正设计较简单,容易对信号进行各种必要的变换,但需注意负载效应的影响;反馈校正可消除系统原有部分参数对系统性能的影响,元件数也往往较少。

(3)在工业控制系统中经常使用的PID调节器(亦称PID控制器),已经是比较成熟的有源校正装置。但目前应用较广泛的是由电子运算放大器组成的电子式PID调节器和由微处理器构成的数字式PID调节器。

习 题

6-1 对图6-37所示系统,要求具有相角裕量等于45°,幅值裕量等于6 dB的性能指标,若用串联超前校正网络以满足上述要求,试确定超前校正装置的传递函数。如果通过单个超前校正网络无法满足要求,试分析原因。

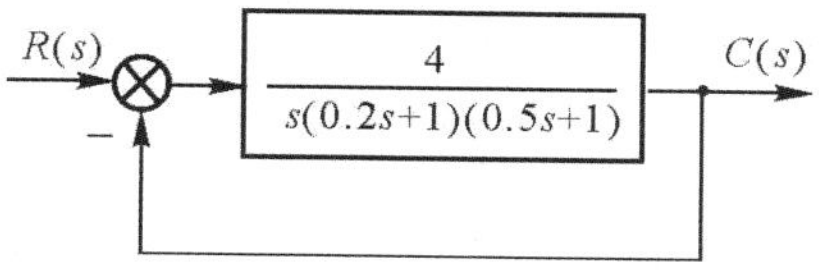

图6-37 习题6-1图

6-2 对习题6-1系统,若改用串联迟后校正使系统满足要求,试确定迟后校正参数,并比较超前和迟后校正的特点。

6-3 单位反馈系统的开环传递函数为

$$G(s)=\frac{200}{s(0.1s+1)}$$

试设计一个无源校正网络,使已校正系统的相角裕量不小于45°,截止频率不低于50 rad/s,同时要求保持原系统的稳态精度。

6-4 设单位反馈系统的开环传递函数为

$$G(s)=\frac{7}{s\left(\frac{1}{2}s+1\right)\left(\frac{1}{6}s+1\right)}$$

试设计一个串联迟后校正网络,使已校正系统的相角裕量为40°±2°,幅值裕量不低于10 dB,

开环增益保持不变，截止频率不低于 1 rad/s。

6－5　图 6－38 所示为三种串联校正网络的对数幅频特性，它们均由稳定环节组成。若有一单位反馈系统，其开环传递函数为

$$G(s)=\frac{400}{s^2(0.01s+1)}$$

试问：

(1) 这些校正网络特性中，哪一种可使已校正系统的稳定程度最好？

(2) 为了将 12 Hz 的正弦噪声削弱 10 倍左右，应采用哪一种校正网络特性？

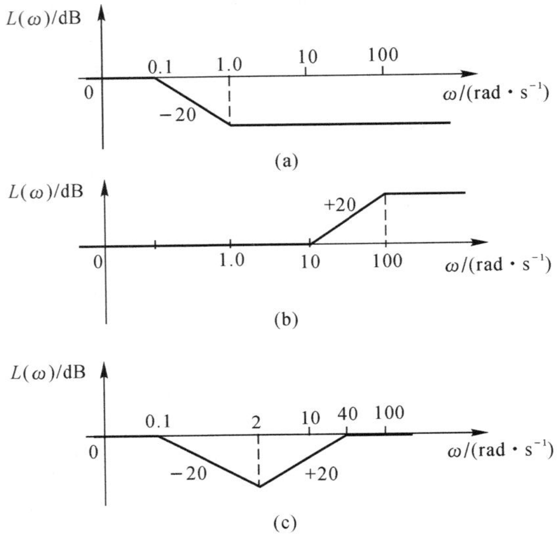

图 6－38　习题 6－5 校正网络的对数幅频特性曲线图

6－6　设单位反馈系统的开环传递函数 $G(s)=\dfrac{K}{s(0.05s+1)(0.2s+1)}$，试设计一串联超前校正网络，使系统的稳态速度误差系数不小于 5 s^{-1}，超调量不大于 25%，调节时间不大于 1 s。

6－7　已知单位反馈系统及其串联校正的传递函数 $G_c(s)$

$$G_c(s)=\frac{K(Ts+1)}{s+1}$$

当式中 $K=10, T=0.1$ 时，系统截止频率 $\omega_c=5$，若要求 ω_c 不变，如何改变 K, T 才能使相角裕量提高 45°。

6－8　已知单位反馈系统的开环传递函数 $G(s)=\dfrac{1}{s^2}$，串联微分校正传递函数 $G_c(s)$ 为

$$G_c(s)=\frac{K(T_1s+1)}{T_2s+1}$$

要使校正后系统开环增益为 100，$\omega_c=31.6$ rad/s，中频段斜率为 −20 dB/dec，而且具有两个十倍频程的宽度。试求：

(1) 校正后系统的开环对数幅频特性曲线；

(2) 确定 $G_c(s)$ 的参数 T_1, T_2；

(3) 校正后系统的相角裕量 γ、幅值裕量 h。

6-9　系统结构图如图 6-39 所示，图中 $G_1(s)=\dfrac{5\,000}{0.014s+1}$，$G_3(s)=\dfrac{0.002\,5}{s}$，$G_2(s)=\dfrac{12}{(0.1s+1)(0.02s+1)}$，设计了反馈校正装置 $G_c(s)=\dfrac{0.238s}{0.25s+1}$，试分析反馈校正前后系统性能指标的变化。

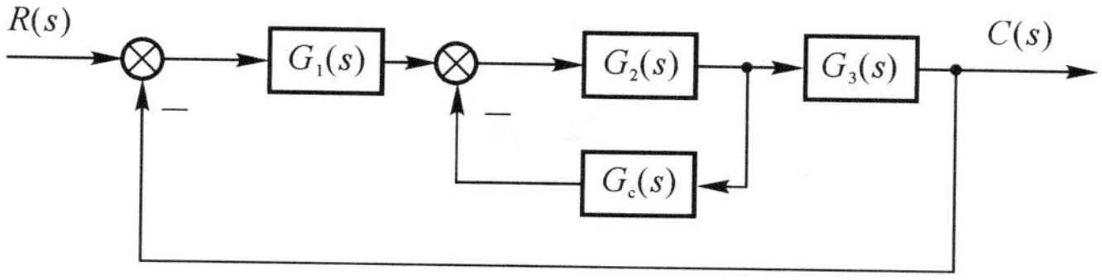

图 6-39　习题 6-9 系统结构图

附　　录

附录一　拉普拉斯变换

1-1　复变量和复变函数

在定义时间函数 $f(t)$ 的拉普拉斯变换(简称拉氏变换)之前,先简略地复习一下复变量和复变函数。

一个复变量 s 有一个实部 σ 和一个虚部 $\mathrm{j}\omega$,即 $s=\sigma+\mathrm{j}\omega$。它可以用[s]平面上的一个点来表示,图 F-1(a) 表示[s]平面和任意一点 $s_1=\sigma_1+\mathrm{j}\omega_1$。

复变量的常用表示方法如下:

(1) 直角坐标形式

$$z=x+\mathrm{j}y$$

(2) 极坐标形式

$$r=|z|=\sqrt{x^2+y^2}$$

$$\varphi=\angle z=\arctan\frac{y}{x}$$

(3) 三角形式

$$z=r(\cos\varphi+\mathrm{j}\sin\varphi)$$

(4) 指数形式

$$z=r\mathrm{e}^{\mathrm{j}\varphi}$$

复变量的加减法

$$z_1\pm z_2=(x_1+\mathrm{j}y_1)\pm(x_2+\mathrm{j}y_2)=(x_1\pm x_2)+\mathrm{j}(y_1\pm y_2)$$

复变量的乘法

(1) 代数法

$$z_1z_2=(x_1+\mathrm{j}y_1)(x_2+\mathrm{j}y_2)=(x_1x_2-y_1y_2)+\mathrm{j}(x_1y_2+y_1x_2)$$

(2) 三角法

$$z_1z_2=r_1(\cos\varphi_1+\mathrm{j}\sin\varphi_1)r_2(\cos\varphi_2+\mathrm{j}\sin\varphi_2)=$$
$$r_1r_2[\cos(\varphi_1+\varphi_2)+\mathrm{j}\sin(\varphi_1+\varphi_2)]$$

(3) 指数法

$$z_1z_2=r_1\mathrm{e}^{\mathrm{j}\varphi_1}r_2\mathrm{e}^{\mathrm{j}\varphi_2}=r_1r_2\mathrm{e}^{\mathrm{j}(\varphi_1+\varphi_2)}$$

复变量的除法

(1) 代数法

$$\frac{z_1}{z_2}=\frac{x_1+\mathrm{j}y_1}{x_2+\mathrm{j}y_2}=\frac{(x_1+\mathrm{j}y_1)(x_2-\mathrm{j}y_2)}{(x_2+\mathrm{j}y_2)(x_2-\mathrm{j}y_2)}=\frac{(x_1x_2+y_1y_2)+\mathrm{j}(x_2y_1-x_1y_2)}{x_2^2+y_2^2}$$

(2) 三角法

$$\frac{z_1}{z_2}=\frac{r_1(\cos\varphi_1+\mathrm{j}\sin\varphi_1)}{r_2(\cos\varphi_2+\mathrm{j}\sin\varphi_2)}=\frac{r_1}{r_2}[\cos(\varphi_1-\varphi_2)+\mathrm{j}\sin(\varphi_1-\varphi_2)]$$

(3) 指数法

$$\frac{z_1}{z_2}=\frac{r_1\mathrm{e}^{\mathrm{j}\varphi_1}}{r_2\mathrm{e}^{\mathrm{j}\varphi_2}}=\frac{r_1}{r_2}\mathrm{e}^{\mathrm{j}(\varphi_1-\varphi_2)}$$

复变函数 $G(s)$ 是复变量 s 的函数,它也有一个实部和一个虚部。即

$$G(s)=G_x+\mathrm{j}G_y$$

式中,G_x 和 G_y 都是实数。复数量$(G_x+\mathrm{j}G_y)$的幅值由$\sqrt{G_x^2+G_y^2}$来确定,相角 θ 由 $\arctan\dfrac{G_y}{G_x}$ 来确定。图 F-1(b) 表示的是[G]复平面和任意一个复数量的点。相角 θ 是从正实轴开始度量的,并且规定逆时针方向为正方向。

在线性控制系统中,通常遇见的复变函数 $G(s)$ 是 s 的单值函数,即对应于 s 的一个给定值,$G(s)$ 值也就唯一地被确定了。简言之:[s]平面上的点与映射到[G]平面上的点是一一对应的。例如:图 F-2(a) 与图 F-2(b) 表示了[s]平面上给定轨迹($s=1$)映射到[G]平面上的轨迹[$G(s)=s+1$]。

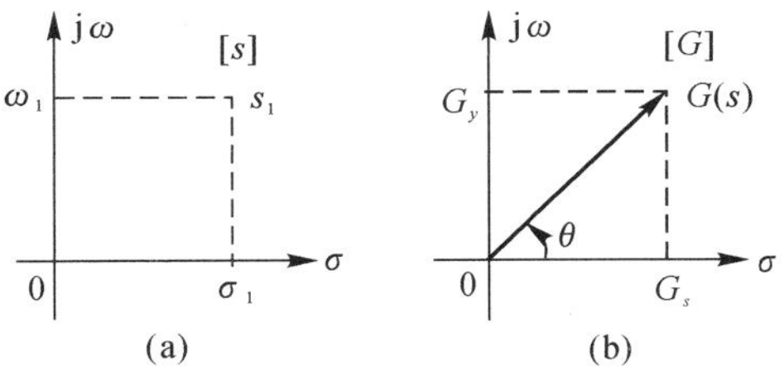

图 F-1　复变量和复变函数

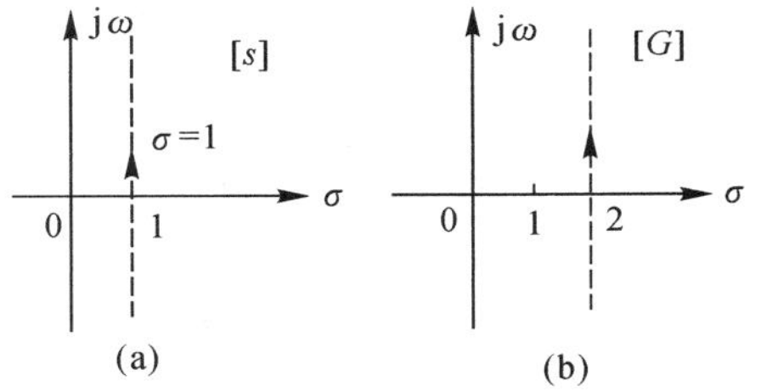

图 F-2　[s],[G]平面的映射

1-2　傅里叶变换及其反变换

以 T 为周期的函数 $f_T(t)$ 在 $\left[-\dfrac{T}{2},\dfrac{T}{2}\right]$ 上可以展开成傅里叶级数必须满足如下的狄利克雷(Dirichlet)条件:

(1) 连续或只有有限个第一类间断点;

(2) 只有有限个极限点。

将周期信号 $f_T(t)$ 在连续点处展开成傅里叶级数为

$$f_T(t)=\frac{a_0}{2}+\sum_{n=1}^{\infty}(a_n\cos n\omega t+b_n\sin n\omega t) \tag{F-1}$$

式中

$$\omega=\frac{2\pi}{T},\quad a_0=\frac{2}{T}\int_{-\frac{T}{2}}^{\frac{T}{2}}f_T(t)\mathrm{d}t$$

$$\left.\begin{aligned}a_n&=\frac{2}{T}\int_{-\frac{T}{2}}^{\frac{T}{2}}f_T(t)\cos n\omega t\,\mathrm{d}t\\ b_n&=\frac{2}{T}\int_{-\frac{T}{2}}^{\frac{T}{2}}f_T(t)\sin n\omega t\,\mathrm{d}t\end{aligned}\right\}\quad n=(1,2,3,\cdots)$$

通过欧拉公式，$\cos x=\frac{\mathrm{e}^{\mathrm{j}x}+\mathrm{e}^{-\mathrm{j}x}}{2}$，$\sin x=\frac{\mathrm{e}^{\mathrm{j}x}-\mathrm{e}^{-\mathrm{j}x}}{2\mathrm{j}}$，可进一步得到傅里叶级数的表达式为

$$f_T(t)=\frac{a_0}{2}+\sum_{n=1}^{\infty}\left(a_n\frac{\mathrm{e}^{\mathrm{j}n\omega t}+\mathrm{e}^{-\mathrm{j}n\omega t}}{2}+b_n\frac{\mathrm{e}^{\mathrm{j}n\omega t}-\mathrm{e}^{-\mathrm{j}n\omega t}}{2\mathrm{j}}\right)=$$
$$\frac{a_0}{2}+\sum_{n=1}^{\infty}\left(\frac{a_n-\mathrm{j}b_n}{2}\mathrm{e}^{\mathrm{j}n\omega t}+\frac{a_n+\mathrm{j}b_n}{2}\mathrm{e}^{-\mathrm{j}n\omega t}\right)$$

化简可得

$$f_T(t)=\sum_{n=-\infty}^{+\infty}C_n\mathrm{e}^{\mathrm{j}n\omega t}\tag{F-2}$$

式中，$C_n=\frac{1}{T}\int_{-\frac{T}{2}}^{\frac{T}{2}}f_T(t)\mathrm{e}^{-\mathrm{j}n\omega t}\mathrm{d}t$。

对于非周期信号 $f(t)$，可认为是周期 $T\to+\infty$ 的周期信号，因此展开成傅里叶级数表达式为

$$f(t)=\frac{1}{2\pi}\int_{-\infty}^{+\infty}\left[\int_{-\infty}^{+\infty}f(\tau)\mathrm{e}^{-\mathrm{j}\omega\tau}\mathrm{d}\tau\right]\mathrm{e}^{\mathrm{j}\omega t}\mathrm{d}\omega\tag{F-3}$$

令 $F(\omega)=\int_{-\infty}^{+\infty}f(t)\mathrm{e}^{-\mathrm{j}\omega t}\mathrm{d}t$，称之为傅里叶变换，$f(t)=\frac{1}{2\pi}\int_{-\infty}^{+\infty}F(\omega)\mathrm{e}^{\mathrm{j}\omega t}\mathrm{d}\omega$，称之为傅里叶反变换。

1-3　拉氏变换及其反变换

拉氏变换是一种函数的变换，即在一定条件下，它能把一个实数域（例如时域）中的实变函数变换成一个在复数域（例如 s 域）内与它等价的复变函数。反之亦然。

设有一实变函数 $f(t)$，如满足条件：当 $t<0$ 时，$f(t)=0$；假定下式

$$\int_0^{\infty}f(t)\mathrm{e}^{-st}\mathrm{d}t$$

存在，则这个积分就称为 $f(t)$ 的拉氏变换式，记为 $F(s)$ 或 $\mathscr{L}[f(t)]$，其中 s 是一复变量 $s=\sigma+\mathrm{j}\omega$，或写成

$$F(s)=\mathscr{L}[f(t)]=\int_0^{\infty}f(t)\mathrm{e}^{-st}\mathrm{d}t\tag{F-4}$$

此式称为拉氏变换。

将拉氏变换与非周期信号傅里叶变换表达式相比较，可以发现只需将拉氏变换中的积分区间由$[0,+\infty)$变换到$(-\infty,+\infty)$，将 s 换成 $\mathrm{j}\omega$ 即可得到傅里叶变换的表达式。因此，傅里叶变换可以说是拉氏变换的特例，拉氏变换是傅里叶变换的推广，存在条件比傅里叶变换要宽，是将连续的时间域信号变换到复频率域，即整个复平面，而傅里叶变换此时可看成仅在虚轴（$\mathrm{j}\omega$ 轴）。

反过来，如果已知 $F(s)$，那么也可以求出原函数 $f(t)$。由 $F(s)$ 变换为 $f(t)$ 的过程称为拉

氏反变换，记作

$$f(t)=\mathscr{L}^{-1}[f(t)]=\frac{1}{2\pi \mathrm{j}}\int_{c-\mathrm{j}\infty}^{c+\mathrm{j}\infty}F(s)\mathrm{e}^{st}\mathrm{d}s \quad (F-5)$$

此积分就是在复平面[s]上沿着一条封闭曲线的积分。如图F-3所示。其中 c 值决定了积分回线中平行于纵轴部分的横坐标值，c 值的选择要使 $F(s)$ 的所有极点都处在封闭回线以内，或在以 c 为横坐标的垂线左边。

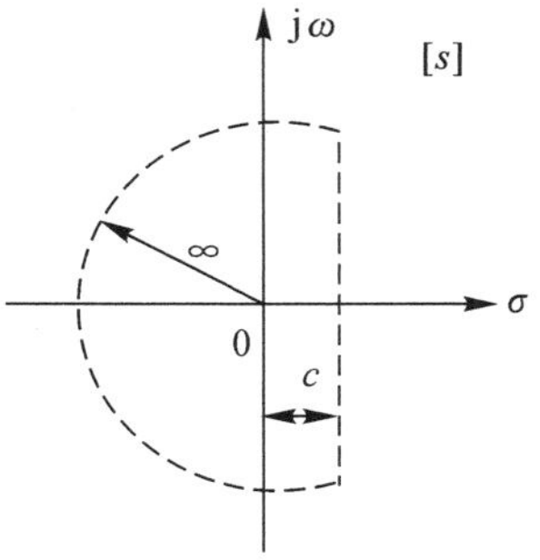

图 F-3　拉氏反变换的积分回线

由方程给出的积分看来是复杂的，然而由变换式 $F(s)$ 求原函数 $f(t)$，或由 $f(t)$ 求变换式 $F(s)$，并不一定需要计算积分，可以方便地使用拉氏变换表，参看附表一。

1-4　有关拉氏变换的几个重要性质和定理

下面介绍几个书中直接用到的拉氏变换的重要性质和定理。

1. 线性性质

若 $\mathscr{L}[f_1(t)]=F_1(s)$，$\mathscr{L}[f_2(t)]=F_2(s)$，$a$，$b$ 为常数，则有

$$\mathscr{L}[af_1(t)\pm bf_2(t)]=\mathscr{L}[af_1(t)]\pm\mathscr{L}[bf_2(t)]=aF_1(s)\pm bF_2(s) \quad (F-6)$$

2. 微分定理

设 $\mathscr{L}[f(t)]=F(s)$，$f(0)$ 是 $f(t)$ 在 $t=0$ 时的值，则有

$$\mathscr{L}\left[\frac{\mathrm{d}}{\mathrm{d}t}f(t)\right]=sF(s)-f(0) \quad (F-7)$$

证明　利用分部积分法

$$\mathscr{L}\left[\frac{\mathrm{d}}{\mathrm{d}t}f(t)\right]=\int_0^{\infty}\frac{\mathrm{d}}{\mathrm{d}t}f(t)\mathrm{e}^{-st}\mathrm{d}t=f(t)\mathrm{e}^{-st}\Big|_0^{\infty}+s\int_0^{\infty}f(t)\mathrm{e}^{-st}\mathrm{d}t=sF(s)-f(0)$$

同理

$$\left[\frac{\mathrm{d}^2}{\mathrm{d}t^2}f(t)\right]=s^2F(s)-sf(0)-f'(0)$$

式中，$f'(0)$ 是 $\frac{\mathrm{d}}{\mathrm{d}t}f(t)$ 在 $t=0$ 时的值，为了推导这个方程式，令 $\frac{\mathrm{d}}{\mathrm{d}t}f(t)=g(t)$，那么

$$\mathscr{L}\left[\frac{\mathrm{d}^2}{\mathrm{d}t^2}f(t)\right]=\mathscr{L}\left[\frac{\mathrm{d}}{\mathrm{d}t}g(t)\right]=s\mathscr{L}[g(t)]-g(0)=s\mathscr{L}\left[\frac{\mathrm{d}}{\mathrm{d}t}f(t)\right]-f'(0)=$$
$$s^2F(s)-sf(0)-f'(0)$$

依此类推可得

$$\mathscr{L}\left[\frac{\mathrm{d}^n}{\mathrm{d}t^n}f(t)\right]=s^nF(s)-s^{n-1}f(0)-s^{n-2}f^{(1)}(0)-\cdots-sf^{(n-2)}(0)-f^{(n-1)}(0) \quad (F-8)$$

如果当 $t=0$ 时，函数 $f(t)$ 及其各阶导数均为零，满足初始条件为零，即

$$f(0)=f'(0)=f''(0)=\cdots=f^{(n-1)}(0)=0$$

则

$$\mathscr{L}\left[\frac{\mathrm{d}}{\mathrm{d}t}f(t)\right]=sF(s)$$

$$\mathscr{L}\left[\frac{\mathrm{d}^2}{\mathrm{d}t^2}f(t)\right]=s^2F(s)$$

……

$$\mathscr{L}\left[\frac{\mathrm{d}^n}{\mathrm{d}t^n}f(t)\right]=s^nF(s) \tag{F-9}$$

3. 积分定理

若 $\mathscr{L}[f(t)]=F(s)$，且 $\int_0^t f(t)\mathrm{d}t\,|_{t=0}=0$，则有

$$\mathscr{L}\left[\int_0^t f(t)\mathrm{d}t\right]=\frac{1}{s}F(s) \tag{F-10}$$

证明　仍利用分部积分公式

$$\mathscr{L}\left[\int_0^t f(t)\mathrm{d}t\right]=\int_0^\infty\left[\int_0^t f(t)\mathrm{d}t\mathrm{e}^{-st}\right]\mathrm{d}t=\left[\int_0^t f(t)\mathrm{d}t\right]\left(-\frac{1}{s}\mathrm{e}^{-st}\right)\Big|_0^\infty-\int_0^\infty\frac{\mathrm{e}^{-st}}{s}f(t)\mathrm{d}t=$$

$$\frac{1}{s}F(s)+\frac{1}{s}\left[\int_0^t f(t)\mathrm{d}t\right]\Big|_{t=0}=\frac{1}{s}F(s)$$

4. 相似定理

若 $\mathscr{L}[f(t)]=F(s)$，a 为常数，则有

$$\mathscr{L}\left[f\left(\frac{t}{a}\right)\right]=aF(as) \tag{F-11}$$

$$\mathscr{L}[f(at)]=\frac{1}{a}F\left(\frac{s}{a}\right) \tag{F-12}$$

证明式(F-11)：由定义式

$$\mathscr{L}\left[f\left(\frac{t}{a}\right)\right]=\int_0^\infty f\left(\frac{t}{a}\right)\mathrm{e}^{-st}\mathrm{d}t$$

令 $t_1=t/a$，则证得

$$\mathscr{L}\left[f\left(\frac{t}{a}\right)\right]=\int_0^\infty f(t_1)\mathrm{e}^{-ast_1}\mathrm{d}(at_1)=a\int_0^\infty f(t_1)\mathrm{e}^{-ast_1}\mathrm{d}t_1=aF(as)$$

证明式(F-12)：由定义式

$$\mathscr{L}[f(at)]=\int_0^\infty f(at)\mathrm{e}^{-st}\mathrm{d}t$$

令 $t_1=at$，则证得

$$\mathscr{L}[f(at)]=\int_0^\infty f(t_1)\mathrm{e}^{-st_1/a}\mathrm{d}(t_1/a)=\frac{1}{a}F\left(\frac{s}{a}\right)$$

5. 初值定理

若 $\mathscr{L}[f(t)]=F(s)$，则有

$$\lim_{t\to0}f(t)=f(0)=\lim_{s\to\infty}sF(s) \tag{F-13}$$

证明　由微分定理知

$$\mathscr{L}\left[\frac{\mathrm{d}}{\mathrm{d}t}f(t)\right]=sF(s)-f(0)$$

在 $0\leqslant t<\infty$ 时的时间间隔内，当 s 趋于无穷大时，e^{-st} 趋近于零，因此

$$\lim_{s\to\infty}\int_0^\infty\left[\frac{\mathrm{d}}{\mathrm{d}t}f(t)\right]\mathrm{e}^{-st}\mathrm{d}t=\int_0^\infty\frac{\mathrm{d}f(t)}{\mathrm{d}t}\left[\lim_{s\to\infty}\mathrm{e}^{-st}\right]\mathrm{d}t=0$$

所以有

$$\lim_{s\to\infty}sF(s)-f(0)=0$$

即

$$f(0)=\lim_{s\to\infty}sF(s)$$

6. 终值定理

若 $\mathscr{L}[f(t)]=F(s)$，则有

$$\lim_{t\to\infty}f(t)=\lim_{s\to 0}sF(s) \tag{F-14}$$

证明　由微分定理知

$$\mathscr{L}\left[\frac{\mathrm{d}}{\mathrm{d}t}f(t)\right]=sF(s)-f(0)$$

当 $s\to 0$ 时，则 $\mathrm{e}^{-st}\to 1$，于是由上式左边得

$$\lim_{t\to\infty}\int_0^{\infty}f'(t)\mathrm{e}^{-st}\,\mathrm{d}t=\int_0^{\infty}f'(t)\,\mathrm{d}t=f(t)\Big|_0^{\infty}=\lim_{t\to\infty}f(t)-f(0)$$

由微分定理右边得

$$\lim_{s\to 0}[sF(s)-f(0)]=\lim_{s\to 0}sF(s)-f(0)$$

可见

$$\lim_{t\to\infty}f(t)=\lim_{s\to 0}sF(s)$$

注意，对于 $t\to\infty$，$f(t)$ 不存在极限时，不能应用终值定理。例如，对于正弦函数终值定理便不再适用。

7. 位移定理

若 $\mathscr{L}[f(t)]=F(s)$，则有

$$\mathscr{L}[f(t-\tau_0)]=\mathrm{e}^{-\tau_0 s}F(s) \tag{F-15}$$

以及

$$\mathscr{L}[\mathrm{e}^{at}f(t)]=F(s-a) \tag{F-16}$$

分别称为实位移定理和复位移定理。

证明式(F-15)：由定义可得

$$\mathscr{L}[f(t-\tau_0)]=\int_0^{\infty}f(t-\tau_0)\mathrm{e}^{-st}\,\mathrm{d}t$$

令 $t_1=t-\tau_0$，则 $t=t_1+\tau_0$，$\mathrm{d}t=\mathrm{d}(t_1+\tau_0)=\mathrm{d}t_1$ 代入上式得

$$\mathscr{L}[f(t-\tau_0)]=\int_{-\tau_0}^{\infty}f(t_1)\mathrm{e}^{-(t_1+\tau_0)s}\mathrm{d}t_1=\int_{-\tau_0}^{0}f(t_1)\mathrm{e}^{-(t_1+\tau_0)s}\mathrm{d}t_1+\int_0^{\infty}f(t_1)\mathrm{e}^{-(t_1+\tau_0)s}\mathrm{d}t_1=$$

$$0+\int_0^{\infty}f(t_1)\mathrm{e}^{-(t_1+\tau_0)s}\mathrm{d}t_1=\mathrm{e}^{-\tau_0 s}F(s)$$

证明式(F-16)：由定义可得

$$\mathscr{L}[\mathrm{e}^{at}f(t)]=\int_0^{\infty}\mathrm{e}^{at}f(t)\mathrm{e}^{-st}\,\mathrm{d}t=\int_0^{\infty}f(t)\mathrm{e}^{-(s-a)t}\mathrm{d}t=F(s-a)$$

1-5　变换举例

【例 F-1】　单位脉冲函数(或称 δ 函数)

$$f(t)=\delta(t)=\begin{cases}\infty & t=0\\ 0 & t\neq 0\end{cases}$$

或写成

$$\delta_h(t)=\begin{cases}1/h & t=0\\ 0 & t\neq 0\end{cases}$$

如图 F－4 所示。当 $h \to 0$ 时的极限，即

$$\delta(t)=\lim_{h\to 0}\delta_h(t)$$

之所以称 $\delta(t)$ 为单位脉冲函数是因为，任何一个信号总要用一个量来表示它的强度。如阶跃函数就以它的高度来表示其强度。而脉冲的强度不能只用其高度来表示，因为脉冲的强度不仅和高度有关，而且和脉冲起作用的时间间隔有关，故通常用这两者的乘积，即脉冲的面积来表示其强度（与力学中的冲量以“Ft”表示相类似）。因为 $\delta(t)$ 函数的面积为 1，故单位脉冲函数的强度为 1。

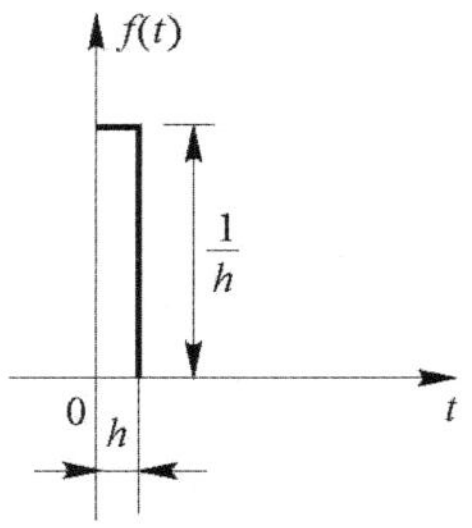

图 F－4　单位脉冲函数

$$\int_{-\infty}^{+\infty}\delta(t)\mathrm{d}t=\lim_{h\to 0}\int_{-\infty}^{+\infty}\delta_h(t)\mathrm{d}t=1$$

这就是称“单位”的来源。

$\delta(t)$ 的拉氏变换式为

$$F(s)=\mathscr{L}[\delta(t)]=\lim_{h\to 0}\int_0^{\infty}\delta_h(t)\mathrm{e}^{-st}\mathrm{d}t=\lim_{h\to 0}\int_0^{h}\frac{1}{h}\mathrm{e}^{-st}\mathrm{d}t=\lim_{h\to 0}\frac{1}{h}\left.\frac{-\mathrm{e}^{-st}}{s}\right|_0^h=$$

$$\lim_{h\to 0}\left\{-\frac{1}{hs}[\mathrm{e}^{-sh}-\mathrm{e}^{-s0}]\right\}$$

当 $h\to 0$ 时，分子分母都趋于零，应用洛必达法则（分子分母都对 h 求导后取极限）得

$$\mathscr{L}[\delta(t)]=\lim_{h\to 0}\frac{s\mathrm{e}^{-sh}}{s}=1$$

【例 F－2】　阶跃函数

$$f(t)=\begin{cases}A & t>0\\0 & t<0\end{cases}$$

式中，A 为阶跃响应幅值。

解　拉氏变换式为

$$\mathscr{L}[f(t)]=\int_0^{\infty}f(t)\mathrm{e}^{-st}\mathrm{d}t=\int_0^{\infty}A\mathrm{e}^{-st}\mathrm{d}t=\frac{A}{s}\int_0^{\infty}\mathrm{e}^{-st}\mathrm{d}(st)=-\frac{A}{s}\left.\mathrm{e}^{-st}\right|_0^{\infty}=\frac{A}{s}$$

【例 F－3】　斜坡函数

$$f(t)=\begin{cases}At & t\geqslant 0\\0 & t<0\end{cases}$$

式中，A 为常数。

解　拉氏变换式为

$$\mathscr{L}[At]=\int_0^{\infty}At\mathrm{e}^{-st}\mathrm{d}t=At\left.\frac{\mathrm{e}^{-st}}{-s}\right|_0^{\infty}-\int_0^{\infty}\frac{A\mathrm{e}^{-st}}{-s}\mathrm{d}t=\frac{A}{s}\int_0^{\infty}\mathrm{e}^{-st}\mathrm{d}t=\frac{A}{s^2}$$

【例 F－4】　指数函数

$$f(t)=\begin{cases}A\mathrm{e}^{-\alpha t} & t\geqslant 0\\0 & t<0\end{cases}$$

式中，A 和 α 为常数。

解　拉氏变换为

$$\mathscr{L}[A\mathrm{e}^{-\alpha t}]=\int_0^{\infty}A\mathrm{e}^{-\alpha t}\mathrm{e}^{-st}\mathrm{d}t=A\int_0^{\infty}\mathrm{e}^{-(\alpha+s)t}\mathrm{d}t=\frac{A}{s+\alpha}$$

可见，指数函数在复平面内产生了一个极点。

【例 F-5】 正弦函数

$$f(t)=\begin{cases}A\sin\omega t & t\geqslant 0\\ 0 & t<0\end{cases}$$

式中，A 和 ω 为常数。

解 由欧拉方程可知

$$\sin\omega t=\frac{1}{2\mathrm{j}}(\mathrm{e}^{\mathrm{j}\omega t}-\mathrm{e}^{-\mathrm{j}\omega t})$$

拉氏变换式为

$$\mathscr{L}[A\sin\omega t]=\frac{A}{2\mathrm{j}}\int_0^{\infty}(\mathrm{e}^{\mathrm{j}\omega t}-\mathrm{e}^{-\mathrm{j}\omega t})\mathrm{e}^{-st}\,\mathrm{d}t=\frac{A}{2\mathrm{j}}\left(\frac{1}{s-\mathrm{j}\omega}-\frac{1}{s+\mathrm{j}\omega}\right)=\frac{A\omega}{s^2+\omega^2}$$

类似地，$A\cos\omega t$ 的拉氏变换为

$$\mathscr{L}[A\cos\omega t]=\frac{As}{s^2+\omega^2}$$

附表一　常见函数的拉氏变换表

序号	象函数 $F(s)$	原函数 $f(t)$
1	1	$\delta(t)$
2	$\frac{1}{s}$	$1(t)$
3	$\frac{1}{s^2}$	t
4	$\frac{1}{s^n}$	$\frac{t^{n-1}}{(n-1)!}$
5	$\frac{1}{s+a}$	e^{-at}
6	$\frac{1}{(s+a)(s+b)}$	$\frac{1}{b-a}(\mathrm{e}^{-at}-\mathrm{e}^{-bt})$
7	$\frac{s+a_0}{(s+a)(s+b)}$	$\frac{1}{b-a}[(a_0-a)\mathrm{e}^{-at}-(a_0-b)\mathrm{e}^{-bt})]$
8	$\frac{1}{s(s+a)(s+b)}$	$\frac{1}{ab}+\frac{1}{ab(a-b)}(b\mathrm{e}^{-at}-a\mathrm{e}^{-bt})$
9	$\frac{s+a_0}{s(s+a)(s+b)}$	$\frac{a_0}{ab}+\frac{a_0-a}{a(a-b)}\mathrm{e}^{-at}+\frac{a_0-b}{b(b-a)}\mathrm{e}^{-bt}$
10	$\frac{\omega}{s^2+\omega^2}$	$\sin\omega t$
11	$\frac{s}{s^2+\omega^2}$	$\cos\omega t$
12	$\frac{s+a_0}{s^2+\omega^2}$	$\frac{1}{\omega}(a_0+\omega^2)^{1/2}\sin(\omega t+\varphi),\varphi=\arctan\frac{\omega}{a_0}$
13	$\frac{1}{s(s^2+\omega^2)}$	$\frac{1}{\omega^2}(1-\cos\omega t)$

续 表

序号	象函数 $F(s)$	原函数 $f(t)$
14	$\frac{\omega}{(s+a)^2+\omega^2}$	$e^{-at}\sin\omega t$
15	$\frac{s+a}{(s+a)^2+\omega^2}$	$e^{-at}\cos\omega t$
16	$\frac{1}{(s+a)^2}$	te^{-at}
17	$\frac{1}{(s+a)^n}$	$\frac{1}{(n-1)!}t^{n-1}e^{-at}$
18	$\frac{\omega^2}{s^2+2\xi\omega+\omega^2}$	$\frac{\omega}{\sqrt{1-\xi^2}}e^{-\xi\omega t}\sin(\sqrt{1-\xi^2}\,\omega t)\quad 0<\xi<1$

附录二　部分分式展开法

在应用拉氏变换方法时，会遇到如何根据象函数 $F(s)$ 去求原函数 $f(t)$ 的问题。直接作积分是很复杂的，通常采用查拉氏变换表的方法求拉氏反变换。在这种情况下，拉氏变换式 $F(s)$ 必须是以一种在表中立刻能辨认的形式来表示。如果拉氏变换式 $F(s)$ 不能在表中找到，需将 $F(s)$ 展开为部分分式，并把 $F(s)$ 写成已知拉氏变换的 s 的简单函数。

设 $F(s)$ 具有如下形式：

$$F(s)=\frac{M(s)}{D(s)}=\frac{b_m s^m+b_{m-1}s^{m-1}+\cdots+b_1 s+b_0}{s^n+a_{n-1}s^{n-1}+\cdots+a_1 s+a_0} \tag{F-17}$$

式中，$n\geqslant m$。

将 $F(s)$ 写成下列因式分解的形式

$$F(s)=\frac{M(s)}{D(s)}=\frac{M(s)}{(s-p_1)(s-p_2)\cdots(s-p_n)}$$

式中，$p_1,p_2,\cdots,p_n$ 为 $F(s)$ 的 n 个极点。它们可以是实数，也可以是复数。如果是复数，则必定是共轭复数。

1. 只包含不同极点的部分分式展开式

在这种情况下，$F(s)$ 总是能展开成下面的简单部分分式的和

$$F(s)=\frac{M(s)}{D(s)}=\frac{A_1}{s-p_1}+\frac{A_2}{s-p_2}+\cdots+\frac{A_n}{s-p_n} \tag{F-18}$$

式中，$A_1,A_2,\cdots,A_n$ 为待定常数，分别为对应极点 $s=p_i$ 处的留数($i=1,2,\cdots,n$)，并可通过下式计算：

$$A_i=\left[\frac{M(s)}{D(s)}(s-p_i)\right]_{s=p_i}=\frac{M(p_i)}{D'(p_i)} \tag{F-19}$$

式中，$D'(p_i)=D'(s)_{s=p_i}$，$D'(s)$ 表示 $D(s)$ 对 s 的导数。

通过查拉氏变换表，求得像函数 $F(s)$ 的原函数 $f(t)$ 为

$$f(t)=\sum_{i=1}^{n}\frac{M(p_i)}{D'(p_i)}e^{p_i t} \tag{F-20}$$

【例 F-6】 求下列函数的拉氏反变换

$$F(s)=\frac{s+3}{(s+1)(s+2)}$$

解 $F(s)$ 的部分展开式为

$$F(s)=\frac{s+3}{(s+1)(s+2)}=\frac{a_1}{s+1}+\frac{a_2}{s+2}$$

式中，

$$a_1=\left[(s+1)\frac{s+3}{(s+1)(s+2)}\right]_{s=-1}=2$$

$$a_2=\left[(s+2)\frac{s+3}{(s+1)(s+2)}\right]_{s=-2}=-1$$

因此，

$$f(t)=\mathscr{L}^{-1}[F(s)]=\mathscr{L}^{-1}\left[\frac{2}{s+1}\right]+\mathscr{L}^{-1}\left[\frac{-1}{s+2}\right]=2e^{-t}-e^{-2t},\quad t\geqslant 0$$

2. 包含共轭复数极点 $F(s)$ 的部分分式展开式

如果 $D(s)$ 含有一对共轭复数极点（$p_{k,k+1}=\sigma_k\pm j\omega_k$），式（F-18）中对应项系数 $A_{k,k+1}$ 仍可按式（F-19）来求取，求得系数也是一对共轭复数，则在式（F-20）与这一对复数共轭极点的对应项为

$$\frac{M(p_k)}{D'(p_k)}e^{p_kt}+\overline{\frac{M(p_k)}{D'(p_k)}}e^{\overline{p_k}t}=2\mathrm{Re}\frac{M(p_k)}{D'(p_k)}e^{p_kt}=2\left|\frac{M(p_k)}{D'(p_k)}\right|e^{\sigma_kt}\cos\left(\omega_kt+\angle\frac{M(p_k)}{D'(p_k)}\right)\tag{F-21}$$

式中，符号 Re 表示取复数的实数部分。

因此，由式（F-21）及式（F-20）表示的原函数 $f(t)$ 可以写成

$$f(t)=\sum_{i=1}^{r}\frac{M(p_i)}{D'(p_i)}e^{p_it}+\sum_{j=1}^{l}2\left|\frac{M(p_j)}{D'(p_j)}\right|e^{\sigma_jt}\cos\left(\omega_jt+\angle\frac{M(p_j)}{D'(p_j)}\right)\tag{F-22}$$

式中，r 为 $D(s)$ 的实数极点数目；l 为 $D(s)$ 的复数共轭极点对数，$r+2l=n$。

【例 F-7】 求函数 $F(s)$ 的拉氏反变换

$$F(s)=\frac{1}{s(s^2+\omega^2)}$$

解

$$F(s)=\frac{1}{s(s^2+\omega^2)}=\frac{1}{\omega^2}\frac{1}{s}-\frac{1}{\omega^2}\frac{s}{s^2+\omega^2}$$

因此，求得 $F(s)$ 的拉氏反变换为

$$f(t)=\mathscr{L}^{-1}[F(s)]=\frac{1}{\omega^2}(1-\cos\omega t),\quad t\geqslant 0$$

3. 包含多重极点 $F(s)$ 的部分分式展开式

若 $F(s)$ 有 l 重极点 p_1，而其余的极点为不同的实极点。这时 $F(s)$ 可写出如下部分分式展开式：

$$F(s)=\frac{M(s)}{D(s)}=\frac{B_1}{s-p_1}+\frac{B_2}{(s-p_1)^2}+\cdots+\frac{B_l}{(s-p_1)^l}+\frac{A_2}{s-p_2}+\frac{A_3}{s-p_3}+\cdots+\frac{A_r}{s-p_r}\tag{F-23}$$

式中，$B_1,B_2,\cdots,B_l$ 分别由下列各式给出：

$$\left.\begin{aligned}
B_l &= \left[\frac{M(s)}{D(s)}(s-p_1)^l\right]_{s=p_1}\\
B_{l-1} &= \left\{\frac{\mathrm{d}}{\mathrm{d}s}\left[\frac{M(s)}{D(s)}(s-p_1)^l\right]\right\}_{s=p_1}\\
&\cdots\cdots\\
B_1 &= \frac{1}{(l-1)!}\left\{\frac{\mathrm{d}^{l-1}}{\mathrm{d}s^{l-1}}\left[\frac{M(s)}{D(s)}(s-p_1)^l\right]\right\}_{s=p_1}
\end{aligned}\right\}\tag{F-24}$$

系数 $A_2, A_3, \cdots, A_r$，仍按式(F-14)求取($r=n-l+1$)。

最后，求得原函数 $f(t)$ 的表达式为

$$f(t)=\left[B_1+B_2t+\cdots+\frac{B_l}{(l-1)!}t^{l-1}\right]\mathrm{e}^{p_1t}+\sum_{i=2}^{r}\frac{M(p_i)}{D'(p_i)}\mathrm{e}^{p_it}\tag{F-25}$$

【例 F-8】 求下列函数的拉氏反变换：

$$F(s)=\frac{5(s+2)}{s^2(s+1)(s+3)}$$

解
$$F(s)=\frac{5(s+2)}{s^2(s+1)(s+3)}=\frac{b_1}{s}+\frac{b_2}{s^2}+\frac{a_1}{s+1}+\frac{a_2}{s+3}$$

式中

$$a_1=\left.\frac{5(s+2)}{s^2(s+3)}\right|_{s=-1}=\frac{5}{2}$$

$$a_2=\left.\frac{5(s+2)}{s^2(s+1)}\right|_{s=-3}=\frac{5}{18}$$

$$b_2=\left.\frac{5(s+2)}{(s+1)(s+3)}\right|_{s=0}=\frac{10}{3}$$

$$b_1=\frac{\mathrm{d}}{\mathrm{d}s}\left.\left[\frac{5(s+2)}{(s+1)(s+3)}\right]\right|_{s=0}=\left.\frac{5(s+1)(s+3)-5(s+2)(2s+4)}{(s+1)^2(s+3)^2}\right|_{s=0}=-\frac{25}{9}$$

因此

$$F(s)=-\frac{25}{9}\frac{1}{s}+\frac{10}{3}\frac{1}{s^2}+\frac{5}{2}\frac{1}{s+1}+\frac{5}{18}\frac{1}{s+3}$$

$F(s)$ 的拉氏反变换为

$$f(t)=-\frac{25}{9}+\frac{10}{3}t+\frac{5}{2}\mathrm{e}^{-t}+\frac{5}{18}\mathrm{e}^{-3t},\quad t\geqslant 0$$

附录三　部分习题参考答案

第二章

2-1　(a) $\dfrac{U_2(s)}{U_1(s)}=\dfrac{RCs}{RCs+1}$

(b) $\dfrac{X_2(s)}{X_1(s)}=\dfrac{f}{K}s\Big/\left(\dfrac{f}{K}s+1\right)$

(c) $\dfrac{U_2(s)}{U_1(s)}=\left(\dfrac{R_2}{R_1+R_2}\right)(R_1Cs+1)\Big/\left(\dfrac{R_2}{R_1+R_2}R_1Cs+1\right)$

(d) $\dfrac{X_2(s)}{X_1(s)}=\left(\dfrac{K_1}{K_1+K_2}\right)\left(\dfrac{f}{K_1}s+1\right)\Big/\left(\dfrac{f}{K_1+K_2}s+1\right)$

(e) $\dfrac{U_2(s)}{U_1(s)}=\dfrac{R_2Cs}{(R_1+R_2)Cs+1}$

(f) $\dfrac{X_2(s)}{X_1(s)}=\left(\dfrac{f}{K_2}s+1\right)\Big/\left(\dfrac{K_1+K_2}{K_1K_2}fs+1\right)$

2-2　$\dfrac{H(s)}{Q_1(s)}=\dfrac{R}{RCs+1}$

2-3　(a) $X(s)=\dfrac{2}{s}+\dfrac{1}{s^2}e^{-t_0 s}$

(b) $X(s)=\dfrac{1}{s^2}-\dfrac{1}{s^2}(1-t_0s)e^{-t_0 s}$

(c) $X(s)=\dfrac{1}{s}\left[a+(b-a)e^{-t_1 s}+(c-b)e^{-t_2 s}-ce^{-t_3 s}\right]$

2-4　(1) $x(t)=\dfrac{1}{T}e^{-\frac{t}{T}}$；$1-e^{-\frac{t}{T}}$；$t-T(1-e^{-\frac{t}{T}})$

(2) $x(t)=\dfrac{2}{\sqrt{3}}e^{-\frac{t}{2}}\sin\dfrac{\sqrt{3}}{2}t$

(3) $x(t)=1-e^{-t}-te^{-t}$

2-5　$\left[J_1+\left(\dfrac{Z_1}{Z_2}\right)^2J_2+\left(\dfrac{Z_1}{Z_2}\right)^2\left(\dfrac{Z_3}{Z_4}\right)^2J_3\right]\ddot{\theta}_1=M_m$

2-6　$\dfrac{C(s)}{R(s)}=\dfrac{K_1K_0}{s(s+1)(Ts+1)+K_1K_0}$

$\dfrac{C(s)}{N_1(s)}=\dfrac{K_1K_0}{s(s+1)(Ts+1)+K_1K_0}$

$\dfrac{C(s)}{N_2(s)}=\dfrac{-TK_2K_0s}{s(s+1)(Ts+1)+K_1K_0}$

2-7　(a) $\dfrac{C(s)}{R(s)}=\dfrac{G_1(1-G_2)}{1-G_2+G_1G_2}$

(b) $\dfrac{C(s)}{R(s)}=\dfrac{G_1+G_2}{1+(G_1+G_2)(G_3-G_4)}$

(c) $\dfrac{C(s)}{R(s)}=\dfrac{G_1-G_2}{1-G_2G_3}$

(d) $\dfrac{C(s)}{R(s)}=\dfrac{G_1G_2G_3}{1+G_1G_2H_1+G_2H_2+G_2G_3H_3}$

2-8　$\dfrac{C(s)}{R(s)}=\dfrac{G_1G_3G_4+G_2G_3G_4}{1+G_1H_1+G_4H_2+G_3G_4H_3-G_3+G_1G_4H_1H_2}$

2-9　(a) $\dfrac{C(s)}{R(s)}=\dfrac{G_1G_2G_3G_4}{1-G_1G_2G_3G_4H_1+G_1G_2G_3H_2+G_2G_3H_3+G_3G_4H_4}$

(b) $\dfrac{C(s)}{R(s)}=\dfrac{G_1G_2G_3+G_3G_4(1+G_1H_1)}{1+G_1H_1+G_3H_2+G_1G_2G_3H_1H_2+G_1G_3H_1H_2}$

2-10　(a) $\dfrac{C_1(s)}{R_1(s)}=\dfrac{G_1}{1-G_1G_2G_3G_4}$，$\dfrac{C_2(s)}{R_1(s)}=\dfrac{-G_1G_2G_3}{1-G_1G_2G_3G_4}$

$$\frac{C_1(s)}{R_2(s)}=\frac{-G_1G_3G_4}{1-G_1G_2G_3G_4},\frac{C_2(s)}{R_2(s)}=\frac{G_3}{1-G_1G_2G_3G_4}$$

(b) $$\frac{C_1(s)}{R_1(s)}=\frac{G_1G_2G_3(1+G_4)}{1-G_1G_2+G_4+G_1G_4G_5H_1H_2-G_1G_2G_4}$$

$$\frac{C_2(s)}{R_1(s)}=\frac{G_1G_4G_5G_6H_2}{1-G_1G_2+G_4+G_1G_4G_5H_1H_2-G_1G_2G_4}$$

$$\frac{C_1(s)}{R_2(s)}=\frac{G_1G_2G_3G_4G_5H_1}{1-G_1G_2+G_4+G_1G_4G_5H_1H_2-G_1G_2G_4}$$

$$\frac{C_2(s)}{R_2(s)}=\frac{G_4G_5G_6(1-G_1G_2)}{1-G_1G_2+G_4+G_1G_4G_5H_1H_2-G_1G_2G_4}$$

2-11 (1) $\frac{C(s)}{R(s)}=\frac{K_1K_2K_3}{s(Ts+1)+K_1K_2K_3},\frac{C(s)}{N(s)}=\frac{K_1K_2K_3G_0-K_3K_4s}{s(Ts+1)+K_1K_2K_3}$

(2) $G_0(s)=\frac{K_4s}{K_1K_2}$

2-12 $G(s)=\frac{3s+2}{(s+1)(s+2)},K(t)=4e^{-2t}-e^{-t}$

2-13 $c(t)=1-4e^{-t}+2e^{-2t}$

第三章

3-1 $t_r=33.58$ s 或 $t_r=2.2T$(其中 $T=15$ s)

3-2 $C(s)/R(s)=10/(s+10)$

3-3 $G(s)=\frac{6}{3.2s+1}$

3-6 $K_0=10;K_H=0.9$

3-7 $K=10;\omega_n=10$ rad/s, $\xi=0.5$, $t_p=0.362$s, $\sigma\%=16.3\%$

$K=20;\omega_n=14.1$ rad/s, $\xi=0.353$, $t_p=0.237$s, $\sigma\%=30\%$

3-8 $G(s)=\frac{\omega_n^2}{s(s+2\xi\omega_n)}$,其中 $\xi=0.36$, $\omega_n=33.68$ rad/s

3-9 见下表。

T	0.08			ξ	0.4		
ξ	0.2	0.4	0.8	T	0.04	0.08	0.16
$\sigma\%$	52%	25%	0.5%	$\sigma\%$	25%	25%	25%
t_p	0.26s	0.27s	0.42s	t_p	0.14s	0.27s	0.55s
t_S	1.2s	0.6s	0.38s	t_S	0.3s	0.6s	1.2s

3-10 $K_1=2;K_2=27.5,a=6.3$

3-11 (1) 内回路为开路,外回路为负反馈

(2) 内回路为正反馈,外回路为负反馈

(3) 内回路为负反馈,外回路为开路

(4) 内回路为开路,外回路为开路

3-12 (1) 稳定

（2）不稳定

（3）不稳定

3-13　（1）$K > \frac{4}{3}$

（2）系统不稳定

3-14　（a）稳定

（b）稳定

3-15　$K/\xi < 20$（其中 $K > 0, \xi > 0$）

3-16　$K = 18$　$a = 3$

3-17　（1）$e_{ss} = \frac{1}{11}, \infty, \infty$

（2）系统不稳定

（1）$e_{ss} = 0, 0, \frac{1}{4}$

3-18　$e_{ss} = \frac{1}{50}$

3-20　$e_{ss} = \frac{-K_2 N_0}{(K_1 + 1)}$

3-21　（a）$e_{ss} = -0.1$

（b）$e_{ss} = 1$

3-22　（$K = 10, \nu = 1$ 和 $T = 1$）或（$K = 10, \nu = 2$ 和 $T = 0$）

3-23　（1）$G_c(s) = K/s, 0 < K < \frac{3}{5}$

（2）$G_c(s) = K/s, K \geqslant 2$ 及 $T > (5K - 3)/15K$

第四章

4-2　圆的半径为$\sqrt{6}$，圆心为（-3，0）

4-3　（1）$d = -0.88$　（2）$d = -0.89$

4-4　（1）$\theta_{p_{1,2}} = \pm 153°$　（2）$\theta_{p_{1,2}} = 0°$

4-5　$\varphi = -45°$，与虚轴的交点 $\omega = \pm\sqrt{2}\mathrm{j}$，系统稳定时 $0 < K < 4$

4-8　（1）单调变化时 $31.25 \leqslant K \leqslant 32$，阻尼振荡时 $0 < K < 31.25$ 和 $32 < K < \infty$

（2）$a = 9$

（3）$K = 27$

（4）不能等效为一个二阶系统

4-9　系统稳定时$\frac{5}{7} < K < \frac{9}{7}$

4-11　$K = 4$，　$K_h = 0.5$

4-12　（1）$a = 5.3$

（2）$K = 23.25$

（3）$s_3 = -3.1$

4-13 (2) $(-0.7, j1.2)$,$(-0.7, -j1.2)$ 为一对主导极点,$K=2.973$,$(-2.6, j0)$ 是另一个实极点

(3) $(-2, j0)$ 是闭环零点,$(-0.7, -j1.2)$,$(-0.7, -j1.2)$ 和$(-2.6, j0)$ 为闭环极点

4-15 $\Phi(s)=\dfrac{1}{(s+1)^4}$

第五章

5-1 $K=12$, $T=1$

5-2 (1)$C(\infty)=\dfrac{1}{\sqrt{5}}\sin(t-26.6^\circ)$

(2)$C(\infty)=\dfrac{1}{\sqrt{2}}\cos(2t-45^\circ)$

(3)$C(\infty)=\dfrac{1}{\sqrt{5}}\sin(t-26.6^\circ)-\dfrac{1}{\sqrt{2}}\cos(2t-45^\circ)$

5-3 $\Phi(j\omega)=\dfrac{36}{(j\omega+4)(j\omega+9)}$

5-4 (a)$G(j\omega)=\dfrac{R_2}{R_1+R_2}(R_1Cj\omega+1)\Big/\left(\dfrac{R_1R_2}{R_1+R_2}Cj\omega+1\right)$

(b)$G(j\omega)=\dfrac{R_2Cj\omega+1}{(R_1+R_2)Cj\omega+1}$

5-5 (a)$G(s)=\dfrac{10}{0.1s+1}$

(b)$G(s)=0.1s+1$

(c)$G(s)=\dfrac{0.1s}{0.05s+1}$

(d)$G(s)=\dfrac{50}{s(0.01s+1)^2}$

(e)$G(s)=\dfrac{100}{s(100s+1)(0.01s+1)}$

(f)$G(s)=\dfrac{100}{(s+1)(0.1s+1)}$

(g)$G(s)=\dfrac{31.8\times 630^2}{s^2+445s+630^2}$

(h)$G(s)=\dfrac{10}{\left(\dfrac{s}{5.9}\right)^2+2\times 0.56\times\dfrac{1}{5.9}s+1}$

(i)$G(s)=\dfrac{100}{s\left[\left(\dfrac{s}{50}\right)^2+2\times 0.3\times\dfrac{1}{50}s+1\right]}$

5-6 提示:令 $G(j\omega)$ 的实部为 x,虚部为 y,联立求解得圆方程

5-10 $0<K<10$ 及 $25<K<10\,000$

5-11　(a)$G(s)=\dfrac{\omega_c/\omega_1}{\left(\dfrac{1}{\omega_1}s+1\right)\left(\dfrac{1}{\omega_2}s+1\right)}$　　(b)$G(s)=\dfrac{\omega_1\omega_c\left(\dfrac{1}{\omega_1}s+1\right)}{s^2\left(\dfrac{1}{\omega_2}s+1\right)}$

(c)$G(s)=\dfrac{\dfrac{1}{\omega_1}s}{\left(\dfrac{1}{\omega_2}s+1\right)\left(\dfrac{1}{\omega_3}s+1\right)}$

5-12　(1) 不稳定　(2) 稳定　(3) 不稳定　(4) 稳定　(5) 不稳定

(6) 稳定　(7) 稳定　(8) 稳定　(9) 不稳定　(10) 不稳定

5-13　(1) 稳定　$r=12.26°$　$h\to\infty$　(2) 不稳定　$r=-26.9°$　$h=-11\ \text{dB}$

(3) 不稳定　$r=-44°$　$h=-21\ \text{dB}$　(4) 临界稳定　$r=0.04$

(5) 不稳定　$r=-49.6°$　$h\to-\infty$

5-14　(a) 系统不稳定　(b) 系统稳定

5-15　(1) 渐近线上确定 $a=0.84$，精确计算 $a=0.707$

(2) 渐近线上确定 $K=1$，精确计算 $K=2\sqrt{2}$

5-17　$G(s)=\dfrac{5e^{-0.1s}}{s(0.5s+1)}$

5-18　(1)$G(s)=\dfrac{4(s+0.2)}{s(s+0.1)(s+4)}$

(2) 稳定

(3)$\sigma\%=18\%,t_s=6.7\ \text{s}$

(4)$\sigma\%=18\%,t_s=0.67\ \text{s}$

5-19　(1)$K_p\to\infty,K_v=100,K_a=0,\sigma\%=20\%,t_s=0.17\ \text{s}$

(2)$K_p\to\infty,K_v=\infty,K_a=100,\sigma\%=19\%,t_s=0.27\ \text{s}$

第六章

6-1　$G_c(s)=\dfrac{0.135s+1}{0.03s+1}$

6-2　$G_c(s)=\dfrac{5s+1}{20s+1}$

6-3　$G_c(s)=\dfrac{0.032s+1}{0.00765s+1}$

6-4　$G_c(s)=\dfrac{8s+1}{44.4s+1}$

6-5　(1) 选(c)，因经(c) 校正后系统相角裕量最大，$r=48.2°$　(2) 选(c)

6-6　$G_c(s)=\dfrac{0.2s+1}{0.044s+1},K=5$

参 考 文 献

[1] GOLNARAGHI F, KUO B C. Automatic Control Systems[M]. 10th ed. New York: McGraw Hill Education,2017.

[2] 尾形克彦.现代控制工程[M].5 版.卢伯英,佟明安,译.北京:电子工业出版社,2017.

[3] 胡寿松.自动控制原理[M].6 版.北京:科学出版社,2018.

[4] 李友善.自动控制原理[M].3 版.北京:国防工业出版社,2004.

[5] KUO B C. Digital Control Systems[M]. 2 版. New York: Oxford University press,1995.

[6] 戴冠中.计算机控制原理[M].北京:国防工业出版社,1980.

[7] 刘豹,唐万生.现代控制理论[M].3 版.北京:机械工业出版社,2006.

[8] 戴忠达.自动控制理论基础[M].北京:清华大学出版社,1991.

[9] 吴麒.自动控制原理[M].北京:清华大学出版社,1990.

[10] 胡寿松.自动控制原理习题集[M].3 版.北京:科学出版社,2018.

[11] 李培豪,余文休.自动控制原理例题与习题[M].北京:电子工业出版社,1989.

[12] 卢京潮.自动控制原理[M].3 版.北京:清华大学出版社,2013.

[13] 黄坚.自动控制原理及其应用[M].4 版.北京:高等教育出版社,2014.

[14] 王德胜.控制工程基础[M].4 版.北京:清华大学出版社,2015

[15] 张聚.基于 MATLAB 的控制系统仿真及应用[M].2 版.北京:电子工业出版社,2018.

[16] 王正林,王胜开,陈国顺,等.MATLAB/Simulink 与控制系统仿真[M].4 版.北京:电子工业出版社,2017.

[17] 罗建军,杨琦.精讲多练 MATLAB[M].西安:西安交通大学出版社,2002.

[18] 多尔夫,毕晓普.现代控制系统[M].12 版.谢红卫,孙志强,宫二玲,等译.北京:电子工业出版社,2015.

[19] 刘金琨.先进 PID 控制 MATLAB 仿真[M].4 版.北京:电子工业出版社,2016.